U0314727

# 土木工程安全检测、鉴定、加固修复案例分析

孟 海 李慧民 编著

北 京

冶 金 工 业 出 版 社

2016

# 内 容 提 要

本书阐述了土木工程结构安全检测、鉴定、加固修复的基础理论与方法，并对 80 个土木工程结构安全的案例进行了归类剖析，分别从历史保护建筑、民用住宅建筑、民用公共建筑、工业建筑、特种构筑物、桥梁工程、隧道工程、道路工程等类型论证了结构安全的机理、成因、性质及加固修复方案。

本书可作为高等院校土木工程、安全工程等专业的教科书，也可供从事土木工程结构安全检测、鉴定、加固修复的设计、施工人员参考。

**图书在版编目（CIP）数据**

土木工程安全检测、鉴定、加固修复案例分析/孟海，李慧民编著 . —北京：冶金工业出版社，2016.3
ISBN 978-7-5024-7189-7

Ⅰ.①土… Ⅱ.①孟… ②李… Ⅲ.①土木工程—安全监测—案例 ②土木工程—加固—案例 Ⅳ.①TU714

中国版本图书馆 CIP 数据核字（2016）第 044318 号

出 版 人　谭学余
地　　址　北京市东城区嵩祝院北巷 39 号　邮编　100009　电话　(010)64027926
网　　址　www.cnmip.com.cn　电子信箱　yjcbs@cnmip.com.cn
责任编辑　杨　敏　美术编辑　吕欣童　版式设计　孙跃红
责任校对　郑　娟　责任印制　牛晓波
ISBN 978-7-5024-7189-7
冶金工业出版社出版发行；各地新华书店经销；三河市双峰印刷装订有限公司印刷
2016 年 3 月第 1 版，2016 年 3 月第 1 次印刷
787mm×1092mm　1/16；23 印张；552 千字；354 页
**68.00 元**

冶金工业出版社　投稿电话　(010)64027932　投稿信箱　tougao@cnmip.com.cn
冶金工业出版社营销中心　电话　(010)64044283　传真　(010)64027893
冶金书店　地址　北京市东四西大街 46 号(100010)　电话　(010)65289081(兼传真)
冶金工业出版社天猫旗舰店　yjgycbs.tmall.com
（本书如有印装质量问题，本社营销中心负责退换）

# 前　言

　　本书较全面系统地阐述了土木工程结构安全检测、鉴定、加固修复的基础理论与方法，并针对80个土木工程结构安全的案例进行了归类分析。其中，第1~5章论述了各类建（构）筑物检测、鉴定、加固修复的内涵、原则、程序与方法；第6~8章分析了历史保护建筑、民用住宅建筑、民用公共建筑结构安全案例的特征、机理、成因、性质及加固修复方案；第9~10章分析了工业建筑、特种构筑物结构安全案例的特征、机理、成因、性质及加固修复方案；第11~14章分析了桥梁工程、隧道工程、路面及其他工程结构安全实际案例的特征、机理、成因、性质及加固修复方案。

　　本书由孟海、李慧民编著。其中各章分工为：第1章由李慧民、裴兴旺、李晓渊编写；第2章由孟海、李勤、杨卫风编写；第3章由李勤、裴兴旺、侯忠明编写；第4章由孟海、李家骏、张晓旭编写；第5章由李慧民、李轩、杨彪、郭海东、李宪民编写；第6章由陈曦虎、裴兴旺、李勤、李宪民、孟海、张华栋编写；第7章由段小威、黄俊杰、李慧民、李勤编写；第8章由裴兴旺、陈曦虎、王孙梦、李晓渊、张小龙编写；第9章由裴兴旺、徐晨曦、杨卫风、张涛编写；第10章由李家骏、侯忠明、郭海东、裴兴旺、李宪民编写；第11章由杨彪、李轩、肖辉编写；第12章由郭海东、徐晨曦、杨彪编写；第13章由张小龙、王孙梦、张晓旭、张涛编写；第14章由孟海、裴兴旺、张华栋、赵明州编写。

　　在编写过程中，得到了中冶建筑研究总院有限公司、西安建筑科技大学、陕西通宇公路研究所有限公司、北京建筑大学、西安市住房保障和房屋管理局、乌海市抗震办公室等单位的教师和工程技术人员的大力支持与帮助，并参考了许多专家和学者的有关研究成果及文献资料，在此一并向他们表示衷心的感谢。

　　由于作者水平有限，书中不足之处，敬请广大读者批评指正。

作　者

2016年1月

# 目　　录

## 第1篇　土木工程结构安全检测、鉴定、加固修复理论

# 第2篇 土木工程结构安全检测、鉴定、加固修复案例及分析

# 第1篇　土木工程结构安全检测、鉴定、加固修复理论

# 1　基础理论

## 1.1　检测、鉴定、加固修复的相关概念

　　土木工程结构检测、鉴定、加固修复的实质是对既有结构的可靠性的复核，审查是否达到设计文件及国家相关规范、规程、标准的最低要求。在结构检测鉴定时所采用的荷载数据及结构抗力数据乃至结构承重体系都需要通过实测的数据进行确定，它区别于结构设计，不是简单的套用设计文件；对于不满足相关规范、规程要求的结构给出加固维修建议，并通过结构补强措施使其达到预期的功能要求。土木工程结构检测、鉴定、加固修复三者之间的关系类似于医院对患者的化验、医生诊断、治疗康复三个步骤，如图 1-1 所示。

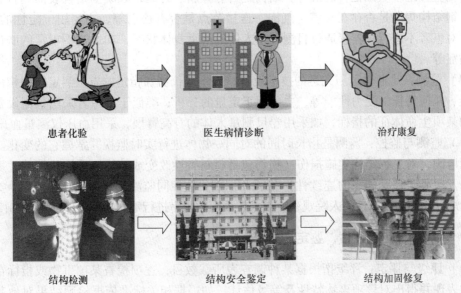

<table>
<tr><td>患者化验</td><td>医生病情诊断</td><td>治疗康复</td></tr>
<tr><td>结构检测</td><td>结构安全鉴定</td><td>结构加固修复</td></tr>
</table>

图 1-1　土木工程结构安全检测、鉴定、加固修复

　　结构检测好比医生看病时的各种检查化验，目的在于解决在缺乏资料的情况下，对土木工程结构进行鉴定、加固、改建、扩建；或由于超载使用、结构存在过度变形裂缝、腐蚀、火灾、爆炸、地震等造成结构损伤时，确定材料的力学性能、结构实际工作状况和承载能力，测取一些必要的数据，为鉴定及加固改造提供依据。

　　结构鉴定好比医院专家通过依据患者进行化验、检查的数据，分析病情，对病情进行定性。目的就是通过调查、检测、分析和判断等手段通过专业的鉴定机构的专家、技术工作人员对实际结构的安全性、抗震性、施工质量等性能进行准确的评定。

　　结构加固修复好比患者依据医院专家的病情诊断结论对患者进行康复治疗的过程。就是恢复或提高建筑结构已丧失或降低的可靠性，使失去部分抗力的结构或构件重新获得或大于原有的抗力。其主要包括以下内容：提高结构构件的承载力；增大结构构件的刚度以减小荷载作用下的变形、位移；增强构件的稳定性以减小结构裂缝的开展以及改善其耐久性。

### 1.1.1　试验、检查、检测、监测

　　（1）测量与计量：测量是对事物作出量化的描述，对非量化实物的量化过程，类似于对患者身高的测量过程的全部操作；计量是指实现单位统一和量值准确可靠性的测量，等同于对测量人体身高所使用仪器的准确性的调试。

　　（2）试验与测试：试验指通过实验的方法获得某项未知性能指标的一种手段，是对未知事物的探索求知过程，是对被研究对象或系统进行实验性研究，通过试验数据来探讨被研究对象性能的过程；测试是依靠一定的科学技术手段定量地获取某种研究对象原始信息的过程（信息一般为已知），是具有试验性质的测量，与试验相比，研究对象原始信息为已知。

　　（3）检查：指通过目测了解结构或构件的外观情况，观察结构缺陷，推理结构病害，例如目测检查地基基础是否有沉降，结构是否有倾斜、开裂，混凝土结构表面是否有蜂窝麻面，钢结构焊缝是否存在夹渣、气泡，连接节点是否有松动等，主要用于定性的判断；类似于对患者不进行仪器仅通过目测观察人体的不良身体状况，如通过不正常的肤色推断不良病症等。

　　（4）检测：是通过运用先进的技术设备、工具或仪器和指定的方法测定结构构件的材料性能、几何特征、受力性能等，主要用于定量的分析；类似于对患者采用仪器设备采集指定的某项生命体征的指标，如采用卷尺测量人体的身高臂展，采用血压仪测量血压等。

　　（5）监测与监控：监测是指长时间的对同一物体进行实时监视并掌握它的变化。如结构健康监测，对工程结构实施损伤（损伤包括材料特性改变或结构体系的几何特性发生改变，以及边界条件和体系的连续性）检测和识别；监控同监测相比，重点在控制，类似于对患者进行长期的规律性的入院观察，或入住重症监护室进行不间断生命体征观察和控制。

### 1.1.2　评级、评定、评估、鉴定

　　（1）评级与评定：评级指根据某种调查表所载数目，逐项检查某项事物或指标在一定方面的表现并得出对该项事物特性及等级估计，如根据相关标准依据检测结果对地基基础的安全性评级为C级；评定是指根据一定的判断标准对所研究的对象进行估计分析的过

程，是在测量基础上作出的一种主观判断，如按照相关检测标准，对混凝土回弹数据是否可靠的估计分析。评级与评定均有已有的相应评判标准作为判断依据。

（2）评估：评估指根据某种调查表所载数目，逐项检查研究对象在所载数目这些方面的表现并得出对该研究对象性能和研究内容（可行性、安全性）的估计。与鉴定相比，带有主观性，权威性不够。类似于医院医生对于病情的诊断，主导评价、评估的为某个"医生"，带有一定的主观性，不满足足够的权威性。

（3）鉴定：是指具有相应能力和资质的专业人员或机构受具有相应权力或管理职能部门或机构的委托，根据确凿的检测数据或证据、相应的经验和分析论证对某一事物、对象提出客观、公正和具有权威性的技术仲裁意见。与评价、评估相比，主导鉴定的为一组织或机构，参与鉴定的技术人员多、技术水平高、权威性强。

### 1.1.3 加固、修复、修缮

（1）加固：指对可靠性不足的承重结构、构件及其相关部分采取增强、局部更换或调整其内力等措施，使其具有现行设计规范所要求的安全性、耐久性和适用性。类似于患者康复治疗。

（2）修复：指通过修整使结构恢复到原样，各项指标符合要求，与加固相比，受破坏的程度较轻。

（3）修缮：指修理、修补，与修复相比，受破坏的程度较轻。

## 1.2 检测、鉴定、加固修复的基本范围及流程

### 1.2.1 检测、鉴定、加固修复范围

土木工程安全检测、鉴定、加固修复的基本范围如图 1-2 所示。

（1）历史保护建筑：保护建筑指具有较高历史、科学和艺术价值的建（构）筑物；历史建筑指有一定历史、科学、艺术价值的，反映城市历史风貌和地方特色的建（构）筑物。文物建筑在某种意义上比保护建筑和历史建筑更具有考古价值。

图 1-2　土木工程安全检测、鉴定、加固修复的基本范围

（a）历史保护建筑；（b）民用住宅建筑；（c）民用公共建筑；（d）工业建筑；
（e）特种构筑物；（f）桥梁；（g）隧道；（h）道路

历史建筑和保护建筑除了具有观赏价值之外，绝大多数建筑依旧具有使用价值，仍然处于使用状态，时时承受着各种各样的荷载，抵抗着来自各方面的破坏因素的影响，面临着文物建筑之外的维护与更新问题，这种"利用"也是一种积极的保护。

（2）民用建筑：民用建筑按使用功能可分为居住建筑和公共建筑两大类。根据建筑物用途还可划分为民用住宅建筑与民用公共建筑两大类，其遵循大致相同的规范体系，但因其自身功能及特点不同，在鉴定分析过程中存在一定的差别。

（3）工业建筑：工业建筑即工业建、构筑物，是为工业生产服务，可以进行和实现各种生产工艺过程的建筑物和构筑物，建筑物包括单层和多层厂房等，可分为通用工业厂房和特殊工业厂房。鉴定工作中有不同的划分标准，同民用建筑相比，分别遵循不同的规范体系。

（4）特种构筑物：特种结构是指具有特种用途的工程结构，包括高耸结构、海洋工程结构、管道结构和容器结构等，以及深基坑支护结构、通廊、烟囱、筒仓、水池、支架、水塔、挡土墙等。

（5）桥梁：桥梁指架设在江河湖海上，使车辆行人等能顺利通行的建筑物，简称为桥。桥梁一般由上部构造、下部结构和附属构造物组成，上部结构主要指桥跨结构和支座系统；下部结构包括桥台、桥墩和基础；附属构造物则指桥头搭板、锥形护坡、护岸、导流工程等。

（6）隧道：隧道是埋置于地层内的工程建筑物，可分为交通隧道、水工隧道、市政隧道、矿山隧道。隧道的结构包括主体建筑物和附属设备两部分。主体建筑物由洞身和洞门组成，附属设备包括避车洞、消防设施、应急通信和防排水设施，长大隧道还有专门的通风和照明设备。

（7）道路：道路是供各种无轨车辆和行人通行的基础设施，依据道路行政等级划分国道、省道、县道、乡道、专用道路；按使用任务、功能和适应的交通量划分高速公路、一级公路、二级公路、三级公路、四级公路等。按建筑材料性划分铺装道路（混凝土、沥青道路）、非铺装道路（沙土道路、砂石道路及碎石道路等）。

## 1.2.2 检测、鉴定、加固修复流程

土木工程结构安全检测、鉴定、加固修复是通过对结构性能状况的调查和检测进而进行结构安全性鉴定等工作，并提出加固修复意见，基本工作流程如下所述。

### 1.2.2.1 结构检测

（1）初步调查、制定检测方案、确认仪器：在接受委托之后，首先对结构进行初步调查，对结构的基本结构形式、年代、检测鉴定目的等信息进行调查，并依据检测鉴定目的制定检测方案（检测内容、检测手段、所用仪器等），确定仪器的工作状况，确保其正常工作。

（2）结构性能现场检测、工程质量检测：首先了解结构的使用历史、使用环境、各类荷载及作用，并借助于各种现场检测、试验室试验技术，分别为对结构几何尺寸、材料强度、结构裂缝、缺陷、结构腐蚀、损伤和变形、钢筋位置、荷载条件等反应结构性能的项

目进行检测。基本流程如图 1-3 所示。

（3）数据处理和结果分析：通过对现场、试验室的检测数据的统计分析，结合现场检测技术规范，对检测数据做出科学的分析和汇总，分析检测结果，为后续鉴定工作提供支持。

#### 1.2.2.2 结构鉴定

（1）结构鉴定（抗震性、可靠性、安全性等）：以结构可靠性理论为基础，采用调查、检测等手段获得结构本身及其环境的相关信息，通过结构力学和可靠性分析验算等，对既有结构可靠性水平作出评价，并对其在未来时间里（即鉴定的目标使用年限内）能否完成预定功能进行预测与推断。结构鉴定基本流程如图 1-4 所示。

图 1-3　结构检测基本流程　　　　图 1-4　结构鉴定基本流程

（2）专项鉴定：当结构存在某些专项问题或有特定要求时，针对土木工程结构的专项问题或按照特定要求，根据国家现行标准、规范、规程及地方法规进行专项检测鉴定。

#### 1.2.2.3 加固修复

对于经过鉴定需要进行加固的结构，必须按照相应的规则进行加固。加固工作应按照如下程序进行，如图 1-5 所示。

图 1-5　加固修复基本流程

（1）结构可靠性鉴定：结构可靠性鉴定是既有建筑物加固或改造工作的基础，必须全面了解结构实际的性能和作出全面的可靠性评定。

（2）加固方案的制订与选择：加固方案的制订与选择十分重要，应综合考虑结构的使用要求和实际施工条件。加固方案的优劣不仅影响资金的投入更影响加固的质量，合理的加固方案对使用功能影响小，技术可靠、施工简便、经济合理、外观整齐。

（3）加固设计：加固设计包括被加固构件的承载力验算、构造处理和绘制施工图三部分，其中对承载力验算要注意新加部分与原结构构件的协同工作，构造处理不仅应满足新加构件自身构造要求还应考虑原结构构件的连接。

（4）施工过程控制、验收：加固工程的施工组织设计应充分考虑现场实际施工环境的影响（原有结构、管线等制约）。施工前，在拆除原有废旧构件时，应特别注意观察有无与原检测情况不相符的地方；施工时，需要尽量拆除一些荷载、增加一些预应力顶撑等，以减小原结构构件中的应力，因为加固工程施工多在负荷或部分负荷的情况下进行；施工后，应及时组织参建单位进行专项验收，并通知监督机构对验收进行监督。

## 1.3  检测、鉴定、加固修复的依据标准及方法

### 1.3.1  检测依据标准及方法

#### 1.3.1.1  检测标准

结构检测工作包括的内容比较多，一般有结构材料的力学性能检测、结构的构造措施检测、结构构件尺寸检测、钢筋位置及直径检测、结构及构件的开裂和变形情况检测及结构性能实荷检测等，相应依据的检测规范、标准见表1-1。

表1-1  结构检测依据规范、标准

| 层次 | 第一层次 | 第二层次 |
|---|---|---|
| 标准范围 | 国家标准 | 地方、行业标准 |
| 通用规范 | 《木材物理力学性能试验方法总则》（GB1928—1991）；<br>《木材抗弯强度试验方法》（GB1936—1991）；<br>《木结构试验方法标准》（GB/T50329—2002）；<br>《建筑结构检测技术标准》（GB/T 50344—2004）；<br>《砌体工程现场检测技术标准》（GB 550315—2000）；<br>《超声法检测混凝土缺陷技术规程》（CECS21：2000）；<br>《回弹法检测混凝土强度技术规程》（JGJ/T23—2001）；<br>《钻芯法检测混凝土缺陷技术规程》（CECS212：9）；<br>《钢结构现场检测技术标准》（GB/T 50621—2010）；<br>《砌体基本力学性能试验方法标准》（GB/T 50129—2011）；<br>《混凝土强度检测评定标准》（GB/T 50107—2010）；<br>《超声回弹综合法检测混凝土强度技术规程》（CECS02：2005）；<br>《剪压法检测混凝土抗压强度技术规范》（CECS278：2010）；<br>《贯入法检测砌筑砂浆抗压强度技术规程》（JGJ/T136—2001）；<br>《混凝土中钢筋检测技术规程》（JGJ/T152—2008）；<br>《建筑抗震试验方法规程》（JGJ101—1996）；<br>《混凝土结构试验方法标准》（GB/T50152—2012）等 | 《建筑节能检测技术规范》（DB37/T 724—2007）；<br>《铁路工程结构混凝土强度检测规程》（TB 10426—2004）；<br>《钢结构检测与鉴定技术规程》（DG/TJ 08—2011—2007）；<br>《建筑围护结构节能现场检测技术规程》（DG/TJ 08—2038—2008）；<br>《既有建筑物结构检测与评定标准》（DG/TJ 08—804—2005）（检测部分） |
| 地基基础检测规范 | 《建筑地基处理技术规范》（JGJ79—2002）；<br>《建筑地基基础设计规范》（GB50007—2002）；<br>《湿陷性黄土地区建筑规范》（GB 50025—2004）；<br>《建筑基桩检测技术规范》（JGJ106—2003）；<br>《岩土工程勘察规范》（GB50021—2009）等 | 《建筑地基基础检测规范》（DBJ 15—60—2008）、《建筑地基基础检测规程》（DGJ32/TJ 142—2012）等 |
| 施工验收检测规范 | 《钢结构工程施工质量验收规范》（GB50205—2001）；<br>《建筑工程施工质量验收统一标准》（GB50300—2013）；<br>《建筑工程饰面砖黏结强度检验标准》（JGJ110—2008）；<br>《砌体工程施工质量验收规范》（GB50293—2002）等 | 相应企业《企业施工工艺标准》等 |

续表1-1

| 层次 | 第一层次 | 第二层次 |
|---|---|---|
| 标准范围 | 国家标准 | 地方、行业标准 |
| 测量规范 | 《工程测量规范》（GB50026—2007）；<br>《建筑测量变形规范》（JGJ/T1936—1991）；<br>《建筑基坑工程监测技术规程》（GB 50497—2009）；<br>《建筑工程建筑面积计算规范》（GB—T50353—2013）等 | 《建筑沉降、垂直度检测技术规程》（DGJ32/TJ18—2012）等 |

### 1.3.1.2　检测方法

随着科学技术的快速发展，目前结构检测的方法种类较多，按材料属性可划分为木结构检测、砌体结构检测、混凝土结构检测、钢结构检测。对于某些结构或构件，为获得其结构整体受力性能或构件承载力、刚度或抗裂性能，可进行结构或构件的整体性能的静力实荷检验；对某些重要建筑和大型的公共建筑还可进行结构的动力测试。具体检测方法详见文献［2］。

其中静力实荷检验可分为使用性能检验、承载力检验和破坏性检验。使用性能的检验主要用于验证结构或构件在规定荷载的作用下不出现过大的变形和损伤，结构或构件经过检测后还必须满足正常使用要求；承载力检验主要用于验证结构或构件的设计承载力；破坏性检验主要用于确定结构或模型的实际承载力。

## 1.3.2　鉴定依据标准及方法

### 1.3.2.1　鉴定标准

我国目前土木工程行业结构鉴定标准主要有《工业厂房可靠性鉴定标准》（GBJ50144—2008）、《民用建筑可靠性鉴定标准》（GB50292：1999）、《建筑抗震鉴定标准》（GB50023—2009）等，各标准之间的关系见表1-2。

**表1-2　各标准之间的关系**

| 层次 | 第一层次 | 第二层次 | 第三层次 | 第四层次 |
|---|---|---|---|---|
| 标准范围 | 现行设计、施工规范；《抗震设计规范》、《混凝土结构设计规范》等；《建筑抗震鉴定标准》——C 类 | 《民用建筑可靠性鉴定标准》、《工业厂房可靠性鉴定标准》；《火灾后建筑结构鉴定标准》、《建筑抗震鉴定标准》——B 类 | 《建筑抗震鉴定标准》——A 类 | 《危险房屋鉴定标准》、《农村危险房屋鉴定技术导则（试行）》 |
| 适用范围 | 拟建、新建工程 | 已建成二年以上且投入使用的已有建筑 | 主要针对 1977 年以前未考虑抗震设防建筑 | 既有房屋的危险性鉴定 |
| 构件承载力 | 要求最高 | 比现行设计规范有所降低（约5%～10%） | 比现行抗震设计规范低较多（8 度时，约15%～30%） | 构件的承载力严重不足或丧失，已引起结构外观的损伤 |
| （后续）设计使用年限 | 50 年 | 接近50 年，或根据工程实际确定 | 少于30 年 | 危房应拆除或采取相应的措施 |

经过我国大量专业技术工作人员对建筑物多年理论研究和实践经验的总结，并参考国外的经验，在结构鉴定与评估方面制定了一系列国家标准和行业标准。现行结构鉴定与评估国标及行业标准见表1-3。

表1-3　现行结构鉴定与评估规范体系

| 层次 | 第一层次 | 第二层次 |
|---|---|---|
| 范围 | 国家标准 | 地方、行业标准 |
| 历史保护建筑、民用建筑、工业建筑、特种构筑物 | 《工业建筑可靠性鉴定标准》（GB 50144—2008）；<br>《民用建筑可靠性鉴定标准》（GB 50292—1999）；<br>《危险房屋鉴定标准》（JGJ 125—99）（2004年版）；<br>《民用建筑修缮工程查勘与设计规程》（JGJ 117—98）（鉴定部分）；<br>《古建筑木结构维护与加固技术规范》（GB 50165—92）（鉴定部分）；<br>《建筑抗震鉴定标准》（GB 50023—2009）；<br>《房屋完损等级评价标准》；<br>《构筑物抗震鉴定标准》（GB 50117—2014）；<br>《涂装前钢材表面锈蚀等级和防锈等级》（GB/T 8923.1—2011）；<br>《钢结构检测评定及加固技术规范》（YB 9257—96）（鉴定部分）；<br>《建筑结构荷载规范》（GB 50009—2012）；<br>《建筑抗震设计规范》（GB 50011—2010）；<br>《钢结构设计规范》（GB 50017—2003）；<br>《建筑抗震设防分类标准》（GB 50223—2008）；<br>《空间网格结构技术规程》（JGJ 7—2010）；<br>《建筑设计防火规范》（GB 50016—2006）；<br>《火灾后建筑结构鉴定标准》（CECS252：2009）；<br>《钢筋混凝土筒仓设计规范》（GB 50077—2003）；<br>《构筑物抗震设计规范》（GB 50191—2012）；<br>《混凝土结构设计规范》（GB 50010—2010）；<br>《钢铁工业建（构）筑物可靠性鉴定规程（YBJ 219—89）；<br>《钢筋混凝土筒仓设计规范》（GB 50077—2003）等 | 《现有建筑抗震鉴定与加固规程》（DGJ 08-81—2000）（鉴定部分）；<br>《石结构房屋抗震鉴定及加固规程》（DBJ 13-12—93）（鉴定部分）；<br>《火灾后混凝土构件评定标准》（DBJ 08-219—96）；<br>《混凝土结构耐久性评定标准》（CECS220：2007）；<br>《既有建筑物结构检测与评定标准》（DG/TJ 08-804—2005）（鉴定部分）；<br>《里氏硬度计现场检测建筑钢结构钢材抗拉强度技术规程》（DGJ32/TJ 116—2011）；<br>《钢筋混凝土受弯构件现场荷载检测及评定标准》（拟引用或参照ACI 318-02标准制订协会标准） |
| 桥梁 | 《公路桥涵设计通用规范》（JTG D60—2004/JTJ021—89）；<br>《公路桥梁技术状况评定标准》（JTG/T H21—2011）；<br>《公路钢筋混凝土及预应力桥涵设计规范》（JTG D62—2004/JTJ023—85）；<br>《公路桥涵钢结构及木结构设计规范》（JTJ 025—86）；<br>《大跨径混凝土桥梁的试验方法》（最终建议1982）；<br>《公路桥梁承载能力检测评定规程》（JTG/T J21—2011）；<br>《公路水泥混凝土路面养护技术规范》（JTJ 073.1—2001） | 《横张预应力混凝土桥梁设计与施工规范》（CQJTQ/TD65—2010）；<br>《斜拉桥拉索减振设计指南》（苏交建〔2011〕40号）等 |
| 隧道 | 《公路涵洞设计细则》（JTG/T D65-04—2007）；<br>《公路隧道设计规范》（JTG D70—2004）；<br>《公路隧道施工技术规范》（JTG F60—2009）；<br>《公路隧道养护技术规范》（JTG H12—2015）；<br>《公路工程抗震设计规范》（JTG B02—2013） | 《城市隧道管理养护技术规程》（DBJ/T 13—219—2015）；<br>《公路隧道照明设计规范》（DB14/T 722—2012）等 |
| 公路 | 《公路路基路面现场测试规程》（JTG E60—2008）；<br>《公路工程技术标准》（JTG B01—2003/JTJ01—97）；<br>《公路工程质量检验评定标准》（JTG F80/1—2004）；<br>《公路工程结构可靠度设计统一标准》（GB/T 50283—1999）；<br>《公路工程施工工艺标准》FHEC（路基·路面·隧道）；<br>《公路工程施工工艺标准》FHEC（桥梁） | 《高速公路养护质量检验评定》（DB32/T 944—2006）；<br>《道路声屏障质量检验评定》（DB32/T 943—2006）等 |

### 1.3.2.2 鉴定方法

(1) 传统鉴定分析方法：对结构鉴定的方法在发展进程中经历了三个阶段：传统经验法、实用鉴定法和概率鉴定法。其方法概述和特点见表1-4。

**表1-4 传统结构鉴定分析方法**

| 方法 | 方法概述 | 特点 |
|---|---|---|
| 传统经验法 | 以专家学者个人专业知识和工程实践经验为评判原则，通过简单的计算分析并结合实地考察、实际调查所得数据资料，以既有建筑原先设计规范为基准，直接对建筑物的安全性作出评定 | 优点是程序简单，缺点是受检测手段、技术、计算工具等的限制，获得的数据和资料不够详尽、准确、完善，鉴定结果不够全面、客观、科学，主观性强，结论因人而异，处理方案偏于保守，造成浪费 |
| 实用鉴定法 | 运用高科技检测仪器对建筑物本身展开全面检查，对关键部位进行检测，运用计算机技术等技术和方法评定建筑物当前的状态，以现行标准、规范为基准，按照系统的鉴定程序和方法进行鉴定 | 与传统经验法相比，该方法鉴定程序较科学，具有适用、统一的评定标准，便于鉴定人员、鉴定部门客观、全面地对建筑物的性能和状态做出合理的分析与判断，安全性判定较准确，较科学 |
| 概率鉴定法 | 在实用鉴定法的基础上，利用统计推断原理与方法（属于概率论范畴）分析影响待评定建筑物安全性的若干因素及其相互关系，进一步利用可靠性理论使建筑物安全性的评定趋于合理 | 针对特定环境下的某个建筑物或某组建筑群体，对建筑物或建筑群体本身及其使用环境调查检测，采集所需信息并进行分析，判定建筑物的安全性水平，评定结果更贴切反映特定建筑物的实际状态 |

以现行检测评定标准为依据的评定方法总体思想为实用鉴定法，个别条文已将概率鉴定法的思想引入进来，以现有结构可靠性理论为基础的概率鉴定法为现阶段主要采用的方法。

(2) 承载能力分析方法：对既有结构的承载能力分析可通过对结构的分析以及结构状态评估进行评定，某些情况下还可以辅以试验。其分析方法基本可分为四类，见表1-5。

**表1-5 现行承载能力分析方法的适用特点及范围**

| 方法 | 方法适用特点 | 适用范围 |
|---|---|---|
| 基于结构状态评估 | 通过变形、外观等结构状况的评估可直接对现役结构的安全性做出评定，它适应于一些特定的场合。这种方法需建立明确的评定标准，而标准的建立非常复杂，特别是对安全性的评定。此外，判定结构安全性满足要求的方法其评定条件比判定结构安全性不满足要求的方法严格 | 古建筑、年代久远的保护性建筑 |
| 基于结构性能分析 | 根据结构和环境自身的现实信息，通过结构分析和校核获得反映结构安全性的定量指标，并根据这些定量指标建立具体的分级标准，最终评定结构是否满足评估使用年限的安全性要求，许多方面类似于结构设计中的分析和校核方法 | 常用方法，民用、工业等多种类型建筑 |
| 基于结构试验验证 | 通过现场或室内的试验检验结构实际的性能，根据试验和分析的结果判定结构的挠度、承载力等是否满足要求。结构的承载能力试验易对既有结构的性能造成严重的损害，甚至引发安全事故，因此在评定既有结构的安全性时，一般不采用基于结构试验的评定方法 | 结构分析和状态评估方法难以实现时 |
| 基于有限元软件 | 有限元分析是现在比较常用的安全性分析，可以对结构进行模态分析、时程分析。模态分析是结构动力分析的基础，主要分析结构的周期与振型，为后续的工作做准备；时程分析可以分析结构在每一时刻的受力、变形。有限元分析可以避免实验的麻烦，节省试验费用 | 不规则、复杂结构体系 |

在结构鉴定分析中，应明确其目标使用期和前提条件，着眼于结构和环境未来可能发生的变化，以结构和环境自身的信息为依据，以结构完成新的预定功能为目标，以现行标准和规范为评定的基准，并赋予评定标准一定的弹性，采用基于性能分析、状态评定或载荷试验方法评定结构的性能。

### 1.3.3  加固修复依据标准及方法

建筑结构的加固可分为直接加固与间接加固两类，设计时，可根据实际条件和使用要求选择适宜的加固方法及配合使用的配套技术。当然，建筑结构加固也可以采用托换技术。

#### 1.3.3.1  加固修复标准

经过近50年的发展，特别是最近20年来加固及改造技术的迅猛发展，一大批加固及修缮类规范陆续编制完成，并有一部分规范及技术规程正在修订、编制中。现行加固及改造技术规范体系见表1-6。

表1-6  加固修复标准

| 层次 | 第一层次 | 第二层次 |
|---|---|---|
| 范围 | 国家标准 | 协会、地方标准 |
| 通用规范 | 《既有建筑地基基础加固技术规范》（JGJ 123—2000）；<br>《建筑地基处理技术规范》（JGJ 79—2002）（部分内容）；<br>《古建筑木结构维护与加固技术规范》（GB 50165—92）（部分）；<br>《古建筑砖石结构维护与加固技术规范》（征求意见稿阶段）；<br>《砖混结构房屋加层技术规范》（CECS 78：96）；<br>《混凝土结构加固技术规范》（GB50367—2006）；<br>《民用建筑修缮工程查勘与设计规程》（JGJ 117—98）（加固设计部分）；<br>《民用房屋修缮工程施工规程》（CJJ 53—93）；<br>《喷射混凝土加固技术规程》（CECS 161：2004）；<br>《碳纤维片材加固混凝土结构技术规程》（CECS 146：2003）；<br>《钢结构检测评定及加固技术规程》YB 9257—96（加固部分）；<br>《钢结构加固技术规程》（CECS 77：96）；<br>《房屋渗漏修缮技术规程》（CJJ 62—95）；<br>《混凝土结构后锚固技术规程》（JGJ 145—2004）（部分内容）；<br>《建筑抗震加固技术规程》（JGJ116—98）；<br>《钢筋阻锈剂使用技术规程》（YB/T 9231—98）；<br>《中央国家机关办公用房维修标准》国管房地 85—2004（综合）；<br>《建筑结构加固工程施工质量验收规范》（GB 50550—2010）；<br>《工程结构加固材料安全性鉴定技术规范》（GB 50728—2011）；<br>《砌体结构加固技术规范》（GB 50702—2011）；<br>《纤维复合材料应用技术规范》（GB 50608—2010）；<br>《混凝土结构耐久性加固技术规程》（GB 50476—2008）；<br>《砌体结构耐久性加固技术规程》（JGJ 116—2009） | 《钢筋混凝土结构外粘钢板加固技术规程》（DB 42/203—2000）；<br>《纤维复合材料加固混凝土结构技术规程》（DG/TJ08-012—2002）；<br>《碳纤维复合材料加固混凝土受弯构件技术规程》（DB 21/T1272—2003）；<br>《自密实高性能混凝土技术规程》（DBJ 13-55—2004）；<br>《石结构房屋抗震鉴定及加固规程》（DBJ13-12—93）（抗震加固部分）；<br>《现有建筑抗震鉴定与加固规程》（DGJ 08-81—2000）（抗震加固部分）；<br>《混凝土结构耐久性评估标准》（送审阶段）；<br>《钢筋网聚合砂浆面层加固技术规程》（初稿阶段） |

| 层次 | 第一层次 | 第二层次 |
|---|---|---|
| 范围 | 国家标准 | 协会、地方标准 |
| 道路工程 | 《公路工程混凝土结构防腐蚀技术规范》（JTG/T B07-01—2006）；<br>《公路水泥路面养护技术规范》（JTJ 073.1—2001）；<br>《公路沥青混凝土路面养护技术规范》（JTJ 073.2—2001）；<br>《公路桥涵养护规范》（JTG H11—2004）；<br>《公路养护技术规范》（JTJ 073—96）；<br>《公路隧道养护规范》（JTG H12—2003）等 | 《旧水泥混凝土路面共振石化技术规程》（DB 31/T828—2014）；<br>《再生沥青路面施工及验收规范》（DB 31/T814—2014）等 |
| 桥梁工程 | 《公路桥梁加固设计规范》（JTG T J22—2008）；<br>《公路桥梁加固施工技术规范》（JTG/T J23—2008）等 | 《公路桥梁加固工程质量检验评定标准》（DB 21/T 2397—2015）等 |
| 隧道工程 | 《公路隧道加固技术规范》（JTG/T J23—2008）（送审阶段）；<br>《铁路隧道设计规范》（TB 10003—2005）等 | 《高速公路隧道预防性养护技术规范》（DB41/T 896—2014）等 |

#### 1.3.3.2 加固修复方法

加固方法多是从提高结构的有效受力面积出发（如加大截面法等）减小截面的应力，或者直接改变结构的受力体系，改变其传力途径（如增加支撑法等）从而降低结构构件的受力，最终达到加固目的。

（1）地基基础加固处理：基础补强注浆加固法、加大基础底面积法、加深基础法、坑式托换法、锚杆静压桩法、树根桩法、坑式静压桩法、石灰桩法、砂石桩法、换填法、预压法、强夯法、振冲法、注浆加固法、高压喷射注浆法、土或灰土挤密桩法、深层搅拌法、硅化法、碱液法、迫降纠倾技术、顶升纠倾技术、深基坑复合土钉支护技术。

（2）木结构加固修复：木结构的加固修复，对于不同的破坏形式，可采用不同的方式进行加固，常见加固修复方法如图1-6所示。包括：1）加大截面法：端部支承或嵌入在砌墙和混凝土中，或者断裂开槽的木构件。2）绑扎法：修缮木材的开裂、劈裂和分层等缺陷，并预防其进一步发展。3）夹压法：修缮木材的开裂、劈裂和分层等缺陷，并预防其进一步发展。4）环氧树脂、FRP（纤维复合材料）加固法：采用FRP可加固木板、木梁、木柱以及节点连接。用环氧树脂修缮桁架和梁的端部劈裂、胶合层积材梁和锯制梁上的纵向劈裂、断裂的构件和局部发生腐败的构件。5）更换构件：当构件破损严重时，可采用更换构件的方法进行处理。

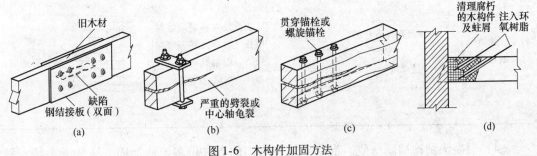

图1-6 木构件加固方法
（a）加大构件截面；（b）绑扎法；（c）夹压法；（d）环氧树脂法

（3）砌体结构加固修复：对于不同的加固需求，采用不同方法进行加固，砌体结构常用加固方法见表1-7。包括：1）附加结构扶壁柱：在原砌体一侧或两侧增设砖扶壁柱或混凝土扶壁柱，提高墙体承载力或改善其构造，应采取措施保证新增扶壁柱与原墙体共同工作。2）钢筋网水泥砂浆面层加固：通过敷设钢筋（丝）网、外抹水泥砂浆来提高墙体承载力或改善其构造。3）增大截面法：采用混凝土面层或四周外包混凝土的方法加固墙体或柱，提高墙体或柱的承载力或改善其构造。4）注浆、注结构胶：需要加固和增强稳定性结构，腔内存在孔隙以及曾经受过量水渗入的结构，可用低压注浆法解决。5）其他加固：如增加构造柱、圈梁等整体性加固；增设角钢、更换为钢筋混凝土过梁的加固等。

表1-7　砌体结构常用加固方法

| 加固方法 | 主要特点 | 适用范围 | 施工要点 | 适用规范 CECS78：96 |
|---|---|---|---|---|
| 扶壁柱加固法 | （1）工艺简单；<br>（2）适应性强；<br>（3）提高的承载力有限；<br>（4）影响使用空间；<br>（5）现场湿作业时间较长 | 非抗震地区的柱、带壁墙 | （1）加固前卸载；<br>（2）在加固部位增设混凝土柱，并原构件可靠连接 | |
| 钢筋水泥砂浆（或钢筋网砂浆）加固法 | （1）工艺简单；<br>（2）适应性强；<br>（3）提高的承载力有限；<br>（4）影响使用空间；<br>（5）现场湿作业时间较长 | 墙体承载力、刚度及抗剪强度不够 | （1）加固前卸载；<br>（2）剔除砖墙表层；<br>（3）（铺设钢筋网）；<br>（4）喷射混凝土砂浆或细石混凝土 | |
| 加大截面加固法（混凝土层加固和外包钢加固） | （1）工艺简单；<br>（2）适应性强；<br>（3）有效提高承载力；<br>（4）影响使用空间；<br>（5）现场湿作业时间较长 | 受弯较大的柱、带壁墙 | 砌体表面处理——将砌体角部每隔5皮打掉一块；采用加固措施保证两者协同作用 | |
| 注浆、注结构胶法 | （1）显著提高砖柱的承载力；<br>（2）工艺简单 | 砖柱 | 表面处理→安装灌浆嘴排气口→封缝→密封检查→配制胶料→压力灌注→封口→检验 | |

（4）混凝土结构加固修复。混凝土结构加固的方法很多，从加固方法的受力特点划分，常用加固方法包括增大截面法、置换混凝土法、外包钢法、外粘钢法、粘贴纤维复合

材料法等直接加固方法；外加预应力法或增设支点法等间接加固方法；以及与加固方法配合使用的技术（植筋技术、锚栓技术、裂缝修补技术、托换技术、混凝土表面处理技术、填充密封、化学灌浆技术等），具体见表1-8。

1）增大截面加固法：增大原构件截面面积或增配钢筋，以提高其承载力和刚度，或改变其自振频率的一种直接加固法，适用于混凝土受弯、受压构件的加固。

表1-8 混凝土结构常用加固方法

| 加固方法 | 主要特点 | 适用范围 | 施工要点 | 适用规范 CECS25：90 |
|---|---|---|---|---|
| 加大截面法 | （1）施工工艺简单；（2）适应性强；（3）现场湿作业时间长；（4）影响空间 | 梁、板、柱、墙等一般构件 | （1）加固前的卸荷处理；（2）连接处的表面处理；（3）新增层施工 | |
| 置换混凝土加固法 | （1）施工工艺简单；（2）适应性强；（3）现场湿作业时间长；（4）不影响空间 | 受压区混凝土强度偏低，或有严重缺陷的梁、柱等构件 | （1）加固前的卸荷处理；（2）去薄弱混凝土层及表面处理；（3）浇筑新层 | |
| 外包钢法（干式与湿式） | （1）施工工艺简单；（2）受力可靠；（3）现场作业时间短；（4）对影响空间较小；（5）用钢量较大 | （1）受空间限制需大幅提高承载力的混凝土构件；（2）无防护的情况下，环境温度不宜高于60℃ | （1）加固前的卸荷处理；（2）安装型钢构件；（3）填缝处理 | |
| 预应力法 | （1）施工工艺简便；（2）能有效降低构件的应力；（3）提高结构整体承载力、刚度及抗裂性；（4）对空间的影响较小 | （1）大跨度或重型结构的加固；（2）处于高应力、高应变状态下混凝土构件的加固；（3）无防护的情况下，环境温度不宜高于60℃；（4）不宜用于混凝土收缩徐变大的结构 | （1）在需加固的受拉区段外面补加附应力筋；（2）张拉预应力筋，并将其锚固在梁（板）的两端 | |

| 加固方法 | 主要特点 | 适用范围 | 施工要点 | 适用规范CECS25：90 |
|---|---|---|---|---|
| 增设支点加固法 | 通过增设支撑体系或剪力墙增加结构的刚度，改变结构的刚度比值，调整原结构的内力，改善结构构件的受力状况 | 用于增强单层厂房或多层框架的空间刚度，提高抗震能力 | 通过力学分析，增设相应构件，改变结构的刚度，调整内力，从而起到加固作用 | 新增加柱 |
| 粘钢（碳纤维）法 | （1）施工工艺简便、快速；（2）现场无湿作业或仅有抹灰等少量湿作业；（3）对空间无影响 | 承受静力作用且处于正常湿度环境中的受弯或受拉构件的加固 | （1）被粘混凝土和钢板表面的处理；（2）卸载、涂胶粘剂、粘贴及固化 | 原有构件、环氧胶、钢板、竖向螺栓 |

2）置换混凝土加固法：用高强度等级的混凝土置换原结构中受压区强度偏低或局部有严重缺陷的混凝土的一种加固方法，适用于承重构件受压区混凝土强度偏低或严重缺陷的局部加固。方法的关键是新旧混凝土结合面的处理效果必须达到使新旧混凝土协同工作的要求。

3）外包钢加固法：对钢筋混凝土梁、柱外包型钢、扁钢焊成构架并灌注结构胶粘剂，以达到整体受力、共同约束原构件要求的加固方法，适用于需大幅度提高截面承载力和抗震能力的钢筋混凝土梁、柱结构的加固。

4）外加预应力加固法：通过施加体外预应力，使原结构、构件的受力得到改善或调整的一种间接加固法。原来主要采用普通钢筋施加体外预应力，近些年无粘结钢绞线在体外预应力加固中得到了应用。该方法应注意对预应力钢筋、钢绞线的防火保护。

5）增设支点加固法：增设支点加固法是改变结构传力途径法的一种，亦是最常见的一种。改变结构传力途径法施工工艺简便，能有效降低构件的应力，减少构件变形，其施工要点为：确定有效传力途径和增设支承（托）。其中，增设支点加固法是通过增设支点以减小被加固结构、构件的跨度或位移，来改变结构不利受力状态的一种间接加固方法，是一种传统的加固方法，广泛适用于对外观和使用功能要求不高的梁、板、桁架、网架等的加固。其支点根据支承结构、构件受力变形性能的不同，可分为刚性支点加固法和弹性支点加固法。

6）粘贴钢板加固法：在钢筋混凝土受弯、大偏心受压和受拉构件等的表面通过粘贴钢板进行加固的一种加固方法。与粘贴纤维复合材加固法类似，其基材混凝土强度不低于C15，处于高温（高于60℃）或特殊环境时，可采用无机胶粘结剂。

7）粘贴纤维复合材加固法：通过粘贴主要承担拉应力作用的纤维复合材料（如碳纤维、玻璃纤维等）对钢筋混凝土受弯、受拉构件、大偏心受压构件等进行的加固。其基材混凝土强度不低于C15，纤维复合材表面应进行防护处理，处于高温（高于60℃）或特殊环境时，可采用无机胶粘结剂。

8）其他方法：钢丝绳网片-聚合物砂浆面层加固法、绕丝加固法等。

（5）钢结构加固修复：1）改变结构计算简图加固法：采用改变荷载分布状况、传力途径、节点性质和边界条件，增设附加杆件和支撑，施加预应力，考虑空间协同工作等措施对结构进行加固。2）增大构件截面加固法：通过增大钢结构构件的截面宽度、厚度来提高其承载力或改善其构造。3）加强连接加固法：可通过增加焊缝长度、有效厚度或两者同时增加的办法实现。具体见表1-9。

表1-9　钢结构常用加固方法

| 加固方法 | 主要特点 | 适用范围 | 施工要点 | 适用规范 |
|---|---|---|---|---|
| 改变结构计算简图的加固 | （1）增设杆件和支撑，改变荷载分布状况、传力途径、节点性质和边界条件；<br>（2）考虑空间协同工作；<br>（3）影响使用空间；<br>（4）用钢量增加 | 钢柱、钢梁 | 严格按加固设计要求进行施工 | CECS77：96<br>YB 9257—96 |
| 增大构件截面的加固 | （1）施工方便；<br>（2）适用性较好；<br>（3）可负荷状态下加固 | 钢梁、钢柱、桁架杆件 | 直接将加强部分焊于原有构件上即可，但需注意构件是否具备可焊性，同时对受拉杆件不宜采用焊接 | CECS77：96<br>YB 9257-96 |
| 加强连接的加固 | （1）直接提高连接承载力；<br>（2）间接提高结构承载力 | （1）原有承载力不足的连接；<br>（2）加固件与原构件间的连接节点加固 | 综合考虑各种结构受力特性与连接的特点，采用合理的连接方式，当采用复合连接时注意施工顺序 | CECS77：96<br>YB 9257-96 |

（6）建筑物纠倾、整体移位：建筑物纠倾方法：1）迫降法：应力解除法、掏土纠倾法、降水纠倾法、浸水纠倾法、桩基水冲纠倾法、扰动地基土法、堆载纠倾法、截（减）桩纠倾法、断柱纠倾法。2）顶升法：锚杆静压桩顶升法、顶推纠倾法、张拉纠倾法、注浆抬升法。3）阻沉法：石灰桩膨胀纠倾法、部分托换调整纠倾、卸载纠倾法。4）调整上部结构法。5）综合纠倾法。

建筑物整体移位：建筑物的整体移位是指在保持房屋整体性和可用性不变的前提下将其从原址移到新址，它包括纵横向移动、转向或者移动加转向、旋转移位等。

# ❷ 历史保护建筑结构检测、鉴定、加固修复理论

　　一座优秀的历史建筑既是城市宝贵的文化艺术遗产，亦是城市的名片，它见证了一个城市的发展与进步、历史与辉煌。一方面，由于原有建筑设计理论尚不成熟，历史建筑在设计时并未考虑抗震等严苛的安全性要求；随着时代的发展，人们对建筑的要求日益提高，这些年代较久的老建筑结构往往不能满足现行规范要求。另一方面，历史建筑由于建造年代十分久远，其间历经暴日烈晒、雨刷风蚀，使这些建筑在不同的程度上受到了损伤，结构安全受到了一定程度的损害，存在着安全上的隐患，危及人们的生活、生产与安全。从保护优秀历史建筑和继续开发、使用出发，对历史保护建筑进行检测、鉴定和加固修复工作是非常有必要的。但是，目前为止，国内还没有完备专业的历史保护建筑结构检测、鉴定、加固规范可循，可在参照一般性建筑的相关规范、理论、实践，遵守现行优秀历史建筑保护原则和法规，遵循检测、鉴定必须能为后续修复服务的原则下，开展鉴定、加固修复工作。

## 2.1　历史保护建筑结构检测

### 2.1.1　历史保护建筑结构检测原则

　　历史建筑因其特殊的历史、文化、科学价值和严格的保护要求，在其保护范围内进行检测、工作时，除了遵循《历史文化名城保护规划规范》和《中国文物古迹保护准则》以外，还不应该破坏原有的建筑风格和结构形式。历史保护建筑在检测方法上和其他一般建筑有所区别：

　　（1）在遵守现行相关检测规定的前提下，优先采用无损检测技术，其次采用半破损检测，当前两者不能适用时，最后才采用破损检测。

　　（2）一般情况下不允许破坏保护部位，检测环节不能够造成对原结构的破坏。

　　（3）熟悉木结构历史保护建筑的结构形式、结构布置是检测工作顺利开展的前提。

　　作为人类的文化瑰宝和世界遗产，我国的历史保护建筑多以其独特的结构形式著称于世。其独特之处主要体现在结构体系、结构布置以及构造连接方面：竖向主要由木构架承重，围护墙体只起到围护隔断的作用；除台基由分层的石、砖垫块或夯土砌筑外，其余所有构件均由木料制作；柱架平摆浮搁于础石之上，由铺作层连接上部梁架，梁架下辅以枋，梁架上铺设檩、椽、望板等构成屋顶，所有木结构构件之间均由榫卯连接。

　　1）木构架：木结构文物建筑的木构架一般分为抬（叠）梁式和穿斗式，常见卷棚屋顶的抬梁式有无廊的"六架梁六檩"卷棚、"四架梁四檩"卷棚以及带前后廊的"六架梁八檩前后廊"卷棚，常见尖山屋顶的抬梁式有无廊的"七架梁七檩"尖山、"五架梁五檩"尖山以及带单廊的"五架梁六檩前廊"尖山和带前后廊的"五架梁七檩前后廊"尖

山，常见穿斗式则有"三檩三柱一穿"、"五檩五柱二穿"、"十一檩十一柱五穿"等。

2）屋顶造型：木结构文物建筑根据屋顶造型可分为庑殿、歇山、硬山、悬山、攒尖顶几类，每类根据外观形式又分卷棚或尖山、单檐或重檐，攒尖建筑则有三角、四角、五角、六角、八角、圆形、单檐、重檐、多层檐等多种形式。

### 2.1.2 历史保护建筑结构检测内容及方法

历史保护建筑结构检测内容及方法如图 2-1 所示。

#### 2.1.2.1 结构状态检查

（1）承重木材材质结构状态：对承重结构木材材质状态的检测包括：1）木材的腐朽、虫蛀、变质；2）对构件受力有影响的木节、斜纹和干缩裂缝；3）木材的树种、强度或弹性模量。

（2）承重石砌结构状态检查：检查石砌体结构表面的凹陷、凸出、沉降、开裂，以及砂浆疏松、粉化和缺失；砌体偏斜、歪闪等外观缺陷。

（3）承重混凝土结构状态检查：采用放大镜、手电筒、尺等工具，对表面裂缝、剥落、粉化等混凝土常见缺陷进行检查记录。

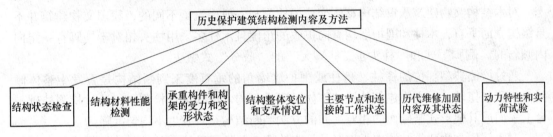

图 2-1 历史保护建筑结构检测内容及方法

#### 2.1.2.2 结构材料性能检测

（1）木材强度检测：对木结构文物建筑木材材质状态的，无损检测技术根据不同的物理和化学原理，可分为木材阻抗仪、应力波、超声波、X 射线以及微波、红外线、核磁共振和雷达探测技术等，主要应用于木材含水率的测定，木材强度与残余弹性模量测定，表面硬度及表层和内部腐朽、裂缝、虫蛀、透气性、吸水性等各种缺陷的现场探测等方面。

（2）石砌结构检测：测试砌体结构的强度，可以采用扁顶法、原位粘结扭剪法、剪切法，还可以采用一些与其他材料相同的测试方法，如脉冲速率法（超声法）、射线摄影法、冲击回声法和表面仪器。测试砌体的垂直度和歪闪程度，可采用垂球吊线测量，简单易行准确。测试砂浆的强度有回弹法、射钉法，以及砂浆片剪切法、点荷法、贯入法等。

（3）混凝土结构检测：对于古旧历史建筑，由于检测的特殊性要求，应尽量使用回弹法、超声波法等无损检测技术，以达到对历史建筑真实性保护的目的，目前常采用超声-取芯综合法或超声-取芯-回弹组合法。

#### 2.1.2.3 承重构件和构架的受力和变形状态

对木结构文物建筑承重构件的受力和变形状态的检测，应包括受压构件、受弯构件、斗拱受力和变形的检测及木构架整体性检测。

（1）受压构件：检测承重柱受压构件的两端固定情况、柱脚与柱础的错位、柱头的位移、柱脚的下陷、柱身的侧向弯曲变形和折断或劈裂，重点检测木柱的垂直度。木柱的垂直度检测应注意，在木结构文物建筑中为了使建筑的稳定性好，早在宋朝的《营造法式》中就规定外檐柱在前后檐（正面柱）向内倾斜，其倾斜量与柱高比值为1%，在两山（侧面柱）向内倾斜0.8%，而角柱则向两个方向倾斜，这种做法被称为"侧脚"。而小式建筑的"收分"一般为柱高的1%，《营造算例》中规定大式建筑柱子的"收分"为0.7%。这种向内收敛、层层抱攒的"侧脚"和脚大头小的"收分"设计技术，对木结构文物建筑的整体结构安全和稳定性有利，检测中应注意柱头位移方向的判别以及木柱截面的变化。

（2）受弯构件：检测梁、枋、檩、椽、格栅（楞木）等受弯构件的受力方式及支座情况、挠度和侧向扭闪变形，重点检测檩条的滚动情况，构件折断、劈裂或沿截面高度出现的受力褶皱和裂纹等变形损伤以及楼、屋盖局部塌陷的范围和程度。

（3）斗拱：检测整攒斗拱的变形和错位情况以及斗拱中各构件及其连接的残损情况。

（4）木构架：检测木构架的整体性，包括沿构架平面和垂直构架平面的整体倾斜和变形等。

#### 2.1.2.4　结构整体变位和支承情况

对木结构文物建筑承重结构整体变位的检测与一般建筑是不同的，我国文物建筑并不是结构立面垂直，木柱和围护墙均有向里收的角度且木柱多采用柱头相对于柱脚有一定向内倾斜的"侧脚"式和"柱头小、柱脚大"的"收分"式做法。

通过检测典型部位的檐柱、角柱或围护墙墙角的垂直度来判断结构是否发生整体倾斜、位移、扭转，对文物建筑结构的整体沉降或不均匀沉降进行检测，可通过检测柱础平台上表面或其他形式基础面的相对高差的方法判断结构是否发生不均匀沉降。

对木结构文物建筑结构支承情况的检查检测，包括承重柱与基础的连接形式和工作状态（柱根是否糟朽，与基础面的抵承情况等）、该文物建筑是否与周围建筑相连或是否有增层扩建等部分，以及相互间的支承连接状态。

#### 2.1.2.5　主要节点和连接的工作状态

木结构文物建筑的柱与梁、柱与枋、柱与檩、梁与檩、檩枋与瓜柱、瓜柱与梁、楞木与梁等主要承重构件的连接均采用榫卯连接方式，这种连接方式主要起固定或连接作用，其榫卯连接处多承受横向剪力作用，且在外力荷载和自身变形下会发生脱榫、榫头折断、卯口劈裂等，影响受弯构件的固接支座性能，变为可以发生侧向位移或扭转变形的半刚性连接，对木结构的传力不利。对木结构文物建筑的主要节点和连接的工作状态的检测，主要包括梁、枋拔榫，榫头折断或卯口劈裂，榫头或卯口处的压缩变形，铁件锈蚀、变形或残缺等内容。

#### 2.1.2.6　历代维修加固内容及其状态

对木结构文物建筑历代维修加固措施的现存内容及其目前工作状态的检测与检查，应重点检查加固构件的受力状态、新出现的变形或位移、原腐朽部分挖补后重新出现的腐朽以及因维修加固不当而对建筑物其他部位造成的不良影响。

#### 2.1.2.7　动力特性和实荷试验

有必要时，如检测木楼盖的振动以及承载能力或正常使用状态下的变形能力时，还应对结构进行动力特性的检测以及结构或构件的现场实荷试验。

此外，对木结构文物建筑已有的实际荷载水平及其分布进行核查测算，确定各类荷载在结构构件上的作用方式、作用频率、作用大小、分布和影响范围及其在结构上的传力途径，是对文物建筑木结构和承重构件的承载力和变形性能进行安全核算的基础工作。

## 2.2　历史保护建筑结构鉴定

### 2.2.1　历史保护建筑结构状态鉴定原则

历史建筑是一种特殊的建筑群体，它独特的历史价值和建筑价值决定了不能以评价一般性建筑的标准来评价历史建筑。

以结构可靠性理论为基础，采用调查、检测等手段获得历史保护建筑物及其环境的相关信息，通过结构力学和可靠性分析验算等（当结构存在某些专项问题或有特定要求时可进行专项检测鉴定），对历史保护建筑结构可靠性水平作出评价，并对其在未来时间里（即鉴定的目标使用年限内）能否完成预定功能进行预测与推断，为历史纪念建筑的技术决策和处理方案的制订提供依据。

### 2.2.2　历史保护建筑结构状态鉴定分类

（1）木结构评定。遵循《古建筑木结构维护与加固技术规范》（GB 50165—92）的相关要求对木构件进行评定。以木构架为主要承重体系的历史保护建筑的鉴定应根据承重结构中出现的残损点数量、分布、恶化程度及对结构局部或整体可能造成的破坏和后果进行评估。

（2）危房鉴定。遵循《危险房屋鉴定标准》（JGJ125—99，2004 年版）的相关要求。综合评定应按三个层次进行：第一层次应为构件危险性鉴定，其等级评定分为危险性构件（Td）和非危险构件（Fd）两类。第二层次应为房屋组成部分（包括地基基础、上部承重结构、围护结构）危险性鉴定，其等级评定分为 a、b、c、d 四等级。第三层次应为房屋危险性鉴定，其等级评定应分为 A、B、C、D 四等级（非危房、危险点房、局部危房、整栋危房）。

（3）抗震鉴定。现行建筑抗震设计规范主要采用"三水准两阶段"的设计方法，对小震下结构进行承载力验算，并通过与概念设计相关的内力调整放大和抗震构造措施来满足中震和大震下的宏观性能控制要求。在历史保护建筑的鉴定中，情况往往更加复杂，应依据《建筑抗震鉴定标准》（GB 50023—2009）及《建筑抗震设计规范》（GB 50011—2010）的要求分两级进行抗震鉴定。

（4）可靠性鉴定。遵循《民用建筑可靠性鉴定标准》（GB 50292—1999）的相关要求进行建筑可靠性鉴定。民用建筑的鉴定评级，包括安全性、正常使用性以及适修性评级三项内容。

（5）专项鉴定。根据国家其他现行标准、规范、规程及地方法规进行房屋其他方面的鉴定。

## 2.3　历史保护建筑结构加固修复

### 2.3.1　历史保护建筑结构加固修复原则

对保护建筑整体结构而言，相比其他需要更换原材料的措施，加固修复是最便捷的方法。在保护建筑的修缮过程中，原有建筑的结构更加重要。为了保留原有的建筑形态营造法式，建筑物修缮往往是局部小修小改。但是仅仅这些局部的变化，也会引起结构传力以及内力的改变，从而影响到其他部分。因此，在对建筑进行修缮工作之前，必须对原有结构有充分全面的了解，并与之相结合制定方案。整体加固修复应遵循如下原则：

（1）建筑的立面、结构体系、平面布局和内部装饰不得改变。

（2）建筑的立面、结构体系、基本平面布局和有特色的内部装饰不得改变，其他部分允许改变。

（3）建筑的立面和结构体系不得改变，建筑内部允许改变。

（4）建筑的主要立面不得改变，其他部分允许改变。

（5）修缮保护建筑，应最大限度地保持外型和原材料。

## 2.3.2　历史保护建筑结构加固修复方法

由于木材资源的缺乏以及我国保护文物的政策性要求，不可能大面积采用替换新材的方法来修缮和改造破坏的木结构古建筑。因此，针对木结构古建筑的破坏形式以及破坏原因，根据古建筑木结构的特点并结合古建筑木结构修缮加固的保护原则，本书系统归纳总结了适宜于木结构古建筑加固补强技术的加固修缮方法，如图2-2所示。

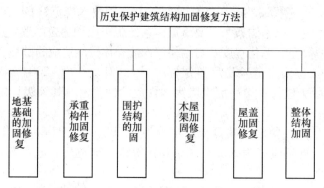

图2-2　历史保护建筑结构加固修复方法

### 2.3.2.1　地基基础的加固修复

（1）对于建在山顶或者山下的古建筑，可以采用石砌护坡或挡土墙的方法来修缮加固，这样可以稳定处于山顶的古建筑周围的地基，避免处于山脚下的古建筑因滑坡等引起建筑物破坏；当附近地下有空穴或局部塌陷时，可以采用土方开挖碎石回填或灌浆的补救方法。

（2）相对来说，修建合理的排水设施是一种间接的加固古建筑地基基础的方法。在古建筑周围使用明水沟排水方法，一方面能够防止大量的潴水渗透到基础下面，避免在古建筑周围形成潦水，防止地基基础变形的进一步扩大；另一方面，明水沟的使用便于检修，一旦发生堵塞，能够很快解决。

（3）对于台基砌体的修缮加固，应将严重酥碱、风化严重、有裂缝的砌块和条石拆下，在新旧砖层间加铺钢筋网，并用钢筋勾拉结，缝隙进行灌浆加固，随砌随灌，加强新旧砌体的整体性能。对于础石移位或破碎的加固，可以在础石周围加砌纵横向龙骨撑墙，防止础石移位；或采用整体顶升更换础石的方法。

（4）对于因地震作用或周围施工导致地基承载力下降或不足的古建筑地基基础，可以采用打桩（木桩或者混凝土桩）加固的方法挤紧地基土，提高地基的承载能力，从而防止基础的不均匀沉降。

**2.3.2.2　承重构件加固修复**

我国现存近现代保护建筑，有很多是清水墙，砖木结构、砌体结构房屋，存在着抗拉、抗剪强度较低，结构延性较差，材料易于脆断的特性，以致墙体产生裂缝成为砌体墙面常见的问题。但由于保护建筑不同于新建筑营建，也不同于普通建筑维修项目，其墙体、构件原则上不得更换，只能采取修补、补强的方法。

（1）下撑式拉杆加固梁：梁枋构件的挠度超过规定的限值、承载能力不够以及发现有断裂迹象时，可采用增加下撑拉杆组成新的受力构件。在加固前，要特别注意检查木梁两端的材质是否腐朽、虫蛀，只有在材质完好的条件下才能保证拉杆固定牢靠。

（2）采用夹接、托接方法加固梁：木梁在支承点入墙端易产生腐朽、虫蛀等损坏，可采取夹接，或接换梁头。当采用木夹板加固构造处理或施工较困难时，可采用型钢托接的方法。

（3）墩接法加固柱：当柱角腐朽严重，但自柱底面向上未超过柱高的1/4时，可采用墩接柱角的方法，墩接材料可采用木材、钢筋混凝土或石材。

木结构古建筑常见的加固修复内容如图2-3所示。

（a）　　　　　　　　（b）　　　　　　　　（c）　　　　　　　　（d）

图2-3　历史保护建筑常见加固修复内容及方法

（a）木构件加固修复；（b）木屋架加固修复；（c）外立面修复；（d）屋顶修复

**2.3.2.3　围护结构的加固**

对于木结构古建筑围护墙体，能不拆除应尽量不拆除，为了保存其原貌，只需要将酥碱严重的墙体拆除补砌。可采用压力灌浆或喷浆的加固方法来提高墙体的强度。为降低地震作用的破坏，应减轻墙体的自重，用砖墙或轻质高强的新型木墙代替土坯墙，使用钢筋或铅丝将墙体与柱架拉结，使两者能较好的协同工作，增强结构的整体稳定性。

对于风化严重的琉璃瓦应重新更换；对松动的瓦件，可增加瓦面上纵向的瓦钉，或采用灰浆并放少量的粘结剂将瓦件重新固定，及时对屋顶的杂草进行清除，对漏水部位采用青灰背进行维修。

**2.3.2.4　木屋架加固修复**

在历史建筑和传统建筑修复中，木结构是主要也是最常见的结构形式，目前，对于木结构的修复和营造技术已经十分成熟。导致木屋架发生损坏的常见问题有结构变形，屋架结构失稳，屋架结构腐烂，木屋架虫蛀（如细菌、昆虫、船蛆和真菌等），屋架裂缝损伤。

木屋架的保护和修复方法包括以下两个方面：

（1）木屋架防腐、防虫修复技术：导致木屋架失去承载能力的很重要原因即是木材长期裸露在空气中，经过历史的洗礼，木材屋架结构会出现很多虫蛀和腐蚀现象，为了防止这种状况发生可以在已存的木屋架上进行防腐处理并控制室内环境的湿度。其中防腐处理是最为常见的修复保护措施，常用的防腐材料应对人体没有伤害，如木焦油、络酸砷酸铜、环氧树脂型木材强化剂、环氧型木材替代剂和防腐油漆。进行涂料处理的方法有采用压力防腐、熏蒸剂、涂刷法和控制室内湿度处理法这四种方法。

（2）木屋架加固修复技术：对于木屋架的加固，首先要检查木屋架结构损坏的原因，如检查结构变形、整体稳定性、支撑系统是否完善，等等；其次，严格进行结构变形、增缺构件、断面破损的结构检测；最后，尽可能采用与原建筑相同的材料，保持木屋架原始风貌。仅仅对局部范围或个别出现病害和破损移位部位进行修复。

### 2.3.2.5　屋盖加固修复

屋盖在建筑物的上方，是房屋最上部的围护结构，也是划分建筑物内部与外部的要素。通常具有遮蔽风、雨、雪、日光等功能。按照其外形可分为坡屋盖、平屋盖和其他形式的屋盖。我国历史悠久的传统建筑主要采用以房殿、歇山、悬山、硬山、卷棚、攒尖等为主的坡屋盖形式，平屋盖则大量运用于近现代民用建筑。

屋盖一般由承重结构和屋面两部分组成，必要时还有保温层、隔热层及顶棚等。承重结构主要是承受屋面荷载并把它传递到墙或柱上，大体上可分为擦式、椽式、板式。

### 2.3.2.6　整体结构加固

当柱架倾斜、发生扭转比较严重时，采用加固构件已不能满足结构的承载力需求，在不拆落木构架的情况下，可采用对个别残损严重的构件进行更换或者其他修补加固措施。

对残损严重且需要全部或局部拆除的古建筑，应采用落架大修，对每个残损构件逐个修整，更换严重残损的构件，再重新安装，并进行加固。对于础石移位的情况，可以将础石周围采用石砌块、混凝土固住，或在柱基之间加砌纵横向龙骨撑墙，防止由于础石的移位造成结构丧失稳定性。

# ③ 民用建筑结构安全检测、鉴定、加固修复理论

随着建筑业的迅猛发展，我国的建筑已经逐步进入新建与加固并存阶段，人们对自己工作和生活的空间的安全意识越来越高。在这种形式下，民用建筑的结构安全开始越来越受到人们的重视。其中，砖混住宅建筑建设年代较早，部分超过设计使用年限仍在继续使用，这些建筑有的变形或裂缝严重，已经超出了规范的要求，严重影响结构安全；有的既有民用建筑在使用过程中改变了使用功能，造成荷载增大，直接影响结构承载，导致结构安全问题突出；有的民用建筑在使用过程中遭受火灾、地震、爆炸等不安全因素的影响，导致建筑物发生结构失稳或脱落等安全问题。对于这些结构性能因外界自然灾害或自身环境变换后造成的自身结构性能退化或失效，且无法满足现有设计规范对结构安全要求的情况，需对建筑物进行检测、鉴定工作，为建筑结构后续的安全使用、加固修复等提供准确且科学的依据。

## 3.1 民用建筑结构检测

### 3.1.1 民用建筑结构检测原则

（1）遵循现行结构检测技术规范：民用住宅建筑多为砌体结构、混凝土结构和部分钢结构建筑；民用公共建筑多为钢结构、混凝土结构和部分砌体结构建筑。不同的结构形式应采用不同的检测方法，检测过程和检测方法必须遵循《建筑结构检测技术标准》（GB/T 50344—2004）、《钢结构现场检测技术标准》（GB/T 50621—2010）、《回弹法检测混凝土强度技术规程》（JGJ/T23—2011）等标准。

（2）不同结构检测的重点不同：

1）砖混结构的检测内容，以砖、砂浆强度为主，如有独立柱再考虑对独立柱混凝土强度、配筋、截面尺寸进行检测；而对于砖混结构中的圈梁、构造柱混凝土强度是次要的，主要检查是否设置圈梁、构造柱。

2）混凝土结构的检测内容，以混凝土强度、配筋、截面尺寸为主；而对混凝土框架结构的填充墙，砖、砂浆强度是次要的，主要检查是否设置拉结。

3）钢结构的检测内容，应重点考虑其构件的尺寸、连接、钢材锈蚀情况，构件的变形与挠度，钢结构的支撑情况是否符合设计要求等内容。

### 3.1.2 民用建筑结构检测内容及方法

#### 3.1.2.1 外观缺陷检查

根据民用住宅建筑和民用公共建筑的结构特点对其进行外观缺陷检查，主要对建筑物的环境、地基基础、结构体系和布置、外观质量和缺陷等进行检查。对于不同的结构材

料，其缺陷和损伤检测的项目有所不同。

（1）木结构：多为木结构屋面，其中，木材缺陷对于圆木和方木可分为木节、斜纹、扭纹、裂缝、髓心等项目，对于胶合木结构尚有翘曲、顺纹、扭曲等，对于轻型木结构尚有扭曲、横弯、顺弯等。上述项目可采用目测、尺量、靠尺、探针等进行检测。

（2）砌体结构：砌体结构的缺陷及损伤包括砌筑质量（组砌方式等）、损伤（裂缝；环境侵蚀损伤，如冻融损伤、风化等；灾害损伤，如火灾损伤等；人为损伤，如碰撞损伤等）。砌筑质量可通过目测法进行，对损伤可通过超声、尺量等方法进行。

（3）混凝土结构：结构缺陷及损伤包括外观质量（蜂窝、麻面、孔洞、夹渣、露筋、裂缝、疏松区等）、损伤（包括环境侵蚀损伤，如冻伤；灾害损伤，如火灾损伤等）。其检测技术根据不同的缺陷和损伤项目进行选择，如外观质量可通过目测与尺量、超声等方法检测，损伤可通过超声、取样、剔凿等方法进行，裂缝缺陷可通过超声、尺量等方法。

（4）钢结构：钢结构的缺陷和损伤包括外观质量（均匀性，如夹层、裂纹、非金属夹杂等）、损伤（裂纹、局部变形、锈蚀等）。钢结构裂纹可采用观察法和投射法检测，局部变形可采用观察法、尺量法，锈蚀可采用电位差法等。

### 3.1.2.2   民用建筑结构性能检测

对于不同的结构材料及连接技术，可采用不同的强度检测技术。

（1）木结构：取样法，根据木材种类和材质等级确定等。

（2）砖砌体：对块材的现场检测方法有取样法、回弹法（其适用性尚待探讨）；对砌筑砂浆的检测方法有回弹法、推出法、筒压法、砂浆片剪切法、点荷法、射钉法（贯入法）等。

（3）混凝土：回弹法、超声法、超声—回弹综合法、拉拔法、钻芯法等。

（4）钢材：取样法、表面硬度法等。

（5）连接强度：对于化学植筋采用抗拔承载力拔出检测，对于钢材焊缝采用取样、超声波、X射线透射、γ射线透射等方法。

### 3.1.2.3   其他检测

（1）荷载检验：为了更直接、更直观地检验结构或构件的性能，对建（构）筑物的局部或某些构件进行加载试验，检验其承载能力、刚度、抗裂性能等。

（2）动力测试：对建（构）筑物整体的动力性能进行测试，根据动力反应的振幅、频率等，分析整体的刚度、损伤，看是否有异常。

（3）安全性监测：重要的工程和大型的公共建筑在施工阶段开始时进行结构安全性监测。

## 3.2   民用建筑结构鉴定

### 3.2.1   民用建筑结构鉴定原则

民用建筑结构鉴定包括结构性能鉴定和结构工程质量评定。结构性能评定应该执行相应的原则。

（1）可靠性鉴定应符合安全性、适用性并举的原则。区别于工业建筑，民用建筑可靠性鉴定应安全性、适用性并重，按要求按性能分别进行评定并开展可靠性鉴定工作。此外，针对结构存在的某些方面的突出问题或特定的要求，进行结构专项鉴定。

（2）民用建筑结构分析与校核。民用建筑在进行结构的性能鉴定的过程中，需基本符合现行规范的要求，包括有些结构需要提升其原有性能，有些结构可以限制使用。尽量减少工程处置量，可以适度利用设计阶段不确定性储备，不能照搬现行结构规范的全部规定，这样可以减少结构或构件的工程处置量，体现可持续发展政策。

### 3.2.2　民用建筑结构鉴定分类

民用建筑结构鉴定按鉴定目标可分为以下6种类型。

（1）房屋完损等级评定：遵循《房屋完损等级评定标准》（试行本）的相关要求进行房屋完损等级评定。

（2）危房鉴定：遵循《危险房屋鉴定标准》（JGJ125—99，2004 版）的相关要求进行危房鉴定。

（3）可靠性鉴定：遵循《民用建筑可靠性鉴定标准》（GB 50292—1999）的相关要求进行建筑可靠性鉴定。民用建筑可靠性鉴定可分为安全性鉴定和正常使用性鉴定。

（4）抗震鉴定：依据《建筑抗震鉴定标准》（GB 50023—2009）的要求进行建筑抗震鉴定。

（5）火灾后结构构件安全性鉴定：根据《火灾后建筑结构鉴定标准》（CECS252：2009），火灾后结构构件的鉴定评级分初步鉴定评级和详细鉴定评级。

（6）专项鉴定：根据国家其他现行标准、规范、规程及地方法规进行房屋其他方面的鉴定。

## 3.3　民用建筑结构加固修复

### 3.3.1　民用建筑结构加固修复原则

#### 3.3.1.1　民用建筑结构加固修复整体原则

（1）方案制定的总体效应：制定建筑物的加固方案时，除考虑可靠性鉴定结论和委托方提出的加固内容及项目外，还应考虑加固后建筑物的总体效应。

（2）材料的选用和强度取值：当原结构材料种类和性能与原设计一致时，按原设计值取用；无材料强度资料时，按实测取值。加固材料中所用钢材一般选用Ⅰ级钢和Ⅱ级钢；水泥宜选取普通硅酸盐水泥，标号不应低于 42.5 号。加固用混凝土的强度等级，应比原结构的混凝土强度等级提高一级，且加固上部结构构件的混凝土强度等级不应低于 C20，加固用混凝土中不应掺入粉煤灰、火山灰和高炉矿渣等混合材料。加固所用粘结材料及化学灌浆材料的粘结强度，应高于被粘结构混凝土的抗拉强度、抗剪强度。

（3）荷载计算：加固验算应按建筑结构荷载规范的规定取值。规范中未作规定的永久荷载，可根据情况进行抽样实测后确定。抽样数不得少于 5 个，以其平均值的 1.1 倍作为荷载标准值。特殊荷载应根据使用单位提供的数据取值。

（4）承载力验算：进行承载力验算时，结构的计算简图应根据结构的实际受力状况和结构的实际尺寸确定。构件的截面面积应采用实际有效截面面积，即应考虑结构的损伤、缺陷、锈蚀等不利影响。验算时，应考虑结构在加固时的实际受力程度和加固部分的受力滞后特点，以及加固部分与原结构协同工作的程度。对加固部分的材料强度设计值进行适当的折减，还应考虑实际荷载偏心、结构变形、局部损伤、温度作用等造成的附加内力。当加固后使结构的重量增大时，尚应对相关结构及建筑物的基础进行验算。

### 3.3.1.2　多层砖砌体结构房屋的加固

（1）多层砖砌体结构房屋的加固，应根据鉴定（包括以静力鉴定为主的可靠性鉴定和房屋抗震鉴定）结果，分析不符合鉴定要求的程度和原因，结合该房屋结构的特点及技术经济条件等进行综合分析，按安全可靠、有效合理的原则选择加固方案。

（2）加固工作不应破坏原有结构，一般情况下宜少扰动原有地基基础，减少地基基础的加固工程量，多采取提高上部结构抵抗不均匀沉降等措施。

（3）新加固部分或新增构件与原有构件之间应有可靠连接，新加板墙或新增抗震墙、柱等竖向构件应有可靠的基础。

（4）房屋的静力加固应着重于结构承载能力的提高和房屋使用功能的改善，重点对不符合鉴定要求的结构或构件进行加固，以及对房屋正常使用性问题进行维修处理。

（5）房屋抗震加固应着重于结构延性的提高、房屋整体性和综合抗震能力的增强，可分别采用房屋整体加固、区段加固或构件加固等方法。

### 3.3.1.3　钢筋混凝土结构房屋的加固

（1）混凝土结构静力加固的基本要求：1）根据可靠性鉴定结论和委托方提出的要求，对需要加固的构件进行可靠性加固。2）加固范围为可靠性鉴定中安全性评为不符合要求（c级）和极不符合要求（d级）的混凝土构件，评为不符合要求（C级）和极不符合要求（D级）的子单元或结构系统，以及正常使用性评为不符合要求且需要加固处理的构件和子单元或结构系统。3）加固后的混凝土结构或构件应满足安全、正常使用的要求；加固后混凝土结构的安全等级应根据破坏后果的严重性、结构的重要性和加固设计使用年限等确定。

（2）钢筋混凝土结构房屋抗震加固的基本要求：1）抗震加固时应根据房屋的实际情况选择加固方案，分别采用主要提高结构构件抗震承载力、主要增强结构变形能力，或既提高承载力又提高变形能力，或改变框架结构体系的方案。2）加固后的框架应避免形成短柱、短梁或强梁弱柱。3）当采用综合抗震能力指数验算时，加固后楼层屈服强度系数、体系影响系数和局部影响系数应根据房屋加固后的状态计算和取值，加固后楼层综合抗震能力指数应不小于1.0；当采用规范方法验算时，加固后结构构件的综合抗震能力应满足要求。

### 3.3.1.4　内框架和底层框架砖房的加固

本节适用于内框架、底框架与砖墙混合承重的多层房屋，其适用的最大高度和层数应符合现行国家标准《建筑抗震鉴定标准》（GB 50023—2009）的有关规定。

（1）内框架和底层框架砖房的抗震加固要求：1）房屋加固后，框架层与相邻上部砌体层的刚度比，应符合现行的国家标准《建筑抗震设计规范》（GB50011—2010）的相应规定。2）加固部位的框架应防止形成短柱或强梁弱柱。3）采用综合抗震能力指数验算时，楼层屈服强度系数、加固增强系数，加固后的体系和局部影响系数应根据加固后的状态计算和取值。

（2）当加固后按现行行业标准《建筑抗震加固技术规程》（JGJ 116—2009）第304条的规定采用现行国家标准《建筑抗震设计规范》（GB 50011—2010）规定的方法进行抗震承载力验算时，应计入构造的影响。

（3）当A、B类底层框架砖房的层数和总高度超过国标《建筑抗震鉴定标准》（GB 50023—2009）规定的层数和高度限值，但未超过国标《建筑抗震设计规范》（GB 50011—2010）规定的层数和高度限值时，应提高其抗震承载力并采取增设外加构造柱等措施，达到国标《建筑抗震设计规范》（GB 50011—2010）对其承载力和构造柱的相关要求。当其层数超过国标《建筑抗震设计规范》（GB 50011—2010）规定的层数时，应改变结构体系或减少层散。

（4）底层框架、底层内框架砖房上部各层的加固，其竖向构件的加固应延续到底层；底层加固时，应计入上部各层加固后对底层的影响。框架梁柱的加固应符合现行行业标准《建筑抗震加固技术规程》（JGJ 116—2009）第6章的有关规定。

### 3.3.2　民用建筑结构加固修复方法

民用建筑结构加固对象主要包括多层砌体结构、钢筋混凝土结构、内框架和底层框架砖房结构房屋，常见的加固修复内容及方法如图3-1所示。

　　（a）　　　　　　　　（b）　　　　　　　　（c）　　　　　　　　（d）

图3-1　民用建筑常见加固修复内容及方法

（a）住宅增设构造柱加固；（b）住宅承重墙加固；（c）住宅剪力墙碳纤维加固；（d）公共建筑梁粘钢加固

#### 3.3.2.1　多层砌体结构民用建筑加固

A　多层砌体结构民用建筑加固方法

多层砖砌体房屋的静力加固，主要是对房屋结构或构件的静力加固，包括对砖柱、墙体、混凝土梁和楼板，以及悬挑阳台的加固，常用的加固方法有以下几种。

（1）当多层砖砌体房屋的无筋承重砖柱（壁柱和独立柱）承载能力不足时，可采用钢筋混凝土围套加固或外包钢加固。（2）当多层砖砌体房屋的承重墙体承载能力不足时，应根据差异程度和原因，分别采用砂浆面层、钢筋网砂浆面层和钢筋混凝土板墙加固。（3）当多层砖砌体房屋的混凝土梁或楼板承载能力不满足要求时，可采用粘钢或粘贴碳纤维加固。（4）当多层砖砌体房屋的悬挑阳台安全可靠性不满足要求时，应根据阳台的类型、存在问题的性质，以及相关构造特征的不同，分别采用支柱法、支架法或增设型钢支座法。（5）为提高墙体承载力和耐久性，根据墙体裂缝的特点与性状，可采用压力灌浆的方法进行灌注与修补。（6）对混凝土梁、板构件的裂缝修补方法，应根据裂缝成因和性状，以及修补目的的不同，分别采用表面处理法、灌浆法、填充法，及表面涂渗透性防水剂等方法处理。

**B　多层砌体结构民用建筑抗震加固**

对于多层砖砌体房屋的抗震加固，现行行业标准《建筑抗震加固技术规程》（JGJ 116—2009）提供了可供选择的多种有效的加固方法。

房屋抗震承载力不足的加固方法：（1）拆除原墙体重砌或增设抗震墙加固：对局部强度过低的原墙体可拆除重砌；重砌和增设抗震墙的结构材料宜采用与原结构相同的砖或砌块，也可采用现浇钢筋混凝土。（2）修补与灌浆：对已开裂墙体，可采用压力灌浆修补，对砌筑砂浆饱满度差且砂浆强度等级偏低的墙体，可采用满墙灌浆加固。（3）面层或板墙结构：在墙体的一侧或两侧采用水泥砂浆面层、钢筋网砂浆面层、钢绞线网-聚合物砂浆面层或现浇钢筋混凝土板墙加固。（4）外加柱加固：在墙体交接处增设现浇钢筋混凝土构造柱加固，外加柱应与圈梁、拉杆连成整体，或与现浇钢筋混凝土楼、屋盖可靠连接。（5）包角或镶边加固：在柱、墙角或门窗洞边采用型钢或钢筋混凝土包角或镶边加固；在柱、墙垛还可用现浇钢筋混凝土套加固。（6）支撑或支架加固，对刚度差的房屋，可增设型钢或钢筋混凝土支撑或支架加固。

房屋整体性不良的加固方法：（1）墙体布置不封闭，可增设墙段或在开口处增设现浇钢筋混凝土框加固。（2）纵横墙连接较差时，可采用钢拉杆、长锚杆、外加柱或圈梁等加固。（3）楼、屋盖构件支撑长度不足时，可增设托梁或采取增强楼、屋盖整体性等措施。（4）构造柱设置不符合要求时，应增设外加柱；当墙体采用双面钢筋网砂浆面层或钢筋混凝土墙加固时，可在墙体交界处增设配筋加强带形成暗构造柱。（5）圈梁设置不符合要求时，应增设圈梁；当墙体采用双面钢筋网砂浆面层或钢筋混凝于板墙加固时，可在上下两端增设配筋加强带形成暗圈梁。（6）预制楼、屋盖不符合鉴定要求时，可增设钢筋混凝土现浇层或增设托梁加固楼、屋盖。

**C　对房屋中易倒塌部位的加固方法**

（1）窗间墙宽度过小或抗震能力不足时，可增设钢筋混凝土窗框或采用钢筋网砂浆面层、钢筋混凝土板墙等加固。（2）支撑大梁等的墙段抗震能力不满足时，可增设砌体柱、组合柱、钢筋混凝土柱，或采用钢筋网砂浆面层、钢筋混凝土板墙加固。（3）支撑悬挑构建的墙体不符合要求时，宜在悬挑构件端部增设钢筋混凝土柱或砌体组合柱加固。（4）隔墙无拉结或拉结不牢时，可采用镶边、埋设钢夹套、锚筋或钢拉杆加固；隔墙过长、过高时，采用钢筋网砂浆面层加固。（5）出屋面的楼梯间、电梯间和水箱间不符合要求时，可采用钢筋网砂浆面层或外加柱加固。（6）出屋面的烟囱、无拉结女儿墙等超过规定高度时，宜拆除、降低高度或采用型钢、钢拉杆加固。（7）悬挑构件的锚固长度不满足要求时，可加拉杆或采取减少悬挑长度的措施。

**D　对有明显扭转效应的多层砌体房屋抗震能力不足的加固方法**

（1）可优先在薄弱部位增砌砖墙或现浇钢筋混凝土墙，或在原墙加面层。（2）也可采取分割平面单元，减少扭转效应的措施。

**E　对现有房屋的加固**

普通黏土砖砌筑的墙厚不大于180mm时，应采用双面钢筋网砂浆面层或钢筋混凝土板墙加固。

**F　抗震加固方案的选择**

加固方案的选择，应根据抗震鉴定结果和房屋实际情况，按照增强房屋结构的整体性、改善结构构件的受力状况、加强薄弱部位的抗震构造、提高结构综合抗震能力和房屋整体抗震性能的抗震加固原则，经综合分析后确定。部分抗震加固方案如下：

（1）对抗震措施及抗震承载力与鉴定要求相差较大的，宜采用双面夹板墙进行抗震加固的方案，能从根本上提高结构整体抗震能力。对抗震措施及墙体受剪承载力与鉴定要求相差不很大的，可采用钢筋网砂浆面层的加固方法；也可采用钢绞线网-聚合物砂浆面层的加固方法。（2）对房屋整体性不满足鉴定要求时，可增设外加柱和圈梁；预制楼、屋盖不满足要求时，可增设现浇钢筋混凝土叠合层或增设托梁加固。（3）当房屋抗震措施、抗震承载力及其整体性均不满足鉴定要求或超层超高时，应采用改变结构体系的抗震加固方案，包括采用足够数量的钢筋混凝土墙（即对楼梯间墙体及其他的部分墙体，采用总厚度不小于140mm的钢筋混凝土双面夹板墙）的加固方案；采用面层或板墙的加固方法，将房屋两个方向的砖墙体均加固为组合墙体的加固方案；在将房屋两个方向砖墙体加固面层或夹板墙的同时，采用增设外加柱和圈梁或增设配筋加强带以形成暗构造柱和暗圈梁，加强约束砌体墙的加固方案。

### 3.3.2.2 钢筋混凝土结构民用建筑加固

（1）钢筋混凝土结构民用建筑加固方法。混凝土结构或构件采用以静力为主的可靠性鉴定确认加固时，应根据结构加固方法的受力特点，依据现行国标《混凝土结构加固设计规范》（GB 50367—2013）所给出的直接加固与间接加固两大类及配合使用的技术，对其进行静力加固：

1）对混凝土构件的直接加固需根据工程的实际情况选用增大截面加固法、置换混凝土加固法、外粘型钢加固法、外粘钢板加固法、粘贴纤维复合材加固法、绕丝加固法或高强度钢丝绳网片-聚合物砂浆外加层加固法等。2）对混凝土结构的间接加固需根据工程的实际情况选用外加预应力加固法或增设支点加固法等。3）与结构加固方法配合使用的技术，包括裂缝修补技术、锚固技术和阻锈技术，均应符合该规范的规定要求。

（2）钢筋混凝土结构房屋经抗震鉴定确认需要抗震加固时，可依据现行行业标准《建筑抗震加固技术规程》（JGJ 116—2009）给出的加固方法，对房屋进行抗震加固。

结构体系和抗震承载力不满足要求的加固方法：

1）单向框架应加固，或改为双向框架，或采取加强楼、屋盖整体性且同时增设抗震墙、抗震支撑等抗侧力构件的措施。2）单跨框架不符合鉴定要求时，应在不大于框架-抗震墙结构的抗震墙最大间距且不大于24m的间距内增设抗震墙、翼墙、抗震支撑等抗侧力构件，或将对应轴线的单跨框架改为多跨框架；并且，抗震墙宜设置在框架的轴线位置，翼墙宜在柱两侧对称布置；增设墙（抗震墙或翼墙）与原有框架的连接构造方式，一般情况下，宜采用锚筋柔性连接，当框架柱抗震承载力相差较大结合选用增大截面法加固时，可采用现浇钢筋混凝土套刚性连接。3）框架梁柱配筋不符合鉴定要求时，可采用钢构套、现浇钢筋混凝土套或粘贴钢板、碳纤维布、钢绞线网-聚合物砂浆面层等方法加固。4）框架柱轴压比不符合鉴定要求时，可采用现浇钢筋混凝土套等方法加固。5）房屋刚度较弱、明显不均匀或有明显的扭转效应时，可增设钢筋混凝土抗震墙或翼墙加固，也可设置支撑加固。6）当框架梁柱实际受弯承载力的关系不符合鉴定要求时，可采用钢构套、现浇钢筋混凝土套或粘贴钢板等方法加固框架柱，也可通过罕遇地震下的弹塑性变形验算确定对策。7）钢筋混凝土抗震墙配筋不符合鉴定要求时，可加厚原有墙体或增设端柱、墙体等。

8）当楼梯构件不符合鉴定要求时，可采用粘贴钢板、碳纤维布、钢绞线网-聚合物砂浆面层等方法加固。

（3）钢筋混凝土构件存在局部损伤、裂缝的加固方法：钢筋混凝土构件存在局部损伤时，可采用细石混凝土修复；出现裂缝时，可灌注水泥基灌浆料等补强。

（4）填充墙体与框架结构连接等不符合鉴定要求的加固方法：1）填充墙体与框架柱连接不符合鉴定要求时，可增设拉筋，加强填充墙体与框架柱的连接；2）可在墙顶增设钢夹套等与梁拉结，加强填充墙体与框架梁的连接；3）楼梯间的填充墙不符合鉴定要求时，可采用钢筋网砂浆面层加固。

（5）钢筋混凝土结构民用建筑抗震加固方案的选择：钢筋混凝土框架结构房屋加固方案的选择，应根据抗震鉴定结论和房屋实际情况，按照增强房屋结构的整体性、改善结构构件的受力状况、加强薄弱部位的抗震构造、提高结构综合抗震能力和房屋整体抗震性能的抗震加固原则，经综合分析后确定。

1）对于单跨框架、单向框架结构房屋，以及多跨框架结构房屋高度超过适用高度、或框架结构抗震承载力和变形能力均不满足鉴定要求时，宜优先采用增设抗震墙或抗震支撑，改变结构体系的加固方案，并且增设的抗震墙的布置、数量要合适，满足框架-抗震墙结构要求即可；对于重要的或纪念性的公共建筑，其房屋框架结构宜采用增设消能减震装置的加固方案。若改变结构体系难以实现时，可采用将单跨框架改为多跨框架、单向框架改为多向框架，或增设翼墙等加固处理方案。

2）对于房屋框架结构抗震承载力不满足要求、而变形能力满足要求或相差不大，且增设抗震墙、翼墙或抗震支撑等抗侧力构件有困难时，可对框架梁柱（主要是对框架柱）采用钢构套、钢筋混凝土套或粘贴钢板、碳纤维布、钢绞线网-聚合物砂浆面层等加固，主要增强框架柱的抗震承载力，适当提高框架梁抗震承载力的加固方案。

3）对于框架梁柱实际受弯承载力的关系普遍不符合鉴定要求（即强梁弱柱）的情况，以及梁柱箍筋配置构造或框架柱轴压比等不符合鉴定要求时，应采用显著提高框架柱的抗震承载力和延性，控制框架梁承载力的加固方案；并通过罕遇地震下的弹塑性变形验算，或结合框架结构采取改变结构体系的加固方案考虑适当处理。

4）对于填充墙体与框架结构的连接不符合鉴定要求时，可根据实际情况，采取相应措施进行加固或采用拆除原有墙体改为轻质墙体的处理方案。

3.3.2.3　内框架和底层框架砖房的加固

（1）底层框架、底层内框架砖房的底层和多层内框架砖房的结构体系以及抗震承载力不满足要求时，可选择下列加固方法：

1）横墙间距符合鉴定要求而抗震承载力不满足要求时，宜对原有墙体采用钢筋网砂浆面层、钢绞线网-聚合物砂浆面层或板墙加固，也可增设抗震墙加固。2）横墙间距超过规定值时，宜在横墙间距内增设抗震墙加固；或对原有墙体采用板墙加固且同时增强楼盖的整体性和加固钢筋混凝土框架、砖柱混合框架；也可在砖房外增设抗侧力结构减小横墙间距。3）钢筋混凝土柱配筋不满足要求时，可采用增设钢构套、现浇钢筋混凝土套、粘贴纤维布、钢绞线网-聚合物砂浆面层等方法加固；也可增设抗震墙减少柱承担的地震作用。4）当底层框架砖房的框架柱轴压比不满足要求时，可增设钢筋混凝土套加固或按现行国家标准《建筑抗震设计规范》（GB 50011—2010）的相关规定增设约束箍筋提高体积配箍率。5）外墙的砖柱（墙垛）承载力不满足要求时，可采用钢筋混凝土外壁柱或内外壁柱加固；也可增设抗震墙以减少砖柱（墙垛）承担的地震作用。6）底层框架砖房的底层为单跨框架时，应增设框架柱形成双跨；当底层刚度较弱或有明显扭转效应时，可在底层增设钢筋混凝土抗震墙或翼墙加固；当过渡层承载力不满足鉴定要求时，可对过渡层的原有墙体采用钢筋网砂浆面层、钢绞线网-聚合物砂浆面层加固，或采用底部替换为钢筋混凝土墙的部分砌体墙等方法加固。

（2）内框架和底层框架砖房整体性不满足要求时，应选择下列加固方法：

1）底层框架、底层内框架砖房的底层楼盖为装配式混凝土楼板时，可增设钢筋混凝土现浇层加固。2）圈梁布置不符合鉴定要求时，应增设圈梁；外墙圈梁宜采用现浇钢筋混凝土，内墙圈梁可用钢拉杆或在梁端加锚杆代替；当墙体采用双面钢筋网砂浆面层或板墙进行加固且在上下两端增设配筋加强带时，可不另设圈梁。3）当构造柱设置不符合鉴定要求时，应增设外加柱；当墙体采用双面钢筋网砂浆面层或板墙进行加固且在对应位置增设相互可靠拉结的配筋加强带时，可不另设外加柱。4）外墙四角或内外墙交接处的连接不符合鉴定要求时，可增设钢筋混凝土外加柱加固。5）楼、屋盖构件的支承长度不满足要求时，可增设托梁或采取增强楼、屋盖整体性的措施。

（3）内框架和底层框架砖房易倒塌部位不符合鉴定要求时，可按现行行业标准《建筑抗震加固技术规程》（JGJ 116—2009）第5.2.3条的有关规定选择加固方法。

（4）现有的A类底层内框架、单排柱内框架房屋需要继续使用时，应在原壁柱处增设钢筋混凝土柱，形成梁柱固接的结构体系或改变结构体系。

# 4　工业建筑、特种构筑物结构安全检测、鉴定、加固修复理论

工业建筑在生产过程中产生的酸、碱、盐以及侵蚀性溶剂，大气、地下水、地面水、土壤中所含的侵蚀性介质，都会使建筑物受到腐蚀。此外，建筑物还会受到生物腐蚀。对已经使用一段时间，或因达到设计使用年限拟继续使用，或因用途或使用环境改变，或因改造增层、改建扩建，或因存在较严重的质量缺陷或出现较严重的耐久性损伤，或因遭受灾害或事故等工业建筑，需要对其进行检测、鉴定及加固修复工作。

特种构筑物是工程结构的重要组成部分，其在工业生产和生活辅助设施（工业生产、能源供给、环境保护、灾后急救、国防、通信等）方面起着巨大的作用，但由于历史条件的限制，我国工业企业大量分布于地震高烈度设防地区，大量的工业构筑物在地震作用下受到损毁，造成了严重的损失。因此，需要对其进行检测、鉴定及加固修复工作。

## 4.1　工业建筑、特种构筑物结构检测

### 4.1.1　工业建筑、特种构筑物结构检测原则

（1）遵循现行结构检测技术规范：工业建筑多为排架结构、钢筋混凝土排架结构、钢筋混凝土框架结构、钢结构、部分砌体结构等。特种构筑物按照不同的构造形式，结构形式不尽相同，不同的结构形式采用不同的检测方法，检测过程和检测方法必须遵循《建筑结构检测技术标准》（GB/T 50344—2004）、《钢结构现场检测技术标准》（GB/T 50621—2010）、《回弹法检测混凝土强度技术规程》（JGJ/T 23—2011）等标准。

（2）不同结构检测的重点不同：

1）工业建筑的检测重点：工业建筑的检测重点主要为工业厂房，厂房按照其构造特点主要检测内容如下：①混凝土结构的检测内容以混凝土强度、配筋、截面尺寸为主；对混凝土框架结构的填充墙，砖、砂浆强度是次要的，主要检查是否设置拉结。②钢结构的检测内容应重点考虑其构件的尺寸、连接、钢材锈蚀情况，构件的变形与挠度，钢结构的支撑情况是否符合设计要求等内容。③砖混结构的检测内容以砖、砂浆强度为主，如有独立柱再考虑对独立柱混凝土强度、配筋、截面尺寸进行检测；而对于砖混结构中的圈梁、构造柱混凝土强度是次要的，主要检查是否设置圈梁、构造柱。

2）特种构筑物的检测重点：特种构筑物的检测重点主要在地基基础、上部结构等方面，根据其构造的形式和特点视具体情况而定。

### 4.1.2　工业建筑、特种构筑物结构性能检测

结构或构件可靠性的分析验算及鉴定评级工作，都是在必要的现场调查与检测工作的基础上进行的。对于既有工业建筑的调查与检测，其内容应包括使用条件的调查与检测，

以及工业建、构筑物的调查与检测。

（1）使用条件的调查与检测：使用条件的调查与检测，包括结构上的作用、使用环境和使用历史三个部分，调查中应考虑使用条件在鉴定的目标使用年限内可能发生的变化。

（2）工业建、构筑物的调查与检测：工业建、构筑物的调查与检测主要参照《土木工程安全检测与鉴定》（李慧民主编，冶金工业出版社）的相关内容和要求进行。主要的调查与检测包括地基基础、上部承重结构和围护结构系统三个部分。

## 4.2　工业建筑、特种构筑物结构鉴定

### 4.2.1　工业建筑、特种构筑物结构鉴定原则

由于既有工业建、构筑物已成为现实的空间实体，与新建结构的可靠性设计相比，其荷载条件、使用环境、使用状况，以及在未来时间里的使用要求、使用条件等比较明确和具体，虽然它们的理论基础都是结构可靠性理论，但是在具体的分析、评定过程中，涉及许多特殊的问题，存在着明显不同的特点，不能完全套用新建结构设计的规定和方法。

#### 4.2.1.1　可靠性鉴定应以安全性为主并注重正常使用性

应统一进行以安全性为主并注重正常使用性的可靠性鉴定。由于工业生产的使用要求，工业建筑的荷载条件、使用环境、结构类型（以杆系结构居多）等情况和原因，在以往大量鉴定项目中，有95%以上的鉴定项目是以解决安全性问题为主并注重正常使用性（包括适用性和耐久性）问题，只有不到5%的鉴定项目仅为了解决结构的裂缝或变形等适用性问题。可针对结构存在的某些方面的突出问题或特定的要求，进行结构专项鉴定。

#### 4.2.1.2　工业建筑、特种构筑物结构分析与校核

既有工业建、构筑物是实际存在的空间实体，对其进行结构力学分析和构件校核，在许多方面与新建结构设计采用的方法有较大差别，必须以其实际性能和状况为依据。

（1）校核内容包括承载能力极限状态和正常使用极限状态两个方面。为了满足结构或构件的安全性（例如承载能力）评定和正常使用性评定的需要，对于结构或构件的校核，应按承载能力极限状态进行校核，以验证结构或构件是否安全可靠；需要时（当结构构件的变形或裂缝较大或对其有怀疑时），还应按正常使用极限状态进行校核，以验证结构或构件能否正常使用。

（2）结构分析与结构或构件校核采用的方法，应符合国家现行设计规范的规定。对于受力复杂或国家现行设计规范没有明确规定时，可根据国家现行设计规定的原则，选用更合理的方法进行分析验算。

（3）结构分析与结构或构件的校核所采用的计算模型，应符合结构的实际受力和构造状况。不仅需要明确进行可靠性鉴定的基本概念和总体思路，还需要给出有关鉴定对象、鉴定程序、评定方法、评定项目、评定标准以及评定体系等基本规定和方法要求。

### 4.2.2　工业建筑、特种构筑物结构鉴定分类

工业建筑、特种构筑物结构状态鉴定按鉴定目标可分为以下5种类型。

（1）危房鉴定：遵循《危险房屋鉴定标准》（JGJ125—99，2004年版）的相关要求进行危房鉴定。

（2）可靠性鉴定：遵循《工业建筑可靠性鉴定标准》（GB 50144—2008）、《钢铁工业建（构）筑物可靠性鉴定规程》（YBJ219—89）的相关要求进行可靠性鉴定。工业建筑可靠性鉴定，可分为安全性鉴定、正常使用性（包括适用性和耐久性）鉴定。

（3）抗震鉴定：依据《建筑抗震鉴定标准》（GB 50023—2009）、《工业构筑物抗震鉴定标准》（GBJ 117—1988）的要求进行建筑抗震鉴定。

（4）火灾后结构构件安全性鉴定：根据《火灾后建筑结构鉴定标准》（CECS252：2009），火灾后结构构件的鉴定评级分初步鉴定评级和详细鉴定评级。

（5）专项鉴定：针对既有结构（既有工业建筑中的各类承重结构）的专项问题或按照特定要求所进行的鉴定。根据国家其他现行标准、规范、规程及地方法规进行其他方面的鉴定。

## 4.3　工业建筑、特种构筑物结构加固修复

### 4.3.1　工业建筑、特种构筑物加固修复原则

工业建筑结构主要包括混凝土结构、钢结构和砌体结构。加固内容包括静力加固和抗震加固。静力加固的目的是使不满足要求的结构或构件，经加固后保证其性能得到有效的改善和提高，满足可靠度的需求；抗震加固的目的应侧重于提高厂房的整体抗震性能及对关键薄弱部位的改善，满足抗震鉴定的要求。为使结构加固最终能取得良好的效果和综合的效益，考虑施工条件、工期、要求、成本等因素，加固设计中应遵循以下基本原则。

（1）静力加固和抗震加固应结合进行。对于地震区的工业建、构筑物，一般情况下，进行可靠性鉴定时应既包括静力鉴定也包括抗震鉴定，并且在确定加固方案时也应使静力加固（即以静力为主的可靠性加固）与抗震加固结合起来考虑，以避免以后重复加固或因结构静力加固造成对建、构筑物的抗震不利，比如，钢筋混凝土柱、梁由于采用增大截面法进行静力加固有可能形成短柱、短梁的情况。

（2）选择加固方案应尽可能使结构加固措施发挥综合效应，提高加固效果；还应避免或尽可能减小加固方案的负面效应。例如，对混凝土结构构件承载力不足选择加固方案时，同时也应考虑由于其他因素（如高温、化学侵蚀以及保护层厚度不足等）可能造成的损伤和缺陷需要一起进行处理；并且还应避免或尽可能减小加固方案的负面效应，充分考虑加固措施对结构体系、未加固结构构件、地基基础等可能造成的不利影响，尽可能避免对生产工艺、生产流程、物料运输等造成不利影响。

（3）加固设计应采取可靠措施保证新旧结构、新旧材料的共同工作。由于加固前原结构中实际上已存在一定的应力，而新增部分在刚开始时基本处于无应力状态，仅在加固后荷载进一步增加时才产生应力、应变，即结构加固存在着应交滞后现象，因此应尽可能采取卸荷措施进行加固，减小应变滞后现象，充分发挥新增部分的作用。

（4）加固设计应与加固施工紧密结合，充分考虑现场条件对施工方法、加固效果和施工工期的影响。因为实际加固施工往往会受到现场作业空间、施工条件的限制，有些加固施工方法难于实施，甚至会影响加固效果、拖延施工工期。

（5）静力加固还应遵守以下原则：

1）应根据可靠性鉴定结论和委托方提出的要求，对需要加固的结构或构件进行加固。

2）加固范围为可靠性鉴定中安全性评为不符合要求（c 级）和极不符合要求（d 级）的结构构件、评为不符合要求（C 级）和极不符合要求（D 级）的结构系统，以及正常使用性评为不符合要求且需要加固处理的构件和结构系统。

3）加固后的结构或构件，应满足安全、正常使用的要求；加固后结构的安全等级，应根据结构破坏后果的严重性、结构的重要性和加固设计使用年限等确定。

（6）抗震加固尚应遵守下列原则：

1）厂房的抗震加固，应着重提高其整体性和连接的可靠性；增设支撑等构件时，应避免有关节点应力的加大和地震作用在原有构件间的重新分配。

2）对一端有山墙和体形复杂的厂房，宜采取减少厂房扭转效应的处理措施。

3）对混合排架厂房的砖柱部分和钢筋混凝土柱部分的加固，应按相关部分的要求进行加固，对其附属房屋应根据结构类型按相关规定和要求进行加固。

### 4.3.2 工业建筑、特种构筑物加固修复方法

#### 4.3.2.1 加固的基本方法

对既有工业建筑结构的加固，从加固方法（图 4-1）的受力特点和处理方式上划分，加固的基本方法总体上可分为四大类及配合使用技术：

（1）改善和提高结构构件的性能。这是最常用的一类加固方法，其针对性强，特别适用于对局部结构构件的维修和加固。具体包括增大截面法、外包钢法、外包混凝土法、喷射混凝土法、粘钢法和粘贴碳纤维法、预应力加固法、化学灌浆法、水泥灌浆法等。

（2）改变结构受力体系（或改变结构计算图形）。应用较广的是增设支点法，是在结构或结构构件的适当位置增设支撑、支柱、支架等，使其结构计算简图发生变化，使部分荷载通过支点转移到其他部位，改善结构的受力状况；或者使结构的侧向支承条件得以改善，保证结构的整体稳定性，可用于混凝土结构、钢结构和砌体结构的加固，特别适用于对大跨度结构的加固。除此之外，还有将铰接节点改造为刚接节点，将平面结构改造为空间结构，甚至将框架结构改造为框架-剪力墙结构等。

（3）局部更换结构构件。这是最彻底的一类处理方法，可从根本上改善和提高结构构件的性能，适用于装配式结构或构件且采用其他方法难于达到加固目的的场合，但是原有结构构件不能被利用，工程量往往较大，费用较高，施工期间对建筑物的正常使用有明显影响。

（4）减小或限制荷载。包括减小结构上的永久荷载，限制活荷载、吊车荷载等可变荷载，以及限制荷载组合方式等，但这一类处理方法的适用场合有限，需要准确掌握结构上的荷载水平和组合方式，有时还需要对建、构筑物的后期使用管理提出一定的要求。

（5）配合使用的技术。这是各种加固方法不可缺少的配合使用的技术，是保证结构加固方法有效的重要措施，如混凝土结构加固的裂缝修补技术、锚固技术和阻锈技术，钢结构加固的某些连接技术、除锈防锈技术，砌体结构加固的裂缝修补技术、锚入或拉结连接技术等。

每一类加固方法及配合使用技术，均有各自的适用范围和应用条件，在选用时，应根据结构存在的问题、加固目的和实际情况等，经综合分析比较后确定。

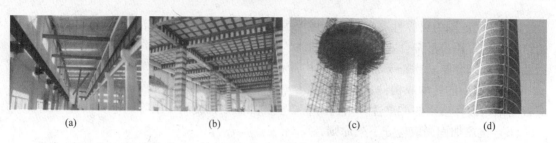

(a)　　　　　　　　(b)　　　　　　　　(c)　　　　　　　　(d)

图4-1　工业建筑、特种构筑物常见加固修复方法

（a）厂房牛腿排架加固；（b）厂房梁、柱碳纤维加固；（c）水塔增大截面加固；（d）烟囱环向钢箍加固

#### 4.3.2.2　各类结构的静力加固

经可靠性鉴定，对不满足现行《工业建筑可靠性鉴定标准》（GB 50144—2008）鉴定要求的结构或构件，需要进行静力加固。常用的加固方法及应注意的问题分述如下。

**A　混凝土结构的加固**

混凝土结构或构件的静力加固，应采用现行国家标准《混凝土结构加固设计规范》（GB 50367—2013）给出的加固方法与加固后验算要求，还应注意下列问题：

（1）混凝土结构或构件的加固，往往需要结合耐久性处理综合考虑加固处理方案。由于工业建筑中混凝土结构或构件的荷载条件和使用环境比较恶劣，长期使用以及高温、高湿或化学侵蚀的影响，不少混凝土结构或构件的老化损伤比较严重，耐久性能降低比较显著，在对这些混凝土结构或构件进行静力加固时，还应结合耐久性处理综合考虑加固处理方案。

（2）对部分混凝土结构构件宜采取更为合适、比较彻底的加固处理方案。在工业建筑中有部分混凝土结构构件（如小槽板、预应力组合屋架等），是采用以前老通用图或标准图（早已作废的图集）设计的，实践证明它们在技术上落后、可靠度水平偏低，在长期的使用过程中已经出现不少问题，对这部分混凝土构件不但鉴定时要注意，同时在加固时应采用比较合适、比较彻底的加固处理方案，甚至对有些构件可采取拆除更换的处理措施。

（3）混凝土吊车梁疲劳损坏的治理。对于承受重级工作制的混凝土吊车梁，由于是按老通用图设计的、轨道连接采用旧有的连接方式，吊车梁上翼缘及与轨道连接处往往出现疲劳损坏，对这些混凝土吊车梁的加固处理，欲取得良好的加固处理效果，不仅要考虑吊车梁上翼缘，而且要考虑垫层处理及轨道连接方式改造的综合治理方案。

（4）混凝土结构或构件的裂缝修补。修补方法主要有表面处理法、灌浆法及填充法；修补材料主要有树脂类材料（环氧树脂、聚酯、聚氨酯及沥青橡胶等）和水泥类材料（聚合物水泥浆、聚合物水泥膏和聚合物水泥砂浆等）。修补方法和修补材料的选用，主要应根据开裂原因、裂缝性状、结构的功能要求、重要性及环境条件等因素确定。对于活动裂缝，即尚在继续发展或不能稳定的裂缝，应在采取措施使裂缝发展停止后再进行修补：如果裂缝的发展不能控制，则应采取措施限制裂缝发展的程度，并用柔性材料进行修补。

**B　钢结构的加固**

钢结构或构件的静力加固，宜参照行业标准《钢结构检测评定及加固技术规程》（YB 9257—96）和协会标准《钢结构加固技术规范》（CECS 77：96）的加固方法，并应注意以下问题：

（1）负荷加固。钢结构或构件采用增大截面法加固（即通过增设角钢、槽钢、钢板、钢管、圆钢等增大钢构件的截面面积）时，通常有负荷加固和卸荷加固两种施工方法，无论是采用焊接连接还是非焊接连接。在负荷状态下的加固其工作量最小、施工方便，是经常采用的加固施工方法。但是，负荷状态下加固时，原构件中毕竟存在着较高的应力，施焊、开孔、原连接解除等都会改变原构件的应力水平和应力分布，并可能对原构件造成损伤，因此为保证钢构件在加固施工期间的安全与加固后构件工作的可靠性，在负荷下采用增大截面的方法加固钢构件时，特别是在负荷下采用焊接加固时，必须对加固时原有构件中的应力进行限制。在行业标准《钢结构检测评定及加固技术规程》（YB 9257—96）中规定，根据荷载形态、原有构件的受力、变形和偏心状况，使原有构件在加固时的截面应力 $\sigma$ 和钢材的强度设计值的比值（即 $\beta = \sigma/f$），应满足下列限值要求：

承受静力荷载或间接承受动力荷载的构件：$\beta \leqslant 0.8$；承受动力荷载的构件：$\beta \leqslant 0.4$。

需要指出的是，钢构件在负荷状态下采用焊接方法加固，应避免采用沿构件的横向焊缝，并应在加固施工时采用分散、短段、短时、多道的焊接原则以及合理的焊接工艺，以避免焊接加热时构件承载能力降低不致过大。并且，当原有钢构件的横截面尺寸较小时，在负荷下不应采用焊接方法加固；同样，对于轻钢构件在负荷下也不应采用焊接方法加固。

（2）负荷加固后的验算。在原位置上使构件完全卸荷或将构件拆下进行增大截面加固时，加固后钢构件的强度和稳定性可按加固后的截面采用与新结构相同的方法进行验算。在负荷状态下通过增大截面加固钢构件时，由于原有构件和加固件间的内力重分布，加固后构件的强度和稳定性则不能采用新结构的方法验算。对负荷状态下采用增大截面法进行加固时，应采用我国行业标准《钢结构检测评定及加固技术规程》（YB 92S7—96）给出的验算方法和相关规定，具体如下：

1）对承受静力荷载的加固构件，应采用应力重分布的验算方法，同时根据原有构件的受力状态，综合考虑多种随机因素（如焊接加固产生的残余应力，附加变形，以及加固件的应力滞后等）不利影响，采用加固折减系数：轴心受力的实腹构件取 0.8，偏心受力和受弯构件及格构式构件取 0.9。并且，轴心受力构件采用增大截面的方法加固时，应考虑构件截面形心偏移的影响；加固后的偏心受力和受弯构件，不宜考虑截面的塑性发展，可按边缘屈服准则进行计算。

2）对承受动力荷载的构件，其加固验算是按弹性阶段进行的，不考虑截面应力重分布。即在动力荷载作用下，构件的加固验算应分别按加固前后两个阶段进行，并应遵守稳定计算分别按加固前后的截面取用稳定系数；可不考虑加固折减系数。

（3）加固中的连接。钢结构加固中的连接加固包括原有连接承载能力不足而进行的加固，加固件与原有构件间的连接，以及节点加固。连接的加固方法通常采用焊接、高强度螺栓连接和焊接与高强度螺栓混合连接的方法。连接的加固验算，对新增加的连接单独受力时，按现行国家标准《钢结构设计规范》（GB 50017—2003）计算；对与原结构连接共同受力时，应按不同情况采用不同的连接方法。我国行业标准《钢结构检测评定及加固技术规程》（YB 9257—96）中规定的计算方法和有关规定如下：

1）焊缝连接。卸荷状态下用焊接加固原焊缝连接时，加固后的连接强度可按新旧焊缝共同工作考虑，按现行《钢结构设计规范》（GB 50017—2003）验算；负荷状态下用焊接加固原焊缝连接时，且原焊缝的计算应力不大于强度设计值时，加固后的焊缝连接可按新旧焊缝共同工作考虑，但总的承载力应乘以0.9的折减系数。焊缝的焊脚尺寸不同时，焊缝强度应按最小尺寸计算。

2）螺栓连接。当连接加固需采用螺栓连接时，宜采用高强度螺栓取代普通螺栓或铆钉，对于直接承受动力荷载的结构，高强度螺栓应采用摩擦型连接，当构件截面加固采用螺栓连接时，应按新旧两部分截面共同工作来确定螺栓数量及布置方式，通过增加螺加固原螺栓连接的节点时，不论在卸荷状态或在负荷状态下，节点总的承载能力均取新旧连接承载能力之和。

3）混合连接。混合连接是指同一构件的连接采用了两种不同的连接方式，如螺栓与铆钉、焊缝与螺栓、焊缝与铆钉等都可称为混合连接，当用焊缝加固普通螺栓或铆钉时，由于焊缝连接的刚度比普通螺栓或铆钉大得多，焊缝达到极限状态时普通螺栓或铆钉承担的荷载还很小，所以不考虑两种连接共同工作，按焊缝承受全部作用力计算，但不宜拆除原有连接件。当采用焊缝与高强度螺栓时，两种连接方式计算承载力的比值应在1~1.5的范围内，这时它们在荷载作用下的变形相近可共同工作，连接的总承载能力取二者分别计算的承载力之和。因而，当原构件为铆钉连接需要采用焊缝加固时，宜用高强度螺栓替换铆钉，形成焊缝与高强度螺栓混合连接的方式。

4）疲劳裂缝的修复与加固。在实际工程中，承受中、重级工作制吊车荷载作用的焊接钢吊车梁及吊车桁架，在反复荷载作用下可能会产生疲劳裂缝，对这些疲劳裂缝，应按不同情况及时进行修复与加固处理。对于吊车梁上翼缘与腹板的K形焊缝和腹板受压区出现的裂缝，应先修复后加固，即先在裂缝端外处钻取止裂孔，作为防止裂缝急剧扩展的临时措施，然后沿裂缝加工坡口填补新焊缝，在保证焊缝质量的前提下，采用适当的方法，进行加固（如用两块钢板做成Y形加固等）；对于吊车梁受拉翼缘和腹板受拉区或吊车桁架受拉杆及其节点板上出现疲劳裂缝时，应采用更换整个结构或整个零部件的处理方法。

C　砌体结构的加固

砌体结构或构件的静力加固，可参考有关加固与修复设计标准图集及《建筑抗震加固技术规程》（JGJ 116—2009）中对砌体结构给出的加固方法和相关要求，并注意下列问题：

（1）竖向结构或构件的静力加固宜与抗震加固相结合。多层砖砌体厂房的墙体和单层厂房的砖柱，它们即是竖向静力荷载作用下的主要承重结构又是水平地震作用下的主要抗侧力结构，当这些竖向结构或构件需要静力加固同时也需要考虑抗震加固时，宜将静力加固方案与抗震加固要求结合起来考虑，尤其是对墙体的静力加固往往是考虑局部的，若结合抗震加固要求一起考虑，其加固的数量、布置及采用的方法，都可能会发生变化。

（2）砌体压力灌浆补强加固。压力灌浆是借助于压缩空气，将复合水泥浆液、砂浆或化学浆液注入砌体裂缝、欠饱满灰缝、孔洞以及疏松不实砌体，达到恢复结构整体性，提高砌体强度和耐久性，改善结构防水抗渗性能的目的。对于活动裂缝及受力裂缝尚宜采用钢丝网或纤维片等辅助措施，以承担所产生的拉应力。在工业建筑中，对于存在上述问题确实需要采用压力灌浆进行补强加固的砖砌体，宜采用最常用的水泥聚合灌浆液，其可灌性好、粘结能力强、补强作用比较显著。

#### 4.3.2.3　各类厂房的抗震加固

对于多层的砖砌体结构厂房和多层钢筋混凝土框架结构厂房，宜采用我国行业标准《建筑抗震加固技术规程》（JGJ 116—2009）中对相应结构房屋规定的加固基本要求和加固方法。以下重点介绍单层钢筋混凝土柱厂房、单层砖柱厂房和单层钢结构厂房的抗震加固方法。

**A　单层钢筋混凝土柱厂房加固方法**

（1）厂房的屋盖支撑或柱间支撑布置不符合鉴定要求时，应按要求增设支撑。

（2）厂房构件抗震承载力不满足要求时，可根据构件类型和实际情况，选择下列加固方法：突出屋面的混凝土天窗架的立柱抗震承载力不满足要求对，可加固立柱或增设支撑并加强连接节点；屋架的混凝土杆件不满足要求时，可增设钢构套加固；排架柱箍筋或截面形式不满足要求时，可增设钢构套加固；排架柱纵向钢筋不满足要求时，可增设钢构套加固或采用加强柱间支撑系统且加固相应柱的措施。

（3）厂房构件连接不符合鉴定要求时，可采用下列加固方法：下柱柱间支撑的下节点构造不符合鉴定要求时，可在下柱根部增设局部的现浇钢筋混凝土套加固，但不应使柱形成新的薄弱部位；构件的支承长度不满足要求或连接不牢固时，可增设支托或采取加强连接的措施；墙体与屋架、钢筋混凝土柱连接不符合鉴定要求时，可增设拉筋或圈梁加固。

（4）女儿墙超过规定的高度时，宜降低高度或采用角钢、钢筋混凝土竖杆加固。

（5）柱间的隔墙，平台不符合鉴定要求时，可采取剔缝脱开，改为柔性连接、拆除等措施。

应当注意的问题：

（1）屋盖系统加固，应当注意的问题主要包括：一是对关键薄弱部位，截面形式不符合要求的天窗架立柱、组台屋架的上弦杆，以及对抗震承载力不满足要求的天窗架立柱及屋架混凝土杆件，应当注意采用可靠的加固方法及处理措施；二是对不符合要求的屋盖支撑系统，应注意增设支撑，包括增设天窗架和屋架支撑、横向支撑及竖向支撑，使屋盖支撑系统完善，符合设防要求，使屋架和天窗架支撑杆件长细比符合要求，以增强屋盖系统的整体稳定性；三是对不符合鉴定要求的屋盖系统的连接，包括构件支承长度不足或连接不牢（如屋面板未保证三点焊）天窗架与屋架，屋架与墙体等连接不符合要求的，也应注意采取措施加强。

（2）排架柱的加固。厂房排架柱的抗震承载力或构造连接不符合要求时，通常采用钢构套加面，因为钢构套对原结构的刚度影响较小，可避免结构地震反应的加大，在一定程度上可提高排架柱的承载力和延性，且加固施工相对比较简单、方便，应当注意的问题是：对排架柱上柱柱顶、有吊车的阶形柱上柱底部或吊车梁顶标高处，不等高厂房排架柱支承低跨屋盖的牛腿、高低跨的上柱底部，都是重要的节点及连接部位，这些部位在水平地震作用下容易产生破坏，因此采用钢构套加固排架柱时对这些部位应当采取加强措施，并应满足加固技术规程的有关规定要求，以保证加固的效果。

（3）柱间支撑的加固。厂房柱间支撑设置或构造连接不符合鉴定要求时，应增设支撑或采取加强构造连接的措施。需要注意的是：增设柱间支撑，是为了提高厂房骨架结构的整体稳定性和增强纵向刚度，以承受和传递纵向水平地震作用，故增设柱间支撑的布置应符合规定要求,并应控制支撑杆件的长细比,需采取有效的方法提高和保证支撑与柱连接的可靠性。

B    单层砖柱厂房加固方法

(1) 砖柱(墙垛)抗震承载力不满足要求时,根据设防烈度、不满足的程度和实际情况,分别采用钢构套、钢筋混凝土壁柱或钢筋混凝土套、增设钢筋网面层与原有砖柱(墙垛)形成组合柱的方法加固,在独立砖柱厂房的纵向可增设到顶的柱间抗震墙加固。

(2) 整体性连接不符合鉴定要求时,应选择下列方法加固;屋盖支撑布置不符合要求时,应增设支撑;构件的支承长度不满足要求或连接不牢固时,可增设支托或采取加强连接的措施;墙体交接处连接不牢固或圈梁标准不符合鉴定要求时,可增设圈梁。

(3) 局部的结构构件或非结构构件不符合鉴定要求时,应选择下列加固方法:高大的山墙山尖不符合要求时,可采用轻质墙替换或采取其他加固措施;砌体隔墙不符合要求时,可将砌体隔墙与承重构件间改为柔性连接;女儿墙超过规定的高度时,宜降低高度或采用角钢、钢筋混凝土竖杆加固。

应当注意的问题:

(1) 单层砖柱厂房的震害经验和抗震鉴定表明,砖柱(墙垛)抗震承载力一般不满足要求,厂房整体性连接构造特别是屋盖的支撑设置及连接构造,厂房的悬墙、女儿墙等易损部位及其连接构造也经常不符合要求,是单层砖柱厂房进行抗震加固的关键薄弱部位。因此应当注意:需要对单层砖柱厂房进行抗震加固时,其抗震加固方案的选择,应以有利于单层砖柱(墙垛)抗震承载力的提高、屋盖整体性的加强、结构布置上不利因素的消除和易损部位及其连接构造的改善,作为选择确定的重点。

(2) 对砖柱(墙垛)抗震承载力不满足要求需要进行加固时,应根据设防烈度、不满足的程度和实际情况,对上述加固方法的适合情况注意选择。比如,采用钢构套加固,主要是提高砖柱(墙垛)的延性和抗倒塌能力,施工比较简单方便,但承载力提高不多,适合于6度、7度及承载力差距不大的情况加固;钢筋混凝土壁柱或钢筋混凝土套加固,对承载力、延性和耐久性均提高较多,一般在8度、9度的重屋盖及承载力差距较大的情况采用。

C    单层钢结构厂房加固方法

(1) 厂房的屋盖支撑(包括天窗架的支撑)布置或柱间支撑布置不符合鉴定要求时,应按要求增设支撑。

(2) 厂房构件抗震承载力不满足要求时,可根据构件类型和实际情况,选择下列加固方法:桁架式钢天窗架立柱抗震承载力不满足要求时,可加固立柱或增设支撑并加强连接节点;钢屋架的杆件(尤其是刚接框架的屋架下弦第一节间杆件)不符合鉴定要求时,可采用加大截面加固;柱的长细比、柱截面各肢板材的宽厚比不符合鉴定要求时,可采用加大截面方法加固;柱脚不符合鉴定要求时,可采取措施加固或采用外包钢筋混凝土方法加固。

(3) 厂房构件连接不符合鉴定要求时,可采用下列加固方法:下柱柱间支撑的下节点构造不符合鉴定要求时,可采取措施加固或在下柱根部增设局部的现浇钢筋混凝土套加固,但不应使柱形成新的薄弱部位;构件的支承长度不满足要求或连接不牢时,可增设支托或采取加强连接的措施；墙体或墙架结构与屋架、钢柱的连接不符合鉴定要求时，可增设抗风横梁或采取措施改造其连接。

（4）女儿墙超过规定的高度时，宜降低高度或采用竖向角钢加固。

（5）柱间的隔墙、工作平台不符合鉴定要求时，可采取剔缝脱开，改为柔性连接、拆除等措施。

应当注意的问题：

震害经验和抗震鉴定表明，单层钢结构厂房设有符合要求的屋盖支撑（包括系杆及天窗架支撑）和柱间支撑，是保证厂房屋盖整体性、增强厂房抗震性能的重要抗震措施。屋盖支撑的布置，对无檩屋盖或有檩屋盖均要符合屋盖支撑设置的要求，当有突出屋面的天窗时，屋盖支撑的设置尚应适当增强；厂房柱间支撑的布置，不仅应能保证厂房纵向水平地震作用的传力路线、减少温度的影响，而且应能与屋盖支撑系统组合成合理的空间传力体系，以增强厂房的整体抗震性能。这一点在单层钢结构厂房抗震加固中，应当充分引起注意。

# 5 桥梁、隧道、道路工程结构检测、鉴定、加固修复理论

随着桥梁营运时间的增长，主要部位会出现各种缺陷，如裂缝、错位等，需要通过检测确定各部位损坏程度及实际承载能力；目前，特大型工业设备、集装箱运输逐渐增多，超重车辆过桥时有发生，通过检测评定，可确定超重车辆是否能安全通过，并为临时加固提供技术资料；对原有桥梁（标准较低）承载能力进行检验，可确定现有桥梁的荷载等级，从而决定是否需要通过加固来提高其荷载等级；当桥梁遭受特大灾害，造成严重缺陷时，需通过检测鉴定为加固修复提供依据。可见，对桥梁进行经常性检查（一般检查）、定期检查（基本检查）和特殊检查（专门检查）是非常必要的。它对维护桥梁、及早发现、及时修补起到极其重要的作用。

目前，我国已建成了大量的铁路隧道、公路隧道及地铁隧道，成为世界上名副其实的隧道大国。然而，投入运营以后，由于受衬砌结构自身材料劣化、围岩与支护相互作用关系变异及周围水文地质环境等因素的影响，越来越多的隧道出现了诸如衬砌裂损、碳化腐蚀、掉块、渗漏水等病害现象，导致隧道衬砌结构的承载能力和耐久性不断下降，从而导致隧道衬砌结构设计年限内的预定使用功能降低，甚至会对隧道内的行车和行人安全造成一定的威胁。因此，需要对运营隧道结构的技术状况进行检测、评定及加固修复。

随着我国经济的快速、协调发展，交通量的不断增长，我国高速公路网趋于完善，但同时道路交通量日益增大，车辆迅速大型化且严重超载的现象也随之普遍出现，使目前我国的公路路面面临严峻的考验。很多公路沥青路面均呈现出一定的早期破坏，如裂缝、泛油、剥落、车辙等现象，有的公路甚至通车当年即发生了病害，正常维修期大大提前，直接影响了车辆的运行，也增大了养护管理资金的投入。对此，需要对公路的技术状况定期进行检测并作出准确的评价，最终提出加固处理方案并及时解决问题。

## 5.1 桥梁、隧道、道路工程结构检测

### 5.1.1 桥梁工程结构检测

桥梁检测是对桥梁的结构物直接测试的一项科学实验工作。它包括常规检测和荷载试验等（图5-1），其主要任务是通过有计划地对结构物加载后的性能进行观测和对测量参数（如位移、应力、振幅、频率等）进行分析，了解桥梁实际工作状态，对结构物的工作性能做出评价以及对桥梁结构的承载能力和使用条件做出正确估计，并为桥梁加固提供可靠的数据

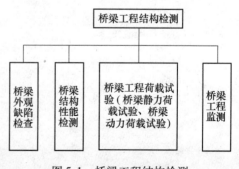

图5-1　桥梁工程结构检测

依据。

#### 5.1.1.1 桥梁外观缺陷检查

外观缺陷检查是对桥梁的引道、周边环境、地基、下部结构、上部结构、桥面（桥面铺装层、伸缩缝、人行道、栏杆、防撞设施、排水设施、照明及防雷设施）、支座等部位的缺陷作全面查看、量测。

#### 5.1.1.2 桥梁结构性能检测

桥梁结构性能检测的主要工作是收集桥梁结构材料性能、结构动力特性等指标。随着现代通信技术和传感技术的发展，无损伤检测技术应运而生。例如利用相干激光雷达对桥梁下部的结构挠度进行测试，利用磁漏摄动对钢索、钢梁以及混凝土内部的钢筋进行检测，利用双波长远红外成像对桥梁混凝土层的损伤进行检测，利用激光斑纹和全息干涉仪对桥体变形程度进行测量等。

#### 5.1.1.3 桥梁工程监测

大型桥梁，如斜拉桥、悬索桥，这种桥梁的结构特点是跨度大、塔柱高，主跨段具有柔性特性。针对这种柔性结构与动态特性进行监测，及时测定它们几何量的变化及大小，有利于了解桥梁结构内力的变化，分析变形原因，达到桥梁安全监测之目的。桥梁工程变形观测的主要内容包括桥梁墩台沉陷观测、桥面线形与挠度观测、主梁横向水平位移观测、高塔柱摆动观测等，为进行上述各项目的测量，须建立相应的水平位移基准网与沉陷基准网。

#### 5.1.1.4 桥梁工程荷载试验

通常将桥梁荷载试验具体分为动力荷载试验和静态荷载试验。桥梁荷载试验是对桥梁整个结构特性及承载能力进行综合评价，对桥梁结构工作状态进行直接测试的一种鉴定手段，是桥梁结构试验中最基本的试验，桥梁现场试验以静力荷载试验为主，辅以动力荷载试验。从测试手段方面来说，静、动载试验的差别不大，一般而言只是放大器环节的不同。

**A 桥梁静力荷载试验**

经过荷载试验的桥梁，应根据整理的试验资料分析结构的工作状况，进一步评定桥梁承载能力，为新建桥梁验收做出鉴定结论，或作为旧桥承载力鉴定验算的依据。静力试验是了解结构特性的重要手段，不仅可直接解决结构的静力问题，而且在进行结构动力试验时，也要先进行静力试验来测定相关特性参数。静载试验过程如图5-2所示。

现场荷载试验应按拟定的试验方案进行，一次加载试验一般分为三个阶段：桥梁结构的考察和试验方案的设计阶段；加载试验与观测阶段；测试结果的分析与总结阶段等。

（1）准备阶段：前期准备工作包括资料收集、试验方案拟定、仪器配套及相应的结构计算等。

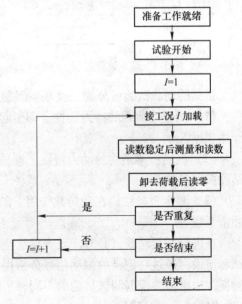

图5-2 静载试验过程

（2）荷载试验阶段：正式荷载试验是整个荷载试验的中心内容。在各项准备工作就绪的基础上按照预定的试验方案与程序，再用适当的加载设备加载，运用各种测试仪器，观测试验结构受力后的各项性能指标（如挠度、应变等），并采用人工记录与仪器自动记录等方式获得各种观测数据和资料。

（3）试验数据整理阶段：静载试验得到的原始数据、文字和图像描述资料数量庞大、不直观，不能直接用于评定桥梁承载能力，需进行分析处理，得出各项评定指标，以满足承载力评定的需要。桥梁结构静载试验的评价指标有两方面：一是根据控制点的实测值与相应的理论计算值进行比较；二是将控制测点的实测值与规范规定的允许值进行比较，以检验新建桥梁是否达到设计荷载标准，或判断旧桥的承载能力。

**B　桥梁动力荷载试验**

车辆荷载对桥梁的冲击和振动影响，常会使其产生的动力效应大于相应的静力效应。桥梁动力荷载试验，是指采用动力荷载，如行驶的汽车荷载或其他动力荷载作用于桥梁结构上，以测出结构的动力特性，如振动变形，从而判断出桥梁结构在动力荷载下受冲击和振动影响的试验。桥梁动力荷载主要包括两部分内容：一是测量移动车辆荷载作用下桥梁指定断面上的动应变或指定点的动挠度，二是测量桥梁结构的自振特性和动力响应。动载试验过程如图5-3所示。

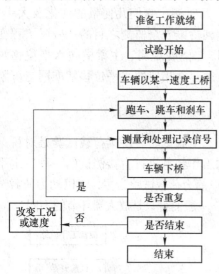

图5-3　动载试验过程

桥梁结构的动力特性（振型、频率和阻尼比）是桥梁承载力评定的重要参数，也是识别桥梁结构工作性能和桥梁抗震分析的重要参数。通过动载试验和理论分析可了解桥梁结构在试验荷载作用下的实际工作状态，判断和评价桥梁结构的承载能力和使用条件，分析桥梁病害成因并掌握其变化规律，分析桥梁病害对桥梁各项性能的影响，结合桥梁静力荷载试验结果，对桥梁质量作出合理的评价，为桥梁运营管理及改造提供科学的依据。

桥梁的动载试验可分为三类基本问题：

（1）测定动荷载的动力特性，即引起桥梁结构产生振动的作用力数值、方向、频率和作用规律。

（2）测定桥梁结构的动力特性，即桥梁结构或构件的自振频率、阻尼比、振型等桥梁结构模态参数。

（3）测定桥梁结构在动荷载作用下的强迫振动效应，即桥梁结构的动位移、动应力、冲击系数等。

在进行桥梁动载试验时，要先设法使桥梁产生一定的振动，然后应用测振仪器加以测试和记录，通过对记录的振动信号分析得到桥梁的动力特性和响应。用于桥梁动载试验的激振方法很多，根据测试目的的不同，桥梁动力荷载试验一般可分为脉动试验、跳车试验（冲击试验）、跑车试验等。

### 5.1.2　隧道工程结构检测

针对隧道土建结构进行检查与检测，包括洞口、洞门、衬砌、路面、检修道、排水系统、内装饰、吊顶及预埋件、标志标线。依据《公路隧道养护技术规范》（JTG H12—2015）的相关要求，隧道定期检查项目及内容如图5-4所示。

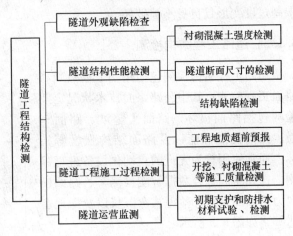

#### 5.1.2.1　隧道外观缺陷检查

病害检测内容为衬砌裂缝、渗漏水状况、是否存在衬砌结构裂损和混凝土剥落等，得到其发生位置和主要特征以及特征参数；对于衬砌裂缝可以通过裂缝探测仪进行检测，需要检测的内容裂

图5-4　隧道工程结构检测

缝的长度、宽度，必要时对裂缝深度进行检测，对于渗漏水，需检测渗水方式和水量大小，以及观察渗水情况是否对隧道运行产生影响等，得到隧道主要表观病害类型。

#### 5.1.2.2　隧道结构性能检测

（1）衬砌混凝土强度检测：对于隧道衬砌病害，除了外观检测之外，也需要运用无损检测对隧道衬砌强度进行检测，得到隧道衬砌混凝土的劣化程度。

（2）隧道断面尺寸的检测：检测隧道净空断面可以知道隧道衬砌变形情况，检测数据应包括隧道净高、水平净宽，在持续变化情况下，应检测出断面尺寸的变化速率。

（3）结构缺陷检测（地质雷达检测）：检测衬砌缺陷如背后空洞或欠密实区、位置和范围等信息。通过地质雷达对隧道表观不可见的衬砌结构病害如衬砌缺陷和厚度以及混凝土结构质量等内容进行检测。

#### 5.1.2.3　隧道运营监测

通过对运营过程中隧道的裂缝发展情况、拱顶下沉、周边收敛、拱脚沉降及地表位移进行监测，了解隧道结构是否存在异常情况，及时、连续掌握隧道变异的发展程度，掌握结构物的技术状况，判定结构物的功能状态，为隧道安全运营和正常养护提供评判依据。

#### 5.1.2.4　隧道工程施工过程检测

（1）工程地质超前预报：利用钻探和现代物探等手段，探测隧道开挖面前方的地质情况，力图在施工前掌握前方的岩土体结构、性质、状态，以及地下水、瓦斯等的赋存情况、地应力情况等地质信息，为进一步施工提供指导，以避免施工及运营过程中发生涌水、瓦斯突出、岩爆、大变形等地质灾害，保证施工的安全和顺利进行。

（2）开挖、衬砌混凝土等施工质量检测：根据隧道施工特点，以具体工程项目为单位，以具体工序的质量为检测主体，竣工检测评价为补充，将隧道施工质量检测划分为洞口工程、洞身开挖、洞身支护与衬砌、防排水工程、路面工程及隧道总体、隧道机电设施工程、施工监控量测、施工环境检测、隧道竣工检测室内质量保证资料检查等分部工程、分项工程。

（3）初期支护和防排水材料试验、检测：初期支护是在隧道开挖后，为控制围岩应力适量释放和变形，增加结构安全度，同时方便施工，采用锚杆、钢筋网和喷射混凝土组成刚度较小并能作为永久承载结构的一部分结构层。初期支护要求既能允许有限变形，又能限制过度变形且自身不被破坏。

### 5.1.3　道路工程结构检测

道路工程结构检测包括路基工程检测和路面工程检测；其中公路路面技术状况定期检测包括路面损坏、路面平整度、路面车辙、路面抗滑性能以及路面结构强度等指标，通常使用较为先进的自动化设备进行检测，比如路面综合数据智能检测车、路面横向力系数测试车、落锤式弯沉仪以及探地雷达等，如图5-5所示。

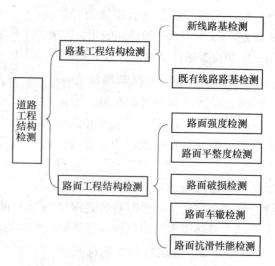

图5-5　道路工程结构检测

#### 5.1.3.1　路基工程结构检测

路基检测是路基工程施工质量检验评定和竣工验收评定工作的主要环节，是对新线路基施工进行过程控制的主要手段，是对既有路基病害、路基质量、状况进行评估，是加固或在加固后进行检验和评估的首要途径，是保障交通线安全，为大修计划和方案制订提供依据的主要方法。

（1）新线路基检测：1）地基处理和沉降观测。2）填料性质和级配检测，改良土的最佳掺合量、最佳配比及改良后的强度试验。3）新线施工过程中，基床以下路堤填料和填筑压实检测。4）新线施工过程中，基床填料和填筑压实检测。

（2）既有线路基检测：1）路基结构分层，包括道床、基床、砂垫层及路堤填土的各层厚度；路基结构的横断面和纵断面状况。2）路基结构横断面变异，路基结构纵向变异；道床板结的厚度与范围，道碴陷槽的状况。3）基床土的性质与状况，包括基床土的物理力学性质、颗粒组成、含水量、强度等。4）路基的承载能力评估。5）路基病害的类型、发育程度和分布形式。6）路基中的危害类型、发育程度和分布形式。

#### 5.1.3.2　路面工程结构检测

（1）路面强度检测：路面弯沉是衡量柔性路面强度的一项主要指标。弯沉检测技术的发展经历了静态弯沉量测、稳态弯沉量测和脉冲动力弯沉量测3个阶段。其中，静态弯沉量测阶段应用最广的贝克曼梁式弯沉仪；而落锤式弯沉仪是脉冲动力弯沉量测阶段最具有代表性的设备，其加载系统对行车荷载作用可进行较好的模拟和仿真，可利用数字化信息技术实现多级加载，并可利用计算机技术完成数据采集和计算。

（2）路面平整度检测：

1）连续式平整度仪：使用连续式仪进行测量时，由操作人员或车辆带动仪器前进，通过测量小轮的上下摆动引起的位移传感器测杆在小孔槽里的上下滑动所输出的电位的正负及其大小确定所行走路面的平整度。此方法不宜在多坑槽及破坏严重的路面上测定。

2）激光路面平整度测定仪：激光路面平整度测定仪是一台具有先进的数据采集和处理功能的由激光传感器、加速度计以及陀螺仪组成的测定车。测量仪器随着测定车的行进，按照设定的时间间隔采集数据，通过数据分析系统，记录并保存平整度检测结果。该测量仪器与路面无接触，检测精度高速度快，而且同时可以对路面纵断面、横坡、车辙等进行测量。

（3）路面破损检测：

1）摄像测量法：应用摄像技术对路面的破损状况进行动态、实时获取，然后采用图像处理技术对获得的路面图像进行处理，定量分析路面破损状况，如裂缝等。

2）探地雷达：采用高速检测雷达对高速公路路面进行检测，1d 之内可以获得几百千米道路各段路面厚度的信息。根据测得的各个路面的电介质常数及波速，对数据进行分析，可以计算出路面各结构层的厚度、路面含水量以及路面损坏位置和程度等。探地雷达除了检测高速公路路面厚度，还可对路面脱空、裂缝和空洞等缺陷进行检测。

（4）路面车辙检测：车辙是指沿道路纵向在车辆集中位置处路面产生的带状凹槽。路面车辙检测技术早期主要采用 3m 直尺方法，近几年来，一种新的激光车辙扫描测试系统问世，该系统包含两个断面激光扫描器，能采集 1280 个点的数据，取样率为 25 断面/s，在工程应用上能更加真实地反映路面车辙的实际情况。

（5）路面抗滑性能检测：抗滑能力主要是指路面摩擦系数，因直接影响道路行车安全，是考核路面使用性能的重要指标和参数，通常以摩擦系数和构造深度来表征。抗滑性能的常用测试方法有早期的摆式仪法和构造深度测试法，以及目前在我国应用最为广泛的横向力系数测试仪。横向力系数测试仪的特点是，工作时测试车通过自备水箱将水直接喷洒在轮前 30cm 的路面上，可控制水膜厚度，测速较高但不会影响交通，特别适合高速公路路面抗滑性能的检测。

## 5.2 桥梁、隧道、道路工程结构鉴定

### 5.2.1 桥梁工程技术状况评定

#### 5.2.1.1 公路桥梁技术状况评定

依据《公路桥梁技术状况评定标准》（JTG/T H21—2011），桥梁技术状况评定包括桥梁构件、部件、桥面系、上部结构、下部结构和全桥评定。公路桥梁技术状况评定采用分层综合评定与 5 类桥梁单项控制指标相结合的方法，先对桥梁各构件进行评定，然后评定桥梁各部件，再对桥面系、上部结构和下部结构分别进行评定，最后进行桥梁总体技术状况的评定。详情参见《土木工程安全检测与鉴定》的相关内容。

#### 5.2.1.2 专项鉴定

（1）对新建桥梁进行鉴定：对桥梁的主要质量指标（如桥梁各部分质量、检验荷载作用下桥梁的最大挠度或挠曲线等）通过一定的试验手段进行测试，由测得的数据评定新建桥梁的质量。通过试验可检验设计理论及施工质量，为即将投入使用的桥梁的运行养护提供依据。

（2）对在役桥梁实际承载力进行鉴定：早期建成的桥梁设计荷载等级偏低，难以满足现今交通发展的需要，为加固、改建，需要通过试验确定桥梁的实际承载能力。某些特殊条件下（如超重车辆过桥、结构遭意外损伤等），或某些自然因素影响下（如地震、台

风、雨雪、冰冻等），桥梁结构都会受到不同程度的损害，为了解桥梁的实际损害程度需进行试验验证其承载能力。某些重要桥梁为满足交通需求而需改建、重建的，也需进行试验验证其承载能力。

（3）验证桥梁结构设计理论和设计方法：桥梁工程中新结构、新材料和新工艺的不断创新，对某些理论问题的深入研究，对某种新方法、新材料的应用实践，都需要大量的现场试验实测数据作为检验依据，为此而进行的相关鉴定工作。

（4）其他鉴定：针对隧道工程的专项问题或按照特定要求所进行的鉴定。根据国家其他现行标准、规范、规程及地方法规进行其他方面的鉴定。

## 5.2.2　隧道工程技术状况评定

### 5.2.2.1　隧道单洞土建结构技术状况评定

按照《公路隧道养护技术规范》（JTG H12—2015）定期检查，以每座隧道单洞作为一个评价单元，对土建结构的9个部件进行逐段逐项评定，洞口、洞门按进出口分别进行评定，衬砌等7个部件每100m为一个评定段落，不足100m的段落单独作为一个评定段落。在此基础上对单洞土建结构总体进行评价，对于隧道的各部件按照"0、1、2、3、4"五个级别状况值进行判定。隧道定期检查土建结构总体评价按照表5-1进行评定。

表5-1　隧道定期检查土建结构总体评价判定表

| 判定分类 | 检 查 结 论 |
|---|---|
| 1 | 完好状态。无异常情况，或异常情况轻微，对交通安全无影响 |
| 2 | 轻微破损。存在轻微破损，现阶段趋于稳定，对交通安全不会有影响 |
| 3 | 中等破损。存在破损，发展缓慢，可能会影响行人、行车安全 |
| 4 | 严重破损。存在较严重破坏，发展较快，已影响行人、行车安全 |
| 5 | 危险状态。存在严重破坏，发展迅速，已危及行人、行车安全 |

其中，在土建结构技术状况评定时，当洞口、洞门、衬砌、路面和吊顶及预埋件及预埋件项目的评定状况值达到3或4时，对应土建结构技术状况应直接评为4类或5类。

### 5.2.2.2　专项鉴定

针对隧道工程的专项问题或按照特定要求所进行的鉴定。根据国家其他现行标准、规范、规程及地方法规进行其他方面的鉴定。

## 5.2.3　道路工程技术状况评定

### 5.2.3.1　公路技术状况评定

依据《公路技术状况评定标准》（JTG H20—2007），公路路面使用性能评定以1000m路段长度为基本评定单元，在路面类型、交通量、路面宽度和养管单位发生变化时，评定路段长度可视具体情况而定。通过对道路各指标检测数据的统计分析，根据分析结果计算相应的路面损坏状况指数PCI、路面行驶质量指数RQI、路面车辙深度指数RDI、路面抗滑性能指数SRI以及路面结构强度指数PASSI，然后计算出PQI路面使用性能指数。路面使用性能采用路面使用性能指数PQI和相应分项指标表示，路面使用性能分为优、良、中、次、差五个等级，PQI 和相应分项指标的值域为 0 ~ 100。见表 5-2。

表 5-2 公路技术状况评定标准

| 评价等级 | 优 | 良 | 中 | 次 | 差 |
|---|---|---|---|---|---|
| PQI 及各级分项指标 | ≥90 | ≥80，<90 | ≥70，<80 | ≥60，<70 | <60 |

#### 5.2.3.2 专项鉴定

针对道路工程的专项问题或按照特定要求所进行的鉴定。根据国家其他现行标准、规范、规程及地方法规进行其他方面的鉴定。

## 5.3 桥梁、隧道、道路工程结构加固修复

### 5.3.1 桥梁工程结构加固修复

#### 5.3.1.1 桥梁加固设计

根据桥梁病害检测分析和鉴定评估结果，桥梁结构加固设计应分为承载力加固（强度加固）、使用功能加固（刚度加固）、耐久性加固和抗震加固等情况。

（1）承载力加固是确保结构安全工作的基础，是桥梁改造加固设计的核心内容，其内容包括正截面抗弯承载力加固和斜截面抗剪承载力加固。承载力加固一般是采用加大截面尺寸和配筋的方法补充承载力的不足，设计时应考虑桥梁带载加固分阶段受力的特点，注意新加补强材料与原结构的整体工作。

（2）使用功能加固是确保桥梁正常工作的需要，主要是对活载变形或振动过大的构件，加大截面尺寸，增加截面刚度，以满足结构使用功能要求。

（3）耐久性加固是指对结构损伤部位进行修复和补强，以阻止结构损伤部分的性能继续恶化，消除损伤隐患，提高结构的可靠性和使用功能，延长结构使用寿命。

（4）抗震加固是对遭受地震破坏的结构进行修复、增强结构的延性和整体工作性能、提高结构的抗震能力。

#### 5.3.1.2 桥梁加固修复的方法

桥梁加固可以采用的形式是多样的，如加大截面加固法、体外预应力加固法、外部粘钢加固法和粘贴碳纤维加固法等，整个加固方法基本可分为两大类：一是为改变结构体系，调整结构内力、减轻原梁负担，如加斜撑减少梁的跨度、简支梁改为连续结构、增加纵梁数目等；二是为加大截面尺寸和配筋，加固薄弱构件。桥梁工程常见加固修复方法如图 5-6 所示。

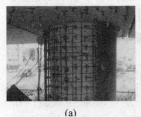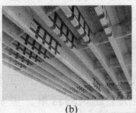

(a)        (b)        (c)        (d)

图 5-6 桥梁工程常见加固修复方法

（a）墩柱增大截面加固；（b）上部结构碳纤维加固；（c）上部结构粘钢加固；（d）拱桥加固

其中对薄弱构件的加固按作用原理可分为两类：一类是在受拉区直接增设抗拉补强材料，如补焊钢筋、粘贴钢板、粘贴高强复合纤维（碳纤维、芳纶纤维）等；另一类是采用预应力原理进行加固，如体外预应力加固，SRAP 工艺有粘结预应力加固等。这些方法都能达到加固目的，只是各有优缺点，加固途径、加固效果不同，在具体实施中应考虑到被加固桥梁的特点。

（1）桥面补强层加固法：在梁顶上加铺一层钢筋混凝土层，一般先凿除旧桥面，使其与原有主梁形成整体，达到增大主梁有效高度和抗压截面强度，改善桥梁荷载横向分布能力，提高桥梁承载能力的目的。

（2）外包混凝土加固法：外包混凝土加固法又称增大截面加固法，它是通过增大构件的截面和配筋，以提高构件的强度、刚度、稳定性并减少裂缝宽度。对于梁桥、拱桥、刚架桥、墩台、基础等，在条件许可的情况下均可采用该方法加固。外包混凝土将使原结构增加一部分恒载重量，因而在拟定外包混凝土尺寸时，应同时考虑外包构件以下的结构承载能力是否足够，这是外包混凝土方案是否成立的前提。

（3）钢板粘贴加固法：由于交通量的增加，主梁承载力不足，或纵向主筋出现严重的锈蚀，或梁板桥的主梁出现严重横向裂缝，此时，可用粘结剂及锚栓将钢板粘贴锚固在混凝土结构的受拉缘或薄弱部位，使其与结构形成整体，以钢板代替增设的补强钢筋，提高桥梁的承载能力与耐久性。

（4）喷锚混凝土加固法：借助喷射机械，利用压缩空气将新混凝土混合料通过喷嘴高速喷射到已锚固好钢筋的受喷面上，凝结硬化后形成一种钢筋混凝土。此外，钢纤维混凝土的发明，替代了传统的挂网喷射混凝土，掺入钢纤维后，除了混凝土的抗拉强度和主要由拉应力控制的抗弯、抗剪和抗扭等强度有明显的提高外，特别值得指出的是钢纤维混凝土的掺入大大提高了混凝土的韧性，将脆性的混凝土材料变为具有吸收变形能力的材料。

（5）改变结构受力体系的加固法：通过改变桥梁结构受力体系，达到提高桥梁的承载能力的目的，原理是以减少控制截面的内力为目的进行加固。对于拱桥加固，可通过体系转换法将单纯拱的受力状态改变为拱梁组合体系受力状态，即将拱上建筑变为梁式结构，拱梁组合体系受力状态较单纯拱更为均匀。另外，对于拱式拱上建筑的旧桥，改拱式为梁式拱上建筑所带来的恒载重量减少量是非常显著的。改变结构体系加固常用的方法有：1）在简支梁下增设支架或桥墩。2）把简支梁和简支梁加以连接，即简支梁结构改变为连续梁结构。3）在梁下增设钢桁架等加劲或叠合梁。4）在拱桥上增设钢梁等。

（6）体外预应力加固法：通过在梁体外设钢质的拉杆或撑杆，并与被加固梁体锚固连接，然后施加预应力，强迫后加拉杆受力，从而改变原结构内力分布，并降低原结构应力水平，使结构承载力显著提高，且可减少结构变形，缩小裂缝宽度甚至闭合。体外预应力加固法主要用于梁式桥（包括简支梁、悬臂梁、连续体系梁桥等）正常使用极限状态超限的结构，通过对旧桥施加体外预应力，能够达到减少或消除裂缝，减小梁体下挠，改善结构各截面应力状态的目的。

（7）减轻拱上自重加固法：调整拱上恒载分布。针对主拱圈变形过大，通过调整拱上恒载的办法来调整拱轴线与压力线；采用减轻拱上建筑的自重，主要是针对某些双曲拱桥的基础承载能力较低，通过这一措施降低对基础承载力的要求。减轻拱上自重的方法有以下几种：1）降低桥面标高，减少以至完全取消拱上填料，或使用轻质拱上填料。2）将腹拱的重力式横墙挖空，或改建为钢筋混凝土立柱。3）用预制的钢筋混凝土 T 梁、微弯板或空心板等轻型桥面系取代笨重的腹拱体系。4）采用钢筋混凝土刚架或桁架式拱上。

（8）拱桥的拱圈和拱肋常用的加固方法：为了提高拱桥的承载能力，往往采用增加拱圈厚度和刚度，加大拱肋截面、增设新拱肋等方法，常见的加固修复方法：1）喷射水泥砂浆加固法。2）钢筋混凝土拱圈内壁浇筑加固法。3）原拱上增设钢筋混凝土拱圈加固法。4）拱桥钢板箍与螺栓锚固法。5）扩大双曲拱桥拱肋截面加固法。6）粘贴钢板或钢筋加固拱肋。7）增设拱肋加固法。8）增加横系梁加固法。

## 5.3.2  隧道工程结构加固修复

隧道衬砌的开裂、破损或渗漏将给衬砌结构稳定及运营安全带来一系列不良后果，故必须及时采取措施进行加固或修复。其加固和修复方案可视衬砌结构变形程度、渗漏情况、围岩、施工条件等确定，如图 5-7 所示。

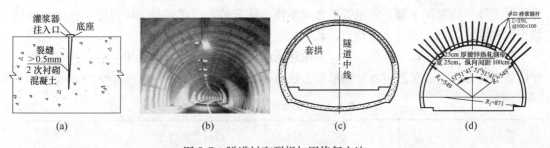

图 5-7  隧道衬砌裂损加固修复方法

（a）高强度砂浆封闭；（b）钢带加固；（c）局部套拱加固；（d）局部衬砌换拱

### 5.3.2.1  隧道衬砌裂损加固修复

（1）封闭处理：1）注浆加固。衬砌开裂不严重，开裂处有明显渗漏水，经观察证实已无显著变形的石质隧道，可采用注浆加固衬砌，使裂缝趋于稳定、停止发展并达到止水效果。裂缝宽度在 0.2 ~ 1mm 时，需用高强度密封砂浆将裂缝表面封闭，以防止裂缝内钢筋氧化；裂缝宽度大于 1mm 时，除需封闭裂缝表面外，还要用注射等方法将环氧树脂和高强度胶填充裂缝内。2）锚喷加固。衬砌开裂不甚严重、无明显变形，无明显渗漏水，岩层风化破碎较轻微的石质隧道，可采用锚杆加固。衬砌开裂较严重时，可将锚杆与注浆、挂网及喷射混凝土等措施配合使用。3）凿槽注浆、碳纤维布加固。衬砌开裂不严重且无明显变形时，可对隧道裂缝处凿梯形槽，预埋注浆管对裂缝注超细水泥浆，对梯形槽处采用聚合物改性水泥基修补砂浆嵌补，表层采用碳纤维布粘贴。根据情况，也可在碳纤维布两侧采用锚杆加固衬砌。

（2）嵌拱（轨）拱架及钢带加固。隧道隧道衬砌开裂严重，但结构尚有较强承载能力时，可通过嵌拱（轨）、工字钢或 H 型钢等制作的钢架加固，套拱能在镶嵌后立即承受围岩压力，并迅速制止衬砌的继续开裂和变形。还可采取钢带以及网片加喷射（钢纤维）混凝土的方法对结构进行加固。嵌拱（轨）法和钢带加固法通过在衬砌结构内环向支撑（或凿槽埋设）钢带、钢拱架或钢轨，从而使衬砌结构得到有效支撑。嵌拱（轨）加固可根据实际需要直接在衬砌外施作，也可在原衬砌内凿槽安装，具体施作方式可根据紧急程度、加固目的、限界等因素综合选定。

（3）套拱加固。隧道衬砌开裂较严重，净空允许且衬砌结构存在一定的承载能力时，在既有衬砌外重新施作套拱结构，新施作结构与原结构形成一体共同承担围岩压力，在充分利用原有结构承载力基础上，保证隧道安全但拱部结构尚具有一定的整体性和承载能力，边墙基本完好时，即可采用套拱补强。按照套拱结构加固范围的不同，可分为整体式套拱和局部套拱，需注意，套拱施作前需凿除部分或局部混凝土结构以保证原结构与新施作结构的有效连接。套拱可通过模筑混凝土施工，也可用喷射（钢纤维、碳纤维）混凝土方式施作，喷射混凝土添加钢纤维和碳纤维可有效增强结构承载能力，减少套拱结构厚度。

（4）衬砌换拱加固。若隧道原有结构已失去承载能力或结构净空不允许，且采用钢带、嵌拱等也无法保证承载能力时，需将原有衬砌结构拆除并更换。与衬砌套拱类似，衬砌更换可分为整体全换和局部结构更换。

（5）隧道仰拱（底板）加固。隧道仰拱（底板）衬砌破坏，基底翻浆冒泥时，采用以下措施可有效加固隧道基底：轨道以下施工做三排钢管桩，管内注水泥砂浆；钢管桩顶部施做三排钢筋混凝土梁，使钢管桩形成整体；钢管桩和钢筋混凝土梁需完全施作在仰拱填充内和仰拱以下，不可占用轨道、轨枕和道砟的空间。

隧道衬砌加固是较复杂的工程，根据隧道病害等级情况，可以采用上述一种或几种工作措施进行处理。常见的衬砌加固修复方法对比见表5-3。

表5-3　衬砌加固修复方法对比

| 适用条件 | 方法 | 优点 | 缺点 | 是否适应快速（或不中断交通） |
|---|---|---|---|---|
| 轻微裂缝 | 裂缝封闭及填充处理 | 施工快速、简便 | 工艺复杂，需专门技术人员，不能增强结构承载能力 | 快速，可不中断交通，基本不影响交通 |
| 裂缝较严重，但衬砌结构自身尚有较强承载能力 | 钢带加固嵌拱（轨）加固 | 施工快速、简便，可通过钢带及纵向连接防止坍塌，污染小，空间占用少，不侵限 | 不能大幅提高结构整体承载力，会破坏原有衬砌 | 快速，可不中断交通，基本不影响交通 |
| | 喷射钢（碳）纤维混凝土+网片 | 能有效增加结构整体性，结构承载能力够有效提高 | 施工工艺复杂，存在污染，新旧混凝土界面连接需进行处理 | 较快速，可不中断交通，需增加防护 |
| | 粘碳（芳纶）纤维板(布)法 | 施工快速、简便，重量轻，不增加结构自重，空间占用少，不侵限 | 造价高，工艺复杂，需专门技术人员，结构整体承载力增加不明显，存在污染 | 快速，可不中断交通，基本不影响交通 |
| | 粘钢板法 | 施工快速、简便，空间占用少，不侵限 | 造价高，工艺复杂，需专门技术人员，可能存在污染 | 快速，可不中断交通，基本不影响交通 |
| 裂缝严重，衬砌结构自身尚有一定承载能力，且建筑限界允许 | 套拱技术 | 可有效增强衬砌结构承载能力，必要时可结合锚喷，可从根本上治衬砌裂损病害和渗漏水病害 | 影响交通，工期长，可能需局部拆除衬砌混凝土，影响行车安全，占用空间多，可能侵限 | 速度较慢，可不中断交通，但需加强防护和观测 |
| 裂缝严重，衬砌结构失去承载能力，或限界不允许 | 换拱技术 | 有效增强衬砌结构承载能力，从根本上解决衬砌裂损和渗漏水病害 | 影响交通，工期长，需拆除原衬砌，施工风险高，施工安全性难保证 | 速度慢，可不中断或少中断交通，但需采取强力防护和观测措施 |

除上述病害处治技术外，新材料、新技术和新工艺在我国公路隧道衬砌加固工程中也得到了尝试和应用，喷射碳（钢）纤维混凝土加网片、粘碳（芳纶）纤维板（布）法、粘钢板法等方法也在不同的公路隧道、地下铁道的病害处治工程得到了应用。

#### 5.3.2.2　其他部位破损加固修复

（1）洞口及边坡：针对不同的洞门及洞口仰坡破坏程度主要采取的措施有：清理明显危石、拆除重建竖梁并增设主动防护网等。若破坏后仰坡较高，应重新设计多级仰坡，现场放样后从上到下清除坡面浮石等杂物，按设计坡度自上而下刷坡及支护。1）清方，即清除洞口区域已垮塌的土石及洞门仰坡上方的危石。2）既有截水沟、边仰坡防护进行修补处理，局部拆除重建。3）增加防护网及必要的喷锚防护。

（2）洞门：对于破坏情况一般的采用裂缝灌浆等方法加固端墙，对已损坏的帽石及翼墙等进行修复。对于轻微或未损坏的洞门则可以不做处理。根据隧道洞门的破坏情况采取不同的修复处理措施。破坏较为严重的，洞门墙局部拆除重建、明洞缓冲层回填恢复。

（3）仰拱及路面、排水沟等：1）仰拱注浆加固：适用于仰拱局部开裂、裂纹宽度较小地段，采用小导管注浆加固处理。2）仰拱拆除重建：适用于严重变形隆起、开裂错台地段。采用拆除重建、等厚度钢筋混凝土结构恢复。3）排水沟处置：未损坏地段应及时疏通，已破损地段应及时更换。

（4）隧道侵限：由于衬砌的修复及加固等因素造成隧道内净断面不符合原设计要求。对于局部因贴衬、套衬等加固措施造成严重侵限影响行车能力的需拆除重建。对于次等级的公路，对行车能力要求不高的则不做处理。

### 5.3.3　道路工程结构加固修复

道路工程常见加固修复方法如图 5-8 所示。

（a）　　　　　　　　　（b）　　　　　　　　　（c）　　　　　　　　　（d）

图 5-8　道路工程常见加固修复方法

（a）道路护坡网格植被防护；（b）道路护坡喷射混凝土加固；（c）路面裂缝修补；（d）路面坑槽修补

#### 5.3.3.1　路基工程加固修复

路基作为公路路面基础虽然没有直接与外界环境和行车荷载发生作用，但仍旧承受着来自环境的影响和基层的荷载扩散，同样需要具备足够的强度和稳定性。路基加固工程的主要工程是支撑天然边坡或人工边坡以保持土体稳定或加强路基强度和稳定性，以及保护边坡在水温变化条件下免遭破坏。公路施工路基加固技术的类型有很多，根据公路施工路基加固的部位将路基加固工程划分为坡面防护加固、边坡支挡、湿弱地基加固三个主要的类型。

（1）坡面防护加固：坡面防护加固主要有边坡防护加固和植物防护修复两种，边坡防护包括喷射混凝土护坡、浆砌预制块护坡、浆砌片石护坡、锚杆钢丝网喷浆、干砌片石护坡等；植物防护修复为修复防止边坡上雨水冲刷的草类植物，此类植物需为低矮灌木、根系发达、叶茎低矮且适应当地气候及土壤条件。

（2）边坡支挡加固：边坡支挡包括含有挡土墙、护面墙、护肩墙、护坡、护脚墙的路基边坡支挡，以及含有支垛护脚、浸水墙、石笼、抛石、驳岸、护坡的堤岸支挡。路基加固技术主要有重力式挡土墙工程技术、加筋土挡土墙工程技术，以及锚杆挡土墙工程技术。

（3）湿弱地基加固：对路基加固及处理，作用机理有土的置换、土的改良、土的补强三类。常见的公路路基加固方法有换填土层法、排水固结法、机械碾压法、重锤夯实法、桩基加固法、注入浆液法、化学固结、机械加固等几种。

### 5.3.3.2　路面工程加固修复

#### A　沥青路面结构加固修复

沥青路面常见病害：裂缝、坑槽、松散、车辙、拥包、波浪（搓板）、泛油。

（1）裂缝的维修：缝宽较小可不予处理，如宽度在3mm以上，可将缝隙刷扫干净，并用压缩空气吹净尘土后，采用热沥青或乳化沥青灌缝撒料法封堵。如缝宽在5mm以上，可将缝口杂物清除，或沿裂缝开槽后用压缩空气吹净，采用砂料式或细粒式热拌沥青混合料填充捣实，并用烙铁封口。对于由沉降引起的裂缝，如出现错台、啃边、裂缝宽度大于5mm以上的，则需沿横缝两侧各50～100cm范围开槽，挖除上面层，先将裂缝填实，然后沿横缝加铺玻璃格栅，重新摊铺上面层。对于尚未稳定的裂缝，还应根据裂缝成因，采取排水、边坡加固等措施，以使裂缝稳定不继续发展。另外，对于轻微龟裂可用玻璃纤维布罩面，对于大面积的网裂，常加铺乳化沥青封层或在补强基层后，再重新罩面，修复路面。

（2）坑槽的修复：目前路面坑槽的修补方法根据使用的路面综合修补设备分为两种，即冷补法和热补法。1）冷补法。首先测定坑横的深度，划出切槽修补的范围，用液压风镐切槽，用高压风枪将槽底、槽壁废料及粉尘清除干净；然后用喷灯烘干槽底、槽壁，并在其表面均匀喷洒一薄层粘层油；最后将准备好的热料填补至坑槽中，如厚度大于6cm需分层填筑，从四周向中间碾压。2）热补法。首先根据坑槽修补范围确定热辐射加热板区域，将加热板调到合适位置，加热3～5min，使被修补区域路面软化；然后将准备好的热料放到被修补处，搅拌摊平，并从四周向中间碾压。

（3）松散的修复：对于因低气温施工造成的沥青面层松散，其治理方法为：先收集好松散料，待气温上升时，重做喷油封层，撒布石屑或粗砂，并用轻型压路机压实。对于其他原因引起的松散，可将松散部分全部挖除，若基层软弱，先处理好基层，然后再重做面层。

（4）车辙和推移的修复：对于连续长度不超过30mm、辙槽深度小于8mm、行车有小摆动感觉的，可通过对路面烘烤、耙松、添加适当新料后压实即可。当沥青面层磨损、横向推移时，应清除不稳定层，用铣刨机拉毛，重铺面层。当基层或土基不稳定时，应先进行补强处理后，再修复面层。对于因基层施工质量差引起的车辙、推移，在重新摊铺面层前应先行处理好软弱基层。

（5）拥包的修复：对于区域稳定的轻微拥包，采用机械刨削或人工挖除即可；对于因面层沥青用量过多或细料集中而产生的较严重拥包，应采用机械或人工将全部拥包除去，并低于路面约10mm，扫尽杂物后用热拌沥青混合料重做面层。

（6）波浪（搓板）的处理：对于较为轻微的波浪（搓板）现象，可在波谷部分喷洒沥青，均撒适当粒径的矿料，找平后压实；对于较为严重的应将面层挖去，重新铺设面层。

（7）泛油的处理：表面石子仍外露的路段不作处理；对于泛油严重、摩擦系数降低较多且影响行车安全的路段，采用铣刨上面层后重新摊铺压实的措施，填铺采用原设计的沥青混合料并铺撒粘层油。

B　水泥混凝土路面结构加固修复

（1）裂缝修复：对于小于3mm的轻微裂缝，采取扩缝灌浆或填塞填缝胶处理。宽度为3~15mm的横向裂缝，采取条带罩面进行补缝。对于大于15mm的横向裂缝，可采用全深度补块，具体可分为集料嵌锁法、刨挖法、设置传力杆法。宽度3~15mm的纵向或斜向裂缝，参照上述方法。

（2）板边、板角修复：此技术主要用于对水泥混凝土路面的局部维修。原路面的整体结构应基本完好，但有局部路面板裂缝，伸缩缝损坏，或路面摩擦系数偏低等损毁。

1）灌浆加固：将氧化沥青或水泥浆注入基层以填充混凝土板下空隙并重建路面板的均匀整体强度。2）碎裂修补，包括板体全深度修补和部分深度修补，全深度碎裂修补用于修补比较严重的板体破损，而部分深度破碎修补则用于修补较浅的板体表层损坏。全深度碎裂修补的板体和现有混凝土板体之间装有传力杆。

（3）砸裂和固定。亦被译成"破碎和固定"，此方法用于在旧水泥混凝土路面上加铺一层沥青混凝土面层。其步骤是先将水泥路面板横向等距离砸裂并压实，然后加铺沥青路面。砸裂和固定法的目的是避免或减少沥青路面的反射裂缝。

（4）混凝土破碎。此方法将旧水泥混凝土路面板击碎成一定尺寸的混凝土块，以形成类似于砾石基层的水泥块基层。在此基层上加铺水泥或沥青混凝土面层。此方法可根除沥青混凝土面层的反射裂缝。

（5）锯缝和填缝。此方法是先在旧水泥混凝土面层上加铺沥青混凝土面层，然后沿水泥板接缝处将沥青面层锯缝并填缝。这是为了将反射裂缝固定在锯缝下面。由于锯缝已被填充，可防止水分沿缝进入路面结构引起路面受损。

# 第2篇　土木工程结构安全检测、鉴定、加固修复案例及分析

# ⑥　历史保护建筑结构检测、鉴定、加固修复案例及分析

## 6.1　历史保护建筑结构检测案例

### 6.1.1　【实例1】某砖木结构——俄式历史建筑结构检测

**A　工程概况**

某俄式建筑群，始建于19世纪末，为一层内木框架外砌体结构，建筑面积约为1170m²。建筑总长53.55m，总宽19.8m，附属L结构总长13.1m，总宽8.4m，建筑物高度为8.25m，砌体部分墙、横墙厚度均为500mm，现场如图6-1所示。

**a　目的**

拟对该建筑结构进行加固改造，恢复其古建筑的原始结构特点，为保障结构的安全使用，特对该建筑现有状态下的实际情况进行评价，对于检测中发现的问题和安全隐患，及时提出建议，确保该房屋结构的安全正常使用。

**b　初步调查结果**

存留了部分与结构有关的图纸与资料，但结构平面布置与材料强度以现场实际检测结果为准。实测平面如图6-2所示。

图6-1　结构现状

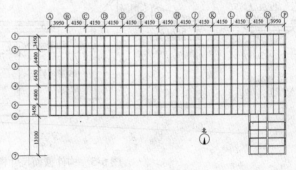

图6-2　平面图

B　结构检查与检测

a　现场检查结果

（1）木结构外观质量检查：木框架主体承重柱、梁均存在不同程度的裂缝，且承重柱裂缝较为明显，缝长最长约2.13m，缝宽最宽处约17mm。部分木结构虫蛀腐烂现象较为明显，后加固部分结构柱破损严重，屋面存在漏水现象，部分外观缺陷如图6-3所示。

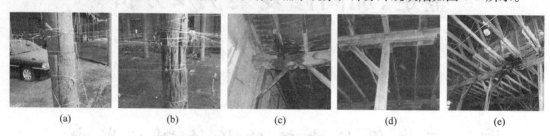

（a）　　　　（b）　　　　（c）　　　　（d）　　　　（e）

图6-3　木结构外观质量缺陷

（a）3/F柱裂缝较大；（b）3/L柱虫蛀、腐烂严重；（c）2~3/A梁变形较大；
（d）4/H柱斜支撑损坏；（e）屋内有漏水现象

（2）砌体结构外观质量检查：个别承重梁弯曲变形较大。外部砖砌体结构也出现裂缝，外墙酥化、腐蚀破损较为严重，部分结构缺陷如图6-4所示。

（a）　　　　（b）　　　　（c）　　　　（d）　　　　（e）

图6-4　砌体结构外观质量缺陷

（a）外砌砖墙斜裂缝；（b）外砌砖墙竖向裂缝；（c）门附近墙破损严重；
（d）天窗及屋盖破损；（e）外墙扶壁柱破损

b　现场检测结果

（1）构件截面尺寸检测：采用钢卷尺对本工程木构件、砌体构件、地基基础构件的截面尺寸进行抽样检测，如图6-5所示。1）部分截面尺寸检测结果：柱2/B（直径253mm）、5/H（247mm）、2/K（248mm）、3/M（250mm）、5/N（251mm）、4/J

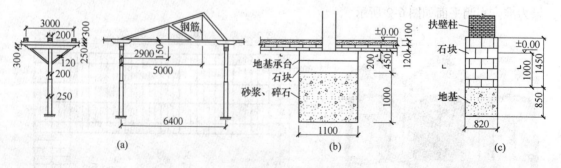

（a）　　　　　　　　（b）　　　　　　　　（c）

图6-5　构件截面尺寸检测结果

（a）柱梁框架断面图；（b），（c）木结构基础断面图

（247mm）；梁4/C-D（底面×侧面、50mm×252mm）、2/H-J（251m×246m）、2-3/N（253m×250m）、5/H-J（250m×248m）。

2）基础断面尺寸检测：对木框架与外砌体结构基础进行开挖检测，木框架与外砌体结构基础均未见明显倾斜、变形、裂缝等缺陷，具体截面尺寸如图6-5所示，结构现状如图6-6所示。

（a）　　　　　　（b）

图6-6　基础检查结果

（a）外砌体基础；（b）内木框架基础

（2）木材含水率检测：采用木材含水率测试仪对木构件含水率进行检测，含水率检测结果见表6-1。

（3）砌体砖强度检测：采用回弹法对该结构外砌体用砖进行抽样检测，检测结果表明，该砌体回弹结果推定强度等级均为MU5。

（4）砌体砂浆强度检测：采用射钉法对该结构外砌体进行砂浆强度抽样检测，现场检测结果表明，结构砂浆抗压强度推定强度等级为M1。

（5）建筑物倾斜/变形观测：现场采用全站仪对建筑物的顶点侧向水平位移进行观测，根据现场检测结果可知，该建筑物未发现明显的倾斜及变形。

表6-1　结构木材含水率检测结果

| 木构件编号 | 含水率/% | 木构件编号 | 含水率/% |
|---|---|---|---|
| 3/A | 10.8 | 3/P | 7.6 |
| 3/B | 7.8 | 5/B | 8.3 |
| 4/C | 7.6 | 3/C | 7.2 |
| 2/D | 7.8 | 4/E | 6.5 |
| 3/E | 7.8 | 3/F | 6.7 |
| 2/F | 9.6 | 5/G | 14.6 |
| 4/G | 9.4 | 2/H | 7.8 |
| 3/H | 8.1 | 4/J | 13.9 |
| 3/J | 11.4 | 4/K | 6.6 |
| 3/K | 6.7 | 5/L | 9.6 |
| 4/L | 6.1 | 4/M | 7.1 |
| 5/M | 6.5 | 2/N | 5.8 |
| 3/N | 6.6 | 4/P | 7.3 |

C　构件承载能力验算

材料属性、结构布置取现场实测值，按照我国现行规范进行结构承载能力验算，验算结果表明，木构件承载能力不满足使用要求，计算简图如图6-7所示。

D　检测结论

（1）建筑结构主体承重柱、梁、外部砖砌体结构均存在不同程度的裂缝、损伤。部分木结构虫蛀腐烂现象较为明显。（2）结构砖回弹结果推定强度等级均为MU5。（3）结构砂浆抗压强度推定强度等级为M1。

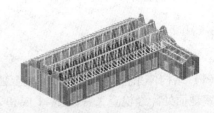

图6-7　计算简图

（4）结构基础未见明显倾斜、变形、裂缝等缺陷。（5）构件承载能力不满足现有使用要求。

E　项目小结

该建筑距今已有100多年的历史，考虑到该建筑属于历史保护建筑，具有较重要的文化纪念价值，建议根据以后新的使用功能的要求，按照现行规范进行加固处理，之后可以正常使用。

### 6.1.2 【实例2】某混凝土框架结构——历史建筑结构检测

A　工程概况

某工程约建于20世纪30年代，地下1层、地上3层，中间部分局部5层，钢筋混凝土框架结构；其中3层和局部4~5层为后续加建层，建于20世纪50年代，如图6-8所示。

a　目的

拟对房屋进行改造扩建，房屋资料缺失，需探明现有结构能否继续满足设计的正常使用状态和承载能力要求，保证主体结构能够正常工作、安全使用。依据国家有关规范要求，通过对主体结构承建过程和现存状况的检查与调查、检测，对该主体结构给予综合评定，并针对检测中发现的问题和安全隐患，提出相应的修复与加固建议。

图6-8　某"历史建筑"结构现状

b　初步调查结果

本建筑因年代久远，建筑资料全无，验算分析依据现场检查量测的数据。经现场实测，平面简图如图6-9所示。

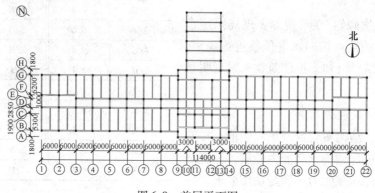

图6-9　首层平面图

B　结构检查与检测

a　现场检查结果

（1）结构体系检查：基础为混凝土独立基础，柱独立基础埋深较浅，基础表面裸露在地下室地面处。经检查，-1层、1层和2层为钢筋混凝土框架结构，框架梁为加腋梁。3层1~9/B~G和14~22/B~G范围为内框架结构，外墙砖砌体承重；3层10~13/H~N为外墙砖砌体承重；9~14/A~1/F范围为局部5层的钢筋混凝土框架结构。3层外墙未设置构造柱和圈梁，3层窗过梁为砖砌圆拱。3层、局部4层和5层为后续加建层。1层、2层、3层和局部4层、5层顶板为混凝土现浇楼板，屋顶为木屋架坡屋面。

（2）地基基础检查：经开挖检查，框架柱的柱基础为混凝土独立基础，基础顶面标高范围处无基础连梁。1~9/B~G和14~22/B~G范围的柱基础埋深较浅，基础顶面裸露在地下室地面；9~14/A~G范围的柱基础埋置深度约比其他部位大1500mm。现场开挖两个柱的独立基础，抽检基础截面和埋深尺寸，如图6-10（a）、（b）所示。

   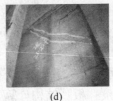 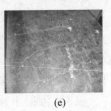

(a)　　　　　　　(b)　　　　　　　(c)　　　　　　　(d)　　　　　　　(e)

图 6-10　部分结构现状检查结果

(a) 18/E 柱基础开挖；(b) 20/G 柱基础开挖；(c) 框架梁大面积孔洞、蜂窝、露筋；
(d) 框架梁端部斜裂缝；(e) 楼板负弯矩裂缝

（3）框架柱、梁现状检查：混凝土柱均为矩形断面，现场检查框架柱现状基本完好，无外观缺陷，钢筋未发现明显锈蚀等破坏。混凝土框架梁现场检查发现部分混凝土构件有孔洞、蜂窝、露筋现象，局部钢筋锈蚀、混凝土剥落（图 6-10 (c)）。部分框架梁端部有斜裂缝，最大裂缝宽度为 2.0mm，建议加固（图 6-10 (d)）。

（4）楼、屋盖现状检查：地下室顶板局部存在混凝土剥落现象。楼内 1 层、2 层、3 层楼板顶面梁侧出现顺框架梁方向通长裂缝，经过剔凿后量测裂缝宽度达到 1.2mm，产生原因为楼板负筋配置数量较少，且保护层厚度过大，无法有效承受负弯矩（见图 6-10 (e)）。3 层部分顶板底面跨中出现通长裂缝，裂缝处渗水严重。

b　现场检测结果

（1）混凝土碳化检测结果：配合回弹法进行碳化深度检测，由检测结果可知，碳化深度在 9~15mm，并发现混凝土表面出现锈胀裂缝。

（2）混凝土强度检测结果：1）板：1 层、2 层、3 层楼板混凝土强度等级为 C18。2）柱：1 层、2 层柱混凝土强度等级为 C15，3 层、4 层、5 层柱混凝土强度等级为 C25。3）梁：1 层、2 层梁混凝土强度等级为 C15，3 层梁混凝土强度等级为 C25。

（3）外墙砖和砂浆强度检测结果：1 层和 2 层外墙为围护墙，3 层外墙为承重墙。采用回弹法对墙体强度进行检验，1 层和 2 层外墙砖的评定强度等级低于 MU5，3 层外墙砖的评定等级为 MU10。采用射钉法对砂浆进行检测，由于 1 层和 2 层外墙砌筑砂浆风化严重，无法测试，砂浆强度较低，3 层外墙砌筑砂浆强度实测评定值为 2.7MPa。

（4）钢筋位置、规格及保护层厚度检测结果：局部剔凿检查钢筋的直径规格，并在 2 层柱构件局部截取光圆钢筋，进行力学性能试验，检验结果表明，抽检的光圆钢筋能够达到现行规范 HPB235 级别的力学性能，见表 6-2；抽检的钢筋位置数量及保护层厚度符合要求。

表 6-2　钢筋力学性能试验结果

| 截取位置 | 直径/mm | 屈服强度 /N·mm$^{-2}$ | 抗拉强度 /N·mm$^{-2}$ | 伸长率/% | 冷弯试验 |
|---|---|---|---|---|---|
| 2 层 21/D 柱主筋 | 光圆 22 | 325 | 495 | 25 | 合格 |
| 2 层 21/D 柱箍筋 | 光圆 8 | 360 | 535 | 25 | |

C　检测结论

（1）框架柱、梁：局部混凝土构件有孔洞、蜂窝、露筋现象，局部钢筋锈蚀、混凝土剥落。部分框架梁端部有斜裂缝，最大裂缝宽度为 2.0mm。

（2）楼、屋盖：地下室顶板局部存在混凝土剥落、钢筋锈蚀现象。楼内 1 层、2 层、3 层楼板梁侧部位出现顺框架梁方向通长裂缝，因为楼板负筋配置数量较少，且保护层厚度过大，无法有效承受负弯矩。3 层部分顶板出现跨中通长裂缝，有渗水现象。

（3）混凝土强度：板：结构计算 1~3 层楼板混凝土强度等级可取 C18。柱：1~2 层柱混凝土强度等级可取 C15，2~5 层柱混凝土强度等级可取 C25。梁：1~2 层梁混凝土强度等级可取 C15，3~5 层梁混凝土强度等级可取 C25。

（4）外墙砖和砂浆强度：1 层和 2 层外墙砖的评定强度等级低于 MU5，3 层外墙砖的评定等级为 MU10。1 层和 2 层外墙砌筑砂浆风化严重，无法测试，砂浆强度较低。3 层外墙砌筑砂浆强度实测评定值为 2.7MPa。

（5）钢筋位置数量及保护层厚度：抽检混凝土构件内钢筋配置数量和钢筋直径规格，其中 2 层柱上抽取光圆钢筋力学性能能够达到现行规范 HPB235 级别要求。

D　项目小结

该楼建于 20 世纪 30 年代，使用已超过 70 年，按照我国现行规范进行核算，尚不满足使用要求；但考虑到该建筑属于历史保护建筑，具有较重要的文化纪念价值，可根据以后新的使用功能的要求，按照现行规范进行加固处理后正常使用。

## 6.2　历史保护建筑结构检测、鉴定案例

### 6.2.1　【实例 3】某砖木结构——历史建筑抗震性能及安全性检测、鉴定

A　工程概况

本工程建于 20 世纪 50 年代，为单层砖木结构，现在用途为办公，现场如图 6-11 所示。

a　目的

由于该建筑建成后已使用 60 多年，为保障人员及财产安全，特对该老建筑现有状态下的实际抗震性能及结构安全性进行评价，最终给出鉴定结论，并提出处理意见。

b　初步调查结果

该地区抗震设防烈度为 8 度（0.20g），设计地震分组为第一组。经核查，该建筑无任何结构施工图纸留存。经现场实际测绘，平面简图如图 6-12 所示。

图 6-11　结构现状

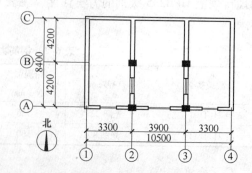

图 6-12　平面图

B 结构检查与检测

a 现场检查结果

（1）历史及荷载调查：该建筑原为住宅，现为办公。其中恒荷载：构件自重，抹灰、装饰重量；屋面活荷载取值 $0.5kN/m^2$；雪荷载取值 $0.40kN/m^2$；风荷载取值 $0.45kN/m^2$。

（2）地基基础检查：地基基础未见明显缺陷，存在局部散水开裂。北纵墙发现由于地基不均匀沉降造成的显著墙体裂缝，竖直通长，裂缝已基本稳定，建筑地基和基础无静载缺陷。

（3）上部结构检查：木柱和墙体为主要承重，柱直径 250mm，承重墙厚 240mm，由青砖砌筑。木构件普遍存在裂缝、老化、蚁蚀、腐朽现象；北纵墙存在一道 10mm 宽的通长竖向裂缝，墙体其他位置发现有细微裂缝，宽约 0.15mm，长约 0.8m。该房屋东山墙和北纵墙有渗水现象，散水开裂；房窗框有明显向西倾斜的变形。典型缺陷如图 6-13 所示。

（4）围护系统检查：1）屋面防水：瓦片松动，东山墙上部有渗水迹象。2）非承重内墙：与主体结构连接可靠性良好。3）门窗：外观完好，密封性符合设计要求，开闭正常。4）地面防水较差。

(a)         (b)

图 6-13 典型结构缺陷

（a）檐口木构件腐朽；（b）北纵墙体开裂

b 现场检测结果

（1）砌体砖强度检测：依据现场检测结果，房间实体砖回弹结果推定强度等级均小于 MU7.5，不满足《建筑抗震鉴定标准》（GB 50023—2009）对于承重墙体最低砖强度等级的要求。

（2）砌体砂浆强度检测：现场采用砂浆回弹仪进行砂浆强度检测，该建筑砂浆粉化严重，砌筑砂浆强度检测值范围小于 2.0MPa。由于砂浆强度检测值小于 2.0MPa，根据《砌体工程现场检测技术标准》（GB/T 50315—2011）第 15.0.6 条规定，不再给出具体检测值。

C 抗震鉴定

a 抗震鉴定说明

根据《古建筑木结构维护与加固技术规范》（GB 50165—1992）和《建筑抗震鉴定标准》（GB 50023—2009）的规定，按照 A 类建筑（后续使用年限 30 年）对其进行抗震鉴定。房屋抗震的一般规定见表 6-3，此外，尚应按有关规定检查其地震时的防火问题。

表 6-3 房屋抗震的一般规定

| 结构 | 内 容 |
|---|---|
| 木结构部分 | （1）抗震鉴定时，承重木构架、楼盖和屋盖的质量（品质）和连接、墙体与木构架的连接、房屋所处场地条件的不利影响，应重点检查。 |
|  | （2）木结构房屋以抗震构造鉴定为主，可不做抗震承载力验算，8 度、9 度时Ⅳ类场地的房屋应当提高抗震构造要求 |
|  | （3）木结构房屋的外观和内在质量宜符合下列要求：1）柱、梁（栿）、屋架、檩、椽、穿枋、龙骨等受力构件无明显的变形、歪扭、腐朽、蚁蚀、影响受力的裂缝和庇病；2）木构件的节点无明显松动或拔榫；3）7 度时，木构架倾斜不应超过木柱直径的 1/3，8 度、9 度时不应有歪闪；4）墙体无空鼓、酥碱、歪闪和明显裂缝 |

| 结构 | 内　容 |
|---|---|
| 砌体结构部分 | （1）现有多层砌体房屋抗震鉴定时，房屋的高度和层数、抗震墙的厚度和间距、墙体实际达到的砂浆强度等级和砌筑质量、墙体交接处的连接，以及女儿墙、楼梯间和出屋面烟囱等易引起倒塌伤人的部位应重点检查；7～9度时，尚应检查墙体布置的规则性，检查楼、屋盖处的圈梁，检查楼、屋盖与墙体的连接构造等 |
| | （2）多层砌体房屋的外观和内在质量宜符合下列要求：1）墙体不空鼓、无严重酥碱和明显歪闪；2）支承大梁、屋架的墙体无竖向裂缝，承重墙、自承重墙及其交接处无明显裂缝；3）混凝土构件无明显变形、倾斜或歪扭，构件及其节点的混凝土仅有少量微小开裂或局部剥落，钢筋无露筋、锈蚀 |
| | （3）现有砌体房屋的抗震鉴定，应按房屋高度和层数、结构体系的合理性、墙体材料的实际强度、房屋整体性连接构造的可靠性、局部易损易倒部位构件自身及其与主体结构连接构造的可靠性以及墙体抗震承载力进行综合分析，对整栋房屋的抗震能力进行鉴定 |
| | （4）A类砌体房屋，应进行综合抗震能力的两级鉴定。在第一级鉴定中，墙体的抗震承载力应依据纵、横墙间距进行简化验算，当符合第一级鉴定的各项规定时，应评为满足抗震鉴定要求；不符合第一级鉴定要求时，除有明确规定的情况外，应在第二级鉴定中采用综合抗震能力指数的方法，计入构造影响做出判断 |

b　木结构部分抗震鉴定

（1）《建筑抗震鉴定标准》（GB 50023—2009）相关鉴定内容：木结构房屋符合表6-4中的各项规定时，可评为满足抗震鉴定要求。

**表6-4　《建筑抗震鉴定标准》（GB 50023—2009）相关鉴定内容（木结构部分）**

| 类型 | 应符合下列要求 | 意见 |
|---|---|---|
| 旧式木骨架的布置和构造 | （1）8度时，无廊厦的木构架，柱高不应超过3m，超过时木柱与桁（梁）应有斜撑连接 | 满足 |
| | （2）构造形式应合理，不应有悬悬桁架或无后檐檩，瓜柱高于0.7m的腊钎瓜柱桁架、桁与柱为榫接的五檩桁架和无连接措施的接桁 | 满足 |
| | （3）木构件的常用截面尺寸宜符合标准附录G的规定 | 满足 |
| | （4）檩与椽、桁（梁），龙骨与大梁、楼板应钉牢；对接桁下应有替木或爬木，并与瓜柱钉牢或为燕尾榫。该房屋可见部分满足要求，大部分节点没有检查条件 | 满足 |
| 木柱木屋架的布置和构造 | （1）梁柱布置不应零乱，并宜有排山架 | 满足 |
| | （2）木屋架不应为无下弦的人字屋架 | 满足 |
| | （3）柱顶在两个方向均应有可靠连接 | 满足 |
| | （4）柱顶宜有通长水平系杆，房屋两端的屋架间应有竖向支撑；房屋长度大于30m时，在中段且间隔不大于20m的柱间和屋架间均应有支撑；跨度小于9m且有密铺木望板或房屋长度小于25m且呈四坡顶时，屋架间可无支撑。该房屋满足要求 | 满足 |
| 木结构房屋易损部位的构造 | （1）楼房的挑阳台、外走廊、木楼梯的柱和梁等承重构件应与主体结构牢固连接 | 满足 |
| | （2）梁上、桁（排山桁除外）上或屋架腹杆间不应有砌筑的土坯、砖山花等 | 满足 |
| | （3）抹灰顶棚不应有明显的下垂；抹面层或墙面装饰不应松动、离鼓；屋面瓦尤其是檐口瓦不应有下滑。本建筑存在屋面瓦有松动，下滑趋势 | 不满足 |

当遇下列情况之一时，应采取加固或其他相应措施：1）木构件腐朽、严重开裂而可能丧失承载能力。2）木构架的构造形式不合理。3）木构架的构件连接不牢。4）墙体与木构架的连接或易损部位的构造不符合要求。由排查结果可知，该房屋木结构部分抗震措施不符合鉴定标准要求，房屋木构件存在变形、开裂等现象，需采取相应措施。

（2）《古建筑木结构维护与加固技术规范》（GB 50165—1992）相关鉴定内容见表 6-5：古建筑木结构的抗震鉴定除应符合现行国家标准建筑抗震鉴定标准的要求外，其抗震构造鉴定尚应满足下列要求：凡有残损点的构件和连接，其可靠性应被判为不符合抗震构造要求。

表 6-5 《古建筑木结构维护与加固技术规范》（GB 50165—1992）相关鉴定内容（木结构部分）

| 类型 | 应符合下列要求 | 意见 |
| --- | --- | --- |
| 承重木柱的残损点检查及评定内容 | （1）材质：腐朽和老化变质，虫蛀，木材天然缺陷。（2）柱的弯曲。（3）柱脚与柱础抵承状况。（4）柱础错位。（5）柱身损伤。各承重木柱外露部分均未见残损点 | 满足 |
| 承重木梁枋的残损点检查及评定内容 | （1）材质：腐朽和老化变质，虫蛀，木材天然缺陷。（2）弯曲变形。（3）梁身损伤。未见残损点 | 满足 |
| 木架整体性的检查及评定内容 | （1）整体倾斜。（2）局部倾斜。（3）构架间的连系。（4）梁柱间的连系（包括柱枋间、柱檩间的连系）。（5）榫卯完好程度。木架整体性未见残损点 | 满足 |
| 屋盖结构的残损点检查及评定内容 | （1）椽条系统：材质，挠度，椽檩间的连系，承椽枋受力状态。（2）檩条系统：材质，挠度，受力状态。（3）瓜柱、角背驼峰：材质，构造完好程度。（4）翼角、檐头、由戗：材质，固定程度，损伤程度，受力状态。屋盖构件普遍存在裂缝和老化，应评为残损点 | 不满足 |
| 砖墙残损点检查及评定内容 | （1）砖的风化。（2）倾斜。（3）裂缝。砖墙表面存在风化现象，后院正房北纵墙有竖向长裂缝，其余单体山墙底部存在酥碱现象，应评为残损点 | 不满足 |

c 砌体结构部分抗震鉴定

现有 A 类多层砌体房屋 8 度时，实际层数不应超过 6 层，高度不应超过 19m，该房屋满足要求。《建筑抗震鉴定标准》（GB 50023—2009）中相关砌体结构鉴定内容见表 6-6。

表 6-6 《建筑抗震鉴定标准》（GB 50023—2009）相关鉴定内容（砌体结构部分）

| 类型 | 应符合下列要求 | 意见 |
| --- | --- | --- |
| 结构体系检查 | （1）房屋抗震横墙的最大间距，8 度时对木屋盖，不应超过 7m | 满足 |
| | （2）房屋高宽比不宜大于 2.2，且高度不大于底层平面最长尺寸 | 满足 |
| | （3）质量和刚度沿高度分布比较均匀规则，同一楼层的楼板标高相差不大于 500mm，楼层的质心和计算刚心基本重合或接近 | 满足 |
| 现有砌体房屋的整体性连接构造 | （1）墙体布置在平面内应闭合，纵横墙交接处应有可靠连接 | 满足 |
| | （2）现有砌体房屋在外墙四角、较大洞口两侧、大房间内外墙交接处，应有钢筋混凝土构造柱或芯柱 | 不满足 |
| | （3）木屋架不应为无下弦的人字屋架，隔开间应有一道竖向支撑或有木望板和木龙骨顶棚 | 满足 |
| | （4）钢筋混凝土圈梁的布置与配筋，在屋盖处所有外墙均应设圈梁，纵横墙上圈梁的水平间距不应大于 8m，且最小纵筋不少于 4φ12。该房屋各单体均未设圈梁 | 不满足 |
| 房屋中易引起局部倒塌的部件及其连接 | （1）承重的门窗间墙最小宽度和外墙尽端至门窗洞边的距离及支承跨度大于 5m 的大梁的内墙阳角至门窗洞边的距离，9 度时不宜小于 1.5m | 不满足 |
| | （2）非承重的外墙尽端至门窗洞边的距离，9 度时不宜小于 1.0m | 不满足 |

砌体房屋当遇下列情况之一时，可不再进行第二级鉴定，但应评为综合抗震能力不满

足抗震鉴定要求，且要求对房屋采取加固处理：（1）房屋高宽比大于3，或横墙间距超过刚性体系最大值4m。（2）纵横墙交接处连接不符合要求，或支承长度少于规定值的75%。（3）仅有易损部位非结构构件的构造不符合要求。（4）本节的其他规定有多项明显不符合要求。

由排查结果可知，该房屋砖墙表面普遍存在风化现象，现场检测砂浆强度极低，北纵墙开裂严重，屋盖构件普遍存在裂缝和老化，评为抗震综合能力不满足抗震鉴定要求。

D　结构安全性鉴定

依据《民用建筑可靠性鉴定标准》（GB 50292—1999），按照构件、子单元和鉴定单元三个层次，逐层对该建筑物进行的安全性评级结果如下。

a　构件评级

（1）砌体构件：砌体构件的安全性评级应按承载能力、构造以及不适于继续承载的位移和裂缝等四个检查项目，分别评定每一受检构件的等级，并取其中最低一级作为该构件安全性等级。经检测结果可知，抗震承载能力不满足要求，评为 $c_u$ 级。

（2）木构件：木结构构件的安全性鉴定，应按承载能力、构造、不适于继续承载的位移（或变形）和裂缝以及危险性的腐朽和虫蛀等六个检查项目，分别评定每一受检构件的等级，并取其中最低一级作为该构件安全性等级。由检测结果可知，木构件普遍存在裂缝、老化、蚁饰、腐朽现象，评定为 $c_u$ 级。

b　子单元评级

（1）地基基础评级：地基基础的安全性鉴定，包括地基检查项目和基础构件。北纵墙存在竖向通长裂缝，推断为地基不均匀沉降所致，裂缝现已稳定未继续发展，地基基础评为 Bu。

（2）上部承重结构评级：上部承重结构的安全性鉴定评级，根据各种构件的安全性等级、结构整体性等级，以及结构侧向位移等级进行确定，详细评级结果见表6-7。

（3）围护结构评级：根据该系统专设的和参与该系统工作的各种构件的安全性等级，以及该部分结构整体性的安全性等级进行评定，详细评级结果见表6-8。

**表6-7　上部承重结构安全性评级**

| 构件 | | 结构整体性 | 侧向位移 | 安全性评级 |
|---|---|---|---|---|
| 砌体构件 | 木构件 | | | |
| $c_u$ | $c_u$ | Bu | Bu | Cu |

**表6-8　围护系统结构安全性评级**

| 屋面 | 围护墙 | 结构间联系 | 结构布置及整体性 | 安全性评级 |
|---|---|---|---|---|
| Bu | Bu | Bu | Bu | Bu |

c　鉴定单元安全性综合评级

该建筑结构安全性评定等级为 Csu 级，具体安全性综合评级结果见表6-9。

E　加固修复建议

为使该结构达到安全使用的要求，建议采取如下措施：（1）对北纵墙裂缝进行处理。（2）可采用钢筋网水泥砂浆面层或钢绞线网聚合物砂浆面层对承重墙体进行加固。

**表6-9　安全性综合评级结果**

| 层次 | | 二 | 三 |
|---|---|---|---|
| 层名 | | 子单元评定 | 鉴定单元综合评定 |
| 安全性鉴定 | 等级 | Au、Bu、Cu、Du | Asu、Bsu、Csu、Dsu |
| | 地基基础 | Bu | |
| | 上部承重结构 | Cu | Csu |
| | 围护系统 | Bu | |

（3）对木构件进行缺陷普查，损伤严重的构件需要进行替换。（4）对各房屋定期检查，雨季前全面检查。

F 项目小结

（1）抗震性能鉴定小结：根据《建筑抗震鉴定标准》（GB 50023—2009）和《古建筑木结构维护与加固技术规范》（GB 50165—1992）的相关规定，该建筑综合抗震综合能力不满足要求，主要原因为：木构件存在变形、开裂等现象；砂浆强度极低，北纵墙开裂严重，屋盖构件普遍存在裂缝和老化，不满足承重墙体最低砖抗压强度和最低砂浆强度等级的要求。

（2）结构安全性鉴定小结：根据《民用建筑可靠性鉴定标准》（GB 50292—1999），安全性评定等级为 Csu 级，不满足 Asu 级要求的主要原因：1）木结构部分：各单体木构件存在腐朽、开裂。2）材料强度过低。3）北纵墙有一道宽度为 10mm 的竖向通长裂缝，不满足《民用建筑可靠性鉴定标准》（GB 50292—1999）第 4.4.6 条对于非受力裂缝的要求。

## 6.2.2 【实例 4】某砖混结构——历史建筑改造开洞工程可靠性检测鉴定

A 工程概况

本工程建于 20 世纪 50 年代，二层砖混结构，现在用途为办公，现场如图 6-14 所示。

a 目的

甲方准备对一层 4 号轴线的横墙进行开洞处理（预计洞口大小约 2.5m×2.1m），改变现有结构，由于该办公楼建成至今已使用 60 多年，为保障人员及财产安全，考虑到改变现有结构会危及结构安全，依照相关规范要求，

图 6-14 结构现状

特对该办公楼结构进行现场检测鉴定，根据检测结果，对变更用途后的结构物进行计算分析，最终给出鉴定结论和处理意见，为下一步的修缮及加固设计提供依据。

b 初步调查结果

经核查，该院内建筑无任何结构施工图纸留存。经现场测绘，平面简图如图 6-15 所示。

B 结构检查与检测

a 现场检查结果

（1）地基基础检查：地基基础未见明显缺陷，存在局部散水轻微开裂。四周一层散水围护处发现多条墙体裂缝，竖直分

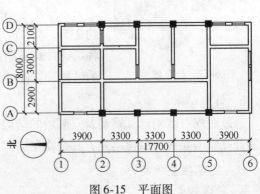

图 6-15 平面图

布，裂缝已基本稳定，建筑地基和基础无静载缺陷。

（2）上部结构检查：房屋主要由砖柱和墙体承重，柱的截面尺寸为 500mm×370mm，

承重墙外墙厚为 360mm、内墙厚为 240mm，由青砖砌筑。墙体四周存在数条裂缝；该建筑结构布置及结构体系维护良好；该建筑无构造柱及圈梁布置，一层楼板为现浇结构，屋顶为人字形木结构屋面。部分检查结果如图 6-16 所示。

（3）围护系统检查：1）屋面防水：瓦片无松动现象，山墙上部未发现渗水迹象。

(a)　　　　　　　(b)

图 6-16　部分检查结果

(a) 节点现状；(b) 竖向裂缝

2）承重内墙：与主体结构连接可靠性良好。

3）门窗：外观完好，密封性良好，开闭、推动正常。4）地面防水较好。

　　b　现场检测结果

（1）砌体砖强度检测：依据现场检测结果，砖回弹结果推定强度等级存在小于 MU7.5 的情况，不满足《建筑抗震鉴定标准》（GB 50023—2009）中对于承重墙体最低砖强度等级的要求。

（2）砌体砂浆强度检测：本次检测采用贯入法与回弹法相结合的方法进行砂浆强度的检测，砌筑砂浆强度检测值范围存在小于 2.0MPa 的现象。由于砂浆强度检测值小于 2.0MPa，根据《砌体工程现场检测技术标准》（GB/T 50315—2011）第 15.0.6 条规定，不给出具体检测值。

　　C　结构承载能力分析

　　a　计算说明

依据国家有关规范，确定结构构件的安全裕度。在选择结构计算简图时，考虑结构的偏差、裂缝缺陷及损伤、荷载作用点及作用方向、构件的实际刚度及其在节点的固定程度，结合检测结果以及在结构检查时所查明的结构承载潜力，构件材料强度实测值与原设计强度值中的较小值进行结构计算，由于缺失设计值，本结构经实测并按实测强度值进行结构计算分析，从而得出结构构件的现有实际安全裕度。

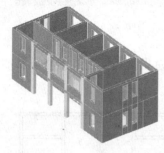

图 6-17　计算模型

一层 4 号轴线的横墙预计进行开洞处理（预计洞口大小约 2.5m×2.1m），改变现有结构，本次结构分析计算采用两种结构计算模型进行对比分析（现有结构计算模型、开洞后的结构计算模型），如图 6-17 所示。

　　b　计算结果

通过对现有结构计算模型及开洞后的结构计算模型进行计算，考虑影响系数后，开洞后的计算模型除该房屋顶层外，其余楼层墙体综合承载能力均不满足要求。

　　D　抗震性能评定

　　a　抗震评定条件

该房屋建于 20 世纪 50 年代，按《建筑抗震鉴定标准》（GB 50023—2009）的规定，本次按照 A 类建筑（后续使用年限 30 年）对其进行抗震鉴定。根据《建筑抗震设计规范》（GB 50011—2010）相关规定，该地区抗震设防烈度为8度（0.20g）。

b 抗震措施鉴定

现有A类多层砌体房屋在8度时，实际层数不应超过6层，高度不应超过19m，该房屋满足要求。《建筑抗震鉴定标准》（GB 50023—2009）相关砌体鉴定内容见表6-10。

表6-10 《建筑抗震鉴定标准》（GB 50023—2009）相关鉴定内容（砌体结构部分）

| 类型 | 应符合下列要求 | 意见 |
| --- | --- | --- |
| 结构体系检查 | （1）房屋抗震横墙的最大间距，8度时对木屋盖，不应超过7m | 满足 |
| | （2）房屋高宽比不宜大于2.2，且高度不大于底层平面最长尺寸 | 满足 |
| | （3）质量和刚度沿高度分布比较均匀规则，同一楼层的楼板标高相差不大于500mm，楼层的质心和计算刚心基本重合或接近 | 满足 |
| 现有砌体房屋的整体性连接构造 | （1）墙体布置在平面内应闭合，纵横墙交接处应有可靠连接 | 满足' |
| | （2）现有砌体房屋在外墙四角、较大洞口两侧、大房间内外墙交接处，应有钢筋混凝土构造柱或芯柱 | 不满足 |
| | （3）木屋架不应为无下弦的人字屋架，隔开间应有一道竖向支撑或有木望板和木龙骨顶棚 | 满足 |
| | （4）钢筋混凝土圈梁的布置与配筋，在屋盖处所有外墙均应设圈梁，纵横墙上圈梁的水平间距不应大于8m，且最小纵筋不少于4φ12。该房屋各单体均未设圈梁 | 不满足 |
| 房屋中易引起局部倒塌的部件及其连接 | （1）承重的门窗间墙最小宽度和外墙尽端至门窗洞边的距离及支承跨度大于5m的大梁的内墙阳角至门窗洞边的距离，9度时不宜小于1.5m | 满足 |
| | （2）非承重的外墙尽端至门窗洞边的距离，9度时不宜小于1.0m | 不满足 |

由排查结果可知，该建筑砖墙表面观感较好，但部分砖体积砂浆存在风化现象，现场检测砖抗压强度及砂浆强度存在不合格的现象，外墙围护存在大量裂缝，木屋盖构件使用年代较长，老化趋势明显，评为综合抗震综合能力不满足抗震鉴定要求，需对房屋采取加固处理。

E 结构可靠性鉴定

a 构件评级

（1）安全性评级：

1）砌体构件：由验算结果可知，墙体承载力未受到显著影响，构造合理。外墙体虽然出现大量裂缝，但均属砌体砖外侧抹灰收缩引起的变形裂缝，裂缝宽度并未达到5mm以上，不满足评定为 $c_u$ 或 $d_u$ 级的条件，所以所有出现裂缝的墙体安全性评定等级为 $b_u$ 级，未出现裂缝的墙体可评定为 $a_u$ 级。

2）混凝土构件：混凝土构件的安全性评级按承载能力、构造以及不适于继续承载的位移（变形）和裂缝等四个检查项目，分别评定每一受检构件的等级，并取其中最低一级作为该构件安全性等级。所有混凝土梁、板等混凝土构件现状基本完好，未出现显著变形和裂缝，评定等级为 $a_u$。

（2）正常使用性评级：

1）砌体构件：砌体结构构件的正常使用性鉴定，应按位移、非受力裂缝和风化（或粉化）等三个检查项目，分别评定每一受检构件的等级，并取其中较低一级作为该构件使用性等级。现场对裂缝宽度进行量测，最大裂缝宽度为 1.4mm（存在一条 2mm 的裂缝为外侧抹灰，砖体裂缝未达到 2mm），普通裂缝宽度大多在 0.5～1.0mm 之间，小于 $c_s$ 级评定标准规定的 1.5mm。所以所有出现裂缝的墙体正常使用性评定等级为 $b_s$ 级，未出现裂缝的墙体可评定为 $a_s$ 级。

2）混凝土构件：混凝土构件的正常使用性评级应按位移和裂缝两个检查项目，分别评定每一受检构件的等级，并取其中较低一级作为该构件使用性等级。所有混凝土梁、板等混凝土构件现状基本完好，未出现显著变形和裂缝，正常使用性评定等级为 $a_s$ 级。

b　子单元评级

（1）地基基础的评级：

1）安全性评级：该建筑物上部结构虽出现大量裂缝，但与地基变形和不均匀沉降无关。无静载缺陷，承载力满足使用要求。地基基础子单元安全性评定等级为 Au。

2）正常使用性评级：地基基础的正常使用性，可根据其上部承重结构或围护系统的工作状态进行评估。地基基础子单元正常使用性评定等级为 As。

（2）上部承重结构评级：

1）安全性评级：根据对上部承重结构各构件、结构整体性、结构侧向位移的检查结果，上部承重结构评级结果见表6-11。

2）正常使用性评级：上部承重结构的正常使用性鉴定，应根据各种构件的使用性等级和结构的侧向位移等级进行评定，详细评级结果见表6-12。

**表 6-11　上部承重结构安全性评级**

| 构件 | | 结构整体性 | 侧向位移 | 安全性评级 |
|---|---|---|---|---|
| 砌体构件 | 混凝土构件 | | | |
| $b_u$ | $a_u$ | Bu | Bu | Bu |

**表 6-12　上部承重结构正常使用性评级**

| 构件 | | 侧向位移 | 正常使用性评级 |
|---|---|---|---|
| 砌体构件 | 混凝土构件 | | |
| $b_s$ | $a_s$ | Bs | Bs |

（3）围护系统评级：

1）安全性评级：围护系统承重部分的安全性，应根据该系统专设的和参与该系统工作的各种构件的安全性等级，以及该部分结构整体性的安全性等级进行评定，详细评级结果见表6-13。

2）正常使用性评级：围护系统的正常使用性鉴定评级，应根据该系统的使用功能等级及其承重部分的使用性等级进行评定，详细评级结果见表6-14。

**表 6-13　围护系统结构安全性评级**

| 屋面 | 围护墙 | 结构间联系 | 结构布置及整体性 | 安全性等级评定 |
|---|---|---|---|---|
| Au | Au | Bu | Bu | Bu |

**表 6-14　围护系统正常使用性评级**

| 屋面防水 | 吊顶 | 非承重内墙 | 外墙 | 门窗 | 地下防水 | 其他防护 | 正常使用性评级 |
|---|---|---|---|---|---|---|---|
| As | As | As | Bs | As | As | As | Bs |

c　鉴定单元可靠性综合评级

该建筑物结构可靠性评定等级为 Ⅱ 级，可靠性综合评级具体结果见表6-15。

F　加固修复建议

为使该结构达到安全使用，建议采取如下处理措施：（1）建议维持结构现状，不做开洞改变承重墙体结构现状的处理。考虑到开洞后对现有结构的影响以及需进行加固（加固的复杂程度以及对现有结构的改变）才能满足对后续安全使用的需求，并参照对历史性纪念建筑的一般保护原则，建议不进行开洞处理。（2）对外侧墙体竖向裂缝及墙面网状裂缝进行灌浆封堵处理。（3）定期对屋顶木构件进行缺陷普查，对于屋顶木结构构件损伤严重的构件需要进行替换。（4）对各房屋定期检查，建议每年在雨季到来前进行全面检查。

G  项目小结

a  抗震性能鉴定小结

根据《建筑抗震鉴定标准》（GB 50023—2009）相关规定，该建筑综合抗震综合能力不满足抗震鉴定要求，不满足要求的主要原因为：部分砖体积砂浆存在风化现象，现场检测砖抗压强度及砂浆强度存在不合格的现象，外墙围护存在大量

**表 6-15  办公楼可靠性综合评级结果**

| 层 次 | | 二 | 三 |
|---|---|---|---|
| 层 名 | | 子单元评定 | 鉴定单元综合评定 |
| 安全性鉴定 | 等级 | Au、Bu、Cu、Du | Asu、Bsu、Csu、Dsu |
| | 地基基础 | Au | |
| | 上部承重结构 | Bu | Bsu |
| | 围护系统 | Bu | |
| 使用性鉴定 | 等级 | As、Bs、Cs | Ass、Bss、Css |
| | 地基基础 | As | |
| | 上部承重结构 | Bs | Bss |
| | 围护系统 | Bs | |
| 可靠性鉴定 | 等级 | A、B、C、D | Ⅰ、Ⅱ、Ⅲ、Ⅳ |
| | 地基基础 | A | |
| | 上部承重结构 | B | Ⅱ |
| | 围护系统 | B | |

裂缝，木屋盖构件使用年代较长，老化趋势明显，其抗震措施不符合鉴定标准要求。

b  结构可靠性鉴定小结

根据《民用建筑可靠性鉴定标准》（GB 50292—1999），建筑物可靠性评定等级为Ⅱ级，未到达可靠性评定等级为Ⅰ的要求，不满足要求的原因如下：（1）墙面存在裂缝，最大宽度为 1.4mm（存在一条 2mm 的裂缝为外侧抹灰，砖体裂缝未达到 2mm）。（2）砖强度推定等级小于 MU7.5，砂浆强度检测值较低（小于 2MPa）。

c  建议不开洞处理结论小结

通过对现有结构计算模型及开洞后的结构计算模型进行计算，开洞后的计算模型一层、二层墙体综合承载能力均不满足要求，遵循历史纪念建筑的一般保护原则，考虑到本结构的结构现状，建议不进行开洞处理。

## 6.3  历史保护建筑结构检测、鉴定、加固修复案例

### 6.3.1  【实例 5】某砖木结构"艺术工厂"可靠性检测、鉴定及加固修复

A  工程概况

某艺术工厂建造于 20 世纪 60 年代，为单层混合结构，建筑面积约 1290m²。建筑原设计单位不详，后由某设计院于 1982 年进行部分区域加固设计，现场如图 6-18 所示。

a  目的

现由于建筑改变使用功能变为艺术工厂，部分建筑结构发生改变，相关荷载发生变化。为保证该建筑结构整个生产系统的正常运行和操作人员的安全，需要对该建筑进行可

靠性检测鉴定，为今后的加固改造和使用功能升级提供理论依据，以达到保证结构安全正常使用，特对该艺术工厂进行结构安全性鉴定。

b　初步调查结果

该建筑建造年代久远，原设计图纸缺失。加固设计图纸部分留存。本次现场调查发现对原结构部分区域进行过加固改造，现场情况基本与原设计加固图纸相符，平面简图如图6-19 所示。

图 6-18　结构现状

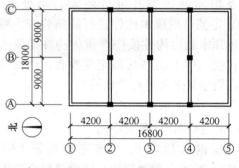

图 6-19　平面图

B　结构检查与检测

a　现场检查结果

（1）地基基础检查：建筑结构基础为采用墙下条形基础，上部结构未发现由于不均匀沉降造成的结构构件开裂和倾斜，建筑地基和基础无静载缺陷，地基基础基本完好。

（2）承重结构系统检查：单层建筑，建筑高度为 7m（不含天窗），本次检查主要包含 A 厅和 B 厅。

1）A 厅为砖混结构，屋面为木桁架结合木屋面板。厅内有 3 个混凝土柱，柱截面尺寸为 450mm×450mm；木桁架下弦为混凝土梁，梁截面尺寸为 500mm×200mm。木屋架均采用方木，经现场测量，立杆和斜杆方木尺寸不一，同一斜杆或立杆方木尺寸也存在偏差，木桁架具体尺寸如图 6-20 所示。其中 1-1 方木截面尺寸为 110mm×120mm，2-2 方木截面尺寸为 160mm×100mm，3-3 截面尺寸为 100mm×110mm。

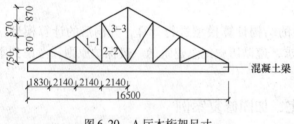

图 6-20　A 厅木桁架尺寸

A 厅结构整体状况较差，混凝土柱内钢筋锈蚀；部分墙体出现通长竖向裂缝，裂缝宽度较大；木屋架下弦混凝土梁现状良好，木桁架竖杆、斜杆和横杆现状良好，部分构件涂装破损；木屋面的涂装大面积破损，个别区域木屋面板腐朽；靠近内侧墙体处木构件均出现不同程度受潮腐朽；主要承重构件现状较差，已影响建筑结构正常使用和承载能力。

2）B 厅为砖混结构，屋面为混凝土桁架梁结合木屋面板；混凝土梁 1-1 截面尺寸为 200mm×200mm，2-2 截面尺寸为 200mm×150mm，3-3 截面尺寸为 350mm×200mm，如图 6-21 所示。

目前 B 厅桁架梁、柱现状较差，发现多处明显缺陷；梁、柱出现多处掉块现象，混凝土构件内主筋普遍锈蚀；木屋面板现状较差，出现不同程度的腐朽、损害。部分区域的屋面板已失去功能，应立即更换。B 厅整体主要承重构件现状较差，已影响建筑结构正常使用和承载能力，应立即采取加固修复措施。结构现状如图 6-22 所示。

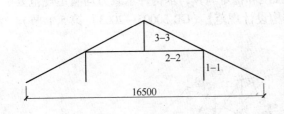

图 6-21　B 厅木桁架尺寸

 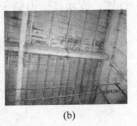

(a) (b)

图 6-22　结构缺陷

(a) 混凝土桁架现状差；(b) 屋面板受潮、腐蚀

（3）围护结构检查：建筑砌体砂浆灰缝不饱满，砂浆沙化严重，强度较低；墙体出现大面积腐蚀情况，窗户窗框变形，使用功能较差，应采取修复措施。

（4）结构布置检查：艺术工厂混合结构布置合理，结构形式与构件选型基本正确，传力路线基本合理，结构构造连接可靠。

b　现场检测结果

（1）混凝土强度检测：预制梁、混凝土柱、梁混凝土强度推定值为 C20，强度较低；A 厅下弦梁混凝土强度推定值为 C30。

（2）混凝土结构钢筋位置及保护层厚度检测：用钢筋磁感仪对本工程现浇混凝土构件的配筋数量情况进行检测，结果可知，混凝土柱构件主筋直径为 25mm，混凝土梁构件主筋直径为 22mm。由检测结果可知，混凝土梁、柱钢筋配置合理，但部分构件保护层厚度不满足规范要求，影响结构耐久性。

（3）构件尺寸复核：建筑结构主体柱、梁全部为钢筋混凝土构件，现场选取混凝土柱、梁和方木构件进行复核。由结果可知，构件尺寸基本合理，计算时按照实测数进行验算分析。

（4）砌体强度检测：实测强度推定标号为 MU7.5，该砌体结构墙体构件的抗压等级偏低。

（5）砂浆强度检测：所测墙体砌筑用砂浆强度较低，推定等级为 M1。

（6）钢筋锈蚀检测：根据混凝土现状检查和电位梯度法钢筋锈蚀抽样无损检测，判定混凝土结构内部钢筋已发生锈蚀，从腐蚀图形上来看，混凝土内部钢筋锈蚀程度较为严重。

c　结构承载能力分析

a　计算说明

（1）结构计算说明：该建筑属优秀历史建筑，受诸多部位保护要求的限制，在满足要求的前提下，加固设计应切实遵循"最小干预"、"可逆"等原则，加固施工面做到越小越好，根据相关规范标准，荷载分项系数及地震作用系数方面进行适当降低，其中计算简图如图 6-23 所示。

（2）荷载取值：地震作用：抗震设防烈度为 8 度，设计基本地震加速度值为 0.20g，设计地震分组为第一组。屋面

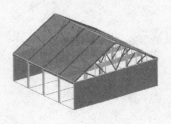

图 6-23　A 厅结构验算模型

恒荷载：0.5kN/m²；风荷载：基本风压0.45kN/m²；雪荷载：基本雪压0.40kN/m²；屋面
活荷载：0.7kN/m²。

　　b　计算结果

　　木桁架中木杆件依据《木结构设计规范》（GB 50005—2003）进行轴心受压构件承载力
计算。取构件轴力最大值等最不利构件，按照强度和稳定验算，木构件承载力均满足规范要
求，安全裕度均大于1（手算部分依据《木结构设计规范》（GB 50005—2003）第5.1节）。
计算结果如图6-24所示。

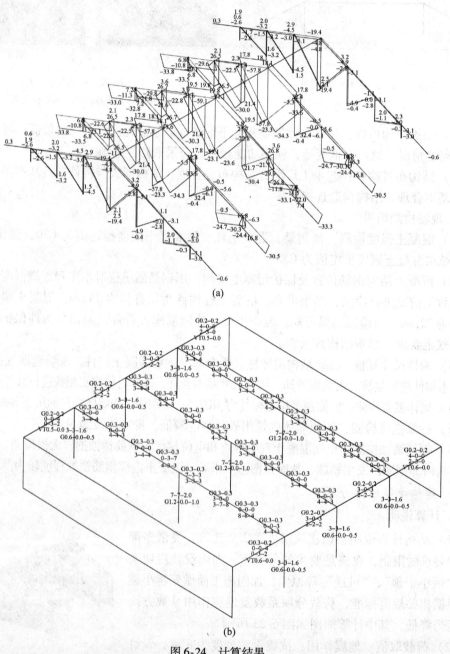

图6-24　计算结果

（a）木桁架验算轴力图；（b）梁、柱配筋计算结果

D 结构可靠性鉴定

依据《民用建筑可靠性鉴定标准》（GB 50292—1999），展开可靠性鉴定。

a 结构构件评级

（1）混凝土梁、柱构件评级：1）安全性评级：承载能力、构造、不适于继续承载的位移、裂缝，评级为 b。2）正常使用性评级：位移、裂缝，评级为 c。根据计算结果及检查结果，混凝土梁、柱构件的评定等级均为 c。

（2）木结构构件评级：1）安全性评级：承载能力、构造、不适于继续承载的位移、裂缝、腐朽、虫蛀，评级为 c。2）正常使用性评级：位移、裂缝、初期腐朽，评级为 c。根据计算结果及检查结果，木构件的评定等级均为 c。

（3）砌体结构构件评级：1）安全性评级：承载能力、构造、不适于继续承载的位移、裂缝，评级为 b。2）正常使用性评级：位移、非受力裂缝、风化，评级为 c。根据计算结果及检查结果，砌体构件的评定等级均为 c。

b 子单元评级

（1）安全性评级：1）地基基础安全性鉴定：经过现场对地基基础的观测，并未发现明显不均匀沉降，地梁未见明显裂缝，竖向构件未见明显歪斜变形和明显有害裂缝，地基基础系统安全性评定为 Au 级。2）承重结构安全性鉴定：对承重结构进行安全性鉴定评级，考虑构件承载能力、构造、不适于继续承载的位移和裂缝四个子项，承重结构系统安全性评定为 Cu 级。

（2）正常使用性评级：1）地基基础正常使用性鉴定：地基持力层情况良好，上部结构未发现由于不均匀沉降造成的结构构件开裂和倾斜，建筑地基和基础无静载缺陷，地基基础基本完好，故地基基础系统使用性评定为 As 级。2）承重结构正常使用性鉴定：对承重结构进行正常使用性鉴定评级，考虑构件位移和裂缝两个子项，承重结构系统使用性评定为 Cs 级。

c 可靠性综合评级

根据对艺术工厂的现状检查、检测结果，在现建筑结构体系、现有荷载状况下，鉴定单元的可靠性评定等级为Ⅲ级，影响整体使用和承载能力，建筑结构整体处于不安全状态，不符合国家现行标准规范的要求。为满足艺术工厂艺术表现力的要求，保证后续的继续使用，需在原结构的基础上完成加固后进行改造。详细可靠性评级见表6-16。

表 6-16 可靠性综合评级结果

| 层 次 | | 二 | 三 |
|---|---|---|---|
| 层 名 | | 子单元评定 | 鉴定单元综合评定 |
| 安全性鉴定 | 等级 | Au、Bu、Cu、Du | Asu、Bsu、Csu、Dsu |
| | 地基基础 | Au | |
| | 承重结构 | Cu | Csu |
| | 围护系统 | Bu | |
| 使用性鉴定 | 等级 | As、Bs、Cs | Ass、Bss、Css |
| | 地基基础 | As | |
| | 承重结构 | Cs | Css |
| | 围护系统 | Cs | |
| 可靠性鉴定 | 等级 | A、B、C、D | Ⅰ、Ⅱ、Ⅲ、Ⅳ |
| | 地基基础 | A | |
| | 承重结构体系 | C | Ⅲ |
| | 围护系统 | C | |

E 加固修复设计

鉴于该建筑属优秀历史保护建筑，其结构加固需遵守相关保护要求，结合该优秀历史保护建筑的基本原则：不得变动原有建筑的外貌，结构体系、基本平面布局和有特色的室内装修，建筑内部其他部分容许做适当变动；因此，无法对其进行增设剪力墙加固；且后续使用要求大空间办公区域，也无法连续布设屈曲约束支撑。经综合分析，首先需将不必要的装修面层全部凿除至结构板，全面降低装修荷载后采取以下加固方案：

（1）预制梁、混凝土柱：混凝土梁、柱建议采取碳纤维布进行加固修复，修复前将表面粉化、疏松混凝土进行凿除，露出密实新鲜混凝土，涂刷界面剂，钢筋彻底除锈。此外，对中柱采用环向粘贴碳纤维布构成环向围束作为附加箍筋加固，碳纤维加固范围为全高加固。加固方案如图6-25所示。

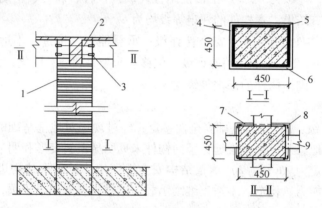

图6-25 中柱加固

1—0.167×200@400碳纤维布；2，7—梁区等代箍筋8$\phi$12与短角钢焊接；

3，8—∟50×6短角钢，$L=80$；4—砂浆保护层；

5—环向碳纤维布三层；6—$R>25$；9—梁

（2）砖砌体墙：对开洞后墙体，对洞口处采用外包钢方式进行加固。对破损相对严重的填充墙进行拆除处理，存在裂缝的填充墙采用压力灌浆的方式进行处理；对受潮严重的墙体应剔除受潮的抹灰层，重新施做。

（3）桁架和木屋面板：对于腐朽的木屋面板和方木，应全部进行更换；存在干缩裂缝的方木，可用木条钳补，并用耐水性胶黏剂粘牢；木材涂装层出现破损，应重新涂刷木材防腐漆；后期建筑使用中，应保证木结构的通风顺畅，避免受潮。

小杆件裂缝采用表面封闭，大的裂缝除表面封闭外，采用钢箍对裂缝的杆件加固，钢箍采用直径8mm或10mm的光圆钢筋，光圆钢筋根据构件截面尺寸大小弯成U形，钢筋端头车出螺纹，穿过角钢两端的钻孔后，用螺帽拧紧，如图6-26所示。

采用木檩条或型钢在挠度变形大的檩条处增加副檩，将木檩上的吊顶吊件移至屋架下弦等处。修补防水层，修补损伤及脱落的挂瓦时，按照该地区主导风向，重新排列。

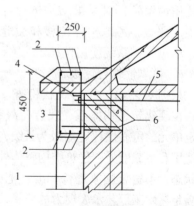

图6-26 桁架加固

1—后加构造柱；2—3$\phi$20；

3—$\phi$8@200；4—∟100×10，长150；

5—钢拉杆$\phi$16；6—拉结筋二$\phi$12@300，

植筋锚固深度300

F 项目小结

该艺术工厂的可靠性评定等级为Ⅲ级，为保证该建筑的继续使用，对预制梁、混凝土柱、砖砌体墙、桁架和木屋面板进行加固，达到了预期效果，加固改造后结构现状如图6-27所示。

(a)         (b)

图6-27 改造后结构现状

(a) 改造效果图一；(b) 改造效果图二

## 6.3.2 【实例6】某木结构古建筑老化破损后的检测、鉴定与加固修复

A 工程概况

某木结构古建筑建于20世纪初，为单层砖木结构，建筑面积为880m²，外墙为青砖墙，内部为木框架结构，屋盖为三角形木屋架，期间进行过局部加固，如图6-28所示。

a 目的

该古建筑已经历一百多年的历史，木材在腐蚀、风化、地震、雨水等因素的作用下会产生各种破坏，需进行加固修复，特对该建筑进行全面损伤普查，对建筑结构可靠性进行检测鉴定。

b 初步调查结果

该建筑建造年代久远，原设计图纸缺失。加固设计图纸部分留存。经现场实测，木屋顶简图如图6-29所示。

图6-28 结构现状

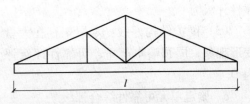

图6-29 木屋顶结构图

B 结构检查与检测

a 现场检查结果

（1）木结构外观质量检查：木框架主体承重柱、梁在长时间的不良环境中产生材料干缩和湿涨的效果，产生不同程度的干缩裂缝，影响其力学特性，从而导致结构承载力下降。此外，木材出现了部分糟朽现象，使结构截面减小，承载力降低。

（2）砌体结构外观质量检查：该建筑外部砖砌体结构在使用期间经过数次加固修复，

除发现几条细微裂缝外，本次检查过程中尚未发现其他砌体结构缺陷。

（3）屋面漏水检查：该古建筑的屋面多采用瓦作，由于施工技术不一，施工较差的瓦面出现漏水现象；同时由于屋面材料不密实，再加上柱子的倾斜及檐头椽子翼角的下垂变形，使屋顶出现裂缝形成漏水，漏水会导致木材的糟朽，使木结构构件本身发生破坏。

b　现场检测结果

（1）结构变形：由于木材的老化，弹性模量的不断降低，导致该建筑构件的刚度变小，出现大量屋架挠度增大的现象。

（2）梁柱节点的拔榫，脱榫：该木结构建筑的梁柱节点通过榫卯连接，由于榫卯节点的半刚性及其特殊的性能，在较大水平力的往复作用下，木结构大幅度晃动，产生较大的变形，出现局部拔榫、折榫等现象。

（3）柱子倾斜：梁柱节点间的榫卯连接松动，使木结构整体发生倾斜，影响其稳定性，存在导致房屋的整体倒塌的危险。

C　结构可靠性鉴定

依据《民用建筑可靠性鉴定标准》（GB 50292—1999），按照构件、子单元和鉴定单元三个层次，逐层对该建筑物进行可靠性评级，结果如下。

a　构件评级

木构件普遍存在裂缝、糟朽现象，安全性评级为 $c_u$ 级，正常使用性均评定为 $c_s$ 级。

b　子单元评级

（1）地基基础评级：经检查地基不存在不均匀沉降，地基基础可靠性评为 A。

（2）上部承重结构评级：上部构件存在梁柱节点的拔榫、脱榫，结构变形，柱子倾斜现象，根据构件的安全性、结构整体性、结构侧向位移等级确定承重构件可靠性评级为 C。

（3）围护结构评级：木屋架存在大量变形现象，屋顶渗水严重，可靠性评级评为 D。

c　鉴定单元可靠性综合评级

该建筑结构可靠性评定等级为Ⅳ级，具体可靠性综合评级结果见表6-17。

表6-17　可靠性综合评级结果

| 层　次 | | 二 | 三 |
|---|---|---|---|
| 层　名 | | 子单元评定 | 鉴定单元综合评定 |
| 安全性鉴定 | 等级 | Au、Bu、Cu、Du | Asu、Bsu、Csu、Dsu |
| | 地基基础 | Au | |
| | 承重结构 | Cu | Csu |
| | 围护系统 | Cu | |
| 使用性鉴定 | 等级 | As、Bs、Cs | Ass、Bss、Css |
| | 地基基础 | As | |
| | 承重结构 | Cs | Css |
| | 围护系统 | Cs | |
| 可靠性鉴定 | 等级 | A、B、C、D | Ⅰ、Ⅱ、Ⅲ、Ⅳ |
| | 地基基础 | A | |
| | 承重结构体系 | C | Ⅳ |
| | 围护系统 | D | |

D　加固修复设计

a　木屋架受拉、受压构件加固

对木屋架的下弦拉杆采用底面及侧面粘贴通长纤维布的方法进行加固，同时粘贴纤维布环形箍作为构造措施，屋架上弦作为受压构件采用环向粘贴 FRP 的方法加固，受压时纤维布环形箍可对杆件施加环向约束力，有效提高杆件的抗压强度，从而提高屋架整体的承载能力。具体加固方法如图6-30、图6-31所示。

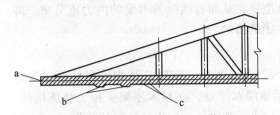

图6-30 屋架下弦受拉构件结构加固示意

a—原受拉构件下弦；

b—每端粘2道宽100玻璃纤维布环形箍；

c—梁底及梁侧各粘单层200宽通长玻璃纤维布

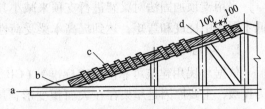

图6-31 屋架上弦受压构件结构加固示意

a—上弦；b—原受拉压构件；

c—粘宽100@200玻璃纤维布环形箍；

d—上弦杆两侧各粘单层200宽通长玻璃纤维布

**b 木屋架端节点加固**

对节点处出现的轻度糟朽，采取剔除腐朽部分，接种新木，后采用螺栓、U型钢板加固；若节点处糟朽严重，则要进行梁头的替换，采用螺栓、钢板进行加固，如图6-32、图6-33所示。

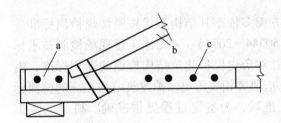

图6-32 屋架节点加固（轻度糟朽）

a—新木材；b—支座斜杆；c—螺栓

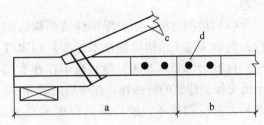

图6-33 屋架节点加固（重度糟朽）

a—新木材；b—原木材；c—支座斜杆；d—钢板

**c 木柱加固**

对于承受轴向压力作用的木柱，采用环向缠绕纤维布加固从而提高柱子的承载力，纤维布宽250mm，间距450mm，搭接长度为100mm，设计方案如图6-34所示。

**d 梁柱节点加固**

梁柱节点采用木夹板或钢夹板加固，即在木柱与梁架的交接部位，可用木夹板或钢夹板加强连接，采用U型钢加固，如图6-35所示。

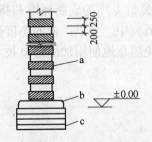

图6-34 木结构受压构件结构加固示意

a—原柱粘宽250@450玻璃纤维布环形箍，

搭接100；b—柱顶石；c—青砖

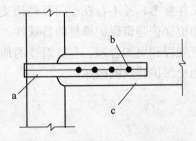

图6-35 梁柱节点结构加固示意

a—U型钢；b—螺栓；c—木梁

e　木梁跨中加固

采用支顶加固法对梁架进行支顶来减小其挠度，从而有效改善木梁的内力重分布，降低木梁跨中挠度和弯矩，达到提高木梁受荷性能的目的。

E　项目小结

依据《民用建筑可靠性鉴定标准》（GB 50292—1999），该建筑结构可靠性评定等级为Ⅳ级，主要原因是屋架存在大面积变形，屋顶渗水严重。在对木屋架受拉、受压构件，木屋架端节点，梁柱节点，木梁跨中等薄弱部位进行加固后，取得了良好的效果。

## 6.4　本章案例分析综述

本章结合 6 个历史保护建筑的工程实例，其中 2 个检测案例，2 个检测、鉴定案例，以及 2 个检测、鉴定、加固修复的工程案例，详细介绍了常见的砖木结构、混凝土结构历史保护建筑的检测、鉴定、加固修复过程，并给予分析，针对不同结构形式的历史保护建筑的不同特点，有针对性地开展了检测、鉴定、加固修复各个环节的工作，同时，在具体的工作过程中发现了对历史保护建筑检测、鉴定、加固修复过程中存在许多需要解决的问题。

（1）检测方面：历史保护建筑结构检测方面多依据其结构形式按照常规检测标准进行，例如《建筑结构检测技术标准》（GB/T 50344—2004）、《砌体工程现场检测技术标准》（GB 550315—2000）等；尚不存在专门针对历史保护建筑结构检测的专用标准，由于历史保护建筑的特殊性，在今后的研究中，应研究相关历史保护建筑结构相应的检测标准和无损检测技术，使检测过程更加高效、准确，为鉴定过程提供准确、科学的数据支持。

（2）鉴定方面：历史保护建筑鉴定方面多以抗震性能鉴定和可靠性鉴定为主，可靠性鉴定多参考《民用建筑可靠性鉴定标准》（GB 50292—1999），抗震鉴定以《建筑抗震鉴定标准》（GB 50023—2009）和《古建筑木结构维护与加固技术规范》（GB 50165—1992）进行；尚不存在专门针对历史保护建筑鉴定的专用标准，由于历史保护建筑整个鉴定过程的独特性，在今后的研究中，应研究相关历史保护建筑专用的鉴定标准，建立科学的评估指标体系，确保评估结果的准确。

（3）加固修复方面：历史保护建筑加固修复方面多以"保护修复为主要原则"，但在具体的加固修复过程中参考的仍是传统的加固修复标准，施工过程尚无有针对性的成熟指导意见作参考，亦不存在专门针对历史保护建筑加固修复的专用的成熟标准和指导规范。由于历史保护建筑保护修复的特殊性，为此，在今后的研究中，应以严谨的态度研究相应的规范规程和更加合理、有针对性的加固修复技术，避免随意地使用加固修复技术直接导致对历史保护建筑的破坏。

# 7 民用住宅建筑结构检测、鉴定、加固修复案例及分析

## 7.1 民用住宅建筑结构检测案例

### 7.1.1 【实例7】某住宅主体结构及地下车库地面强度检测

A 工程概况

该工程项目建于2007年，地下2层，地上30层，剪力墙结构，如图7-1所示。

a 目的

经专业机构检测，发现部分楼层墙体、地下一层混凝土实测强度低于设计要求。后经公安机关调查取证，发现商品混凝土供应商提供的商品混凝土存在质量问题，施工浇筑的混凝土配合比与商品混凝土供应商提交的备案配合比不符。在公安机关监督下，特对该楼不合格区域的混凝土构件强度进行检测，依据国家相关法律、法规和规范的规定及实验室比较试验结果，给出检测结论。

b 初步调查结果

根据施工单位竣工备案资料和商品混凝土资料可知，该工程采用的水泥强度等级、掺和料、骨料和外加剂、养护工期及施工工序均符合规范要求，平面图如图7-2所示。

图7-1 结构现状

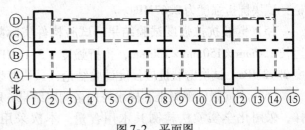

图7-2 平面图

B 结构检查与检测

a 现场检查结果

(1) 地面表观质量检查：地面样板工程平整、完好，未发现明显裂缝或其他缺陷。

(2) 墙体表观质量检查：墙体平整、完好，混凝土观感良好，未发现明显裂缝或其他缺陷。

b 现场检测结果

(1) 氯离子含量检测：《混凝土结构设计规范》（GB 50010—2010）第3.5.3条规定，室内环境等级为一级时，最大氯离子含量不得大于0.3%。在非严寒和非寒冷地区的露天环境下，最大氯离子含量不得大于0.2%。严寒和寒冷地区的露天环境下，最大氯离子含量不

得大于0.15%。对混凝土氯离子含量的测定是在现场取样，在试验室进行测定的，已知混凝土强度等级C35。氯离子含量（%）测试结果为：24层15/C～D（0.038），23层B/9～10（0.051）。根据测定结果分析，混凝土胶凝材料中，氯离子含量控制合理，满足规范要求。

（2）粘结强度检测：现场对待测样品进行了拉拔试验，试验结果汇总见表7-1。

表7-1　粘结强度检测结果汇总表

| 测试样板 | 位置 | 编号 | 峰值/kN | 破坏形式 | 粘结强度/MPa |
|---|---|---|---|---|---|
| 混凝土地面 | 地下一层入口处 | 试样1 | 1.203 | 粘贴面破坏 | 数据异常 |
| | | 试样2 | 4.265 | 粘贴面破坏 | 2.17 |
| | | 试样3 | 5.390 | 粘贴面破坏 | 2.74 |
| | | 试样4 | 6.425 | 粘贴面破坏 | 3.27 |
| | | 试样5 | 2.284 | 混凝土破坏 | 1.16 |

从检测结果可知，现场实测中5个测试点数据结果存在一定差异，且同种材料测试结果离散性也较大。由于测试点的破坏形式大部分为粘结面破坏，建议参考表7-1中每种材料的试验最大值。粘结强度拉拔试验结论：粘结强度为3.27MPa。

（3）抗压强度试验结果：试验构件实际龄期27d，构件边长150mm，受压面积22500mm²，单块荷载值（550.5kN、579.0kN、565.5kN），平均值为565kN，平均抗压强度25.1MPa，折合150mm立方体抗压强度25.1MPa，试块抗压强度试验结论：试块抗压强度为25.1MPa。试验过程如图7-3所示。

（4）抗折强度试验结果：试验构件实际龄期27d，边长150mm×150mm×550mm，抗折强度（2.93MPa、2.67MPa、2.40MPa），平均抗折强度2.67MPa，试块抗折强度试验结论：试块抗折强度为2.67MPa。

图7-3　实验室试验

（5）劈裂抗拉强度试验结果：试验构件实际龄期27d，边长150mm×150mm×150mm，抗折强度（3.11MPa、2.97MPa、2.69MPa），平均抗压强度2.92MPa，试块劈裂抗拉强度试验结论：试块劈裂抗拉强度为2.92MPa。

（6）不同强度混凝土芯样水泥用量测定结果：取多种不同抗压强度检测后的混凝土试样，采用化学实验法检测其水用含量。本次采用葡萄糖酸钠溶液溶解法（NDIS3422：2002）和二氧化硅法测定（ASTM C1084-02）试验，试验结论表明，三种试验方法结果相近，误差均小于5%，结果稳定、可靠。芯样混凝土强度与单位水泥用量有关，芯样抗压强度越高，单位水泥含量较大。实验测定的芯样混凝土中，单位水泥含量少。试验结果见表7-2。

表7-2　水泥用量测定实验结果统计表

| 试件编号 | 抗压强度/MPa | 可溶性SiO₂法/kg·m⁻³ | 可溶性CaO法/kg·m⁻³ | 葡萄糖酸钠溶解法/kg·m⁻³ |
|---|---|---|---|---|
| 23层1/A～B | 21.2 | 277 | 270 | 264 |
| 23层1/C～D | 25.9 | 308 | 300 | 301 |
| 23层8/C～D | 29.6 | 287 | — | 299 |
| 24层14～15/B | 30.6 | 334 | 325 | 321 |
| 24层7～8/B | 33.8 | 351 | 346 | 338 |

（7）混凝土试样孔隙率 CT 扫描分析结果：取 8 个试件进行了 CT 扫描，获得各芯样的 CT 图像，对图像进行预处理和分析，根据标准芯样孔隙率标定曲线回归分析，计算获得所检测芯样的孔隙率。部分芯样断层扫描图像如图 7-4 所示。

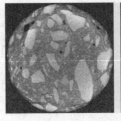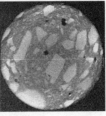

图 7-4　典型断层

芯样孔隙率分析：通过 CT 扫描，每一个芯样可获得最多 1024 幅分辨率为 1024×1024 的图像，对每幅图像进行图像预处理，采用二值分割法将孔隙部分从试件中提取出来，在此基础上进行全试件孔隙率分析。经计算，试件编号 23 层 A～B/1 的孔隙率（%）为 5.19，试件编号 24 层 14～15/B 芯样的孔隙率（%）为 4.91。孔隙率统计结果见图 7-5。

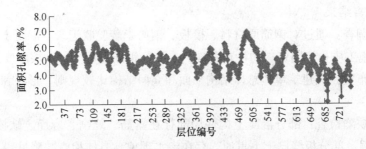

图 7-5　试件 23 层 E31-32 面积孔隙分布

C　检测结论

经检测，进行修复后的地面表观质量均满足要求，因施工时间较短（不足一个月），裂缝及其他缺陷还有待进一步观察；经试验，材料的抗压强度、抗折强度和劈裂抗拉强度试验等各项指标符合规范相关要求。

## 7.1.2　【实例 8】某在建住宅项目结构施工质量检查、检测

A　工程概况

某工程住宅项目，属于在建工程，地下为 2 层，地上 30 层，1～5 层为高级会所，6～30 层为精装住宅，框剪结构，建筑面积约为 4.7 万平方米，现场如图 7-6 所示。

a　目的

根据甲方要求跟踪该工程土建阶段全过程施工质量、安全文明及质量控制资料的相关情况，特对该工程土建各阶段进行检测评估。

b　初步调查结果

该次检查、检测为该工程进行的第二次现场检查，根

图 7-6　结构现状

据现场施工进度，本次检查区域主要为地上 3～13 层。为便于现场记录及定位，经现场实测，平面简图如图 7-7 所示。

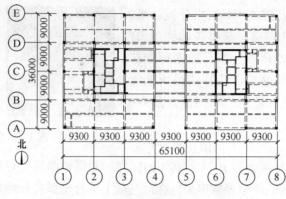

图7-7　平面图

### B　结构检查与检测

### a　现场检查结果

（1）资料调查：通过对钢筋原材料、模板、钢筋隐蔽验收记录、混凝土抗压强度报告及质保资料等施工质量控制资料的检查发现，未进行钢筋混凝土保护层厚度检测。

（2）结构布置：该建筑单体总体结构平面和立面结构比较规则，形心和质量中心基本重合。

（3）结构缺陷检查：部分混凝土构件局部存在露筋、蜂窝、麻面、缺棱掉角等缺陷，楼板裂缝较普遍，部分板缝已上下贯通，存在渗水现象，具体检查缺陷见表7-3、图7-8。

表7-3　地上3～13层主体结构现状缺陷检查结果

| 楼层 | 位　置 | 现　状　描　述 |
|---|---|---|
| 13层 | 柱1/C、7/A | 柱角破损 |
| | 西侧电梯井 | 临边防护缺失 |
| | 柱6/E | 柱南侧面龟裂、满布细裂缝网 |
| | 板7～8/D～C | 施工缝开裂，板缝上下贯通（其余楼层也存在） |
| 12层 | 柱5/C | 柱角破损、梁端下部柱顶有多条明显裂缝 |
| | 梁6～7/D | 双梁混凝土浇筑高度存在偏差 |
| | 墙柱2/D | 墙体水平筋位置表面裂缝 |
| | 梁5～6/D | 小梁、柱弯曲、倾斜明显 |
| | 楼层西北角 1～2/E～C | 2条地面长裂缝，沿斜梁开裂。裂缝1：长3.5m，宽1mm 裂缝2：长4.8m，宽1mm |
| 6层 | 4～5/C | 顶板洞口多筋 |
| | 梁、墙 | 梁、墙体表面多处麻面 |
| 5层 | 板6～7/D～E | 地面开裂较为严重，地面裂缝较多 |
| 4层 | 板 | 楼板开裂情况较多，顶板9～11/h～p有渗水现象 |
| 3层 | 板6～7/B | 顶板板底裂缝，有渗水痕迹 |
| | 3～4/B | 梁顶部主筋外露 |

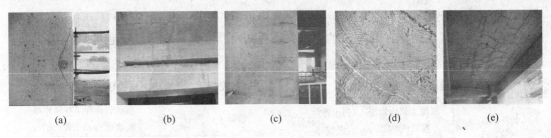

(a)　　　　　　　(b)　　　　　　　(c)　　　　　　　(d)　　　　　　　(e)

图 7-8　部分结构缺陷

(a) 12 层柱 C/5 柱角破损；(b) 12 层梁 D/6~7 双梁浇筑高度偏差较大；(c) 12 层墙角水平裂缝；
(d) 12 层地面长裂缝；(e) 3 层板 6~7/B 有渗水痕迹

(4) 安全文明施工检查：安全文明措施基本满足要求，存在部分问题：楼板地面杂乱；防护栏杆无支撑；洞口无防护栏杆；临边防护不连续，无安全立网。

b　现场检测结果

(1) 混凝土密实度检测：对地上 3~13 层混凝土构件（柱、梁、墙）进行了混凝土密实度超声检测，共抽检 85 个构件，混凝土构件密实度异常点见表 7-4。从检测结果可知，所抽检的混凝土柱声参数异常原因为表面混凝土存在孔洞或蜂窝，缺陷深度较浅且多为表面缺陷。

(2) 钢筋分布扫描检测：对地上 3~13 层混凝土构件（柱、梁、顶板）进行了混凝土钢筋分布雷达扫描，扫描结果表明，钢筋分布、钢筋直径均满足设计图纸要求。

(3) 构件保护层厚度检测：对建筑物混凝土构件（柱、梁、楼板）保护层厚度进行了检测，其中混凝土构件保护层厚度不满足设计要求的构件见表 7-5。

表 7-4　混凝土构件密实度异常点汇总

| 构件位置 | 测点号 | 测距/mm | 声速/km·s⁻¹ | 幅度/dB |
|---|---|---|---|---|
| 四层柱 3/B | 001-03 | 900 | 4630 | 32.86* |
| | 001-06 | 900 | 4658 | 29.35* |
| | 001-09 | 900 | 3467* | 40.67 |
| | 001-01 | 905 | 4478 | 34.15* |
| 四层柱 7/A | 001-09 | 905 | 4502 | 35.17* |
| | 001-01 | 800 | 4300 | 28.63* |
| | 001-02 | 800 | 4392 | 32.67* |
| | 001-02 | 750 | 4016 | 34.62* |
| | 001-03 | 750 | 4089 | 32.87* |

表 7-5　混凝土构件保护层厚度异常点汇总

| 构件类型和轴线 | 保护层厚度实测值（设计值为 25mm）/mm | | | | | |
|---|---|---|---|---|---|---|
| 13 层 7/A | 15 | 13 | 15 | 16 | 20 | 12 |
| 13 层 3/D | 16 | 27 | 13 | 13 | 16 | 17 |
| 12 层 7~8/B | 10 | 9 | 10 | 10 | 9 | 9 |
| 6 层 5/E | 18 | 8 | 6 | 8 | 7 | 9 |
| 5 层 7/B | 14 | 9 | 6 | 7 | 13 | 12 |
| 3 层 6~7/A | 14 | 12 | 7 | 9 | 12 | 10 |
| 3 层 1/E | 8 | 11 | 6 | 8 | 10 | 8 |

注：* 表示异常点。

(4) 混凝土构件强度检测：根据《回弹法检测混凝土抗压强度技术规程》（JGJ/T 23—2011）的规定，采用回弹法对结构混凝土构件强度进行检测，检测区域主要为因漏浆形成混凝土蜂窝、麻面的柱底及梁板接茬处，共抽检 110 个构件，其中强度回弹值不满足设计强度的构件见表 7-6。

(5) 混凝土楼板结构厚度检测：现场对该工程主要楼层楼板结构厚度进行检测，检测工作依据《混凝土结构工程施工质量验收规范》（GB 50204—2002）（2011年版）的有关规定进行。规范规定的允许偏差 $^{+8}_{-5}$ 的要求，楼板结构厚度偏差不满足规范要求的构件见表7-7。

**表7-6    混凝土构件强度检测结果**

| 构件轴线位置编号 | 混凝土抗压强度换算值/MPa | | | 强度推定值/MPa | 设计强度 |
|---|---|---|---|---|---|
| | 平均值 | 标准差 | 最小值 | | |
| 3层3/B柱 | 40.9 | 1.6 | 38.9 | 38.3 | C40 |
| 3层4/C~D梁 | 48.4 | 7.5 | 37.2 | 36.1 | C40 |
| 3层5/A柱 | 47.4 | 5.3 | 40.9 | 38.7 | C40 |
| 4层10/B柱 | 35.5 | 1.6 | 33.7 | 32.9 | C35 |
| 4层3/B~C梁次梁 | 31.1 | 1.7 | 28.2 | 28.3 | C30 |
| 5层7~8/C~D板 | 30.2 | 1.4 | 27.6 | 27.9 | C30 |

**表7-7    抽检楼板结构板厚检测结果**

| 楼层 | 构件位置 | 现浇板板厚实测值/mm | 现浇板板厚设计值/mm |
|---|---|---|---|
| 七层顶板 | 14~15/H~J | 136 | 150 |
| | 2~3/B~C | 140 | 150 |
| | 10~11/B~C | 137 | 150 |
| | 14~15/H~J | 140 | 150 |
| | 19~20/H~J | 141 | 150 |
| 六层顶板 | 5~6/H~J | 92 | 100 |
| | 4~5/H~J | 90 | 100 |
| | 2~3/H~J | 94 | 100 |
| | 4~5/G~H | 93 | 100 |
| | 17~19/L~M | 90 | 100 |

C    检测结果

（1）模板安装完毕后，未经接缝处理、清除表面水泥薄膜和松动石子，未除去软弱混凝土层并充分湿润就灌筑混凝土；接缝处锯屑、泥土、砖块等杂物未清除或未清除干净，造成接缝处出现漏浆、蜂窝麻面、错茬、渗水等质量问题。

（2）楼梯间柱，存在部分柱箍筋未按设计要求全高加密。

### 7.1.3  【实例9】某边坡上住宅楼结构裂缝、地基变形监测

A    工程概况

某小区1号、2号住宅楼建于2002年，均为8层框架结构，建筑面积分别为4102.2m²、5469.8m²。现场如图7-9所示。

a    目的

两栋住宅东侧边坡20余米处开挖石方，导致住宅楼墙体、地面散水出现裂缝，1层阳台墙体出现水平裂缝并伴有下沉现象。为确保住宅楼的安全使用，保障人员及财产安全，特对该两栋住宅进行变形监控，对结构裂缝、地基变形情况进行全面评价，并给出处理意见及处理方案。

图7-9    结构现状

b    初步调查结果

初步调查发现大量裂缝，且裂缝宽度有逐步发展的趋势，有可能是因为建筑物不均匀沉降造成，为了后续使用安全，制定工作内容如下：建筑物倾斜监测、建筑物沉降监测、深层水平位移、坡顶水平位移及沉降、墙体围墙地面裂缝监测。各监测点位置如图7-10所示，工作示意图如图7-11所示。

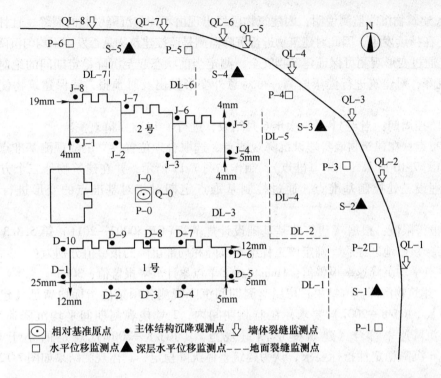

图 7-10 平面图

图 7-11 各类监控点

（a）相对基准原点；（b）水平位移监测点；（c）深层次位移监测点；

（d）墙体裂缝监测点；（e）地面裂缝监测点

**B 现场检查与检测**

**a 建筑物倾斜监测**

（1）建筑物倾斜监测说明：建筑物倾斜是反映建筑物是否安全、稳定的最直接方法。建筑物倾斜监测采用全站仪进行全方位测量，通过建筑物顶点位移变化，判断建筑物倾斜是否稳定。

（2）建筑物倾斜监测结果：通过监控发现，2 栋楼倾仍存在缓慢变化。最大垂直度变化值为 5mm，依据《建筑地基基础设计规范》（GB 50007—2011）中表 5.3.4 规定地基变形允许限值为 $0.003H_g$，建筑物全高 $H_g = 25.5m$，$0.003H_g = 76.5mm$，总体倾斜量满足规范要求。

**b 建筑物沉降监测**

（1）建筑物沉降监测说明：因建筑物已经出现由不均匀沉降引起的裂缝，且怀疑不均匀沉降还在持续发生，因此对建筑物进行沉降监测是监控建筑物是否发生不均匀沉降的最直接手段。通过变形观测可保证建筑物安全，测定当前状态起至沉降稳定期间的绝对沉降量和差异沉降，对建筑进行健康监测，可对意外变形做出及时预报，确保建筑物使用中的安全。

1）监控周期：当年11月~次年6月结束，进行了14次沉降观测。

2）布点：在建筑物墙身埋设沉降观测点，选取合理位置设立沉降观测基准点，基准点位置如图7-10所示（相对基准点），制作如图7-11所示；并在建筑物外三个方向各约200m处埋设三处控制基准点，通过控制基准点定期对相对基准点的变形进行监控和修正。

3）报警限值：根据《建筑地基基础设计规范》（GB 50007—2011）第5.3.3条有关规定，结合该市地区经验，确定该工程绝对沉降和局部沉降的报警值分别为：

①单点平均沉降速率报警值：1mm/d；②单点累计沉降报警值：30mm。

（2）建筑物沉降监测结果：房屋监测期间沉降观测各项精度指标均满足《建筑变形测量规范》（JGJ/8—2007）要求，在监测期间内，2号楼观测期间平均沉降速率为2/180mm，沉降速率符合《建筑变形测量规范》（JGJ/8—2007）规定的小于0.02 ~ 0.04mm/d沉降稳定性指标要求，认为建筑整体沉降稳定，具体观测结果如图7-12、图7-13所示。

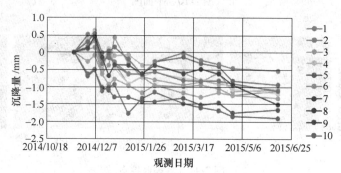

图7-12    1号楼沉降观测结果

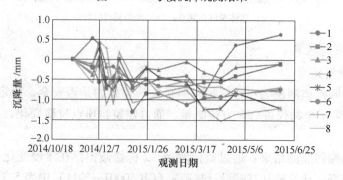

图7-13    2号楼沉降观测结果

c  坡顶水平位移及沉降

（1）坡顶水平位移及沉降说明：

1）基准点及测点布置：边坡位移最大处为坡顶，因此在该工程坡顶靠近围墙内侧设置水平位移监测点。本次监测中边坡水平位移及沉降、建筑物沉降、深层水平位移监测共用基准点，拟布置3个基准点，3个基准点定期进行相互观测，保证基准点的稳定。

2）水平位移观测基点网：按规范要求，位移监测网布设成独立控制网；根据场地实际情况，测量控制网采用独立导线网；控制点按二等三角控制网的要求进行布设制作；该工程布6个测量基准点，布置在不受影响的位置；坐标控制点间隔10d用全站仪进行复核，精度应达到±3mm。

3）垂直位移观测基点网：垂直位移监控网基准点高程采用黄海高程；控制点按二等水准控制的要求进行布设制作；控制网布设成闭合水准线路；沉降基准点布置在工程影响范围之外，采用永久性测量基准点；在沉降观测中应按每月1次的频率定期对高程控制点进行复核。

4）监测频率：所有监测项目每周监测一次，持续测4周，4周之后每月测量一次，整个监测项目持续8个月。

（2）坡顶水平位移及沉降监测结果：坡顶沉降观测点与水平位移观测点共用，根据现场实测数据分析，1号观测点（P-1）最终沉降量达到3.350mm，其他各点最终沉降量及沉降速率均较小。各测点观测结果如图7-14所示。

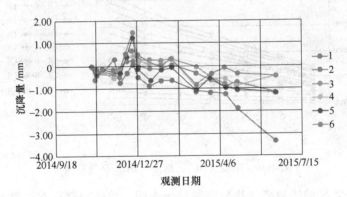

图7-14　坡顶水平位移观测结果

d　深层水平位移

（1）深层水平位移监测说明：采用测斜仪进行深层水平位移的监测，测点布置在边坡边缘，其位移可以直接反映出边坡的变形情况。深层水平位移测点与坡顶水平位移测点两两对应，以便确定深层水平位移测位顶点是否发生位移。

（2）深层水平位移监测结果：对5个深层水平位移观测点分别在不同深度、不同方向进行位移测量。通过统计观测数据，各测点位移均很小，最大水平位移发生在3号观测点（S-3），深度10m，位移量为3.8mm。各测点观测结果如图7-15所示。

e　墙体、围墙、地面裂缝监测

（1）墙体、围墙、地面裂缝监测：该小区沿边坡坡顶修筑围墙，墙高2m，围墙存在多条竖向裂缝。小区内地面存在大量裂缝，主要为地面混凝土分割缝，随对其进行监控。

（2）墙体、围墙、地面裂缝监测结果：在监测过程中围墙（QL）裂缝、地面（DL）裂缝仍在发展中，如图7-16所示。地面裂缝最大变化点为4号点（DL-4），变化量为

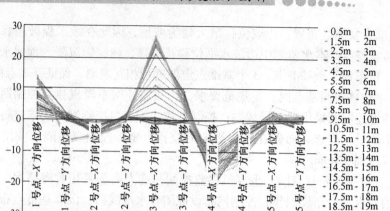

图 7-15    深层水平位移监测结果

1.3mm，围墙裂缝最大变化点为 1 号点（QL-1），变化量为 1.4mm。综合分析，导致裂缝持续变化的原因为：小区路面裂缝较多，在雨季来临时，雨水渗入地基土之后对地基稳定性造成较明显的影响。监测结果如图 7-16 所示。

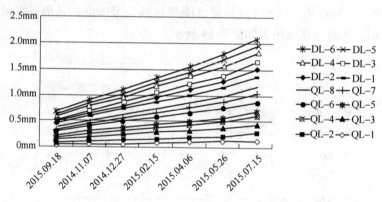

图 7-16    围墙（QL）、地面（DL）裂缝监测

1 号、2 号住宅楼墙体裂缝（JL）监测结果表明，墙体裂缝存在轻微变化，最大变化量为 JL-9 号点，变化量为 0.18mm。监测结果如图 7-17 所示。

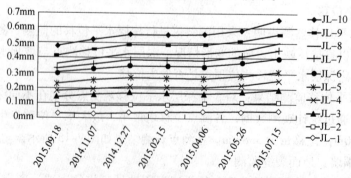

图 7-17    1 号、2 号住宅楼墙体裂缝（JL）监测

C    监测结论

通过长达半年的持续观测，根据观测数据分析，目前该小区靠近边坡一侧仍存在持续

变形，且其变形多发生在雨季。结合小区地面多处开裂破损的现状，雨水渗入地基土之后对地基稳定性造成较明显的影响。建议应对边坡进行加固处理，并且对地面裂缝、墙体进行修复或进行地面整体翻新。

## 7.2 民用住宅建筑结构检测、鉴定案例

### 7.2.1 【实例 10】某砖木结构单层民房结构安全性检测、鉴定

**A 工程概况**

某砖木结构住宅位于在建地铁沿线位置，为砖木结构单层房屋，现场如图 7-18 所示。

**a 目的**

该住宅前约 20m 处存在地铁地基基础施工活动，当基础工程开挖和降水施工后，房屋结构陆续出现不同程度的开裂。为查清该住宅受损原因，特依据相关技术标准、规范对该结构现状进行检查鉴定。根据现场检查、检测结果确定鉴定结果并提出相应的处理意见。

**b 初步调查结果**

本次鉴定无建筑及结构设计图纸。为方便现场记录及定位，根据现场实测，平面简图如图 7-19 所示。

图 7-18 结构现状

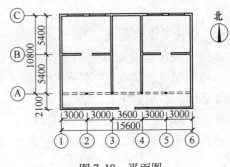

图 7-19 平面图

**B 结构检查与检测**

**a 现场检查结果**

（1）墙体裂缝检查：经现场检查发现该房屋墙体多处开裂，横纵墙之间拉裂。该房屋裂缝主要体现为外横墙墙体开裂，纵横墙之间无可靠连接导致拉裂，其主要原因为房屋承力构件不足及地基沉降共同引起，主要结构缺陷如图 7-20 所示。

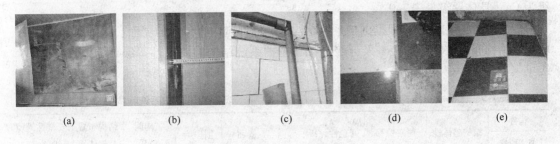

图 7-20 主要结构缺陷

（a）东山墙墙体开裂；（b）横、纵墙连接分离；（c）隔墙墙体开裂；（d）地面瓷砖开裂；（e）地面瓷砖拱起

（2）地面裂缝检查：该房屋地面为瓷砖地面，现场检查发现各房间地面均存在不同程度的开裂、起鼓，裂缝统计见表7-8。

b　现场检测结果

（1）砌体砖强度检测结果：采用回弹法检测，从检测结果可知，砖推定强度等级为 MU10。

（2）砌体砂浆强度检测：贯入法检测砌体砂浆强度结果推定强度平均值为2.4MPa，从检测结果可知，该房屋砌体砂浆实测强度偏低，房屋砌体砂浆强度均低于 M2.5 的强度等级要求。

表 7-8　房屋裂缝统计表

| 序号 | 构件 | 位置 | 裂缝宽度/mm |
|---|---|---|---|
| 1 | 东山墙 | 6/B ~ C | 42 |
| 2 | 内横墙与内纵墙连接处 | 4/B | 40 |
| 3 | 内横墙与内纵墙连接处 | 3/B | 34 |
| 4 | 西山墙与内纵墙连接处 | 1/B | 19 |
| 5 | 西山墙 | 1/A ~ B | 20 |
| 6 | 西侧墙 | 1/B ~ C | 10 |
| 7 | 东侧墙 | 6/A ~ B | 10 |

（3）建筑垂直度检测：现场用线锤对该房阳角进行了垂直度测量，根据《砌体工程施工质量验收规范》（GB 50203—2011）的相关规定，当全高小于 10m 时，全高垂直度允许偏差 10mm。从测量结果可以看出，最大垂直度偏差测量值为 20mm，偏差不满足规范要求。

C　结构安全性鉴定

依据《民用建筑可靠性鉴定标准》（GB 50292—1999），在本次鉴定计算分析、现场检查、检测结果的基础上，按照构件、子单元和鉴定单元三个层次，逐层对该建筑物进行安全性评级，结果如下。

a　构件评级

砖推定强度为 MU10，砂浆强度为 2.4MPa，导致墙体承载力不足。安全性评定等级为 $c_u$ 级。

b　子单元评级

（1）地基基础评级：地基基础的安全性鉴定，包括地基检查项目和基础构件。该建筑物地基基础出现变形和不均匀沉降。无静载缺陷，承载力满足使用要求。地基处子单元安全性评定等级为 Bu。

（2）上部承重结构评级：该建筑主体为砌体结构，根据现场对砌体结构构件安全性的评级结果和结构整体性等评定项目安全性的评级结果，综合考虑，上部承重结构的评定等级为 Cu，具体评级见表7-9。

（3）围护结构评级：根据围护系统结构安全性评定内容包含的屋面、围护墙、结构间联系、结构布置等项目的检查及评级结果，围护系统结构的安全性等级评为 Cu，具体评级见表7-10。

表 7-9　上部承重结构安全性评级

| 构件砌体构件 | 结构整体性 | 侧向位移 | 安全性评级 |
|---|---|---|---|
| $c_u$ | Cu | Cu | Cu |

表 7-10　围护系统结构安全性评级

| 屋面 | 围护墙 | 结构间联系 | 结构布置及整体性 | 安全性等级评定 |
|---|---|---|---|---|
| Cu | Cu | Cu | Cu | Cu |

c　鉴定单元安全性综合评级

该建筑物安全性评定等级为 Csu 级，即其安全性不符合《民用建筑可靠性鉴定标准》（GB 50292—1999）对 Asu 级的要求，显著影响整体承载功能和使用功能。安全性综合评级结果见表 7-11。

表 7-11　安全性综合评级结果

| 层　次 | | 二 | 三 |
|---|---|---|---|
| 层　名 | | 子单元评定 | 鉴定单元综合评定 |
| 安全性鉴定 | 等级 | Au、Bu、Cu、Du | Asu、Bsu、Csu、Dsu |
| | 地基基础 | Bu | Csu |
| | 上部承重结构 | Cu | |
| | 围护系统 | Cu | |

D　加固修复建议

（1）砌体墙本身开裂：对该情况应采取墙体加固及裂缝修补措施：钢丝网水泥砂浆面层加固墙体。

（2）纵横墙之间分离：对该房屋构造采取加固措施，于 2-5 轴增设 $\phi20$ 圆钢拉杆，拉杆两端伸出外墙并采用型钢锚固；内纵墙于 2-5 轴增设 $200 \times 200$ 混凝土构造柱，内配 $4\phi16$ 钢筋，箍筋 $6@100$，混凝土强度 C20。

E　项目小结

依据《民用建筑可靠性鉴定标准》（GB 50292—1999），该建筑物结构安全性评定等级为 Csu 级，不满足 Asu 要求的主要原因是：墙体大面积开裂，墙体承载力不足。

### 7.2.2　【实例 11】某砖混结构住宅楼火灾后结构安全性检测、鉴定

A　工程概况

该工程建于 1986 年，5 层砖混结构住宅楼，建筑面积约 $3281m^2$，共有 5 个单元。该住宅楼各层层高均为 2.9m，总高为 14.4m。住宅楼整体现状如图 7-21 所示。

a　火灾调查结果

火灾约于 18 点 10 分开始，18 点 28 分开始灭火，直至当天 22 点 10 分大火被扑灭，燃烧时间约 4h，过火面积约 630 余平方米，该住宅楼南侧院内塑料框几乎烧尽，起火原因不明。

b　初步调查结果

查阅原始资料，建筑、结构设计图纸齐全。其中，外墙墙体厚度为 370mm，内墙墙体厚度为 240mm。各层均设有圈梁、构造柱，混凝土设计强度标号为 200 号。砖、砂浆设计强度等级分别为 100 号、50 号。楼板为预制混凝土多孔板。

根据现场初步调查发现，火灾引起该住宅楼不同程度受损，其中三单元最为严重；二单元西侧以及四单元东侧住户受影响较大；一单元、五单元住户室内并未受到此次火灾影响。经现场勘察，过火区域为图 7-22 所示斜线阴影区。

图 7-21　结构现状

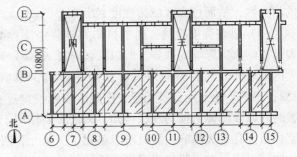

图 7-22　过火区域平面图

**B　结构检查与检测**

**a　火灾后现场检查结果**

三单元阳台、门窗、外墙、内墙、楼板严重损坏，外墙开裂，内墙熏黑、满布细微裂缝网，楼板抹灰大面积脱落、板缝开裂，地面砖部分房屋存在破损情况。二单元东侧住户、四单元西侧住户窗户玻璃开裂，室内局部熏黑，木质家具均未起火燃烧。现场检查情况表明，过火区域墙体损伤情况主要为墙体熏黑、局部抹灰层脱落，怀疑是在火灾作用及消防水冲击共同作用下脱落。

**b　火灾作用调查**

不同的材料燃点不同，根据火灾时燃烧物品的材料种类可推断出火灾作用时的温度场，常见材料燃点见表7-12。根据《火灾后建筑结构鉴定标准》，依据混凝土构件表面曾经达到的温度及范围和烧灼后混凝土表面现状的关系，对火场温度场进行推定。经检查，受火灾影响最大的三单元室内烧毁的可燃物品种类主要为纺织类（棉被、窗帘等）与木制品（木门窗、桌椅等），推断室内温度场最高为300℃。根据门窗玻璃形态为软化时的温度为700~750℃，推断阳台及外墙温度场最高为750℃。温度场如图7-23所示。

表7-12　常见材料燃点

| 材料名称 | 燃点温度/℃ |
| --- | --- |
| 木材 | 240~270 |
| 纸 | 130 |
| 棉花 | 150 |
| 棉布 | 200 |
| 麻绒 | 150 |
| 橡胶 | 130 |

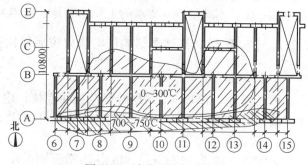

图7-23　火灾温度场示意图

**c　火灾后现场检测结果**

（1）构件尺寸、钢筋配置检测：经过对钢筋混凝土柱、梁、板截面进行复核，原构件尺寸符合设计要求，通过无损检测与破坏性检测，结合对构件钢筋型号、规格、数量进行检查，其钢筋配置可满足设计要求。

（2）砖强度检测：现场采用回弹法对过火与未过火区域墙体砖强度分别进行了检测，结果显示过火区域与未过火区域墙体砖实测强度推定等级均为MU10，与设计相符。由于抹灰层较厚（20mm），在火灾作用时对墙体砖起到一定保护作用，并且砖体本身具有一定的耐火性，故而过火区域砖强度基本未降低。

（3）砂浆强度检测：由于目前的砂浆强度检测方法（贯入法和回弹法）均不适用于表面受到火灾影响的砂浆，所以现场对过火区域墙体砂浆强度的检测仅用作参考。由于过火区域墙体砂浆表面受到火灾作用的影响，根据《火灾后建筑结构鉴定标准》（CECS 252：2009）第6.4.2条规定，按照温度场推定过火区域实际砂浆强度，根据现场火灾持续时间以及墙体的损伤现状得知，火灾主要作用于抹灰层，对于砂浆表面有一定影响，对墙体截面几乎无影响，即只对二单元、三单元、四单元南侧外纵墙砂浆强度进行折减。该住宅楼温度场与砂浆抗压强度折减结果见表7-13。

**表 7-13　住宅楼温度场与砂浆抗压强度折减结果**

| 位　　置 | 温度场/℃ | 未过火砂浆强度等级 | 折减后砂浆强度等级 |
|---|---|---|---|
| 二单元、三单元、四单元南侧外纵墙 | 700~750 | M2.5 | M2 |
| 二单元、三单元、四单元横墙与内纵墙 | 300 | M2.5 | M2.5 |

由未过火区域墙体砂浆强度检测结果可知，该住宅楼墙体砂浆实测强度未达到原始设计强度等级（50号），推断原因为该建筑建成后已使用28年，砂浆存在老化现象。根据砂浆实测强度平均值，出于保守计算需要，后续使用砂浆强度等级M2.5进行结构过火前承载能力计算。

（4）混凝土构件碳化深度检测：现场对三单元五层顶板与横墙圈梁进行了碳化深度测试，结果显示顶板碳化深度为2mm左右，圈梁碳化深度为1.5mm左右，顶板与圈梁都有抹灰层保护，故而碳化深度较小。

（5）建筑物整体倾斜检测：现场采用全站仪对该住宅楼顶点位移进行了测量，测量高度为14.4m，偏差量为11mm、5mm、14mm。根据《火灾后建筑结构鉴定标准》（CECS252：2009）的规定，对于顶点位移不大于30mm和$3H/1000$中的较大值，位移变形评定为Ⅱa或Ⅱb级。由于$3H/1000=43$mm，本次检测最大顶点位移为14mm，小于43mm，将该住宅楼顶点位移评定为Ⅱa级。

C　构件承载能力校核验算

a　计算说明

依据国家有关规范，确定结构构件的安全裕度。在选择结构计算模型时，考虑结构的偏差、裂缝缺陷及损伤、荷载作用点及作用方向、构件的实际刚度及其在节点的固定程度，结合现场检查及检测结果以及在结构检查时所查明的结构承载潜力，得出结构构件的现有实际安全裕度。按原设计和使用要求，不上人屋面活荷载标准值取$0.7\mathrm{kN/m^2}$；其余荷载按《建筑结构荷载规范》（GB 50009—2012）取值；不考虑地震作用。计算模型如图7-24所示。

b　计算结果

（1）考虑过火砂浆强度等级折减后计算结果：本次计算采用砖强度等级为MU10，三单元、二单元西侧住户、四单元东侧住户南边外纵墙砂浆强度等级采用M2进行计算，其余墙体采用M2.5计算。通

图7-24　计算模型

过计算，该住宅楼墙体安全裕度均大于1.0，抗压承载能力满足要求。

（2）过火前墙体抗压承载能力计算结果：为了评估火灾对该住宅楼承载能力的影响，采用未过火区域材料强度进行建模计算，砖强度等级取MU10，砂浆强度等级取M2.5。通过计算，墙体安全裕度均大于1.0，抗压承载能力满足要求。

注：本次评估主要内容为火灾对原结构安全性造成的影响，处理建议目的为恢复到该住宅楼过火前的安全性水平，所以本次承载能力验算为抗压承载能力验算，不包括抗震。

D　火灾后结构安全性鉴定

a　初步鉴定评级

（1）墙体评级结果：

三单元1～5层墙体9/A～B，10/A～B，11/A～B，12/A～B，13/A～B，9～13/A评定为Ⅲ级。三单元其余墙体评定为Ⅱb级。

二单元5/A～B，6/A～B，四单元16/A～B，17/A～B评定为Ⅱb级。二单元墙体7/A～B，8/A～B，7～9/A评定为Ⅲ级，四单元墙体14/A～B，15/A～B，13～15/A评定为Ⅲ级。二单元、四单元其余墙体，一单元与五单元所有墙体评定为Ⅱa级。

（2）楼板评级结果：

三单元1～5层楼板9～13/A～B评定为Ⅲ级。二单元楼板7～9/A～B、四单元楼板13～15/A～B评定为Ⅱb级。其余区域楼板评定为Ⅱa级。

b  详细鉴定评级

由于经构件承载能力校核验算，结构构件承载能力满足要求，所以将火灾影响区域所有墙体的详细鉴定评级评定为b级。

c  综合结论

根据火灾后构件初步评级与详细鉴定评级结果，按照《民用建筑可靠性鉴定标准》（GB 50292—1999），将失火影响区域结构安全性评定为Csu级。

根据火灾后构件评级结果可知，失火影响区域安全性不满足鉴定标准要求，对整体承载功能和使用功能有一定的影响，需要采取加固措施以提高该建筑的承载能力和使用性能。

E  加固修复建议

对二单元、三单元、四单元墙体裂缝进行封闭处理。对二单元、三单元、四单元阳台板进行裂缝处理并加固，对围护结构拆除重建。具体加固部位及方法见表7-14。

**表7-14  加固构件位置及加固方法**

| 构件名称 | 构件位置 | 处 理 方 法 |
|---|---|---|
| 承重墙 | 南纵墙7～15/A | 裂缝处理，双面钢筋混凝土网片墙加固 |
| | 过火区域内其余墙体 | 裂缝修补，封闭裂缝通道 |
| 楼板 | 过火区域 | 凿槽嵌补板缝，提高使用性 |
| 阳台 | 过火区域 | 悬挑板板缝处理并加固，围护结构拆除重建 |

F  项目小结

根据《火灾后建筑结构鉴定标准》（CECS252：2009）的相关规定，火灾影响区域所有墙体的详细鉴定评级评定为b级，主要原因是：墙体未受到严重的损害，其中构件砂浆强度、砖强度满足承载能力校核验算的要求，即结构构件承载能力满足要求。

根据《民用建筑可靠性鉴定标准》（GB 50292—1999），将失火影响区域结构安全性评定为Csu级的原因是：围护系统大面积破坏，其中阳台、门窗严重损坏。

## 7.2.3  【实例12】某砖混结构住宅楼质量事故后安全性检测、鉴定

A  工程概况

某商住两用建筑建于1998年6月，5层砖混结构，建筑面积560m²，同年12月因质量问题导致停工，现场如图7-25所示。

a  目的

该建筑因施工质量问题产生纠纷导致工程搁置，为保障人员及财产安全，特对该建筑现有状态下的实际情况进行评价，最终给出安全性鉴定结论，并提出处理意见。

b  初步调查结果

该项目有建筑、结构施工图留存，经现场实际核查，平面简图如图 7-26 所示。

图 7-25  结构现状

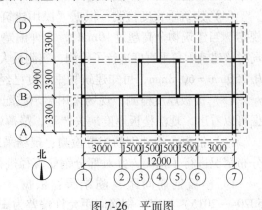
图 7-26  平面图

B  结构检查与检测

a  现场检查结果

（1）地基基础检查：对基础的检查，未发现存在明显的倾斜、变形、裂缝等缺陷；上部结构不存在由于不均匀沉降造成的构件开裂和倾斜。

（2）上部结构现状检查：经检查，该工程施工质量极差：混凝土构件钢筋外露、锈蚀情况普遍；混凝土构件表观质量极差，蜂窝麻面情况普遍，个别位置存在严重的漏浆、孔洞；多处混凝土梁、柱存在颈缩；悬挑梁设置与设计不符，结构尺寸控制太随意；部分砖墙砌筑面平整度较差，灰缝不饱满；个别砖墙、混凝土构造柱严重倾斜，砌体砌筑平整度差，砂浆存在较大缝隙。由以上检查结果可以发现，该建筑施工与设计图纸存在较大差异，施工质量存在严重缺陷。典型质量问题如图 7-27 所示。

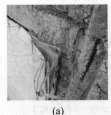  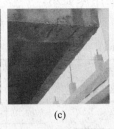  
（a）            （b）            （c）            （d）            （e）

图 7-27  典型问题

（a）柱子主筋外露；（b）梁截面损失严重；（c）悬挑板钢筋外露；（d）构造柱严重倾斜；（e）板负弯矩区开裂

b  现场检测结果

（1）砌体砖强度检测：该建筑设计 ±0.000 以上采用 MU10 机制红砖，现场使用回弹法对砖强度进行检测，检测结果显示未达到设计要求，不合格率达到了 32%（MU7.5：二层B轴、四层A轴、四层6轴、四层7轴、五层A轴、五层6轴、五层D轴、五层B轴）。

（2）砌体砂浆强度检测：1~2层混合砂浆设计强度 M10，3~5层混合砂浆设计强度 M7.5，采用贯入法对砂浆强度进行检测，结果显示除第三层外，其他各楼层强度均小于设计值。

（3）混凝土强度检测：该建筑构造柱混凝土设计等级为 C20，采用钻芯法取样，试验结果表明，仅四层 6/D 轴位置未达到设计强度，其余均满足设计要求。

（4）建筑垂直度检测：根据《民用建筑可靠性鉴定标准》（GB 50292—1999）的相关规定，当建筑物全高超过 10m 时，允许偏差为 $H/250$mm 或 90mm。该房屋全高 15.2m，现场对该建筑阳角垂直度进行了检测，实测最大偏差为 69mm，从测量结果可以看出，69mm > $H/250$mm = 60.8mm，可知建筑物垂直度已经产生影响安全和正常使用的倾斜变形。

（5）楼板厚度检测：现场采用超声波配合钻孔法对混凝土板厚进行了测量，从实测数据可以看出，现浇楼板厚度缺失严重，最薄弱处仅为原设计 48%，见表7-15。

（6）混凝土构件钢筋配置检测：现场采用 PS200 型钢筋位置检定仪对混凝土构件钢筋分布情况进行了检测，并对部分钢筋直径进行了测量，测量结果如下。

1）楼板钢筋间距检测结果：依据《混凝土结构工程施工质量验收规范》（GB 50204—2015）规定，钢筋间距允许偏差为 ±10mm，受力钢筋顺长度方向全长的净尺寸允许偏差为 ±10mm。通过检查发现，B 轴、C 轴负弯矩筋实测长度为 900mm，设计为 1300mm；B 轴、C 轴负弯矩筋设计为 $\phi$10，实测为 $\phi$8；B 轴、C 轴负弯矩筋间距实测为 110~130mm，设计为 @100mm；5~7/B~C 轴房间板底钢筋间距实测为 130~180mm，设计为 @150mm；根据检测结果，本工程楼板钢筋工程（楼板实配钢筋主要问题）不符合设计及规范要求，属严重的偷工减料事件。

2）构造柱钢筋配置检测：现场通过局部剔凿的方法，对构造柱主筋直径进行了检测，实测柱主筋采用圆钢代替螺纹钢，且直径仅为 11mm。此钢筋直径非标准规格，钢筋材质无检验证明，不能保证其力学性能。受工程现状所限，未对钢筋进行取样试验。

（7）混凝土楼板裂缝检测：该建筑混凝土结构裂缝控制等级为三级，所处环境为一类，按《混凝土结构设计规范》（GB 50010—2010）规定，裂缝宽度最大不能超过 0.3mm。现场通过对裂缝进行检测发现，该建筑 3~5 层 5~7/B~C 轴房间地面均存在裂缝，裂缝位于楼板边缘上表面，检测结果显示，4~5 层楼板裂缝宽度严重超规范要求，具体裂缝检测结果见表7-16。

表7-15　混凝土现浇板厚检测结果　（mm）

| 楼层 | 房间 | 测试数据 | | | 设计值 | 是否合格（+8，-5） |
|---|---|---|---|---|---|---|
| | | 1 | 2 | 3 | | |
| 2层 | 5~7/B~C | 90 | 88 | 92 | 100 | 否 |
| 3层 | 5~7/B~C | 92 | 101 | 108 | 100 | 否 |
| 4层 | 5~7/B~C | 73 | 65 | 66 | 100 | 否 |
| 5层 | 5~7/B~C | 48 | 65 | 61 | 100 | 否 |

表7-16　楼面裂缝信息表

| 序号 | 楼层 | 位置 | 裂缝长度/m | 裂缝宽度/mm |
|---|---|---|---|---|
| 1 | 3层 | 5~6/C | 2.0 | 0.3 |
| 2 | 4层 | 5~7/B | 通长 | 1.1 |
| 3 | 4层 | 5~7/C | 通长 | 0.8 |
| 4 | 5层 | 5~7/B | 通长 | 1.0 |
| 5 | 5层 | 5~7/C | 通长 | 1.2 |

（8）楼板变形检测：依据《混凝土结构设计规范》（GB 50010—2010）规定，受检区域 5~7/B~C 轴的混凝土楼板挠度限值为 $L_0/200$ = 4500/200 = 22.5mm。该建筑 5~7/B~

C 轴房间楼板跨度大，且未设置次梁，在检查过程中发现多处开裂。因此采用水准仪对该位置楼板进行了挠度变形测量：5 层楼板挠度变形最大，达到 32.2mm，该结果与楼板厚度检测结果相呼应，楼板厚度偏差最大处挠度变形最大。在地面装饰荷载及无任何使用荷载的情况下，二层、四层楼板挠度已接近限值，五层楼板挠度已达限值 134%。

（9）悬挑梁结构尺寸检测：现场对悬挑梁结构尺寸进行了测量，测量结果表明，该工程悬挑梁施工情况与设计严重不符。具体检测数据如下：四层 6 ~ 7/B 轴 XTL-3，原设计根部截面高度为 450mm，长 3m，实测截面高度仅 360mm，长 2.14m；二层 6 ~ 7/D 轴 XTL-2，原设计根部截面高度为 400mm，长 2.1m，实测截面高度仅 350mm，长 2.1m；二层 6 ~ 7/A 轴 XTL-4，原设计本部截面高度为 400mm，长 2.1m，实测截面高度仅 260mm，长 1.4m。

C 结构承载能力分析

a 计算说明

按建筑抗震设防分类为丙类建筑，按结构重要性分类为安全等级二级。本建筑抗震设防烈度为 7 度，设计基本地震加速度值为 0.10$g$，场地类别为Ⅲ类。（1）风荷载：基本风压 0.35kN/m$^2$，地面粗糙度：C。（2）雪荷载：基本雪压 0.25kN/m$^2$。（3）楼面、屋面活荷载及装饰面层荷载：根据《建筑结构荷载规范》（GB 50009—2012）。材料强度和几何尺寸均按照设计值取用。计算模型如图 7-28 所示。

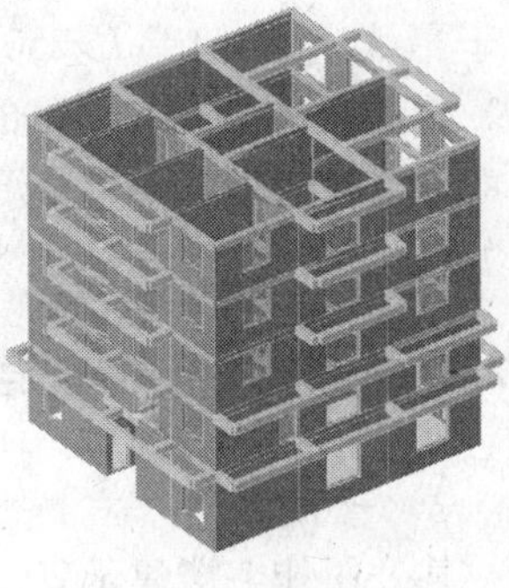

b 计算结果

上部承重结构主要构件安全裕度计算结果显示，80% 主要承重构件的安全裕度小于 1.0。

图 7-28 计算模型

D 结构安全性鉴定

依据《民用建筑可靠性鉴定标准》（GB 50292—1999），在本次鉴定计算分析、现场检查、检测结果的基础上，按照构件、子单元和鉴定单元三个层次，逐层对该建筑物进行安全性评级结果如下。

a 构件评级

（1）砌体构件：砌体、砂浆强度均小于设计强度，因此砌体墙安全性评定等级为 $c_u$ 级。

（2）混凝土构件：构件存在严重露筋、钢筋锈蚀，配筋数量不足、不均，开裂严重，截面损失严重。混凝土构件安全性评级为 $d_u$ 级。

b 子单元评级

（1）地基基础评级：上部结构存在显著倾斜。地基基础子单元安全性评定等级为 Cu。

（2）上部承重结构评级：在构件评级中，混凝土构件的安全性评级为 $d_u$，至此，上部承重结构的安全性评级为 Du，详细评级结果见表 7-17。

（3）围护结构评级：围护结构安全性评级为 Cu，详细评级结果见表 7-18。

c 鉴定单元安全性综合评级

该建筑物安全性评定等级为 Dsu 级，即其可靠性极不符合《民用建筑可靠性鉴定标准》（GB 50292—1999）对 Asu 级的要求，严重影响承载。安全性综合评级结果见表 7-19。

表7-17　上部承重结构安全性评级

| 构件 | | 结构整体性 | 侧向位移 | 安全性评级 |
|---|---|---|---|---|
| 砌体构件 | 混凝土构件 | | | |
| $c_u$ | $d_u$ | Cu | Cu | Du |

表7-18　围护系统结构安全性评级

| 屋面 | 围护墙 | 结构间联系 | 结构布置及整体性 | 安全性等级评定 |
|---|---|---|---|---|
| Cu | Cu | Cu | Cu | Cu |

**E　加固修复建议**

该工程经鉴定其主体结构存在严重安全隐患，且综合考虑当地经济水平及加固修复技术难度较大，加固经济性差，建议拆除重建。

**F　项目小结**

该建筑结构安全性评定等级为Dsu级，不满足Asu级要求的主要原因如下：
（1）建筑物倾斜观测，最大偏差为69mm，大于最大允许偏差$H/250$mm = 60.8mm。

表7-19　安全性综合评级结果

| 层　次 | | 二 | 三 |
|---|---|---|---|
| 层　名 | | 子单元评定 | 鉴定单元综合评定 |
| 安全性鉴定 | 等级 | Au、Bu、Cu、Du | Asu、Bsu、Csu、Dsu |
| | 地基基础 | Cu | Dsu |
| | 上部承重结构 | Du | |
| | 围护系统 | Cu | |

（2）混凝土构件存在严重的露筋、钢筋锈蚀，配筋数量不足、不均，开裂严重，截面损失严重。其材料强度不符合承载能力计算要求，经核算，80%的主要承重构件的安全裕度小于1.0。

## 7.2.4　【实例13】某砖混结构住宅楼结构抗震性能排查及鉴定

**A　工程概况**

某公司住宅楼建于20世纪90年代初，7层砖混结构，总建筑面积约为3860m²，现场如图7-29所示。

**a　目的**

根据《中华人民共和国防震减灾法》、《中华人民共和国建筑法》、《建设工程质量管理条例》等法律法规以及当前的地震形势，特对该房屋现有状态下的抗震性能进行全面评价。

**b　初步调查结果**

本建筑抗震设防烈度为8度，此楼有设计图纸留存，经现场实际测绘，平面简图如图7-30所示。

图7-29　结构现状

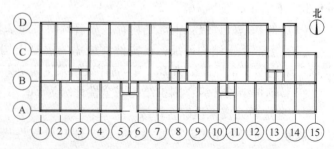

图7-30　平面图

B 结构检查与检测

a 现场检查结果

（1）地基基础检查：地基采用钢筋混凝土条形基础，混凝土强度 C25。上部结构检查中未发现明显倾斜情况发生，建筑地基和基础无静载缺陷，地基主要受力层范围内不存在软弱土、液化土和严重不均匀土层，非抗震不利地段，地基基础基本完好。

（2）承重结构体系检查：室外地坪以下采用 M10 水泥砂浆，MU10 普通黏土砖；室外地坪以上均采用 MU10 KP1 型空心砖、M10 混合砂浆。每层均设有圈梁，纵横墙交接处及楼梯间四角均设有构造柱；房屋砌体墙为外墙 370mm、内墙 240mm。在对承重结构的检查中，未发现明显倾斜情况发生，外墙砖和砂浆存在粉化现象。梁板未见有露筋、保护层脱落、酥碱等现象，混凝土梁板等构件现场检查未见有明显裂缝。

（3）重点检查项目：根据抗震鉴定标准的要求和实际震害的经验总结，对处于 8 度区的砖混结构房屋，房屋的高度和层数、抗震墙的厚度和间距、墙体的砖、砂浆强度等级和砌筑质量、墙体交接处的连接，以及女儿墙、雨篷、阳台、天沟、挑檐、挑楼梯和出屋面烟囱等易引起倒塌伤人的部位应重点检查。8 度时尚应检查楼屋盖处的圈梁，楼、屋盖与墙体的连接构造，墙体布置的规则性等。经现场检测，该建筑墙体不空鼓、无严重酥碱和明显歪闪；承重墙、自承重墙及其交接处无明显裂缝；楼、屋盖构件无明显变形和严重开裂。

b 现场检测结果

（1）砌体砖强度检测：普通黏土砖设计强度 MU10，依据现场检测结果显示，达到回弹值评定标准要求，满足设计要求。

（2）砌体砂浆强度检测：砂浆设计强度 M10，采用贯入法对砌体砂浆强度进行检测，从实测结果可知，强度不满足设计要求。结构验算时采用实际强度进行计算，检测结果见表 7-20。

表 7-20 砂浆强度检测结果

| 楼层 | 推定强度/MPa |
| --- | --- |
| 1 层 | 1.7 |
| 2 层 | 1.3 |
| 3 层 | 0.9 |
| 4 层 | 0.8 |
| 5 层 | 0.7 |
| 6 层 | 0.8 |
| 7 层 | 0.7 |

C 结构抗震鉴定

根据《建筑抗震鉴定标准》（GB 50023—2009）该建筑物属 B 类建筑，B 类建筑多层砌体房屋应进行综合能力的两级鉴定。在第一级鉴定中，墙体的抗震承载力应依据纵、横墙间距进行简化验算。且 B 类砌体房屋在整体性连接构造的检查中尚应包括构造柱的设置情况。当符合第一级鉴定的各项规定时，应评为满足抗震鉴定要求，不符合第一级鉴定要求时，应在第二级鉴定中采用底部剪力法或综合抗震指数法进行评定，计入构造影响作出判断。

a 第一级鉴定

该建筑按 8 度抗震设防标准进行抗震措施鉴定。根据抗震鉴定标准，本房屋的抗震措施鉴定结果汇总见表 7-21。

b 第二级鉴定

由于该房屋中房屋总高度、层数及构件材料强度超过第一级鉴定的限值，对其进行第二级鉴定。使用中国建筑科学研究院开发的建筑结构计算软件 PKPM 建立计算模型进行分析计算，其中，材料强度和几何尺寸均按照实测值取用，计算模型如图 7-31 所示。

表 7-21　B 类 8 度丙类抗震措施鉴定结果

<table>
<tr><th colspan="2">鉴定项目</th><th>鉴定标准要求</th><th>现场检查检测</th><th>鉴定意见</th></tr>
<tr><td colspan="2">房屋的高度和层数</td><td>18m/6 层</td><td>19.7m/7 层</td><td>不满足</td></tr>
<tr><td colspan="2">层高</td><td>不宜超过 3.6m</td><td>2.9m</td><td>满足</td></tr>
<tr><td rowspan="6">结构体系</td><td>楼盖、屋盖形式和抗震横墙最大间距</td><td>现浇或装配整体式混凝土/15m<br>装配式钢筋混凝土/11m<br>木/7m</td><td>装配式钢筋混凝土/4.3m</td><td>满足</td></tr>
<tr><td>高宽比</td><td>&lt;2.5</td><td>1.49</td><td>满足</td></tr>
<tr><td>纵横墙的平面布置</td><td>楼层的质心和计算刚心基本重合或接近</td><td>楼层的质心和计算刚心基本重合</td><td>满足</td></tr>
<tr><td>房屋立面高差或错层</td><td>质量和刚度沿高度分布比较均匀，立面高度变化不超过一层，同一楼层标高相差不大于 500mm</td><td>无高差或错层</td><td>满足</td></tr>
<tr><td>是否有承重的独立砖柱</td><td>跨度不小于 6m 的大梁，不宜由独立砖柱支承；乙类设防时不应有独立砖柱支承</td><td>无跨度大于 6m 的大梁</td><td>满足</td></tr>
<tr><td rowspan="3">材料强度</td><td>构件混凝土强度</td><td>不宜低于 C15</td><td>C20</td><td>满足</td></tr>
<tr><td>砖或砌块强度</td><td>≥MU7.5</td><td>MU10</td><td>满足</td></tr>
<tr><td>砌筑砂浆强度</td><td>≥M2.5</td><td>&lt;M2.5</td><td>不满足</td></tr>
<tr><td rowspan="5">整体性连接构造</td><td>纵横墙交接处，削弱墙体处</td><td>(1) 墙体平面闭合；<br>(2) 纵横墙咬槎砌筑；<br>(3) 墙体不应被削弱，否则应采取措施加强</td><td>闭合、咬槎砌筑、无削弱</td><td>满足</td></tr>
<tr><td>构造柱设置</td><td>6 层砌体房屋应在外墙四角，错层部位横墙与外纵墙交接处，较大洞口两侧，大房间内墙交接处，内墙局部较小墙垛处，楼梯间四角均应设置构造柱</td><td>构造柱布置合理</td><td>满足</td></tr>
<tr><td>钢筋混凝土圈梁的布置与配筋</td><td>(1) 外墙及内纵墙屋盖处及每层楼盖处；<br>(2) 内横墙屋盖及每层楼盖处沿所有横墙，且间距不应大于 7m；楼盖处间距不应大于 7m；<br>(3) 构造柱对应部位；<br>(4) 纵筋不小于 4$\phi$10，最大箍筋间距 200mm</td><td>(1) 满足；<br>(2) 满足；<br>(3) 满足；<br>(4) 配筋 4$\phi$12/$\phi$6@200</td><td>满足</td></tr>
<tr><td>钢筋混凝土圈梁的构造与配筋</td><td>(1) 现浇和装配整体式钢筋混凝土楼盖、屋盖可无圈梁；<br>(2) 圈梁截面高度，多层砖房不宜小于 120mm；<br>(3) 圈梁位置与楼盖、屋盖宜在同一标高或紧靠板底</td><td>圈梁闭合，圈梁高度 210mm，圈梁紧靠板底</td><td>满足</td></tr>
<tr><td>房屋的楼、屋盖与墙体的连接</td><td>(1) 混凝土预制板楼盖、屋盖构件支承长度不应小于墙上 100mm，梁上 80mm；<br>(2) 混凝土预制构件应有坐浆；预制板缝应有混凝土填实，板上应有水泥砂浆面层</td><td>(1) 满足；<br>(2) 有</td><td>满足</td></tr>
</table>

| 鉴定项目 | 鉴定标准要求 | 现场检查检测 | 鉴定意见 |
|---|---|---|---|
| 房屋中易引起局部倒塌的部件及其连接 | （1）后砌的非承重墙应沿墙高每500mm有2φ6钢筋与承重墙或柱拉结，并每边伸入墙内不应小于500mm，墙长大于5.1m时墙顶尚应与楼板或梁有拉结；<br>（2）门窗洞口处不应为无筋砖过梁；过梁支撑长度不应小于240mm；<br>（3）入口或人流通道处的预制阳台应与圈梁和楼板的现浇板带有可靠连接，钢筋混凝土预制挑檐应有锚固，烟囱应有竖向配筋；<br>（4）内墙阳角至门窗洞边距离：1.5m；<br>（5）承重窗间墙最小宽度：1.2m；<br>（6）承重外墙尽端至门窗洞边最小距离：1.5m；<br>（7）非承重外墙尽端至门窗洞边最小距离：1.0m；<br>（8）顶层楼梯间横墙和外墙宜沿墙高每隔500mm有2φ6通长钢筋，楼梯间及门厅内墙阳角处的大梁支撑长度不应小于500mm，并应与圈梁有连接；突出屋面的楼梯间、电梯间，构造柱应伸到顶部，并与顶部圈梁连接；装配式楼梯段应与平台板的梁有可靠连接，不应有墙中悬挑式踏步或踏步竖肋插入墙体的楼梯，不应有无筋砖砌栏板 | （1）满足；<br>（2）满足；<br>（3）满足；<br>（4）无内墙阳角；<br>（5）承重窗间墙最小宽度：0.6m；<br>（6）承重外墙尽端至门窗洞边最小距离：0.5m；<br>（7）无非承重外墙；<br>（8）满足 | 不满足 |
| 其他项目 | — | — | — |

（1）计算说明：上部承重结构经现场检查，部分墙体存在截面损伤，本次建模未考虑截面损伤的承载力调整。

1）恒载：包括结构构件自重、楼面做法自重、屋面做法自重、吊顶等。2）活荷载：包括楼面活荷载和屋面活荷载等。3）地震作用：抗震设防烈度为8度，设计基本地震加速度值为0.20g，设计地震分组为第一组，建筑场地类别Ⅲ。

图7-31　计算模型

（2）荷载取值：1）风荷载：基本风压0.35kN/m²，地面粗糙度：C。2）雪荷载：基本雪压0.25kN/m²。3）楼面、屋面活荷载及装饰面层荷载：根据《建筑结构荷载规范》（GB 50009—2012）确定。

（3）计算结果：上部承重结构安全裕度计算结果表明，在现状条件下，1~4层所有墙体均不能满足抗震要求，5层、6层较多墙体不能满足抗震要求，7层个别墙体不能满足抗震要求。

D　抗震鉴定结论

依据《建筑抗震鉴定标准》（GB 50023—2009）及国家有关规范，经对该楼房的现场检查、检测，计算及分析，抗震鉴定结论如下：考虑影响系数后，该房屋综合抗震能力不满足要求。

**E　加固修复建议**

参考本地消费水平,分析加固维修及恢复费用,计算加固效益比,综合考虑经济效益及居民居住条件,依据鉴定结论,应对该房屋所有不满足抗震要求的墙体进行加固,采用钢筋网水泥砂浆面层或钢绞线网聚合物砂浆面层进行加固,或在有条件的情况下考虑拆除重建。

**F　项目小结**

该建筑综合抗震综合能力不满足抗震鉴定要求,不满足的要求的主要原因为:

(1) 第一级鉴定中,存在多项不满足项目,如房屋高度和层数不满足抗震要求、砌筑砂浆强度不满足要求、该建筑中存在易引起局部倒塌的部件及其连接。

(2) 第二级鉴定中,经抗震承载能力验算,绝大对数墙体不能满足抗震要求。

## 7.2.5 【实例14】某钢混框架结构别墅灾害事故后结构可靠性检测、鉴定

**A　工程概况**

某别墅项目,钢筋混凝土框架结构,为地下一层,地上二层别墅,长108m、宽67m、高9m,底层层高4.5m,顶层层高3.6m,主要跨度为8.4m,现场如图7-32所示。

**a　目的**

在日常使用过程中,地下一层电梯井附近发生事故,造成本建筑的结构发生不同程度的损坏。特进行事故后结构安全性、抗震性鉴定,确定本次事故受损伤的范围、具体破坏情况、事故对房屋结构当前使用安全的影响、事故对房屋结构长期使用耐久性的影响,提出加固处理方案。其中,暂不对施工质量进行评定,仅针对事故对房屋安全性和正常使用性的影响进行分析评价。

**b　初步调查结果**

本项目原始资料缺失,本鉴定主要依据现状检查及检测资料对别墅进行可靠性鉴定。经现场测绘,平面简图如图7-33所示。

图7-32　结构现状　　　　　　　　　　图7-33　平面图

B　结构检查与检测

a　现场检查结果

（1）地基基础检查：房屋基础检查中，上部结构未发现明显的倾斜、变形、裂缝等缺陷，建筑地基和基础无静载缺陷，地基基础基本完好。

（2）结构布置检查：该房屋整体平面为四边形，从结构整体角度看，结构布置合理，结构形式与构件选型基本正确，传力路线基本合理，基本符合国家现行标准规范规定。

（3）事故后结构损伤调查：1）事故位置位于地下一层 11 轴与 12 轴、D 轴与 E 轴之间，受事故影响最严重的为同层及其相邻的房间。根据事故调查结果，初步认定为煤气泄漏沉积于电梯井附近，遇火花而引起事故。2）事故周边填充墙由于事故冲击力，向外侧推闪；D 轴靠近电梯井处墙体受损较严重，周边墙体出现裂缝。3）事故房间的内外纵墙产生外闪，外闪最大变形达 35mm。4）受事故影响的房间内楼板、梁和柱受损，出现掉块、露筋，但楼板、梁和柱未发现明显的剪切裂缝和受拉裂缝。事故后结构损伤如图 7-34 所示。

(a)　　　　　　(b)　　　　　　(c)　　　　　　(d)　　　　　　(e)

图 7-34　事故后结构损伤

（a）事故后现状；（b）管道变形；（c）过梁破损；（d）连接处松动；（e）墙体裂缝

b　现场检测结果

（1）混凝土构件强度回弹检测：设计强度 C30，从检测结果可知，承重体系的梁板柱回弹值无显著差异，混凝土强度满足设计要求，事故未对混凝土构件表面产生可测量的影响。

（2）超声法混凝土内部检测：超声波在混凝土中的传播速度一般在 3～5km/s 之间，其中低标号（小于 C20）的混凝土传播速度一般在 3.5km/s 左右或更低，普通标号混凝土（C20～C40）传播速度一般为 3.5～5.0km/s 左右，高标号混凝土（大于 C40）传播速度一般为 5km/s 左右或更高。柱设计强度等级为 C30（地下柱设计强度为 C35），梁设计强度等级为 C30，从检测结果可知，梁的声速平均值在 4.029～4.222km/s 之间，柱的声速平均值为 4.301km/s，与声速基本相符，可知事故并未对混凝土内部造成损伤或可测量的强度下降。

（3）钢筋位置及保护层厚度检测：检测结果表明钢筋间距摆放基本良好，钢筋保护层厚度满足设计要求，均满足《混凝土结构设计规范》（GB50010—2010）的要求。

（4）柱侧移检测：根据《混凝土结构工程施工质量验收规范》（GB 50204—2002）第 8.3.2 条的规定，现浇结构尺寸允许偏差：垂直度允许变差为 10mm（层高大于 5m），或 8mm（层高小于等于 5m）。根据测量结果可知，该混凝土柱垂直度最大侧移偏为 4mm，满足规范要求，对结构无不利影响。

（5）梁挠度检测：现行的《混凝土结构设计规范》（GB50010—2010）3.4.3 中规定，屋盖、楼盖及楼梯构件，当构件跨度大于 7m，小于 9m 时，挠度限值为 $l_o/250$。根据梁挠度检测结果可知，会所梁最大挠度为 28mm，完全满足《混凝土结构设计规范》（GB 50010—2010）的要求，对结构无不利影响。

C　结构承载能力分析

a　计算说明

构件材料采用检测后的推定强度和设计值中的较小值计算。采用建筑工程计算软件 PKPM 进行了结构承载力校核验算，计算模型如图 7-35 所示。

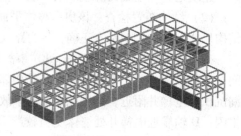

图 7-35　计算模型

（1）地震作用：抗震设防烈度为 7 度，设计基本地震加速度值为 0.10$g$，设计地震分组为第三组。（2）风荷载：基本风压 0.40kN/m$^2$，地面粗糙度：B。（3）雪荷载：基本雪压 0.40kN/m$^2$。（4）楼面、屋面活荷载。（5）阳台：2.5kN/m$^2$。（6）电梯机房：7.0kN/m$^2$。（7）屋面：不上人 0.7kN/m$^2$，上人 2.0kN/m$^2$。

b　计算结果

经验算，主体结构承载力满足正常使用要求；满足 7 度（0.10$g$）设防抗震要求。

D　事故对结构的影响分析

a　结构受损伤的范围

事故位置位于地下一层 11~12/D~E 电梯井附近，受事故影响最严重的为同层及其相邻的房间。相邻房间吊顶破损，龙骨变形弯折，事故冲击波使地上 1 层、2 层电梯井附近的管道出现变形及折断；其他非相邻房间受事故影响较小，其墙体未出现倾斜，瓷砖粘贴良好。

b　事故对房屋结构当前使用安全的影响

事故对房屋的破坏主要包括混凝土结构损伤、填充墙体开裂倾斜或门窗损坏等几项。门窗损坏或渗水，其中门窗损坏或密封胶松脱以及由于门窗密封性不好造成的渗水对结构安全没有直接影响，仅影响正常使用，直接进行更换或维修即可，其主要他损伤如下。

（1）墙体裂缝：经调查，墙体裂缝绝大多数出现在填充墙体上，或与混凝土梁、柱连接处。该裂缝对结构承载力安全没有影响，均非结构裂缝，由于混凝土柱与墙间设有拉结钢筋，所以填充墙与主体结构的拉结也未改变，但出现的裂缝会影响美观及住户使用。

（2）结构损伤：事故发生点附近的主体结构受到了一定影响，检查时发现梁、柱均出现露筋情况。通过雷达测试，梁柱混凝土内部未出现疏松，通过回弹测试，混凝土表面硬度正常，满足设计要求。

c　事故对房屋结构长期使用耐久性的影响

从检测结果可知，除了 11~12/E~D 轴区域内梁、柱出现破坏外，其他混凝土构件均未出现因为事故而引起的损伤，所以不会对结构耐久性产生影响。而通过对受事故影响构件的检测可知，混凝土表面硬度以及内部密实度均未发生变化，但出现露筋和裂缝后如果长时间不处理，外部腐蚀介质会逐渐渗透到钢筋表面，通过使钢筋锈蚀从而影响楼板的耐久性。

d　事故对房屋结构抗震性能的影响

该建筑属于框架结构，承受地震力的构件是混凝土框架柱、框架梁，楼板在地震中的作用是将地震力传递至周围框架梁，并通过框架梁传递至抗侧力构件（框架柱）。影响抗震性能的主要是框架梁和柱的承载能力，本次事故并未对框架梁、柱造成损伤，所以不会影响房屋的抗震能力。

填充墙虽然和梁、柱以及混凝土墙间出现了缝隙，但填充墙的稳定性是靠与梁、柱的拉结钢筋保证的，所以填充墙的安全性并未受到影响。

e　是否危房鉴定

危险构件是指其承载能力、裂缝和变形不能满足正常使用要求的结构构件。根据《危险房屋鉴定标准》（JGJ125—99，2004 年版），混凝土构件出现表 7-22 所列现象之一者（与本房屋无关的条文未列），应评为危险点。由表 7-22 可知，事故虽然造成大量门窗破损，以及填充墙与梁柱间出现缝隙，但均为非受力构件，对结构安全没有影响。

表 7-22　危险点

| 序号 | 具体内容描述 |
| --- | --- |
| 1 | 构件承载力小于作用效应的 85% |
| 2 | 梁、板产生超过 1/150 的挠度，且受拉区的裂缝宽度大于 1mm |
| 3 | 简支梁、连续梁跨中部位受拉区产生竖向裂缝，其一侧向上延伸达梁高的 2/3 以上，且缝宽大于 0.5mm，或在支座附近出现剪切斜裂缝，缝宽大于 0.4mm |
| 4 | 梁板受力主筋处产生横向水平裂缝和斜裂缝，缝宽大于 1mm，板产生宽度大于 0.4mm 的受拉裂缝 |
| 5 | 现浇板面周边产生裂缝，或板底产生交叉裂缝 |
| 6 | 柱、墙产生倾斜、位移，其倾斜率超过高度的 1%，其侧向位移大于 1/500 |
| 7 | 柱、墙侧向变形，其极限值大于 1/250，或大于 30mm |

所以根据《危险房屋鉴定标准》（JGJ125—99，2004 年版），该房屋结构承载力能满足正常使用要求，未发现危险点，房屋结构安全，房屋危险性评定等级为 A 级。

E　可靠性鉴定

根据《民用建筑可靠性鉴定标准》（GB 50292—1999）和检测结果，进行可靠性鉴定评级。

a　构件评级

（1）安全性评级：部分隔墙的砌体构件受冲击后发生了局部位移和变形，并出现了轻微裂缝，评为 $b_s$ 级。

（2）正常使用性评级

1）砌体构件：所有出现裂缝的墙体及变形的墙体，正常使用性评定等级为 $b_s$ 级，未出现裂缝及变形的墙体可评定为 $a_s$ 级。

2）混凝土构件：部分受冲击的混凝土梁、板等混凝土构件出现了局部缺角的现象，正常使用性评定等级为 $b_s$。

b　子单元评级

（1）地基基础的评级：

1）安全性评级：经过现场对地基基础的观测，并未发现明显不均匀沉降，地梁未见明显裂缝，竖向构件未见明显歪斜变形和明显有害裂缝，地基基础系统安全性评定为 Au 级。

2）正常使用性评级：地基基础子单元正常使用性评定等级为 As。

（2）上部承重结构评级：

1）安全性评级：对承重结构进行安全性鉴定评级，考虑构件承载能力、构造、不适于继续承载的位移和裂缝四个子项，承重结构系统安全性评定为 Bu 级，详细评级见表 7-23。

2）正常使用性评级：上部承重结构的正常使用性鉴定，根据各种构件的使用性等级和结构的侧向位移等级进行评定，详细评级见表 7-24。

**表 7-23　上部承重结构安全性评级**

| 构件 | | 结构整体性 | 侧向位移 | 安全性评级 |
|---|---|---|---|---|
| 砌体构件 | 混凝土构件 | | | |
| $b_u$ | $a_u$ | Bu | Bu | Bu |

**表 7-24　上部承重结构正常使用性评级**

| 构件 | | 侧向位移 | 正常使用性评级 |
|---|---|---|---|
| 砌体构件 | 混凝土构件 | | |
| $b_s$ | $b_s$ | Bs | Bs |

（3）围护系统评级：

1）安全性评级：围护系统承重部分的安全性，根据该系统专设的和参与该系统工作的各种构件的安全性等级，以及该部分结构整体性的安全性等级进行评定，详细评级见表 7-25。

2）正常使用性评级：围护系统的正常使用性鉴定评级，根据该系统的使用功能等级及其承重部分的使用性等级进行评定，详细评级见表 7-26。

**表 7-25　围护系统结构安全性评级**

| 屋面 | 围护墙 | 结构间联系 | 结构布置及整体性 | 安全性等级评定 |
|---|---|---|---|---|
| Au | Bu | Bu | Bu | Bu |

**表 7-26　围护系统正常使用性评级**

| 屋面防水 | 吊顶 | 非承重内墙 | 外墙 | 门窗 | 地下防水 | 其他防护 | 正常使用性评级 |
|---|---|---|---|---|---|---|---|
| As | As | Bs | Bs | Bs | As | As | Bs |

c　鉴定单元可靠性综合评级

该建筑物可靠性评定等级为Ⅱ级，可靠性综合评级具体结果见表 7-27。

F　加固修复建议

（1）对于门窗损坏等问题，直接进行更换或维修即可。（2）对破损相对严重的填充墙进行拆除处理，存在裂缝的填充墙采用压力灌浆的方式进行处理。（3）受事故影响的梁、柱，应先将基面打磨处理并修补结构表面损伤（裂缝采用压力灌浆方式），梁采用粘贴碳纤维布进行加固，柱采用增大截面法进行加固。

G　项目小结

根据《民用建筑可靠性鉴定标准》（GB 50292—1999），该建筑结构可靠性评定等级为Ⅱ级，可靠性达到Ⅰ级的要求，

**表 7-27　可靠性综合评级结果**

| 层次 | | 二 | 三 |
|---|---|---|---|
| 层名 | | 子单元评定 | 鉴定单元综合评定 |
| 安全性鉴定 | 等级 | Au、Bu、Cu、Du | Asu、Bsu、Csu、Dsu |
| | 地基基础 | Au | Bsu |
| | 上部承重结构 | Bu | |
| | 围护系统 | Bu | |
| 使用性鉴定 | 等级 | As、Bs、Cs | Ass、Bss、Css |
| | 地基基础 | As | Bss |
| | 上部承重结构 | Bs | |
| | 围护系统 | Bs | |
| 可靠性鉴定 | 等级 | A、B、C、D | Ⅰ、Ⅱ、Ⅲ、Ⅳ |
| | 地基基础 | A | Ⅱ |
| | 上部承重结构 | B | |
| | 围护系统 | B | |

不满足要求的主要原因如下：

（1）D轴靠近电梯井处墙体受损较严重，墙体出现裂缝；事故房间的内外纵墙产生外闪，外闪最大变形达35mm等问题影响了构件的安全性及适用性评级。

（2）事故仅破坏了房屋的局部，造成了局部混凝土结构损伤、填充墙体开裂倾斜或门窗损坏等问题，材料实际强度、钢筋配置等设计信息满足原设计要求，经验算，受害后的现有主体结构承载力满足正常使用和7度（0.10g）设防抗震要求。

### 7.2.6 【实例15】某剪力墙结构住宅楼加固设计复核、结构安全性鉴定

#### A 工程概况

某住宅楼建成于2010年，为地下1层，地上5层，钢筋混凝土剪力墙结构，结构现状如图7-36所示。

##### a 目的

该建筑建成后根据使用需求进行了局部改造加固，主要为对地下室剪力墙开门洞，洞口周边采用粘钢法进行加固。为了明确开洞加固后住宅楼实际承载能力，保证各住宅楼结构使用安全，特对该住宅楼以及地下车库结构进行现场检测与加固设计复核验算，并根据现场检测数据进行结构现状承载力校核计算，根据相关规范进行结构安全性鉴定，给出鉴定结论。

##### b 初步调查结果

原始资料完整，本鉴定主要依据现状检查及检测资料进行。平面简图如图7-37所示。

图7-36　结构现状

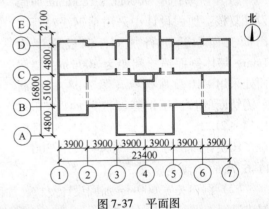

图7-37　平面图

#### B 结构检查与检测

##### a 现场检查结果

（1）现浇钢筋混凝土剪力墙、梁板构件无裂缝、蜂窝麻面及缺浆露筋、缺棱掉角、棱角不直、翘曲不平、飞出凸肋等外形缺陷。

（2）结构整体无影响结构性能和使用功能的尺寸偏差。

（3）结构整体不存在由于地基不均匀沉降引起的构件开裂或倾斜。

##### b 现场检测结果

（1）碳化深度测试结果：该建筑物建成时间较短，且建成后墙体抹灰，使得构件表面未直接与空气接触。混凝土的碳化深度值最大值仅有0.5mm，而且大多数区域碳化值为

0.0mm，说明混凝土基本上没有碳化。

（2）混凝土构强度检测结果：本工程项目混凝土设计强度为地下 1 层 C30，1~5 层 C25，根据检测结果可知，该住宅楼混凝土构件强度满足设计要求。

（3）钢筋位置检测：经检测，剪力墙、梁、板钢筋布置均符合设计要求，具体检测结果为：地下室外墙水平分布筋间距约为 150mm，垂直分布筋间距约为 200mm，内墙水平与垂直分布筋间距均约为 200mm；地上结构墙体水平分布筋与垂直分布筋间距均为 200mm。

（4）钢筋保护层厚度检测：经现场实测，地下一层钢筋保护层厚度约为 15mm，主体结构剪力强、梁钢筋保护层厚度约为 25mm，平均保护层厚度均满足设计要求。

（5）粘钢空鼓率检测：依据《建筑结构加固工程施工质量验收规范》（GB 50550—2010）第 11.4.1 条规定，使用锤击法对钢板与混凝土之间的粘结质量进行检测，最小有效粘贴面积百分比检测结果为 98%，检测结果满足规范规定的有效粘贴面积不小于总粘贴面积的 95% 的规定。

（6）房屋倾斜度检测：对该建筑四个墙角进行倾斜度检测，共设 8 个测点，得到建筑整体倾斜率。根据《民用建筑可靠性鉴定标准》（GB 50292—1999），该建筑物总高度为 12m，根据顶点位移小于 $H/450$，评定为 $a_u$ 级。该建筑倾斜偏心小，可不考虑对结构的影响。

C　加固设计复核验算

改造位置与改造内容详见表 7-28。

（1）新增门洞 900mm × 1800mm 加固设计复核：加固设计中采用粘钢法对新增门洞三面洞边进行加固，钢板厚度为 4mm，墙体侧面锚栓间距为 300mm，墙截面处采用 M10 膨胀螺栓（图 7-38）。门洞一侧切断的拉、压钢筋面积为 841.95mm² （414 + 212），加固设计中洞口粘贴钢板拉、压换算面积为 $A_S = 400 × 4 × 215/300 = 1146.7mm^2$，满足要求。

**表 7-28　加固改造位置与内容**

| 位置 | 洞口尺寸 |
| --- | --- |
| (3~4)/A | 洞口拓宽 600mm |
| 1/D~C | 新增门洞 900mm × 1800mm |
| 3/(A~B) | 新增门洞 900mm × 1800mm |
| (1~2)/B | 洞口拓宽 600mm |
| C/(5~6) | 新增门洞 900mm × 1800mm |
| (6~7)/D | 洞口拓宽 600mm |

（2）洞口拓宽 600mm 加固设计复核：加固设计中采用粘钢法对洞口拓宽 600mm 三面洞边进行加固，钢板厚度为 4mm，墙体侧面锚栓间距为 300mm，墙截面处采用 M10 膨胀螺栓（图 7-39）。门洞一侧切断的拉、压钢筋面积为 1130.97mm² （一侧竖向钢筋为 12@100mm），加固设计中洞口粘贴钢板拉、压换算面积为 $A_S = 2 × 400 × 4 × 215/300 = 2293.3mm^2$，满足要求。

根据验算结果可知，开洞剪力墙经加固后承载能力能够满足要求，加固设计方案合理可行。

D　结构承载能力验算

a　计算说明

（1）结构计算说明：结构实际承载能力依据国家有关规范，确定结构构件的安全裕度。在选择结构计算模型时，考虑结构的偏差、裂缝缺陷及损伤、荷载作用点及作用方向、

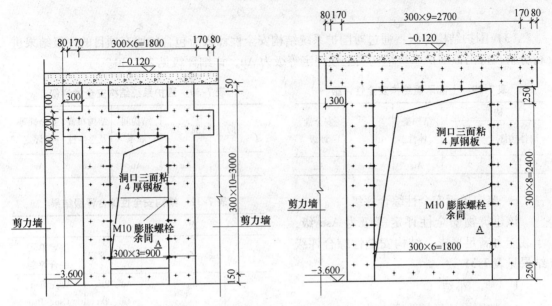

图 7-38　新增门洞 900mm×1800mm 洞口加固图　　　图 7-39　洞口拓宽 600mm 洞口加固图

构件的实际刚度及其在节点的固定程度，结合现场检查及检测结果以及在结构检查时所查明的结构承载潜力，得出结构构件的现有实际安全裕度。采用 PKPM 有限元分析软件分别对该栋楼改造前后进行建模验算，并对改造后的剪力墙边缘构件配筋结果进行对比分析，采用等强代换法验证加固方案是否满足承载能力要求。计算模型如图 7-40 所示。

图 7-40　计算模型

（2）荷载取值：按原设计要求，不上人屋面活荷载标准值取 $0.5kN/m^2$；其余荷载按《建筑结构荷载规范》（GB 50009—2012）取值；地震基本设防烈度为 8 度，设计基本地震加速度值为 $0.20g$，设计地震分组为第一组。

b　计算结果

通过计算，该住宅楼所有边缘构件安全裕度均大于 1.0，承载能力满足要求。

E　结构安全性鉴定

依据《民用建筑可靠性鉴定标准》（GB 50292—1999），在本次鉴定计算分析、现场检查、检测结果的基础上，按照构件、子单元和鉴定单元三个层次，逐层对该建筑物进行安全性评级，结果如下。

a　构件评级

混凝土框架梁、柱构件经结构验算承载力均满足要求，混凝土构件未出现显著变形和裂缝，评定等级为 $a_u$。

b　子单元评级

（1）地基基础评级：该建筑物地基基础未出现变形和不均匀沉降。无静载缺陷，承载力满足使用要求。地基出子单元安全性评定等级为 Au。

（2）上部承重结构评级：根据混凝土结构构件安全性的评级结果、结构整体性评级结果，以及结构侧向位移评级结果，上部承重结构的安全性评定等级为 Au，详细评级见表

7-29。

（3）围护结构评级：通过对围护系统结构安全性评级所包含的所有项目的评级结果进行分析，得出该围护系统结构安全性评定等级为Au，详细评级见表7-30。

**表7-29　上部承重结构安全性评级**

| 构件 | | 结构整体性 | 侧向位移 | 安全性评级 |
|---|---|---|---|---|
| 砌体构件 | 混凝土构件 | | | |
| — | $a_u$ | Au | Au | Au |

**表7-30　围护系统结构安全性评级**

| 屋面 | 围护墙 | 结构间联系 | 结构布置及整体性 | 安全性等级评定 |
|---|---|---|---|---|
| Au | Au | Au | Au | Au |

c　鉴定单元安全性综合评级

该建筑物安全性评定等级为Asu级，承载能力满足要求。结构安全性综合评级结果见表7-31。

F　项目小结

a　加固设计复核验算小结

通过对新增门洞（900mm×1800mm）洞口加固图、洞口拓宽600mm洞口加固图的复核，根据结果可知，开洞剪力墙经加固后承载能力能够满足要求，加固设计方案合理可行。

b　结构安全性鉴定小结

依据《民用建筑可靠性鉴定标准》（GB 50292—1999），该建筑物安全性评定等级为Asu级，主要原因为：该建筑物混凝土框架梁、柱构件经结构验算承载力均满足要求，混凝土构件未出现显著变形和裂缝，评定等级为$a_u$。按构件、子单元和鉴定单元三个层次，逐层评级结果为Asu级。

**表7-31　结构安全性综合评级结果**

| 层次 | | 二 | 三 |
|---|---|---|---|
| 层名 | | 子单元评定 | 鉴定单元综合评定 |
| 安全性鉴定 | 等级 | Au、Bu、Cu、Du | Asu、Bsu、Csu、Dsu |
| | 地基基础 | Au | Asu |
| | 上部承重结构 | Au | |
| | 围护系统 | Au | |

## 7.2.7　【实例16】某剪力墙结构住宅楼结构抗震性能排查及鉴定

A　工程概况

某部队住宅楼建于1998年，为地下2层、地上9层全现浇剪力墙结构，建筑面积10573.62m²，现场如图7-41所示。

a　目的

根据武警部队有关规定，对1980年以前建成的部队在用营房，以及1980—2002年期间建成的战士宿舍、公寓房等建筑物拟进行抗震节能改造。对此特对该住宅楼（建于1998年）进行抗震检测鉴定，对房屋现有状态下的抗震性、安全性进行全面评价，并给出处理意见及处理方案，以便采取相应措施进行加固或改造处理，确保房屋结构的安全正常使用。

b　初步调查结果

图7-41　结构现状

该建筑物建于 1998 年，根据抗震鉴定标准，该建筑属于 B 类建筑，按照后续使用年限宜按 40 年考虑，进行抗震鉴定。平面简图如图 7-42 所示。

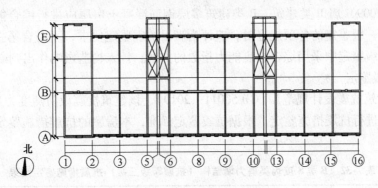

图 7-42　标准层结构平面图

B　结构检查与检测

a　现场检查结果

（1）地基与基础：该住宅楼为筏板基础，在对上部结构的检查中，未发现明显倾斜、开裂情况发生，建筑地基和基础无静载缺陷，地基主要受力层范围内不存在软弱土、液化土和严重不均匀土层，非抗震不利地段，可认为地基基础基本完好。

（2）承重结构体系：该楼为全现浇钢筋混凝土剪力墙结构，地上结构混凝土设计强度等级为 C25，±0 以下为 C30。外墙厚度为 200mm，内墙为 180mm，板厚为 150mm。现场检查未发现该建筑有墙体开裂、倾斜等现象，外观质量良好。

（3）现状调查：在对上部结构的检查中，未发现明显倾斜情况发生，建筑地基和基础无静载缺陷。混凝土墙、梁、板未见有露筋、保护层脱落、酥碱等现象，混凝土构件现场检查未见有明显裂缝。该建筑北侧阳台长度约 55.6m，南侧约为 68.4m，现场检查发现悬挑板及围护墙存在多条细微裂缝，部分窗户变形严重，密封性差，整体性较差。屋面防水层现状基本完好，未发现漏水现象。

（4）重点检查的项目：根据抗震鉴定标准的要求和实际震害的经验总结，对处于 8 度区的钢筋混凝土房屋，房屋的高度和层数、抗震墙的厚度和间距、局部易掉落伤人的构件、部件以及楼梯间非结构构件的连接构造、梁柱节点的连接方式、框架跨数及不同结构体系之间的连接构造、梁柱的配筋、材料强度、各构件间的连接、结构体型的规则性、短柱分布、使用荷载的大小和分布等应重点检查。由检查结果可知，梁、柱及其节点的混凝土仅有少量微小开裂或局部剥落，钢筋无露筋、锈蚀；填充墙无明显开裂或与框架脱开；主体结构构件无明显变形、倾斜或歪扭。

b　现场检测结果

（1）碳化深度测试结果：经检测，混凝土碳化深度值最大值为 1.5mm，该建筑碳化深度在 0.5~1.5mm 区间内。

（2）混凝土强度测结果：该建筑剪力墙混凝土实测推定强度等级达到设计 C25 的要求，但需要注意的是，检测数据离散性大，局部混凝土强度较低，如 8 层楼梯间剪力墙 5/B~E。

### C　抗震鉴定

该某武警部队住宅楼为多层（9 层）钢筋混凝土结构，根据《建筑抗震鉴定标准》（GB 50023—2009）属 B 类建筑，B 类建筑多层钢筋混凝土房屋应进行综合能力的两级鉴定。当符合第一级鉴定的各项规定时，应评为满足抗震鉴定要求，不符合第一级鉴定要求时，应在第二级鉴定中采用综合抗震能力指数的方法，计入构造影响作出判断。

#### a　第一级鉴定

根据《建筑抗震设计规范》（GB 50011—2010），该建筑抗震设防烈度为 8 度，按 8 度抗震设防标准进行抗震措施鉴定。根据抗震鉴定标准，本房屋的抗震措施鉴定结果汇总见表 7-32。

表 7-32　B 类 8 度丙类剪力墙结构（抗震等级三级）抗震措施鉴定结果

| 鉴定项目 | | 鉴定标准要求 | 现场检查检测 | 鉴定意见 |
|---|---|---|---|---|
| 房屋的高度 | | 100m | 26.4m | 满足 |
| 结构布置 | 较长的抗震墙布置 | 较长的抗震墙宜分为较均匀的若干墙段 | 墙段较均匀 | 满足 |
| | 高宽比 | <2.0 | 1.89 | 满足 |
| | 加强部位 | 一级、二级抗震墙和三级抗震墙加强部位的各墙肢应有翼墙、端柱或暗柱等边缘构件，暗柱或翼墙的截面范围符合规范要求 | 有边缘构件，截面范围符合要求 | 满足 |
| | 抗震墙板厚度 | 两端有翼墙或端柱的抗震墙墙板厚度，一级不应小于 160mm，且不宜小于层高的 1/20，二级、三级不应小于 140mm，且不宜小于层高的 1/25 | 最小抗震墙厚度 180mm | 满足 |
| 材料达到的实际强度 | 构件混凝土强度 | 不宜低于 C20 | C25 | 满足 |
| 抗震墙配筋与构造 | 抗震墙墙板横向、竖向分布钢筋配筋要求 | 最大间距：300mm；<br>最小直径：8mm；<br>最小配筋率：一般部位，0.15%；加强部位，0.20% | 最大间距 200mm；<br>最小直径：10mm；<br>最小配筋率：一般部位 0.18% | 满足 |
| | 边缘构件的配筋要求 | 三级时，底部加强部位纵向钢筋最小量为 max（0.005Ac，2φ14），箍筋最小直径为 6mm，最大间距为 150mm；其他部位纵向钢筋最小量为 max（0.004Ac，2φ12），箍筋最小直径为 6mm，最大间距为 200mm | 2φ14，箍筋最小直径 8mm，最大间距 150mm | 满足 |
| | 分布钢筋布置 | 三级加强部位易为双排布置，拉筋的间距不应大于 600mm，且直径不应小于 6mm | 双排布置，间距小于 600mm，直径为 8mm | 满足 |
| 其他项目 | | — | — | — |

#### b　第二级鉴定

（1）结构计算说明：该某武警部队住宅楼为多层钢筋混凝土剪力墙结构，采用中国建筑科学研究院开发的建筑结构计算软件 PKPM 建立空间计算模型进行分析计算，按结构现有状态进行抗震强度验算。建筑的材料强度按设计值考虑，构件截面尺寸以设计为准，荷载根据使用要求按现行国家标准《建筑结构荷载规范》规定取值。对于地震作用组合，根据《建筑抗震鉴定标准》（GB 50023—2009）选用材料强度的对应值及抗震鉴定承载力调整系数。简化后的整体计算模型如图 7-43 所示。

图 7-43　计算模型

（2）荷载取值：楼面恒荷载：5.0kN/m$^2$。屋面恒荷载：7.0kN/m$^2$。楼面活荷载：2.0kN/m$^2$。屋面活载：0.7kN/m$^2$。风荷载：基本风压 0.45kN/m$^2$。地震作用：抗震设防烈度为 8 度，设计基本地震加速度值为 0.2$g$，设计地震分组为第一组。

（3）验算结果：由计算分析可知，1～9 层剪力墙构造边缘构件安全裕度均大于 1，该房屋墙体边缘构件配筋满足要求。

D　抗震鉴定结论

依据《建筑抗震鉴定标准》（GB 50023—2009）及国家有关规范，经对该武警部队住宅楼的现场检查、检测，计算及分析，得出抗震鉴定结论如下：主体结构抗震承载能力满足 8 度抗震设防要求。

E　加固修复建议

由于该建筑阳台长度较长（北面约 55.6m，南面约为 68.4m），现场检查发现悬挑板及围护墙存在多条细微裂缝，部分窗户存在变形现象，密封性差，可对阳台整体进行加固处理，提高其使用性。

F　项目小结

依据《建筑抗震鉴定标准》（GB 50023—2009）及国家有关规范，该建筑主体结构抗震承载能力满足 8 度抗震设防要求，主要原因如下：

在第一级抗震鉴定中，该建筑的房屋的高度、结构布置、材料达到的实际强度、抗震墙配筋与构造等抗震鉴定项目均符合规范要求。在第二级抗震鉴定中，通过对结构抗震承载能力的计算分析该建筑的结构构件安全裕度均大于 1，该房屋墙体边缘构件配筋满足要求。

## 7.3　民用住宅建筑结构检测、鉴定、加固修复案例

### 7.3.1　【实例 17】某砖混结构宿舍楼抗震性能鉴定及抗震加固修复

A　工程概况

某工程宿舍楼，建于 20 世纪 50 年代，为 4 层砖混结构，建筑面积约 2300m$^2$，现场如图 7-44 所示。

a　目的

为保障人员及财产安全，满足住宅楼使用的安全性、抗震性要求，对该楼进行抗震鉴定。对房屋现有状态下的安全性、抗震性能进行全面评价。

b　初步调查结果

图 7-44　结构现状

该建筑原设计图纸等资料仅有部分留存，平面简图如图 7-45 所示。

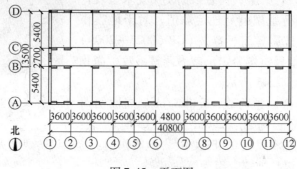

图 7-45　平面图

B　结构检查与检测

a　现场检查结果

（1）地基基础检查：地基采用灰土垫层处理，砖砌大放脚。在对上部结构的检查中，未发现明显倾斜情况发生，建筑地基和基础无静载缺陷，地基主要受力层范围内不存在软弱土、液化土和严重不均匀土层，非抗震不利地段，地基基础基本完好。

（2）承重结构体系检查：原设计图纸未标明砌体砖、砂浆的强度。墙体表面严重粉化，灰缝砂浆脱落。墙体多处存在裂缝，裂缝宽度在 1.0mm 以内。

（3）重点检查项目：根据抗震鉴定标准的要求，对该砖混结构建筑进行抗震性能的重点检查，该建筑抗震设防为 8 度，8 度时尚应检查楼屋盖处的圈梁，楼、屋盖与墙体的连接构造，墙体布置的规则性等。检查结果如下：墙体空鼓较多、一层外墙严重酥碱，无明显歪闪；承重墙、自承重墙及其交接处无明显裂缝；楼、屋盖构件无明显变形和严重开裂。

b　现场检测结果

（1）砌体砖强度检测：经实测可知，实体砖回弹结果达到 MU7.5 的回弹值评定标准要求。

（2）砌体砂浆强度检测：从检测结果可知，1 层为 0.8MPa、2 层为 1.0MPa、3 层为 0.9MPa、4 层为 1.0MPa。结构验算时采用实际强度进行计算。

C　结构抗震鉴定

根据《建筑抗震鉴定标准》（GB 50023—2009）该建筑属 A 类建筑，A 类建筑多层砌体房屋应进行综合能力的两级鉴定。在第一级鉴定中，墙体的抗震承载力应依据纵、横墙间距进行简化验算，当符合第一级鉴定的各项规定时，应评为满足抗震鉴定要求，不符合第一级鉴定要求时，应在第二级鉴定中采用综合抗震能力指数的方法，计入构造影响作出判断。

a　第一级鉴定

该建筑按 8 度抗震设防，根据抗震鉴定标准，本房屋的抗震措施鉴定结果汇总见表 7-33。

b　第二级鉴定

由于该房屋中构件强度及整体性构造超过第一级鉴定的限值，对其采用楼层综合抗震能力指数方法进行第二级鉴定。当抗震能力指数大于等于 1.0 时，可评为满足抗震鉴定要求；当小于 1.0 时，应对房屋采取加固或其他相应措施。

表 7-33 A 类 8 度丙类抗震措施鉴定结果

| 鉴定项目 | | 鉴定标准要求 | 现场检查检测 | 鉴定意见 |
|---|---|---|---|---|
| 房屋的高度和层数 | | 19m/6 层 | 17.5m/4 层 | 满足 |
| 层高 | | 不宜超过 3.9m | 3.9m | 满足 |
| 结构体系 | 楼盖、屋盖形式和抗震横墙最大间距 | 现浇或装配整体式混凝土/15m<br>装配式混凝土/11m<br>木、砖拱/7m | 装配式混凝土/7.6m | 满足 |
| | 高宽比 | <2.2 | 1.49 | 满足 |
| | 纵横墙的平面布置 | 楼层的质心和计算刚心基本重合或接近 | 楼层的质心和计算刚心基本重合 | 满足 |
| | 房屋立面高差或错层 | 质量和刚度沿高度分布比较均匀，立面高度变化不超过一层，同一楼层标高相差不大于 500mm | 无高差或错层 | 满足 |
| | 是否有承重的独立砖柱 | 跨度不小于 6m 的大梁，不宜由独立砖柱支承；乙类设防时不应有独立砖柱支承 | 无跨度不小于 6m 的大梁 | 满足 |
| 材料达到的实际强度 | 构件混凝土强度 | 不宜低于 C15 | — | — |
| | 砖或砌块强度 | ≥MU7.5 | MU7.5 | 满足 |
| | 砌筑砂浆强度 | ≥M1 | M0.8 | 不满足 |
| 整体性连接构造 | 纵横墙交接处，削弱墙体处 | （1）墙体平面闭合；<br>（2）纵横墙咬槎砌筑；<br>（3）墙体不应被削弱，否则应采取措施加强 | 闭合，咬槎砌筑、无削弱 | 满足 |
| | 钢筋混凝土圈梁的布置与配筋 | 屋盖外墙均应有圈梁，内墙纵横墙上圈梁的水平间距分别不应大于 8m 和 12m；楼盖外墙的横墙间距大于 8m 时每层应有圈梁，横墙间距不大于 8m 层数超过三层时，应有隔层；内墙圈梁要求同外墙，且圈梁水平间距不应大于 12m。纵筋不小于 4φ10，最大箍筋间距 200mm | 内横墙圈梁间距 7.6m；圈梁配筋 4φ12，φ6@300 | 不满足 |
| | 楼、屋盖与墙体的连接 | 混凝土预制板楼盖、屋盖构件支承长度不应小于墙上 100mm，梁上 80mm | 支承长度满足要求 | 满足 |
| 钢筋混凝土圈梁的构造与配筋 | | （1）现浇和装配整体式钢筋混凝土楼盖、屋盖可无圈梁；<br>（2）圈梁截面高度，多层砖房不宜小于 120mm；<br>（3）圈梁位置与楼盖、屋盖宜在同一标高或紧靠板底 | 圈梁闭合，圈梁高度 160mm，圈梁紧靠板底 | 满足 |
| 房屋的楼、屋盖与墙体的连接 | | （1）混凝土预制板楼盖、屋盖构件支承长度不应小于墙上 100mm，梁上 80mm；<br>（2）混凝土预制构件应有坐浆；预制板缝应有混凝土填实，板上应有水泥砂浆面层 | （1）支承长度满足要求；<br>（2）有 | 满足 |

| 鉴 定 项 目 | 鉴定标准要求 | 现场检查检测 | 鉴定意见 |
|---|---|---|---|
| 房屋中易引起局部倒塌的部件及其连接 | （1）入口或人流通道处的女儿墙和门脸等装饰物应锚固；<br>（2）屋面小烟囱在出入口或人流通道处应有防倒塌措施；<br>（3）混凝土挑檐、雨罩等悬挑构件应有足够的稳定性；<br>（4）支承跨度大于 5m 的大梁的内墙阳角至门窗洞边距离：1.0m；<br>（5）承重窗间墙最小宽度：1.0m；<br>（6）承重外墙尽端至门窗洞边最小距离：1.0m；<br>（7）非承重外墙尽端至门窗洞边最小距离：0.8m；<br>（8）楼梯间及门厅跨度不小于 6m 的大梁，在砖墙转角处的支承长度不宜小于 490mm；<br>（9）隔墙与两侧墙体或柱应有拉结，长度大于 5.1m 或高度大于 3m 时，墙顶还应与梁板有连接；<br>（10）女儿墙和门脸等装饰物，砂浆等级强度不低于 M2.5 且厚度为 240mm 时，突出屋面的高度，对整体性不良或非刚性结构的房屋不应大于 0.5m；对刚性结构房屋封闭女儿墙不宜大于 0.9m | （1）门脸等装饰物有锚固；<br>（2）小烟囱：无；<br>（3）挑檐、雨棚：稳定；<br>（4）无跨度大于 5m 的大梁；<br>（5）承重窗间墙最小宽度：1.4m；<br>（6）承重外墙尽端至门窗洞边最小距离：1.8m；<br>（7）无非承重外墙；<br>（8）无跨度不小于 6m 的大梁；<br>（9）隔墙与墙顶无拉结；<br>（10）满足 | 不满足 |
| 其他项目 | — | — | — |

根据楼层综合能力指数方法计算得到楼层综合抗震能力指数值。考虑影响系数后，该房屋 1～4 层综合抗震能力均不满足要求。楼层综合抗震能力指数计算结果见表 7-34。

D　抗震鉴定结论

根据《建筑抗震鉴定标准》（GB 50023—2009）的相关规定，该建筑综合抗震综合能力不满足抗震鉴定要求。需进行加固修复方能安全使用。

E　加固修复建议

根据加固原则以及现场检测，结合承载力验算结果，可采用下列方法加固补强。本次加固范围为在抗震措施鉴定过程中不符合抗震要求的所有墙体以及影响抗震性能的填充墙。

a　墙体加固设计

对所有墙体采用双面钢筋网水泥砂浆面层进行加固，钢筋网片及锚筋布置图如图 7-46 所示，其中，墙底部做法如图 7-47 所示。

表 7-34　计算结果

| 层数 | 墙体 | $\beta_{ci}$ |
|---|---|---|
| 1 层 | 横墙 | 0.79 |
| | 纵墙 | 0.64 |
| 2 层 | 横墙 | 0.76 |
| | 纵墙 | 0.63 |
| 3 层 | 横墙 | 0.78 |
| | 纵墙 | 0.66 |
| 4 层 | 横墙 | 0.88 |
| | 纵墙 | 0.72 |

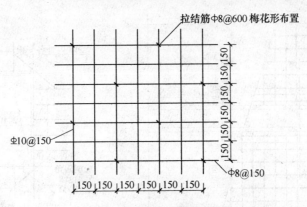

图 7-46 钢筋网片及锚筋布置图

当墙面与楼板相交时，具体做法如图 7-48 所示，墙面与墙面相交处做法如图 7-49 所示。

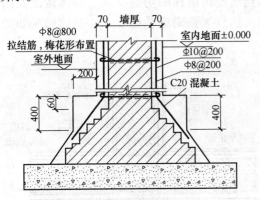

图 7-47 墙底部做法

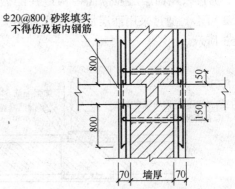

图 7-48 墙面与楼板相交处做法

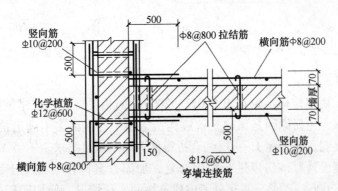

图 7-49 墙面与墙面相交处做法

b 构造柱、圈梁功能加强设计

在纵横墙轴线处及楼梯间四角增设混凝土构造柱，在各层外墙楼盖及屋盖标高处增设混凝土圈梁。并对面层进行加固，具体加固方法如图 7-50 所示，当加固过程遇到窗间洞口时，采用如图 7-51 的方法进行加固。未与上部结构相连接的隔墙加固同样采用此方法。

楼梯段上下端对应的墙体处设置竖向钢筋加强带，楼梯间休息平台或楼层半高处设置水平配筋加强带。

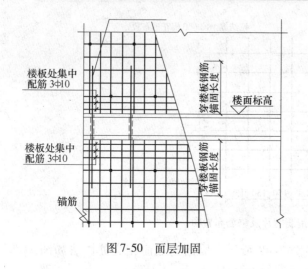

图 7-50　面层加固

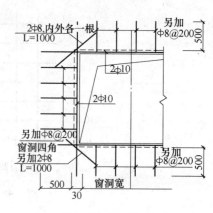

图 7-51　窗口加固

通过采用面层加强带代替构造柱的做法达到增设构造柱的功能要求，具体做法如图 7-52 所示。通过采用面层加强带代替圈梁的做法达到加强圈梁功能要求，具体做法如图 7-53 所示。

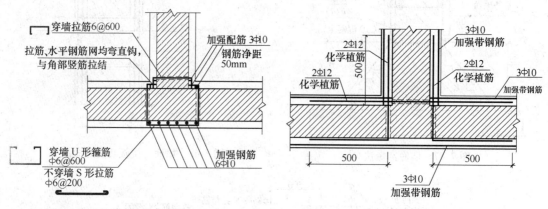

图 7-52　面层加强带代替构造柱做法　　　　图 7-53　面层加强带代替圈梁做法

F　项目小结

根据《建筑抗震鉴定标准》（GB 50023—2009）的相关规定，该建筑抗震综合能力不满足抗震鉴定要求，主要原因是该建筑抗震构造措施中存在诸多不满足抗震要求的项目，且抗震验算结果表明，该房屋 1～4 层综合抗震能力均不满足要求。

通过加固修复设计对该房屋进行加固修复，加固方案符合《混凝土结构加固设计规范》（GB 50367—2006）要求，并充分考虑建筑物的实际情况，使加固后的建筑物承载能力提高，抗震能力增强，达到规定使用的年限。

## 7.3.2　【实例18】某钢混结构综合住宅楼火灾后的检测、鉴定与加固修复

A　工程概况

某综合办公楼建于 2009 年，为七层现浇钢筋混凝土框架结构，建筑面积为 3770m²，设计用途为商住，其中首层、2 层为商用，3～7 层为住宅。

　　a　火灾调查结果

　　火灾于上午 11 点 50 分发生，13 点 30 分左右明火被扑灭，持续时间约 1 小时 50 分钟，过火面积约 170 余 $m^2$。起火原因为：2 层办公区西南角办公桌下的线路故障引燃附近可燃物蔓延成灾。火灾后现场如图 7-54 所示。

　　b　初步调查结果

　　查阅原始资料，建筑、结构设计图纸齐全。火灾造成 2 层楼板、梁、柱混凝土脱落、变形，室内办公用品烧毁殆尽，结构构件不同程度损坏，楼上个别住户阳台窗户玻璃破损。过火区域平面图如图 7-55 所示。

图 7-54　火灾后结构现状

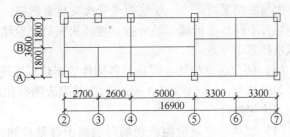

图 7-55　过火区域平面图

　　B　结构检查与检测

　　a　火灾后现场检查结果

　　（1）围护结构检查结果：2 层西单元门窗、吊顶、地板砖严重损坏。填充墙抹灰层脱落，部分砂浆烧伤在 15mm 以内，块材表面酥松。3 层、4 层西单元阳台玻璃烧坏脱落。建筑其余区域被浓烟熏黑，阳台窗框普遍变形。

　　（2）楼面板检查结果：由于吊顶对火焰有短时间的阻挡作用，使得 2 层顶板底部直接接受烧灼时间较短，现场检查发现，中间区域顶板被烧至灰白色，其余顶板为黑色全部覆盖。现场未发现顶板有混凝土保护层脱落、钢筋外露灯现象。其余楼层因无燃烧情况，楼板现状良好。

　　（3）承重构件检查结果：1）柱检查结果：二层 2~7/A~C 区间内框柱粉刷层大面积脱落，混凝土表面变色、龟裂，形成细、微裂缝网，锤击后留下明显痕迹；对着火区域内各框柱进行了详细检查记录。2）梁检查结果：二层 2~7/A~C 区间内混凝土梁基本均为梁底部粉刷层脱落、混凝土表面酥松，梁高两侧表面被黑色覆盖，个别梁由于施工质量原因，混凝土保护层不足（局部小于 10mm），箍筋、纵筋有外露现象；对着火区域内各混凝土梁进行了详细检查记录。

　　b　火灾作用调查

　　根据《火灾后建筑结构鉴定标准》，混凝土构件表面曾经达到的温度及范围和烧灼后混凝土表面现状的关系，通过检查发现，燃烧区域柱多呈灰白色或者浅黄色，说明柱温度达到 800℃，结合混凝土构件的破损情况，可知温度在 700~800℃ 之间，局部区域温度超过 800℃，过火区域温度场如图 7-56 所示，温度场中阴影部分

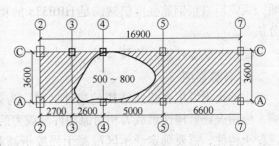

图 7-56　过火区域温度场

为 300 ~ 500℃。

c　火灾后现场检测结果

（1）构件尺寸、钢筋配置检测：经过对钢筋混凝土柱、梁、板截面进行复核，原构件尺寸符合设计要求，通过无损检测与破检结合对构件钢筋型号、规格、数量进行检查，其钢筋配置可满足设计要求。

（2）混凝土强度检测：混凝土回弹主要为表面混凝土强度，混凝土表面被灼烧后，强度根据受火灾影响均有不同程度折减。现场采用超声回弹综合法检测混凝土强度，检测结果见表 7-35。

由检测结果可知，一层底板未受火灾显著影响，强度满足设计要求。其余根据受火灾影响均有不同程度折减，经分析，与《火灾后建筑结构鉴定标准》对混凝土抗压强度进行折减系数基本一致。

（3）碳化深度检测：现场对各构件的碳化深度进行了检测，柱 2/A 为 2.8mm、柱 2/C 为 3.2mm、梁 2 ~ 3/A 为 3.1mm，检测结果表明碳化深度均在 3mm 左右，其与混凝土浇筑龄期规律相吻合。

（4）氯离子含量检测：现场对氯离子含量检测，柱 7/A 为 0.085、柱 2/A 为 0.062、梁 2 ~ 3/A 为 0.076、梁 5 ~ 7/C 为 0.076，检测结果表明，各样本氯离子含量满足规范规定室内正常环境最大氯离子含量不得大于 1% 的要求。

（5）柱、梁、板变形检测：现场使用水准仪采用悬倒尺法对火灾影响区域的梁、板烧灼变形进行检测，使用全站仪对柱的垂直度进行检测，柱、梁、板变形数据见表 7-36。由检测结果可知，梁、板均未发生显著变形。对个别偏差较大部位现场检查可知，均由烧损剥落引起，梁最大烧损剥落约 15mm 厚。

表 7-35　超声回弹综合法检测混凝土强度数据

| 序号 | 区域 | 推定强度平均值/MPa |
| --- | --- | --- |
| 1 | 一层底板 | 32.71 |
| 2 | 柱 5/A | 26.82 |
| 3 | 柱 4/A | 22.72 |
| 4 | 柱 4/C | 22.12 |
| 5 | 梁 4/A-B | 23.21 |
| 6 | 梁 B/3-4 | 21.21 |

表 7-36　柱、梁、板变形数据

| 序号 | 区域 | 挠度/垂直度 | 区域 | 挠度/垂直度 |
| --- | --- | --- | --- | --- |
| 1 | DL/1 梁 | 0.0003 | DL/3 梁 | 0.0008 |
| 2 | DL/2 梁 | 0.0002 | DL/2 梁 | 0.0005 |
| 3 | LD/1 ~ 2 板 | 0.0004 | DL/2 ~ 3 板 | 0.0006 |
| 4 | LF/3 ~ 4 板 | 0.0004 | LF/3 ~ 4 板 | 0.0002 |
| 5 | 4/A 柱 | 9mm | 2/A 柱 | 11mm |
| 6 | L/3 柱 | 8mm | L/3 柱 | 14mm |

（6）裸露钢筋取样检测：现场截取三段楼板裸露钢筋进行力学性能试验。检测结果表明，火灾后三根钢筋强度仍然满足 HRB335 的相关要求，后期计算过程中仍按设计值进行分析。

C　构件承载能力校核验算

a　计算说明

由于火灾发生在建筑结构的局部区域，为保证局部承载力不对结构整体造成不良影响，使用火灾后构件承载力相对原构件承载力的折减系数对结构构件进行详细鉴定。对于混凝土构件，需要确定受压区混凝土强度折减和受拉区钢筋强度及粘结性能折减两个方面。受压区混凝土强度折减需要综合考虑界限受压区高度及火灾过程中截面温度场的影响。

b 计算结果

根据本次火灾的实际损伤状况、混凝土强度及钢筋性能检测结果，按照国家有关现行标准规范要求，采用中国建筑科学研究院 PKPM 系列有关结构计算软件，对该工程上部结构承载力按受灾前后分别进行了验算，以判定结构承载力受损后的下降程度，为后期的加固处理提供依据（火灾后混凝土和钢筋力学性能指标依据构件截面温度场按高温混凝土水冷却后抗压强度折减系数及 HRB335 钢筋高温冷却后强度折减系数确定），综合以上分析，并考虑受火灾部位在整个构件中所处的位置对整个构件承载力的影响，各构件火灾后承载力评价计算结果如下：(1) 烧损较严重的梁承载力折减系数在 0.86 ~ 0.89 之间；烧损较轻微的梁承载力折减系数在 0.97 ~ 0.99 之间；(2) 烧损较严重的楼板承载力折减系数在 0.85 ~ 0.88 之间；烧损较轻微的楼板承载力折减系数在 0.98 左右；(3) 烧损较严重的柱折减系数约为 0.87，烧损较轻微的柱折减系数为 0.95。需要说明的是，此处柱子的折减系数代表的是按轴压比考虑混凝土强度折减的对应折减系数。

D 火灾后结构安全性鉴定

a 火灾后结构鉴定评级

根据《火灾后建筑结构鉴定标准》(CECS252:2009)，火灾后结构构件可靠性评级分两步：初步鉴定评级和详细鉴定评级。初步鉴定评级分为 Ⅱa、Ⅱb、Ⅲ、Ⅳ 四个等级：

Ⅱa 级——轻微或未直接遭受烧灼作用。　　Ⅱb 级——轻度烧灼。

Ⅲ 级——中度烧灼尚未破坏。　　Ⅳ 级——破坏。

注：火灾后结构构件损伤状态不评 Ⅰ 级。

b 初步鉴定评级

(1) 过火区域共有 9 根框柱，其中评为 Ⅲ 级的共有 6 根，其余评为 Ⅱb 级。(2) 过火区域共有 14 根梁，其中评为 Ⅲ 级的共有 6 根，其余评为 Ⅱb 级。(3) 过火区域一层共 9 块板，评为 Ⅲ 级的共有 4 块，其余评为 Ⅱb 级。

c 详细鉴定评级

(1) 过火区域共有 9 根柱，其中评为 c 的共有 4 根，所占比例为 45%，为其余评为 b 级。(2) 过火区域共有 14 根梁，其中评为 c 级的共有 8 根，所占比例为 57%，其余评为 b 级。(3) 过火区域一层共 9 块板，评为 c 级的共有 4 块，其余评为 b 级。

d 综合结论

根据火灾后构件评级结果可知，失火影响区域安全性不满足鉴定标准要求，对整体承载功能和使用功能有一定的影响，需要采取加固措施以提高该建筑的承载能力和使用性能。

E 加固修复建议

本次加固范围为二楼过火区域内所有梁、板、柱、墙以及楼上其余室内开裂的填充墙。

a 柱加固设计

在详细鉴定中评定为 b、c 级的，采用外包钢的加固处理方法，粘钢加固法是用结构胶把钢板粘贴在构件外部以提高结构承载力的一种加固方法，具体如图 7-57、图 7-58 所示。

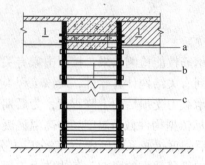

图7-57　柱粘钢加固正面图

a—梁区等代箍筋 φ16 穿梁，与角钢焊接；

b—箍板 40×4@250/500 与角钢焊接；

c—新增受力角钢

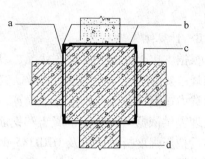

图7-58　柱粘钢加固剖面图

a—梁区等代箍筋 φ16 穿梁，与角钢焊接；

b—新增受力角钢；c—纵向框架梁；

d—横向框架梁

b　梁加固设计

在详细鉴定中评定为 b、c 级的，采用碳纤维加固处理方法，与传统方法相比，碳纤维材料加固修补混凝土具有高强高效、极佳的耐腐蚀性能及耐久性能；施工便捷、工效高，施工质量易于保证；质量轻而且薄，加固维修后具有基本上不增加原结构自重及原结构尺寸等明显的技术优势。具体如图 7-59 所示。

在详细鉴定中评定为 c 级的，在采用碳纤维加固处理方法之后，在原加固维修的基础上，在梁的两端新增钢牛腿，用以减少框架梁的受力跨度及内力，具体如图 7-60、图 7-61 所示。

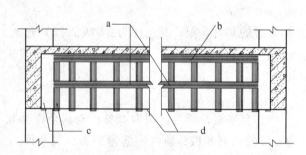

图7-59　梁碳纤维加固示意图

a—梁高≥600 腰部增加压条，宽100；b— 1Y-100；

c—1U-100@100（1500）/200；d—2T-与梁底同宽

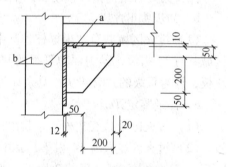

图7-60　新增钢牛腿单侧面图

a—4M20；b— ∠6

c　板加固设计

在详细鉴定中评定为 b、c 级的，采用碳纤维加固处理方法。具体如图 7-62 所示。

第一步：对屋面板进行表面处理，对裂缝部位采用环氧树脂胶进行压力灌浆处理，封闭裂缝通道，方法同柱加固前混凝土表面处理。

第二步：对板底粘贴碳纤维布进行加固，加固方法同梁加固方法。

d　填充墙修复

清理裂缝，使裂缝通道贯通，无堵塞；用加有促凝剂的 1:2 水泥砂浆嵌缝，以避灌浆时浆体外溢；用电钻或手锤在裂缝偏上端制成灌孔或灌浆嘴；用 1:10 的稀水泥浆冲洗裂

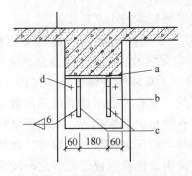

图 7-61　新增钢牛腿正面图

a—数量（1）（－250×250×10）；

b—数量（2）（－290×250×10）；

c—数量（1）（－400×300×12）；

d—4M20

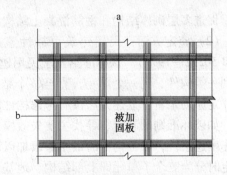

图 7-62　板碳纤维加固示意图

a—纵向碳纤维布，1T-100@ 300；

b—横向碳纤维布，1T-100@ 300

缝一遍，并检查裂缝通道的流通情况，同时将裂缝补缝周边的砌体洇湿；灌入 3:7 或 2:8 的纯水泥浆；将裂缝补强处局部养护。当裂缝较多时，可用局部钢筋网外抹水泥砂浆予以加固。钢筋网可用 $\phi6@ 100 \sim 300$（双向）或钢筋网可用 $\phi4@ 100 \sim 200$。

　　F　项目小结

　　通过对某综合住宅楼火灾后的检测鉴定及结构承载能力的验算，根据火灾后的结构安全性鉴定分析，对遭受火灾后的楼体进行了加固修复，该建筑物经过上述修复处理后，进行了加固后检测，检测结果表明，加固的各项指标均满足设计要求，达到了预期的加固效果，已正常使用至今，受到业主的一致好评，如图 7-63 所示。这表明整个结构安全检测及鉴定、加固修复设计过程合理、准确，可为今后相应的综合办公楼灾后项目处理提供参考。

柱梁维修加固

板梁维修加固

图 7-63　维修加固后结构现状

## 7.4　本章案例分析综述

　　本章给出 12 个民用住宅的工程实例，其中 3 个检测案例，7 个检测、鉴定案例，以及 2 个检测、鉴定、加固修复的工程案例，详细介绍了民用住宅建筑中常见的砖木结构民房、砌体结构住宅、钢筋混凝土框架结构、钢筋混凝土剪力墙结构住宅的检测、鉴定、加固修复全过程，并给予分析，针对不同结构形式的民用住宅建筑的不同特点，有针对性地展开了检测、鉴定、加固修复各个环节的工作，与民用公共建筑、工业建筑相比，民用住宅建筑有其自身的特点，应根据其特点，开展各项工作。同时，也应该看到民用住宅建筑在检测、鉴定、加固修复的各个环节仍有许多问题需要解决。

　　（1）检测方面：继续研究发展砌体结构、混凝土结构检测理论和技术，推广方便快捷、可靠、有效的检测技术，使结构检测更加高效、无损。总体发展趋势是由人工检测向自动化检测，由破损检测向无损检测技术发展，由低速度、低精度向高速度、高精度发展，促进多层砌体结构和钢筋混凝土结构的民用住宅检测技术的不断进步。

（2）鉴定方面：民用建筑可靠性鉴定主要采用的是《民用建筑可靠性鉴定标准》（GB 50292—1999）。该标准给出了民用建筑可靠性鉴定评级的层次、等级划分，从单一构件到一类构件，到一个单元，直至整个结构体系都给出了具体的评级方法和过程。然而，从评定原则来看，上述方法没有考虑构件的重要性系数、没有考虑结构系统总体效应的影响，如破坏准则的制定、寻找主要失效模式的方法、各种相关性影响等，而是把结构体系看作串联系统，取各构件的最小等级加以评定，最终得出的评定结果过于保守。此外，在鉴定时分为三个子单元即上部结构、地基基础及围护结构，这就忽视了三者之间的联系与相互作用，难以真实有效地反映真实情况；若顶层某一道梁的等级为 $d_u$ 级，则根据现有的标准，该结构体系应该评为 D 级，但该区域梁的破坏只对最上层的局部影响较大，对整个结构影响并不大，评为 D 级显然和实际情况有较大差异。应继续研究发展砌体结构相关鉴定标准，建立科学的评估指标体系，确保评估结果的准确性。

（3）加固修复方面：民用住宅建筑加固修复方面多以保证其结构安全为前提，在具体的加固修复过程中，加固对象多为多层砌体结构和钢筋混凝土结构，在实际的加固修复工作中，存在加固修复设计过于保守，加固修复方案不尽合理的现象。针对此类问题，应该在今后的研究中制定科学的、严谨的加固修复方法比选体系，并继续深入研究发展砌体结构设计方法（如纤维增强复合材料、FRP）及流程，将结构构件的加固设计从以构件计算为主扩展到整体结构设计，加固方案应在综合考虑工程结构检测鉴定结论后最终确定。

（4）其他方面：应当建立定期进行安全鉴定的制度。国外发达国家均有已有建筑定期鉴定的强制法律或标准，而我国目前无相关具体规定，未形成建筑物动态跟踪管理系统，不能全面把握建筑物使用期的安全动态。建议参照国外相关管理规定，首先从立法方面明确建筑物鉴定周期及程序要求，如在《建筑法》、《建设工程质量管理条例》等法律、法规中强调其地位，其次应制定相关涉及鉴定要求的配套技术规范、规程，以保证鉴定工作的顺利实施。

# 8 民用公共建筑结构检测、鉴定、加固修复案例及分析

## 8.1 民用公共建筑结构检测案例

### 8.1.1 【实例19】某写字楼组合式幕墙检测

A 工程概况

某工程写字楼始建于 1999 年，采用单元组合式全玻璃幕墙和干挂石材组合玻璃幕墙结构体系，其地面以上建筑的外表面（含裙房）幕墙面积约为 16500m²，主要立面采用玻璃、铝板、石材幕墙饰面，现场如图 8-1 所示。

图 8-1　结构现状

a 目的

该写字楼从投入使用到目前为止已经正常运行达十几年，为确保该建筑幕墙能够正常、安全使用，特对其进行检测鉴定，以及时发现问题。

b 初步调查结果

该建筑幕墙使用至今未进行大规模加固改造，竣工图、材料质量报告等资料齐全，经现场比对检查，玻璃幕墙现状（幕墙布置、结构形式、主要材料规格尺寸、主要节点构造做法等）与已有竣工图记载基本一致。为方便现场记录及定位，经现场实测，幕墙平面展开图如图 8-2 所示，编号规则为"数字轴线号＋字母轴线号＋该区段幕墙自左至右边编号"。

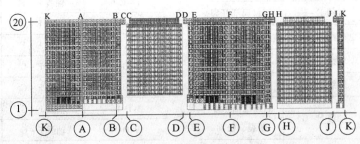

图 8-2　幕墙展开图

B 结构检查与检测

a 现场检查结果

（1）外挂石材检测结果：外挂石材存在局部开裂、空鼓、贯穿断裂等问题。

1）石材边缘角部开裂。部分为原施工造成，有粘结痕迹，部分为后产生，此类裂缝由于发生在石材角部，且延伸范围较小，无大的安全隐患。2）石材局部空鼓，此类问题

多发生在石材厚度发生变化的部位，由于石材厚度不同，或内部固定件高差的影响，为保证外表面的平整度要求，需要将槽的宽度加大，从而表现为敲击空鼓，此类问题也无大的安全隐患。3）石材中部贯穿开裂，此类问题有较大的安全隐患，会直接导致外挂石材的坠落。现场检测过程中，发现东立面有一处此类问题。具体检测结果见表8-1，部分缺陷如图8-3（a）所示。

 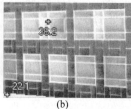 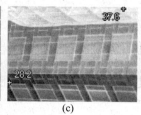 

(a)　　　　　　　　　(b)　　　　　　　　　(c)　　　　　　　　　(d)

图8-3　现场部分检查、检测结果

（a）石材开裂、破损；（b）F~G段热像图；（c）G~H段热像图；（d）受力构件现状

（2）屋顶铝板检查结果：通过现场检测发现，屋面铝板基本完好，无松动、损坏现象，主要受力构件、连接构件和连接螺栓等无损坏、连接可靠、无锈蚀。

（3）密封胶和密封条质量检查结果：通过现场检测发现，耐火密封胶老化不明显，胶体弹性尚可，未见龟裂现象，但个别部位出现密封胶开裂、密封条脱落现象，具体结果见表8-2。

（4）开窗安全质量检查结果：通过现场检查发现，开启窗户存在诸多问题。

表8-1　外挂石材检查结果

| 编　号 | 位　置 | 情　况 |
|---|---|---|
| 18-D-2 | 轴线 D~E | 石材角部开裂 |
| 17-C-3 | 轴线 E~F | 石材局部开裂 |
| 21-A-4 | 轴线 E~F | 石材局部开裂 |
| 10-D-15 | 轴线 E~F | 石材局部开裂 |
| 12-C-5 | 轴线 E~F | 石材局部开裂 |
| 9-D-11 | 轴线 F~G | 石材局部开裂 |
| 10-A-16 | 轴线 F~G | 石材角部开裂 |
| 16-C-13/14 | 轴线 F~G | 石材横向贯穿断裂、松动 |
| 10-A-1/2 | 轴线 G~H | 石材角部开裂 |
| 10-C-1 | 轴线 G~H | 石材角部开裂 |
| 22-A-7 | 轴线 K~A | 石材局部开裂 |
| 20-B-5/6 | 轴线 K~A | 石材开裂 |
| 10-C-22 | 轴线 K~A | 石材角开裂 |

表8-2　密封胶和密封条检查结果

| 编　号 | 位　置 | 情　况 |
|---|---|---|
| 15-D-4 | 轴线 K~A | 密封条鼓出 |
| 16-D-9 | 轴线 A~B | 密封胶开裂 |
| 17-D-16 | 轴线 A~B | 装饰盖缺失 |
| 17-C-6 | 轴线 E~F | 密封胶有孔洞 |
| 5-B-16 | 轴线 E~F | 密封条脱落 |
| 8-B-17 | 轴线 E~F | 密封胶起鼓 |
| 5-D-7 | 轴线 F~G | 密封条脱落 |
| 5-D-9 | 轴线 F~G | 装饰盖缺失 |
| 3-D-16 | 轴线 F~G | 装饰盖缺失 |
| 19-D-16 | 轴线 F~G | 密封条脱落 |
| 17-C-4 | 轴线 F~G | 密封条脱落 |
| 16-D-17 | 轴线 F~G | 密封条脱落 |
| 19-D-18 | 轴线 F~G | 密封条脱落 |
| 10-M14 | 轴线 G~H | 装饰盖缺失 |
| 19-M18 | 轴线 G~H | 装饰盖缺失 |

1）限位撑螺丝松动，局部螺丝脱落，限位撑左右不对称。此类问题影响开启窗的正

常开启操作，但无大的安全隐患。2）开启不灵活或者无法开启。此类问题影响开启窗的正常开启操作，但无大的安全隐患。3）锁紧失效。此类问题影响开启窗的正常开启操作，有一定的安全隐患。4）关闭不密实或者密封条有间隙等。此类问题影响开启窗的正常开启操作，但无大的安全隐患。5）限位撑损坏。此类问题安全隐患最大，没有限位撑的限制，开启窗可能会受到超出设计荷载范围的外加荷载而导致整个开启窗的坠落或者破坏。

b 现场检测结果

（1）幕墙整体变形损坏情况检测结果：现场检查未见幕墙存在明显的整体变形现象（如墙面凸出、面板胶缝过渡变形、框架连接节点变形损坏等）。通过红外热像仪对其温度场进行了检测，未发现温度异常点，说明幕墙整体无明显变形，散热均匀。部分热像照片如图 8-3（b）~图 8-3（c）所示。

（2）幕墙受力构件安装质量检测结果：未发现受力构件存在明显变形、错位、松动、损坏等现象。抽取部分石材进行局部打开检测发现，主要受力构件、连接构件和连接螺栓等无损坏、连接可靠，防腐涂层无脱落腐蚀等现象。受力杆件缺陷现状如图 8-3（d）所示。

（3）玻璃面板检测结果：该幕墙使用的均为安全玻璃，玻璃种类和尺寸均符合设计要求，玻璃与构件槽口的配合尺寸、全玻璃幕墙板面与装修面或结构面之间的空隙等指标均满足规范要求，现场未发现玻璃有损坏和松动现象。仅在 K~A 轴线发现两处玻璃未进槽。

C 检测结论

幕墙结构现状整体情况良好，但存在以下问题：（1）外挂石材存在破损、裂缝等缺陷。（2）窗户存在诸如开启不灵活、限位损坏等现状。（3）幕墙整体未发生变形损坏，散热均匀。（4）幕墙受力构件存在明显变形、错位、松动等现象。（5）玻璃面板除 K~A 轴线发现玻璃未进槽外，其他各项指标均符合要求。个别部位密封胶开裂、密封条脱落。

建议采取如下处理措施：（1）对 K~A 轴线两处玻璃进行修复，使其进槽，防止玻璃掉落。（2）对角部和局部石材裂缝进行封闭。（3）对横向贯穿断裂并已明显松动的石材进行及时更换，防止坠落。（4）对石材密封胶开裂、变位或者脱落部位进行恢复，缺失的应补全。

## 8.1.2 【实例 20】某项目预应力梁实荷检测

A 工程概况

某工程预应力梁设计标高 17.900m，实荷加载试验轴线为 8~10/M，梁截面 400mm×700mm，长 9.1m，如图 8-4 所示。

a 目的

为明确预应力梁在静荷载作用下发生的模数及应变情况，特对预应力梁进行实荷检测工作，该工程按 3kN/m² 荷载作用对梁进行实荷检测。

b 初步调查结果

图 8-4 预应力梁实荷现场

工作内容：预应力梁结构体系检查；预应力梁外观质量检查；预应力梁混凝土强度检测；预应力梁实荷挠度值检测；预应力梁混凝土应变检测。结构平面布置图如图8-5所示。

B    结构检查与检测

a    现场检查结果

（1）预应力梁结构体系检查：该工程预应力梁标高为17.900m，检测梁N4-YKL9-2，轴线位置8～10/M轴，梁截面为400mm×700mm，梁长9.1m，左右柱间距为6～8.4m，预应力梁中采用无黏结预应力技术。

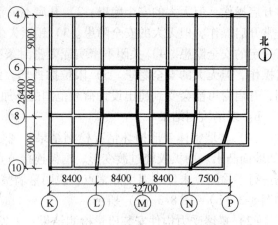

图8-5    结构平面构件布置图

（2）预应力梁外观质量检查：经检查8～10/M预应力梁未见明显裂缝及钢筋裸露等缺陷。

b    现场检测结果

（1）预应力梁混凝土强度检测：采用回弹法对该预应力梁轴线8～10/M区域进行检测，检测工作按照《回弹法检测混凝土抗压强度技术规程》（JGJ/T 23—2011）的有关规定执行检测，根据检测结果可知，所测混凝土强度推定值为46.2MPa，满足混凝土强度等级C40要求。

（2）预应力梁实荷挠度值检测：本工程预应力梁轴线8～10/M区域采用分级加载的检测方式进行挠度的测定，检测方法依据《混凝土结构试验方法标准》（GB 50152—2012）相关规定执行。检测线荷载值 = 3.0kN/m² × 6m（理论计算宽度）= 18.0kN/m；该工程实荷检测加载示意图如图8-6所示。

该工程实荷检测加载、卸载一览表见表8-3；预应力梁轴线8～10/M区域实荷加载检测结果见表8-4；预应力梁轴线8～10/M区域实荷卸载检测结果见表8-5。

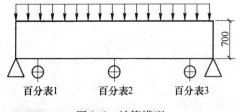

图8-6    计算模型

**表8-3    实荷检测荷载加载、卸载一览表**

| 加载、卸载值 | 荷载等级/kN·m⁻¹ | | | | |
|---|---|---|---|---|---|
| /kN·m⁻¹ | 初始 | 一级 | 二级 | 三级 | 四级 |
| 加载    18.0 | 0.0 | 4.5 | 9.0 | 13.5 | 18.0 |
| 卸载    18.0 | 18.0 | 13.5 | 9.0 | 4.5 | 0.0 |

依据《混凝土结构设计规范》（GB 50010—2010）规定：钢筋混凝土受弯构件的最大挠度限值为 $L_0/300$（$L_0$ 为构件的计算跨度），实荷加载、卸载过程中3个百分表的累计差值变化符合规范要求。

检测结果分析：预应力梁检测处加载稳定后最大挠度值范围为0.019～0.029mm，卸载稳定后残余变形量范围为0.001～0.003mm。3个百分表所发生的最大挠度值及残余变形量：百分表1的最大挠度值为0.019mm，残余变形量为0.001mm。百分表2的最大挠度

表 8-4　预应力梁轴线 8~10/M 区域实荷加载检测结果

| 荷载等级 | 加载值 /kN·m⁻¹ | 累计值 /kN·m⁻¹ | 百分表 1/mm | | | 百分表 2/mm | | | 百分表 3/mm | | |
|---|---|---|---|---|---|---|---|---|---|---|---|
| | | | 读数 | 差值 | 累计差值 | 读数 | 差值 | 累计差值 | 读数 | 差值 | 累计差值 |
| 初始 | 0.0 | 0.0 | 6.775 | — | — | 2.682 | — | — | 1.674 | — | — |
| 一级 | 4.5 | 4.5 | 6.776 | 0.001 | 0.001 | 2.691 | 0.009 | 0.009 | 1.683 | 0.009 | 0.009 |
| 二级 | 4.5 | 9.0 | 6.778 | 0.002 | 0.003 | 2.695 | 0.004 | 0.013 | 1.689 | 0.006 | 0.015 |
| 三级 | 4.5 | 13.5 | 6.781 | 0.003 | 0.006 | 2.703 | 0.008 | 0.021 | 1.694 | 0.005 | 0.020 |
| 四级 | 4.5 | 18.0 | 6.794 | 0.013 | 0.019 | 2.710 | 0.007 | 0.028 | 1.699 | 0.005 | 0.025 |
| 稳定后 | 0.0 | 18.0 | 6.794 | 0.000 | 0.019 | 2.711 | 0.001 | 0.029 | 1.699 | 0.000 | 0.025 |

表 8-5　预应力梁轴线 8~10/M 区域实荷卸载检测结果

| 荷载等级 | 卸载值 /kN·m⁻¹ | 累计值 /kN·m⁻¹ | 百分表 1/mm | | | 百分表 2/mm | | | 百分表 3/mm | | |
|---|---|---|---|---|---|---|---|---|---|---|---|
| | | | 读数 | 差值 | 累计差值 | 读数 | 差值 | 累计差值 | 读数 | 差值 | 累计差值 |
| 初始 | 18.0 | 18.0 | 6.794 | — | 0 | 2.711 | — | 0 | 1.699 | — | 0 |
| 一级 | 4.5 | 13.5 | 6.782 | 0.012 | 0.012 | 2.704 | 0.007 | 0.007 | 1.692 | 0.007 | 0.007 |
| 二级 | 4.5 | 9.0 | 6.778 | 0.004 | 0.016 | 2.688 | 0.016 | 0.023 | 1.684 | 0.008 | 0.015 |
| 三级 | 4.5 | 4.5 | 6.777 | 0.001 | 0.017 | 2.685 | 0.003 | 0.026 | 1.680 | 0.004 | 0.019 |
| 四级 | 4.5 | 0.0 | 6.776 | 0.001 | 0.018 | 2.684 | 0.001 | 0.027 | 1.678 | 0.002 | 0.021 |
| 稳定后 | 0.0 | 0.0 | 6.776 | 0.000 | 0.018 | 2.684 | 0.000 | 0.027 | 1.677 | 0.001 | 0.022 |

值为 0.029mm，残余变形量为 0.002mm。百分表 3 的最大挠度值为 0.025mm，残余变形量为 0.003mm。

（3）预应力梁混凝土应变检测：依据《混凝土结构试验方法标准》（GB 50152—2012），对预应力梁进行挠度测定的同时，对梁底混凝土表面进行应变检测。传感器及端子分布如图 8-7 所示；试验所测各级模数值见表 8-6；应变见表 8-7。

根据梁的受力情况以及现场具体条件，合理选择荷载及传感器端子的位置布置，得到各测点的应变，结果表明：测点 1~6 所发生的应变依次为 −2.69、6.53、10.38、13.07、5.38、−3.46。

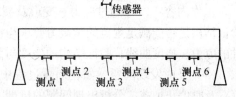

图 8-7　预应力梁传感器及端子分布示意图

表 8-6　所测各级模数值

| 振弦读数仪 | 测点 1 | 测点 2 | 测点 3 | 测点 4 | 测点 5 | 测点 6 |
|---|---|---|---|---|---|---|
| 初始模数 | 512.0F | 501.2F | 626.6F | 592.7F | 564.3F | 574.8F |
| 一级模数 | 511.8F | 501.3F | 627.9F | 593.9F | 564.5F | 574.7F |
| 二级模数 | 511.8F | 501.5F | 628.2F | 594.4F | 564.9F | 574.4F |
| 三级模数 | 511.5F | 501.8F | 628.8F | 595.4F | 565.4F | 574.0F |
| 到位模数 | 511.3F | 502.9F | 629.3F | 596.1F | 565.7F | 573.9F |

表8-7  所测的应变结果

| 测试点位置 | 初始模数 | 到位模数 | 到位－初始 | 应变/με |
|---|---|---|---|---|
| 测试点 1 | 512.0F | 511.3F | －0.7F | －2.69 |
| 测试点 2 | 501.2F | 502.9F | 1.7F | 6.53 |
| 测试点 3 | 626.6F | 629.3F | 2.7F | 10.38 |
| 测试点 4 | 592.7F | 596.1F | 3.4F | 13.07 |
| 测试点 5 | 564.3F | 565.7F | 1.4F | 5.38 |
| 测试点 6 | 574.8F | 573.9F | －0.9F | －3.46 |

C  检测结论

（1）混凝土强度检测结论：所测强度满足 C40 的设计要求。（2）预应力梁实荷挠度值检测结论：实荷加载、卸载过程中3个百分表的累计差值变化符合规范要求。（3）预应力梁混凝土应变检测结论：各测点应变符合规范要求。

## 8.1.3 【实例21】某大厦楼板静荷载试验

A  工程概况

本工程为新建钢结构工程，楼板采用轻质混凝土预制槽型板，现场如图8-8所示。

图8-8  结构现状

a  目的

项目在初步验收后，发现一些质量问题，特对预制板进行检测及荷载试验。试验类型为静载分级加荷载，每级荷载稳定后测量楼板的变形数据，以验证楼板构件在实际使用荷载下的正常使用性，发现问题及时提出建议与解决方案，并依据规范要求给出试验结论。

b  初步调查结果

工作内容：（1）通过应力、变形及裂缝监测模拟实际使用中主要受力构件的结构响应，验证结构是否能满足规范的承载力要求与正常使用要求。（2）通过分级加载的方式，绘制构件的应力、挠度曲线；验证结构的挠度与荷载作用是否保持线性关系，挠度是否满足设计要求。（3）及时发现问题，如在加载过程中出现构件产生不满足规范要求的应力、变形与裂缝，及时停止加载，分析出现问题的机理，并提出可行的补救措施与方案。荷载试验按照不同预制板抽检不少于一块的原则进行，经沟通，载荷试验楼板暂选取3块进行。

建成后该楼层尚未使用，无设计图纸留存，无法核对楼盖梁板布置是否与原设计相一致。经现场测绘，板 B1、B2、B3 截面尺寸如图8-9、图8-10所示。

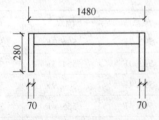

图8-9  板 B1，B2 截面尺寸

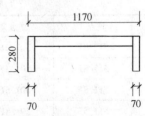

图8-10  板 B3 截面尺寸

B  结构检查

（1）结构作用调查：该楼层设计为普通商用，活荷载标准值为 $2kN/m^2$。

（2）现状检查结果：板厚 80mm，轻质混凝土；纵肋为钢边框，高 280mm，宽 70mm。经检查，现场存在一些质量问题：1）部分楼板板面开裂、脱皮现象严重，个别楼板轻集料混凝土已大片脱落，钢筋外露锈蚀等。2）部分钢骨架轻型楼板型钢已锈蚀。3）轻型楼板支座处，因放线位移造成楼板支撑点偏移，个别处楼板支撑脱位采用角钢加固，可能造成承载能力不足。裙房顶还有一块楼板未就位。

C  静载试验说明

（1）试验计划：依据《混凝土结构试验方法标准》（GB 50152—2012），结合甲方使用要求，选取裙楼顶层两块预制槽型板（编号 B1、B2），10 层一块预制槽型板（编号 B3）作为加载对象，裙楼顶层预制板尺寸为 5.98m × 1.48m，10 层预制板尺寸为 7.38m × 1.17m。

（2）加载量的确定：本工程楼面荷载按正常使用极限状态考虑最大试验荷载，楼面板正常使用检验（挠度、裂缝）时试验荷载采用准永久组合，鉴于预制槽型板已成型，该次静载试验荷载包括部分楼面永久荷载和活荷载，最大试验荷载为：$3.5 + 0.4 \times 2.0 = 4.3kN/m^2$。加载分为 5 级，顺序依次为 0—86—172—258—344—430—344—258—172—86—0kg/$m^2$。

（3）试验方法和程序：试验采取分级加载的方式，通过绘制构件的挠度曲线，观测加载过程中混凝土应变和裂缝开展的情况，从而分析构件正常使用性能。

1）加载程序：①先以使用状态试验荷载值的 20% 进行预加载，维持荷载半小时后读数；②再以使用状态试验荷载值 20% 的增加量进行同步加载，直到加载至使用状态试验荷载值，每次加载完成后维持半小时再进行读数；加载完成后维持半小时再进行读数。

2）卸载程序：①每级卸载值可取承载力试验荷载值的 20%，直到卸载完毕；②全部卸载完成以后，宜经过 1h 后重新量测残余变形、残余裂缝形态及最大裂缝宽度等，以检验时间的恢复性能。在试验加载维持阶段和卸载维持阶段，应进行数据采集，同时观察槽型板是否出现裂缝、裂缝的宽度及其发展情况。

3）终止加载程序：试验加载阶段注意楼板挠度的变化、板底跨中受压应变的变化以及板底的裂缝开展情况，当 $l_0 < 7m$ 时，超过挠度限值 $l_0/200$；$7m < l_0 < 9m$ 时，超过挠度限值 $l_0/250$ 或者有其他异常情况应立即停止加载。

（4）试验过程：板 B1、B2 荷载试验于当日上午 10:00 进行，板 B3 荷载试验于次日上午 13:00 进行，按照试验方案进行了分级加载。

D  静载试验结果分析

在大量试验数据的基础上，通过筛选、整理、比较、分析，对预制板的受力性能进行了分析研究。其考察要点主要从板和纵肋挠度、应变和裂缝三个方面着手进行，具体分析如下。

a  挠度分析

总体而言，楼板的挠度基本与加载量成线性关系，说明混凝土在加载量值范围内基本处于弹性阶段。槽形板的板挠度和纵肋挠度以及残余变形值见表8-8，挠度与加载关系如图8-11所示。

b　应变结果及分析

槽形板的板最大应变和纵肋最大应变以及残余变形值见表8-9。楼板的加载量与应变在各加载等级作用下的应变曲线如图8-12所示。试验过程中使用读数仪采集应变数据，从图中可以看出各测点之间的量值有些差异，各应变随荷载基本保持线性关系。

**表8-8　板挠度和纵肋挠度以及残余变形值**

| 板编号 | 纵肋挠度/mm | 残余变形值/mm | 板挠度/mm | 残余变形值/mm |
|---|---|---|---|---|
| 板 B1 | 9.12 | 0.32 | 3.65 | 0.29 |
| 板 B2 | 9.11 | 0.36 | 3.90 | 0.37 |
| 板 B3 | 9.46 | 0.4 | 3.23 | 0.27 |

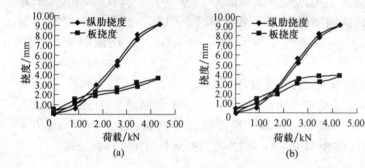
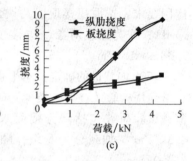

(a)　　　　　　　　(b)　　　　　　　　(c)

图8-11　加载量-挠度关系曲线

（a）板 B1 加载量-挠度关系曲线；（b）板 B2 加载量-挠度关系曲线；（c）板 B3 加载量-挠度关系曲线

**表8-9　板最大应变和纵肋最大应变以及残余变形**

| 板编号 | 板横向应变/$\mu\varepsilon$ | | 板纵向应变/$\mu\varepsilon$ | | 纵肋应变/$\mu\varepsilon$ | |
|---|---|---|---|---|---|---|
| | 最大应变 | 残余变形 | 最大应变 | 残余变形 | 最大应变 | 残余变形 |
| 板 B1 | 229.4 | 16 | 65.4 | 8 | 318.6 | 16 |
| 板 B2 | 235.3 | 16.5 | 60.4 | 6.1 | 438.7 | 22.1 |
| 板 B3 | 225.4 | 21 | 63.3 | 7 | 411 | 25.2 |

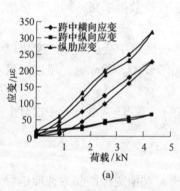
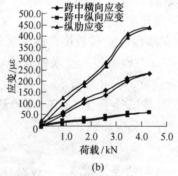
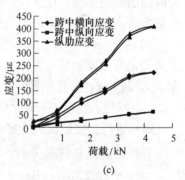

(a)　　　　　　　　(b)　　　　　　　　(c)

图8-12　加载量-应变关系曲线

（a）板 B1 加载量-应变关系曲线；（b）板 B2 加载量-应变关系曲线；（c）板 B3 加载量-应变关系曲线

c　裂缝结果及分析

在每级加载间隙阶段，密切观察楼板的板底与板顶支座周边处的裂缝开展情况，及时记录裂缝宽度、裂缝长度、裂缝的发展方向和所在荷载等级。在试验过程中，通过用放大镜仔细观察，发现三块板跨中底面在第5级荷载持荷过程后出现了细微裂缝，裂缝最大宽度为0.05mm。

d  楼板计算结果

槽形板是一种梁板结合的构件。纵肋设于板的两侧，相当于小梁，用来承受板的荷载。板简化为支撑在纵肋上的简支梁，纵肋简化为支撑在框架梁上的简支梁。考虑到荷载长期作用对挠度增大的影响，将板受弯构件的挠度限值换算成挠度检验允许值，与在荷载标准值下的构件挠度实测值相比较，以验证试验结果。板B1、B2、B3性能评定结果见表8-10~表8-12。

**表 8-10  板 B1 性能评定**

| 项目 | 板挠度 $[af]$/mm | 板裂缝宽度 $[\omega_{max}]$/mm | 板残余变形 $[\eta]$/% | 纵肋挠度 $[af]$/mm | 纵肋残余变形 $[\eta]$/% |
|---|---|---|---|---|---|
| 允许指标 | 3.88 | 0.20 | 15 | 17.3 | 15 |
| 实测值 | 3.65 | 0.05 | 7.9 | 9.12 | 3.5 |
| 评定 | $af<[af]$ | $\omega_{max}<[\omega_{max}]$ | $\eta<[\eta]$ | $af<[af]$ | $\eta<[\eta]$ |

**表 8-11  板 B2 性能评定**

| 项目 | 板挠度 $[af]$/mm | 板裂缝宽度 $[\omega_{max}]$/mm | 板残余变形 $[\eta]$/% | 纵肋挠度 $[af]$/mm | 纵肋残余变形 $[\eta]$/% |
|---|---|---|---|---|---|
| 允许指标 | 3.88 | 0.20 | 15 | 17.3 | 15 |
| 实测值 | 3.90 | 0.05 | 9.5 | 9.11 | 4.0 |
| 评定 | $af>[af]$ | $\omega_{max}<[\omega_{max}]$ | $\eta<[\eta]$ | $af<[af]$ | $\eta<[\eta]$ |

**表 8-12  板 B3 性能评定**

| 项目 | 板挠度 $[af]$/mm | 板裂缝宽度 $[\omega_{max}]$/mm | 板残余变形 $[\eta]$/% | 纵肋挠度 $[af]$/mm | 纵肋残余变形 $[\eta]$/% |
|---|---|---|---|---|---|
| 允许指标 | 2.98 | 0.20 | 15 | 17.1 | 15 |
| 实测值 | 3.23 | 0.05 | 8.4 | 9.46 | 4.2 |
| 评定 | $af>[af]$ | $\omega_{max}<[\omega_{max}]$ | $\eta<[\eta]$ | $af<[af]$ | $\eta<[\eta]$ |

荷载试验结果表明，按正常使用极限状态考虑最大试验荷载，板B2、板B3实测挠度不满足挠度检验允许值要求，建议进行加固处理后使用。

E  检测结论

a  质量问题

现场存在一些质量问题：部分楼板板面开裂、脱皮现象严重，个别楼板轻集料混凝土已大片脱落，钢筋外露锈蚀等；部分钢骨架轻型楼板型钢已锈蚀；个别处楼板支撑脱位采用角钢加固，可能造成承载能力不足；裙房顶还有一块楼板未就位。

b  静荷载试验

按正常使用极限状态考虑最大试验荷载，对三块板进行荷载试验，分析板挠度、应变、裂缝相关指标。结果表明，B1 板实测挠度、裂缝、残余变形等指标符合相关要求。板 B2、板 B3 实测挠度不满足挠度检验允许值要求，建议进行加固处理后使用。

### 8.1.4 【实例 22】某写字楼楼板振动检测

**A   工程概况**

某大厦写字楼结构现状如图 8-13 所示。

**a   目的**

因部分楼层租户反映在办公区正常走动过程中，发现此建筑楼板振动普遍较大，人在屋内行走时有明显振感，使人产生不舒适感觉，特进行相关楼板结构的振动测试。依据国家有关规范要求，通过检测，分析出振动过大的原因，提出处理意见。

**b   初步调查结果**

楼板的自振频率是结构的固有特征，与楼板的刚度与质量有关；当楼板自振频率较低，并与人的各种类型的活动频率比较接近时，容易引起共振，会使人感到不舒服和不安全。该工程原设计图纸齐全，经现场核查，平面简图如图 8-14 所示。

图 8-13   结构现状

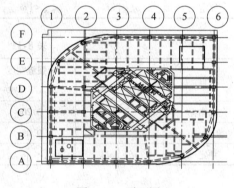

图 8-14   平面图

**B   结构检查与检测**

**a   现场检查结果**

对该建筑物的现状进行系统、全面的检查后，发现框架梁、板、柱现状基本完好，无外观缺陷。检查楼面板结构构造（包括连接构造）状况良好；结构无变形、缺陷、外观破损状况。

**b   振动检测说明**

（1）A891 型测振仪：891 型测振仪主要用于测量地面、结构物的脉动或工程振动。

（2）评定标准：《机械工业环境保护设计规范》第 7.2 节规定，描述振动源和环境的振动强度（振动加速度级）均应按下列公式计算：

$$VAL = 20\lg\frac{a}{a_0}$$

式中   $VAL$——振动加速度级；

$a$——实测或者计算的振动加速度有效值；

$a_0$——基准加速度，取 $10^{-6}$，$m/s^2$。

振动对建筑物影响的控制标准应符合振级容许值的规定。一般地区对环境建筑物影响的振动容许值（dB）见表8-13（注：表中值适用于连续振动、间歇振动和重复性冲击振动。测点应选在建筑物室内地面的振动敏感处）。

城市地区对环境建筑物影响的铅直向振级容许值（dB）见表8-14（注：表中适应于连续发生的稳态振动、冲击振动和无规振动。每日发生几次的冲击振动，其最大值昼间不允许超过表中的10dB，夜间不允许超过3dB）。

<table>
<tr><td colspan="2" rowspan="2">表8-13　一般地区</td><td colspan="2">容许振级</td></tr>
</table>

表8-13　一般地区

| 地点 | 时间 | 容许振级 | |
| --- | --- | --- | --- |
| | | 铅直向 | 水平向 |
| 医院的手术室等 | 昼间 | 74dB | 71dB |
| | 夜间 | | |
| 住宅区 | 昼间 | 80dB | 77dB |
| | 夜间 | 77dB | 74dB |
| 办公室 | 昼间 | 86dB | 83dB |
| | 夜间 | | |
| 车间 | 昼间 | 92dB | 89dB |
| | 夜间 | | |

表8-14　城市地区

| 适应地带范围 | 昼间 | 夜间 |
| --- | --- | --- |
| 特殊住宅区 | 65dB | 65dB |
| 居民、文教区 | 70dB | 67dB |
| 混合区、商业中心区 | 75dB | 72dB |
| 工业集中区 | 75dB | 72dB |
| 交通干线道路两侧 | 75dB | 72dB |
| 铁路干线两侧 | 80dB | 80dB |

（3）测点分布：测点1.2在14层1~2/A~B区域；测点3在16层5~6/E~F区域。

c　现场振动检测

现分别在状态一（静止不动）、状态二（相当于两个体重各为75kg的人正常行走）、状态三（相当于一个体重为75kg的人从0.05m高处做自由落体运动，落地速度为1m/s）和状态四（相当于两个体重各为75kg的人从0.05m高处同时作自由落体运动，落地速度为1m/s）四种情况下对楼面板竖向振动进行检测（水平向振动远小于竖向振动，可忽略不计），检测结果见表8-15~表8-18。从中可得到以下结论：

表8-15　状态一情况下楼面板竖向振动检测结果

| 测点 | 最大速度/cm·s⁻¹ | 有效加速度/m·s⁻² | 振动加速度级/dB | 振动频率/Hz |
| --- | --- | --- | --- | --- |
| 测点1 | 0.483 | 0.011 | 80.83 | 3.37 |
| 测点2 | 0.492 | 0.012 | 81.06 | 3.88 |
| 测点3 | 0.035 | 0.009 | 78.57 | 4.37 |

表8-16　状态二情况下楼面板竖向振动检测结果

| 测点 | 最大速度/cm·s⁻¹ | 有效加速度/m·s⁻² | 振动加速度级/dB | 振动频率/Hz |
| --- | --- | --- | --- | --- |
| 测点1 | 2.26 | 0.042 | 92.46 | 3.86 |
| 测点2 | 0.0969 | 0.066 | 96.39 | 5.08 |
| 测点3 | 0.2248 | 0.02714 | 88.67 | 3.46 |

表8-17　状态三情况下楼面板竖向振动检测结果

| 测点 | 最大速度/cm·s⁻¹ | 有效加速度/m·s⁻² | 振动加速度级/dB | 振动频率/Hz |
| --- | --- | --- | --- | --- |
| 测点1 | 8.451 | 0.836 | 118.44 | 4.35 |
| 测点2 | 0.2713 | 0.2597 | 108.28 | 5.32 |
| 测点3 | 0.1201 | 0.2752 | 108.79 | 3.86 |

表8-18　状态四情况下楼面板竖向振动检测结果

| 测点 | 最大速度/cm·s⁻¹ | 有效加速度/m·s⁻² | 振动加速度级/dB | 振动频率/Hz |
| --- | --- | --- | --- | --- |
| 测点1 | 14.036 | 0.795 | 117.18 | 5.08 |
| 测点2 | 0.2132 | 0.6629 | 116.42 | 4.08 |
| 测点3 | 0.2093 | 0.3140 | 109.93 | 3.86 |

（1）静止不动时：测点的振动加速度级在 78.57~81.06dB 之间。

（2）两人正常走动时，测点的振动加速度级在 88.67~96.39dB 之间；测点中最大振动速度超过 10mm/s。

（3）一人轻跳时，振动加速度级在 108.28~118.44dB 之间；均超过 100dB，最大振动速度超过 10mm/s，测点 2 的振动速度最大，达到 84.51mm/s。

（4）两人轻跳时，振动加速度级在 109.93~117.18dB 之间，基本超过 110dB，最大振动速度超过 100mm/s，达到 140.36mm/s。

后三种工况中，楼面 2 个测点的振动加速度级均超过了表 8-13、表 8-14 的要求：（1）两人正常行走时，测点振动超过振级容许值约 3%~12%。（2）一人轻跳时，测点振动超过振级容许值约 26%~38%。（3）两人轻跳时，测点振动超过振级容许值约 28%~36%。振动测试结果见表 8-19，部分测试的速度波形图如图 8-15、图 8-16 所示。

**表 8-19　振动测试结果汇总表**

| 运动状态 | 振级范围 /dB | 允许振级 /dB | 超出允许振级范围 |
|---|---|---|---|
| 状态一 | 78.57~81.06 | 86 | 无 |
| 状态二 | 88.67~96.39 | | 3%~12% |
| 状态三 | 108.28~118.44 | | 26%~38% |
| 状态四 | 109.93~117.18 | | 28%~36% |

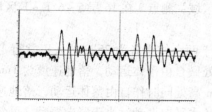

图 8-15　$C_c$ 速度波形图

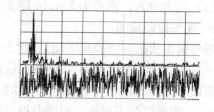

图 8-16　$G_g$ 速度波形图

### C　检测结论

**a　对楼板进行频率分析**

该楼面楼板不能满足考虑舒适度的楼板结构自振频率最小要求，人在上面正常活动时振动明显，易产生不适的感觉。

**b　测试值与限值的比较**

测试结果：最大加速度为 $0.836m/s^2$，数值在推荐的建筑振动标准安全范围内（国标中压型钢板组合楼盖的自振频率不小于 15Hz；日本烟中元弘归纳的建筑物振动允许界限范围为 $1.02m/s^2$）。经进一步检测可知楼板刚度不足，为保证正常使用，应加强楼板，将原钢结构梁节点铰接变刚接，亦可在振动较大楼板下层隔板位置增加立柱支撑。

## 8.2　民用公共建筑结构检测、鉴定案例

### 8.2.1　【实例 23】某砖混结构办公楼裂缝分析及可靠性检测、鉴定

**A　工程概况**

某办公楼建于 1988 年，为三层的砖混结构，建筑面积为 1578.78m²。该建筑开间为

3.3m，进深为 5.1m，纵向长度为 39.6m，横向长度为 12m。现场如图 8-17 所示。

　　a　目的

　　在使用过程中发现墙体多处出现裂缝，且部分裂缝存在继续发展的可能，为保障人员及财产安全，特对该建筑进行安全性鉴定，最终给出鉴定结论，并提出处理意见。

　　b　初步调查结果

　　该建筑有 2 张结构施工图纸留存。施工时无地质勘探报告，根据临近建筑地质资料，推断场地持力层为杂填土，采用灰土桩基础。该建筑承重墙体设计采用 50 号砖、25 号混合砂浆砌筑，砖拱采用 75 号砖、50 号混合砂浆砌筑。平面简图如图 8-18 所示。

图 8-17　结构现状

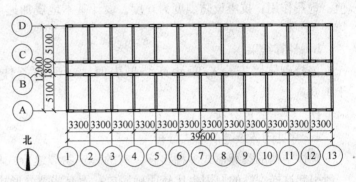

图 8-18　平面图

　　B　结构检查与检测

　　a　现场检查结果

　　（1）地基基础检查：此建筑上部结构存在由于不均匀沉降造成的墙体开裂现象，距该建筑约 50m 处有一框架结构正在施工，目前主体结构尚未竣工，推断对本建筑的地基基础有一定的影响。

　　（2）上部结构现状检查：1）南纵墙立面有三道明显斜长裂缝。2）屋面防水层开裂、渗水严重。3）楼梯间纵墙斜长裂缝。4）首层梁 5~6/C、5~6/B 有多条竖向裂缝，混凝土疏松。5）砂浆、砖存在老化现象，在剔凿时锤击作用下砖有开裂现象发生。6）显著裂缝位置及长、宽度如下：首层 5~6/A，长度为 1.2m，宽度为 6.1mm；二层 4~5/A，长度为 1.2m，宽度为 6.0mm；二层 5~6/B，长度为 2.4m，宽度为 1.5mm；二层 5~6/C，长度 2.8m，宽度为 2.1mm；三层 5~6/B，长度为 2.9m，宽度为 4.8mm；三层 5~6/C，长度为 2.0m，宽度为 5.0mm。

　　b　现场检测结果

　　（1）砌体砖强度检测：依据现场检测结果，1~3 层实体砖回弹结果推定强度等级均为 MU7.5，大于设计值强度，结构验算时采用设计值强度进行计算。

　　（2）砌体砂浆强度检测：现场采用砂浆回弹仪进行砂浆强度检测，由于该建筑砂浆粉化严重，强度过低致使回弹仪无法读数，不再给出相应数据。

　　C　结构承载能力分析

　　a　计算说明

（1）结构计算说明：考虑结构的偏差、裂缝缺陷及损伤、荷载作用点及作用方向、构件的实际刚度及其在节点的固定程度，构件材料强度采用实测值，采用 PKPM 计算软件进行分析，从而得出结构构件的现有实际安全裕度，计算模型如图 8-19 所示。

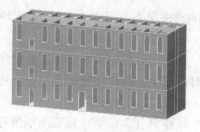

图 8-19　计算模型

（2）荷载取值：按原设计和使用要求，上人屋面活荷载标准值取 $2.0 kN/m^2$；其余荷载按《建筑结构荷载规范》（GB 50009—2012）取值；地震作用：抗震设防烈度为 6 度，设计基本地震加速度值为 $0.05g$，设计地震分组为第一组。

b　计算结果

该楼砌体墙安全裕度计算结果表明，在现状条件下，所有墙体安全裕度均大于 1.0。

D　裂缝成因分析

a　常见砌体裂缝的形式分析

砌体结构的裂缝形式多种多样，有的建筑物裂缝形式单一、走向规则、宽度有规律，一般引起这样裂缝的原因也比较明确简单；而有些裂缝形式多样且走向变化，不同部位宽度规律不明显，一般这样的墙体裂缝原因也较为复杂。多层砌体结构墙体开裂的原因很多，裂缝的表现形式也各异。裂缝种类包括斜裂缝、竖向裂缝、水平裂缝、包角裂缝、X 型等。

b　常见砌体裂缝的原因分析

砌体结构房屋墙面裂缝的产生原因有以下几种：（1）地基不均匀沉降（沉降裂缝）。（2）自然界温度的影响（温度裂缝）。（3）结构荷载过大（荷载裂缝）。此外，还有因为材料质量差、施工方法不当、施工质量低劣、设计构造措施不完善等原因造成的裂缝。

c　本结构裂缝产生主要原因分析

现场对建筑物所有发现裂缝的区域展开仔细检查，总结出该次鉴定的该砖混办公室主要有四类裂缝。

（1）墙体、过梁处的斜向裂缝：在东西走向的墙面两侧上发现多条斜向裂缝，裂缝最长 $L = 1.6 m$，最宽宽度为 1.8mm 左右。该建筑物裂缝分布主要为纵墙及首层梁，纵墙裂缝呈"八"字分布，梁裂缝为垂直裂缝，根据《房屋裂缝检测与处理技术规程》（CECS 293—2011），本建筑裂缝形式、分布形态符合不均匀沉降裂缝的特点。裂缝分布形态如图 8-20 所示。经现场检测、检查以及裂缝原因分析可知，地基不均匀沉降是该建筑墙体、梁出现裂缝的主要原因。

（2）楼板水平裂缝：分别在房间的楼板上部发现水平板缝，裂缝最长 $L = 2.4 m$，最宽宽度 0.42mm 左右，裂缝如图 8-21 所示。当温度差变化过大而房屋对温差产生的内应力缺乏有效抗力时，在房屋的顶层发现此类水平裂缝。经核查，该楼板为预制楼板，裂缝为温度收缩及施工质量未控制好导致。

(a)

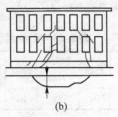
(b)

图 8-20  斜向裂缝形态

（a）斜向裂缝；（b）不均匀沉降裂缝形态

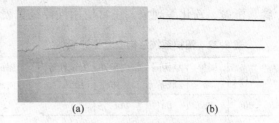
(a)　　　　　　　　　　　(b)

图 8-21  楼板水平裂缝形态

（a）楼板水平裂缝；（b）楼板水平裂缝走向

（3）墙面网状裂缝：分别在 1 层、2 层、3 层墙面发现此类裂缝，裂缝最长 $L = 1.2m$，最宽宽度为 0.25mm 左右，如图 8-22（a）所示。该类裂缝为温度收缩导致。

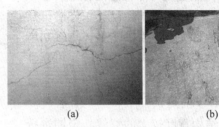
(a)　　　　　　(b)

图 8-22  其他形式裂缝

（a）网状裂缝；（b）屋顶裂缝

（4）屋顶水平裂缝：在屋顶发现此类东西走向的裂缝，裂缝水平分布如图 8-22（b）所示。裂缝产生的原因：一方面是施工质量未控制好，另一方面是由于温度收缩导致开裂现象。

E　结构可靠性鉴定

依据《民用建筑可靠性鉴定标准》（GB 50292—1999），本次鉴定在检查、检测结果的基础上，按构件、子单元和鉴定单元三个层次，逐层进行可靠性评级。

a　构件评级

（1）安全性评级：根据现场检查，砌体砂浆强度不足，首层梁 5~6/C、5~6/B 有多条竖向裂缝，故评级为 $c_u$。

（2）正常使用性评级：梁有多条裂缝，评级为 $c_s$。

b　子单元评级

（1）地基基础的评级：1）安全性评级：该建筑物存在不均匀沉降，地基基础子单元安全性评定等级为 $B_u$。2）正常使用性评级：地基基础的正常使用性可根据其上部承重结构或围护系统的工作状态进行评估。地基基础子单元正常使用性评定等级为 $C_s$。

（2）上部承重结构评级：1）安全性评级：上部结构整体性良好，评级为 $A_u$；侧向位移评级为 $B_u$；详见表 8-20。2）正常使用性评级：考虑到承重墙体多处存在明显裂缝，将开裂构件的正常适用性评为 $C_s$，见表 8-21。

表 8-20  上部承重结构安全性评级

| 承重构件 | 结构整体性 | 侧向位移 | 安全性评级 |
|---|---|---|---|
| Cu | Au | Bu | Cu |

表 8-21  上部承重结构正常使用性评级

| 承重构件 | 侧向位移 | 正常使用性评级 |
|---|---|---|
| Cs | Bs | Cs |

（3）围护系统评级：根据该系统专设的和参与该系统工作的各种构件的安全性等级，以及该部分结构整体性的安全性等级进行评定，见表 8-22。围护结构砖砌体局部存在裂

缝、酥碱、粉化等现象，正常使用性评级见表8-23。

**表8-22　围护系统结构安全性评级**

| 屋面 | 围护墙 | 结构间联系 | 结构布置及整体性 | 安全性等级评定 |
|---|---|---|---|---|
| Bu | Bu | Bu | Au | Bu |

**表8-23　围护系统正常使用性评级**

| 屋面防水 | 吊顶 | 非承重内墙 | 外墙 | 门窗 | 地下防水 | 其他防护 | 正常使用性评级 |
|---|---|---|---|---|---|---|---|
| Cs | Bs | Bs | Bs | As | Bs | Bs | Cs |

c　鉴定单元可靠性综合评级

根据《民用建筑可靠性鉴定标准》（GB 50292—1999）的评级要求，该办公楼可靠性鉴定评级为Ⅲ级，显著影响整体承载功能和使用功能，应采取加固处理措施。可靠性综合评级结果见表8-24。

**表8-24　办公楼可靠性综合评级结果**

| 层　次 | | 二 | 三 |
|---|---|---|---|
| 层　名 | | 子单元评定 | 鉴定单元综合评定 |
| 安全性鉴定 | 等级 | Au、Bu、Cu、Du | Asu、Bsu、Csu、Dsu |
| | 地基基础 | Bu | Csu |
| | 承重结构 | Cu | |
| | 围护系统 | Bu | |
| 使用性鉴定 | 等级 | As、Bs、Cs | Ass、Bss、Css |
| | 地基基础 | Cs | Css |
| | 承重结构 | Cs | |
| | 围护系统 | Cs | |
| 可靠性鉴定 | 等级 | A、B、C、D | Ⅰ、Ⅱ、Ⅲ、Ⅳ |
| | 地基基础 | C | Ⅲ |
| | 承重结构 | C | |
| | 围护系统 | C | |

F　加固修复建议

针对本结构宽度较大的裂缝，定期进行沉降观测和裂缝观测，待地基基本稳定后，作逐步修复或封闭堵塞处理，以满足结构正常使用性。

G　项目小结

根据《民用建筑可靠性鉴定标准》（GB 50292—1999）的评级要求，该办公楼可靠性鉴定评级为Ⅲ级，这是因为：裂缝严重影响结构正常使用。地基不均匀沉降是该建筑墙体、梁出现裂缝的主要原因，其他部分裂缝多为温度裂缝。

## 8.2.2　【实例24】某混凝土结构办公楼裂缝分析及安全性检测、鉴定

A　工程概况

某大厦始建于2000年，总建筑面积18160m²，框架-剪力墙结构，地下2层，地上13层。原设计为办公楼，2007年起部分房间变更为档案室。结构现状如图8-23所示。

图8-23　结构现状

a　目的

该建筑地下一层顶板跨中出现细微斜向裂缝，1~4层部分房屋墙体、屋顶四角顶部出现裂缝，局部区域发现梁体混凝土保护层脱落现象，且依照《民用建筑可靠性鉴定标准》（GB 50292—1999）的要求，当建筑物改变用途或者使用条件时，应对该办公楼结构进行现场裂缝分析及安全性检测鉴定。

b　初步调查结果

项目所处地区抗震设防烈度8度，原设计图纸齐全，经核对，设计图与现场吻合，平

面简图如图 8-24 所示。

B 结构检查与检测

a 现场检查结果

（1）地基基础：基础采用梁式筏板基础，筏板厚度 500mm，C40，基础垫层混凝土强度等级为 C10，现场检查发现楼板跨中斜裂缝等其他裂缝，从裂缝走向及位置分布上，可以确定并非不均匀沉降引起的结构开裂。据此可知，地基和基础工作现状完好，并未出现影响上部结构安全和正常使用的不均匀沉降。

（2）框架柱、梁：墙、柱、梁、板设计混凝土强度等级均为 C40；除地下一层发现一处框架梁存在蜂窝麻面现象外，其他区域结构现状基本完好，钢筋未发现明显锈蚀等破坏。

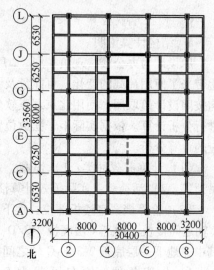

图 8-24 平面图

（3）楼、屋盖：所有楼盖、屋盖均采用现浇混凝土楼板，27.600 标高以下楼板为 C40，其中汽车坡道板混凝土强度 C25；27.600 标高以上板为 C35。地下一层结构楼板厚度 250mm，汽车坡道板厚 200mm；一层结构楼板厚度 150mm；二层结构楼板厚度 120mm；三层楼板厚度 120mm，屋面结构楼板 150mm。其他结构楼板厚度如无特殊说明均为 120mm。

（4）围护系统：屋面防水构造及排水设施完好，无老化、渗漏及排水不畅的迹象。但表面砂浆面层普遍开裂，从分布的走向和特征看均为面层收缩裂缝；门窗外观完好，密封性符合设计要求，无剪切变形迹象，开闭、推动自如；地下防水完好，符合设计要求。

b 现场检测结果

（1）混凝土碳化深度及强度：由检测结果可知，碳化深度在 6mm 左右。经回弹法检测结果表明，各类构件的混凝土强度均能满足原设计要求。

（2）钢筋位置数量及保护层厚度：检测结果表明，钢筋直径与原设计基本相符；钢筋间距与原设计基本相符；框架柱、梁及楼板的钢筋保护层厚度满足验收规范的要求。

（3）构件尺寸：经检测，构件尺寸与原设计基本相符，可按照设计参数进行验算分析。

（4）楼板厚度：现场对每层楼板均抽取一个部位进行检测，检测结果表明，包含装修层在内的楼板厚度均为正公差，可认为楼板厚度能满足设计要求。

（5）挠度检测：经对档案室对应区域的板、梁进行挠度检测可知，偏差在允许范围内。

（6）裂缝检测：地下一层板跨中水平斜向裂缝经检查可认定该裂缝对结构承载能力暂无严重影响。对楼内档案室板底检查未发现其他板底裂缝，其他裂缝对结构受力无影响。

（7）建筑物垂直度：对建筑物垂直度进行检测，根据《混凝土结构工程施工质量验收规范》（GB 50204—2002）的相关规定，垂直度偏差允许值为 $H/1000$，且不大于 30mm。从测量结果可以看出，最大垂直度偏差测量值为 6mm，该房屋全高为 58.4m，偏差在允许范围内。

C　楼板承载验算结果

a　结构计算说明

原设计为办公楼，现负1层、2层、3层、4层东侧局部变更为档案室，使用功能的变化带来了使用荷载的变化，可能危及结构安全。根据现场检测结果，材料强度和几何尺寸均按照设计值取用。使用北京理正软件设计研究院开发的理正结构计算软件建立计算模型进行分析计算。依据实际柜子摆放位置及数量，折算成相应计算活荷载，对楼板进行了相应的计算分析。

（1）计算荷载种类：1）恒载：包括结构构件自重、楼面做法自重、屋面做法自重、吊顶等。2）活荷载：实际等效计算活荷载。

（2）验算档案室楼板部位：地下一层底板 2-3/F-G 轴之间楼板、地下一层底板 2-3/B-C 轴之间楼板、地上4层底板 2-3/D-E 轴之间楼板、地上4层底板 2-3/B-C 轴之间楼板。其中，地下一层底板 2-3/F-G 轴之间楼板复核计算对比如下：

1）荷载条件：均布恒载为 5.00kN/m²；恒载分项系数为 1.20；均布活载为 2.00kN/m²；活载分项系数为 1.40；板容重为 25.00kN/m³；活载准永久值系数为 0.50；板厚为 150mm。

2）配筋条件：材料类型为混凝土；支座配筋调整系数为 1.00；混凝土等级为 C40；跨中配筋调整系数为 1.00；纵筋级别为 HRB400；跨中配筋方向为 0.00。保护层厚度为 15mm。

3）局部线荷载：根据实际摆放柜子的重量、尺寸、摆放位置折算等效活荷载见表8-25。地下一层底板 2-3/F-G 轴楼板计算简图及结果如图 8-25 所示。

**表 8-25　局部线荷载**

| 编号 | 荷载属性 | $x_1$（m） | $y_1$（m） | $q_1$（kN/m） | $x_2$（m） | $y_2$（m） | $q_2$（kN/m） |
|---|---|---|---|---|---|---|---|
| 1 | 恒载 | 0.000 | 2.000 | 11.40 | 4.000 | 2.000 | 11.40 |
| 2 | 恒载 | 0.000 | 3.750 | 11.40 | 4.000 | 3.750 | 11.40 |
| 3 | 恒载 | 0.000 | 5.500 | 11.40 | 4.000 | 5.500 | 11.40 |

b　计算结果

经过计算对比可知，在输入由实际摆放柜子折算等效活荷载情况下，采用塑性算法，对比可知，计算所得配筋面积小于实际楼板中所放置钢筋面积，实际楼板能够承受的荷载大于现有布置柜子施加在板上荷载，楼板的承载力基本满足要求，但结构安全裕度远小于原设计要求，为了结构长久使用安全考虑，建议现有每开间房屋内柜子数量不要超过30个。

D　裂缝成因分析

现浇混凝土框架结构的裂缝主要包括

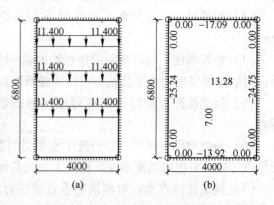

图 8-25　地下一层底板 2-3/F-G（左）轴板

（a）计算简图（单位：mm）；（b）垂直板边弯矩和跨中弯矩计算结果（单位：kN·m/m）

混凝土主体结构裂缝和填充墙体裂缝两大类。

a 常见现浇混凝土结构裂缝的形式及原因分析

对于混凝土主体结构，由于混凝土是一种抗拉能力很低的脆性材料，在施工和使用过程中，当发生温度、湿度变化、地基不均匀沉降时，极易产生裂缝。常见现浇混凝土结构裂缝有温度裂缝；地基变形、基础不均匀沉降裂缝；收缩裂缝、受力裂缝（承载力不足）。

b 常见填充墙体裂缝的形式及原因分析

常见的填充墙体裂缝有填充墙体与主体结构之间裂缝、填充墙体温度裂缝、填充墙体不均匀沉降裂缝、填充墙体其他变形裂缝。填充墙体自身的裂缝主要由于温度、不均匀沉降导致的框架变形产生。

c 该结构裂缝产生主要原因分析

现场对建筑物东侧档案室区域的梁、板、柱、墙面仔细检查，对楼内所发现裂缝部位进行排查和打开下部吊顶检查，经过仔细查看，该次鉴定的房屋主要有六类裂缝。

（1）建筑物板底斜向裂缝：在地下一层档案室区域的板底发现此类裂缝 1 条，如图 8-26（a）所示。裂缝长度 $L = 1.6\text{m}$，宽度 $W = 0.15\text{mm}$，该处裂缝出现在板跨中下部（应力最大位置附近），板上部为档案室最大储存区，初步确定裂缝的产生是由于承载力不足造成的，通过对裂缝的长度、宽度、深度的分析，结合承载能力验算结果确定该处裂缝的长度及宽度符合规范对应裂缝的限值，对结构承载力无重大影响。经过对地下 1 层、2 层板底其他区域的观察，并对 2 楼、3 楼、4 楼板底下部吊顶的打开检查，未发现对应区域的板底裂缝。

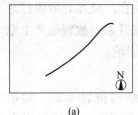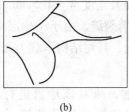

(a)　　　　　　　(b)　　　　　　　(c)　　　　　　　(d)

图 8-26　本结构主要裂缝（一）

（a）地下 1 层板底裂缝走向 $L = 1.6\text{m}$，$W = 0.15\text{mm}$；（b）地下 1 层地面裂缝走向 $L = 12\text{m}$，$W = 2\text{mm}$；
（c）2 层 204 墙面斜向裂缝 $L = 1.4\text{m}$，$W = 0.35\text{mm}$；（d）3 层 304 墙面斜向裂缝 $L = 2.6\text{m}$，$W = 0.15\text{mm}$

（2）建筑物地面斜向裂缝：分别在地下 1 层、2 层空调机房入口处地面发现此类裂缝，地下 1 层地面裂缝最长 $L = 12\text{m}$，宽度 $W = 2\text{mm}$ 左右，裂缝走向如图 8-26（a）~（b）所示，经过对板底对应区域观察，未发现板底裂缝。2 层空调机房入口处地面裂缝最长 $L = 0.6\text{m}$，$W = 1.5\text{mm}$，经过对板底对应区域观察，未发现板底裂缝。

两处裂缝为明显温度收缩导致，此类裂缝不影响结构安全使用。该建筑物混凝土构件采用商品混凝土，现代商品混凝土为适应远距离运送和泵送需要，流动性加大，体积收缩呈增大趋势，造成现代混凝土结构产生收缩裂缝增多。

（3）墙面竖向、斜向、横向裂缝：分别在 2 层、3 层、4 楼墙面均发现此类裂缝，如图 8-26（c）、（d）所示，裂缝最长 $L = 2.6\text{m}$，最宽宽度 0.35mm 左右。竖向、斜向、横向裂缝为温度收缩及施工质量未控制好导致，使填充墙砌筑强度低，无法抵抗框架变形，进而产生内部拉应力，出现裂缝。

（4）梁下及墙连接处裂缝：分别在 2 层、3 层、4 层、5 层房间内发现此类裂缝，裂缝分布在墙体、梁与装饰吊顶连接处水平分布，造成连接处水平走向裂缝。裂缝产生一方面是施工质量未控制好导致填充墙与梁连接处砌筑强度低，使其无法抵抗框架变形；另一方面是 2008 年地震作用导致墙与梁连接处应力变化，产生开裂、脱落现象，如图 8-27（a）所示。

（5）房间墙面网状裂缝：分别在 2 层、3 层、4 楼墙面均发现此类裂缝，裂缝最长 $L = 2.3\mathrm{m}$，最宽宽度 0.15mm 左右，如图 8-27（b）所示。该类裂缝为温度收缩导致。

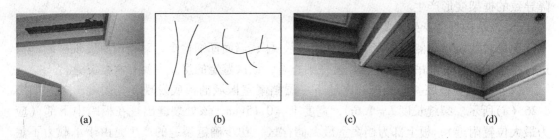

(a)　　　　　　(b)　　　　　　(c)　　　　　　(d)

图 8-27　本结构主要裂缝（二）

（a）梁侧面裂缝及保护层脱落示意图；（b）二层 202 室墙面裂缝 $L = 2.3\mathrm{m}$，$W = 0.15\mathrm{mm}$；
（c）装饰与墙体开裂造成裂缝示意图；（d）203 室装饰区域裂缝走向

（6）房间吊顶斜向裂缝：分别在 2 层、3 层、4 层、5 层房间内发现此类裂缝，如图 8-27（c）、（d）所示，裂缝最长 $L = 0.6\mathrm{m}$，最大宽度 $W = 1.5\mathrm{mm}$ 左右，经过对吊顶打开板底无可见裂缝。该处裂缝为吊顶面层装饰材料裂缝，由于结构层未开裂，故裂缝产生原因是吊顶装饰层受 2008 年地震作用及温度变化，其对结构承载力无影响。

E　结构抗震鉴定

部分裂缝被怀疑是因 2008 年地震造成的，故对该建筑进行结构抗震鉴定。根据《建筑抗震鉴定标准》（GB 50023—2009）按 B 类建筑分两级对该结构进行抗震能力鉴定。

a　第一级鉴定

该建筑为丙类设防，按设防烈度（8 度）核查抗震措施。抗震措施检查（框架抗震等级为二级）项目见表 8-26。

根据《建筑抗震鉴定标准》（GB 50023—2009），本房屋的抗震措施鉴定均满足要求。对其进行二级鉴定：抗震承载力验算。

b　第二级鉴定

使用中国建筑科学研究院开发的建筑结构计算软件 PKPM 建立空间计算模型进行分析计算。根据现场检测结果，材料强度和几何尺寸均按照实测值取用。其中地震作用：抗震设防烈度为 8 度，设计基本地震加速度值为 0.20g，设计地震分组为第一组，场地类别为Ⅲ类。屋面荷载按照《建筑结构荷载规范》和使用要求，楼面荷载按设计取值 $2.0\mathrm{kN/m^2}$，不上人屋面活荷载标准值取 $0.5\mathrm{kN/m^2}$。这里需要强调的是，其余荷载按《建筑结构荷载规范》（GB 50009—2001，2006 年版）取值。

**表8-26 抗震措施鉴定结果**（框架抗震等级为二级）

| 鉴定项目 | | 鉴定标准要求 | 现场检查检测 | 鉴定意见 |
|---|---|---|---|---|
| 最大适用高度和层数 | | 100m | 58.4m | 满足 |
| 结构体系 | 框架跨数/强柱弱梁 | 不宜为单跨；满足强柱弱梁 | 多跨框架；满足强柱弱梁 | 满足 |
| | 规则性 | （1）平面突出部分长度不宜大于宽度，且不宜大于该方向总长度的30%；<br>（2）立面局部缩进的尺寸不宜大于该方向总尺寸的25%；<br>（3）楼层刚度不小于上层的70%，且连续3层总刚度降低不宜大于50%；<br>（4）无砌体结构相连，抗侧力构件及质量分布基本均匀对称 | （1）满足；<br>（2）满足；<br>（3）满足；<br>（4）满足 | 满足 |
| | 防震缝设置 | 不设缝 | 不设缝 | 满足 |
| | 框架布置 | 双向布置，框架梁柱中线宜重合 | 双向布置，中线重合 | 满足 |
| | 轴压比 | <0.75 | <0.75 | 满足 |
| 材料实际强度 | 梁 | 不低于C20 | C40 | 满足 |
| | 柱 | 不低于C20 | C40 | 满足 |
| | 节点 | 不低于C20 | C40 | 满足 |
| 框架梁的构造与配筋 | | （1）梁端纵向受拉钢筋的配筋率不宜大于2.5%；受压区高度与有效高度之比一级不大于0.25，二级、三级不大于0.35；<br>（2）底面和顶面实际配筋量的比值一级不小于0.5，二级、三级不小于0.3；<br>（3）箍筋加密区长度 max（1.5hb，500）、最大间距 min（hb/4，8d，100）、最小直径8mm；<br>（4）梁顶面和底面通长钢筋不少于2$\phi$14，且不少于梁端顶面和底面纵向钢筋中较大截面面积的1/4；<br>（5）加密区肢距：不宜大于250mm和20倍箍筋直径的较大值 | （1）梁端纵向受拉钢筋配筋率小于2.5%；受压区高度与有效高度之比小于0.35；<br>（2）底面和顶面实际配筋量比值大于0.3；<br>（3）箍筋加密区长度1.5hb，最大间距100，最小直径8mm；<br>（4）梁顶面通长钢筋大于2$\phi$14，底面通长钢筋大于2$\phi$14；<br>（5）加密区肢距：最大200，最小100 | 满足 |
| 框架柱的构造与配筋 | | （1）纵向钢筋总配筋率：中柱、边柱 >0.8%，角柱、框支柱 >0.9%；<br>（2）加密区最大间距 min（8d，100）；最小直径8mm；<br>（3）加密区范围：柱端、底层地坪上下各500mm；<br>（4）加密区体积配箍率不应小于0.6%；<br>（5）加密区箍筋肢距不大于250mm，每隔一根纵筋宜在两个方向有箍筋约束；<br>（6）非加密区箍筋配置不少于加密区的50%，且箍筋间距不大于10倍纵筋直径 | （1）纵向钢筋总配筋率：中柱、边柱最小值1.36%，角柱最小值1.36%；<br>（2）加密区间距100，最小直径8mm；<br>（3）柱端、底层地坪上下均大于500mm；<br>（4）加密区体积配箍率大于0.6%；<br>（5）加密区箍筋肢距不大于200mm；<br>（6）非加密区箍筋配置不小于加密区的50%，且不大于10倍纵筋直径 | 满足 |

| 鉴定项目 | 鉴定标准要求 | 现场检查检测 | 鉴定意见 |
|---|---|---|---|
| 节点核心区 | （1）箍筋最大间距 min（6d，100）；最小直径 10mm；<br>（2）体积配箍率不小于 0.5% | （1）间距 100，最小直径 10mm；<br>（2）体积配箍率大于 0.5% | 满足 |
| 钢筋接头和锚固 | 满足《混凝土结构设计规范》（GB 50010—2010）的要求 | 基本满足《混凝土结构设计规范》（GB 50010—2010）的要求 | 满足 |
| 填充墙 | （1）均匀对称；<br>（2）宜与框架柔性连接，但墙顶应与框架紧密结合；刚性连接时：1）沿框架柱每隔 500mm 有 2φ6 拉筋，拉筋沿墙全长拉通；2）墙长度大于 5m 时，墙顶部与梁宜有拉结措施，墙高超过 4m 时，宜在墙高中部有与柱连接的通长钢筋混凝土水平系梁 | （1）基本均匀对称；<br>（2）满足 | 满足 |
| 其他项目 | — | — | |

c　计算结果

该楼采用空间整体建模进行三维有限元计算分析，简化后的整体模型如图 8-28 所示。由计算结构可知，框柱及框梁等主要构件的安全裕度大于 1，考虑构造折减后（折减系数为 1.0）安全裕度仍均大于 1，结构抗震承载能力满足 8 度（0.20g）地震要求。

F　加固修复建议

（1）地下一层及机房地面的斜向裂缝，对其进行封闭即可。（2）墙面竖向、斜向、横向裂缝可沿裂缝拆除装修面层，采用化学压力灌浆修补裂缝，板底跨缝粘贴碳纤维，然后恢复表面装修层。（3）梁下及墙连接处裂缝及保护层脱落，进行修补。（4）网状裂缝，由于该裂缝很小或者并未导致结构开裂，满足可不处理的裂缝宽度要求，可暂不处理。（5）房间吊顶斜向裂缝尚未影响结构安全，但影响美观，可做封堵处理。

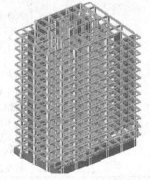

图 8-28　计算模型

G　项目小结

该结构的板底裂缝分析结论为由档案室增加荷载后造成楼板局部承重能力不足造成，其他部分裂缝是由于温度收缩和施工质量原因造成。档案室楼板结构安全裕度远小于原设计要求，为了结构长久使用安全考虑，建议现有每开间房屋内柜子数量不要超过 30 个。

部分装饰装修开裂等缺陷是由于 2008 年地震时一次性震动造成的，通对该建筑进行抗震能力验算，抗震性能符合相应要求，不影响整体结构安全。

### 8.2.3 【实例25】某现浇混凝土屋面绿化结构承载能力检测及鉴定

**A 工程概况**

某小学教学楼建于2004年，为5层（地下1层，局部4层）混凝土框架结构，屋面板均采用现浇混凝土板，板厚为200mm、150mm和120mm三种，整体呈"凹"字形分布，建筑总面积约1450m²，结构现状如图8-29所示。

**a 目的**

该工程拟在教学楼屋顶进行绿化，为明确现有屋面可后增绿化荷载情况，展开对屋面结构承载情况检测鉴定工作。

图8-29 屋顶结构现状
（a）四层屋顶；（b）五层屋顶

**b 初步调查结果**

该工程建筑、结构资料齐全，平面简图如图8-30所示，图中除标注板厚外的其他未标注板厚区域均为150mm。

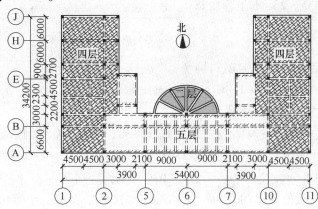

图8-30 教学楼结构（板厚）检测平面布置

**B 结构检查与检测**

**a 现场检查结果**

（1）屋面结构体系检查：经现场检查，教学楼为5层（地下1层、局部4层）框架结构，屋面板均为现浇混凝土板，板厚为200mm、150mm和120mm三种；该工程教学楼结构（构件）检测平面布置图如图8-30所示。

（2）屋面结构外观质量检查：经现场检查，该工程所测教学楼屋面板板底未见明显裂缝或钢筋裸露等外观缺陷。

**b 现场检测结果**

（1）现浇板混凝土强度检测：根据现场实际情况，采用回弹法对教学楼4层1～2/D～E区域、5层8～9/C～D、9～10/B～C区域现浇板进行抽样检测，检测工作按照《回弹法检测混凝土抗压强度技术规程》（JGJ/T 23—2011）的有关规定执行。检测结果表明：该工程所测教学楼四层现浇板1～2/D～E区域混凝土强度推定值为37.8MPa；五层8～9/C～D、9～10/B～C区域混凝土强度推定值为34.9～35.8MPa。

（2）现浇板钢筋配置检测：结合现场实际情况，依据《混凝土中钢筋检测技术规程》（JGJ/T 152—2008）有关规定，使用钢筋雷达扫描仪对该工程所测教学楼现浇板钢筋配置情况进行检测。其中，4层10～11/B～C（东西向@ 560/3、南北向@ 410/2）、10～11/A～B、9～10/G～H、10～11/G～H、1～2/B～C、1～2/D～E、2～3/G～H区域钢筋配置间距范围为：东西向153～203mm，南北向与设计值相符（设计值为200mm）；5层9～10/B～C、8～9/D～E区域钢筋配置间距范围为：东西向160～215mm，南北向与设计相符（设计值为200mm）。

C　现浇板承载力验算

a　计算说明

（1）结构计算说明：根据现场检测条件，对屋面板进行现场剔凿、检测，结合现场检测强度和配筋结果，依据《混凝土结构设计规范》（GB 50010—2010）、《建筑结构荷载规范》（GB 50009—2012）等国家规范标准，应用中国建筑科学研究院 PKPM 系列软件对该工程现浇屋面板承载力进行验算。

（2）荷载取值：1）屋面板材料强度取值：混凝土强度等级 C30，钢筋强度（MPa）为 HRB335。2）本工程验算参数取值见表8-27。

b　计算结果

教学楼4层屋面板1～2/A～B、1～2/G～J、10～11/A～B、10～11/G～J区域最大可后增绿化（恒）荷载值为

**表8-27　验算参数**

| 屋面 | 荷　载 | 备　注 |
|---|---|---|
| 活荷载值 | 上人屋面 2.0kN/㎡ | 规范规定 |
| 屋面板自重 | 25kN/m×3 板厚（m） | 所测区域板厚200mm、150mm 和120mm 三种 |
| 4层屋顶铺设的地砖 | 19.8kN/m³×0.02m=0.4kN/m² | 现场实测值 |

2.5kN/m²，1～2/B～G、2～3/C～J、10～11/B～G、9～10/C～J区域最大可后增绿化（恒）荷载值为2.0kN/m²；五层屋面板2～5/A～C、7～10/A～C区域最大可后增绿化（恒）荷载值为2.5kN/m²，2～5/B～C、7～10/B～C、3～4/C～F、8～9/C～F区域最大可后增绿化（恒）荷载值为2.0kN/㎡，5～7/A～C区域最大可后增绿化（恒）荷载值为1.5kN/m²；二层半圆扇形板区域最大可后增绿化（恒）荷载值为0.5kN/m²。该工程教学楼现浇板最大可后增绿化（恒）荷载值如图8-31所示。

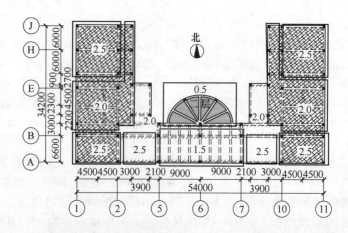

图8-31　屋面板最大可后增绿化（恒）荷载值（kN/m²）

D 承载力检测鉴定结论

结合现场检测情况和相关结构构件计算结果，建议该教学楼 4 层屋面板可后增绿化（恒）荷载值为 2.5～2.0kN/m²；5 层屋面板可后增绿化（恒）荷载值为 2.5～1.5kN/m²；2 层半圆扇形板区域最大可后增绿化（恒）荷载值为 0.5kN/m²。具体指标如图 8-31 所示。

E 加固修复建议

在绿化施工前，4 层屋面板应先剔除铺设的现有地砖荷载，且绿化施工荷载不宜超过 2.5kN/m²，施工中如有集中荷载时，应采取分散的措施，保证施工安全。

F 项目小结

所检测的屋面板材料强度取值符合原设计混凝土强度等级 C30，亦符合原钢筋设计强度（MPa）HRB335，通过核算，测算出屋顶各个区域可增加的绿化荷载值。整个检测过程数据可靠，验算过程严谨。各层屋面板最大可后增绿化（恒）荷载值准确、清晰。

## 8.2.4 【实例 26】某混凝土框架结构大酒店加固后质量检测及可靠性鉴定

A 工程概况

某大酒店，地上 6 层，混凝土框架结构，总建筑面积 16123m²，现场如图 8-32 所示。

图 8-32 结构现状

a 目的

该工程 2010 年 7 月主体施工完成，经检验鉴定，发现部分构件不满足设计要求，并对不满足设计要求部分的构件进行加固设计，为了解结构加固工程施工质量，结构体系工作性能，对加固后的酒店主体结构进行检测、鉴定，以检验结构主体加固施工能否满足设计要求，为结构安全投入使用提供依据。

b 初步调查结果

该楼原施工图纸齐全，有地勘报告；无完整加固设计图纸，只收集到部分加固草图（无目录、无图框、无签字盖章）；加固施工资料混乱：进场材料无见证取样记录，无复验报告；加固用结构胶粘剂无耐湿热老化性能报告；加固用结构胶粘剂无不挥发物含量报告；加固用结构胶粘剂无抗冲击剥离能力报告；碳纤维布无见证取样记录，无复验报告；碳纤维布无单位面积质量检验报告；碳纤维布无 K 数检验报告；碳纤维布未与配套的结构胶粘剂进行适配性试验；加固用钢板无见证取样记录，无复验报告。经现场实测，平面简图如图 8-33 所示。

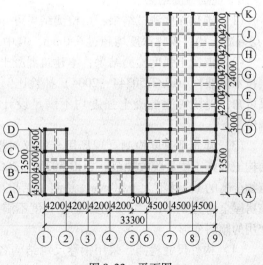

图 8-33 平面图

B　结构检查与检测

a　现场检查结果

（1）地基基础检查：该房屋基础采用钢筋混凝土条形基础，混凝土强度为C35。基础底标高 -2.5m，下部位100厚C15混凝土垫层。经现场检查建筑物室外地面无下陷、开裂等缺陷，地基无承载缺陷。

（2）上部承重结构检查：框架梁、柱、板混凝土强度设计均为C35，其他为C25，外墙及外立面造型砌体为多孔烧结砖、M5混合砂浆砌筑，内墙为加气砼砌块M5混合砂浆砌筑。经检查：原框架结构梁、板、柱施工质量较差，普遍存在蜂窝、麻面，钢筋外露、钢筋锈蚀等缺陷，未见危害性裂缝。框架柱无明显倾斜，梁未见较大挠度变形。该结构混凝土梁、柱钢筋保护层普遍较小，大量箍筋外露导致锈蚀。柱脚及梁底混凝土蜂窝孔洞比较多。此类现象在1~3层比较明显。5层8/B和9/D柱在6层地面位置钢筋露出，且柱顶钢筋无锚固。

（3）楼、屋盖检查

1）楼、屋盖概况：①混凝土结构：房屋楼、屋盖为现浇钢筋混凝土板，屋面为非上人屋面；②钢结构：该房屋6~9/A~E轴屋面为钢结构屋面。钢结构屋面设24m跨钢梁，屋面檩条为C型钢，屋面板为夹芯板。檩条支撑于钢梁及混凝土圈梁上。

2）楼、屋盖现状检查：①混凝土结构：楼面板、屋面板未见明显裂缝及变形，现状基本完好；个别楼板钢筋外露、锈蚀；②钢结构：钢结构屋面钢梁跨中及支座处螺栓锈蚀严重，屋面檩条部分锈蚀，屋面圆钢拉杆未张紧。屋面构件尺寸符合原设计。

（4）围护系统检查：（围护结构大部分未施工完成）对现有围护结构检查结果汇总如下，1）屋面防水：屋面防水良好，整体屋面施工未完成。2）砌体填充墙：构造存在缺陷，砌体与主体结构缺少可靠联系，砌体结构无构造柱及水平系梁。3）门窗：建筑门窗均未安装。4）地下防水：完好，且防水功能符合设计要求。5）变形缝：结构变形缝内夹有杂物未清理。6）外饰面：建筑外饰面大面积撕裂、脱落。7）砌体：砌体墙未与混凝土结构对齐。

b　现场检测结果

（1）碳化深度测试结果：由检测结果可知，5层、6层混凝土构件碳化深度较小；1~4层混凝土构件碳化深度均超过6.0mm，其中，2层、3层、4层碳化较为严重。

（2）混凝土强度检测结果：本建筑混凝土原设计强度等级为C35，根据《建筑结构检测技术标准》（GB/T 50344—2004）抽检比例规定对混凝土构件进行强度检测，从检测结果可知，现场实测混凝土强度均不满足设计要求，多数在C30左右，结构验算采用实测值。

（3）建筑垂直度检测：现场用全站仪对楼房阳角进行了垂直度测量，根据《混凝土结构工程施工质量验收规范》（GB 50204—2002）（2011年版）的相关规定，不能大于建筑物全高的1‰且不大于30mm。从测量结果可以看出，最大垂直度偏差测量值为69mm，该房屋全高为24.9m，可知建筑物垂直度不满足规范要求，建筑物已发生影响安全和正常使用的倾斜变形。

（4）构件尺寸检测：采用钢卷尺对结构各层混凝土承重构件截面尺寸根据《建筑结构检测技术标准》（GB/T 50344—2004）抽检比例进行复核检测，现场混凝土框架柱、梁板的截面尺寸检测复核结构表明，符合原设计要求。

（5）框架柱、梁钢筋检测：经检测，梁、柱配筋数量基本满足设计要求；梁箍筋间距离散性大，部分梁箍筋平均间距比设计偏小；柱箍筋普遍存在箍筋间距离散性大，箍筋间距未达到设计要求，应全高加密的柱子未进行全高加密等问题。

（6）钢筋保护层：经检测，梁、柱钢筋保护层普遍偏小，多处钢筋保护层厚度不足10mm；板钢筋保护层部分偏小，个别位置钢筋露出。

c　加固工程施工质量检查

该框架结构加固设计依据第三方加固鉴定研究所的鉴定结论，对实测强度不足 C25 的构件进行加固施工。根据现场检查，加固方法共七种，典型的四种加固形式如图 8-34 所示。

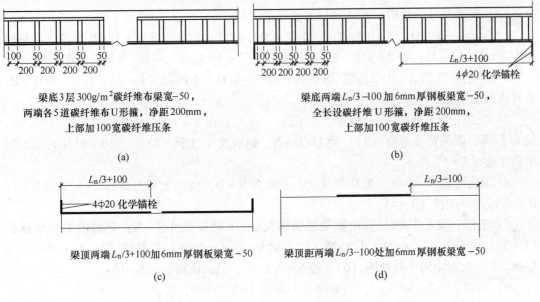

梁底 3 层 300g/m² 碳纤维布梁宽 -50，
两端各 5 道碳纤维布 U 形箍，净距 200mm，
上部加 100 宽碳纤维压条

(a)

梁底两端 $L_n$/3-100 加 6mm 厚钢板梁宽 -50，
全长设碳纤维 U 形箍，净距 200mm，
上部加 100 宽碳纤维压条

(b)

梁顶两端 $L_n$/3+100 加 6mm 厚钢板梁宽 -50

(c)

梁顶距两端 $L_n$/3-100 处加 6mm 厚钢板梁宽 -50

(d)

图 8-34　梁的四种加固形式

（a）梁加固形式一；（b）梁加固形式二；（c）梁加固形式三；（d）梁加固形式四

备注：形式五、形式六板的两种加固形式：（1）板顶面负弯矩区布置 200 宽碳纤维布@400。（2）于板底短向布置 100 宽碳纤维布@400，两端加 100 宽碳纤维布压条。形式七柱的加固形式：竖向边缘设置 100×4 钢板，水平向设 50×4 钢板围箍。

对加固工程施工质量进行了详细检查，通过检查发现该工程存在以下问题：

（1）普遍存在的问题：梁底碳纤维布宽度不满足要求；梁底碳纤维布原设计为 3 层，现场施工实际为 2 层；碳纤维 U 形箍粘贴均未对梁底直角做圆化处理；梁底碳纤维布铺贴时未拉直；板底碳纤维布铺贴时未拉直；碳纤维布施工前未对混凝土面进行严格清理，梁侧面及板顶面多处存在结构胶剥离；梁底钢板宽度严重不足；加固用钢板严重锈蚀；钢板与柱连接应为 4φ20 化学锚栓，实际施工数量不足；钢板与混凝土之间的粘结质量极差，几乎每块钢板都存在空鼓，且空鼓面积超过 5%。

（2）个别存在的问题：梁只加固单边；板顶铺贴碳纤维布前混凝土基层未处理，有残留灰尘、石子；碳纤维 U 型箍只加单边；碳纤维 U 型箍断裂；梁底加固钢板无 U 型箍。

典型缺陷如图8-35所示。

(a)          (b)          (c)          (d)          (e)

图8-35　加固工程施工质量检查存在的问题

（a）板底碳纤维布带未拉直；（b）梁底加固钢板宽度严重不足、锈蚀；（c）结构胶剥离、梁底碳纤维布宽度不足；

（d）钢板与柱之间连接锚栓数量不足；（e）U型箍断裂、U型箍只加单边

（3）较为严重的缺陷记录（加固方法及形式）

1）一层：梁7/D～E，U型箍压条粘结不牢、起鼓（1）；梁8/C～D，U型箍压条粘结不牢、起鼓（1+3）；板8～9/D～E，胶层剥离（5）；板3～5/D～E，基层未处理（5）。

2）二层：梁7/A～B单面箍（1+3）；梁7～8/D，单面箍（1+3）；板8～9/D～E，碳纤维布未拉直（6）。

3）三层：梁9/J～K，只加固了北半边（1+3）；梁8～9/K，钢板宽度过窄（2+4）；梁6/J～K，钢板宽度过窄（2）；梁11/L～N，钢板宽度过窄（2）；梁10～11/L，只加固了西半边（2+4）。

4）四层：梁7～9/B，无U型箍（2）；梁8/B～D，南侧无U型箍（2+4）；梁6～7/D，东侧无U型箍（2+4）。

5）五层：梁9/J～K，只南侧梁顶加钢板（1+3）；梁8/J～K，只南侧梁顶加钢板（1+3）；梁6/H～J，南端无U型箍（2）；梁8～9/H，东侧无U型箍（2+4）；板7～8/J～K，2个次梁中间小板加固（6）；板6～7/J～K，只加固南板块板（5）。

6）六层：板7～8/H～J，只加固北半块板（6）。

C　结构承载能力分析

a　计算说明

（1）结构计算说明：按建筑抗震设防分类为丙类建筑，按结构重要性分类为安全等级二级。该建筑抗震设防烈度为8度，场地类别为Ⅱ类。根据现场检测结果，框架柱梁均为现浇混凝土构件，现场检查，各构件现状基本完好，无需考虑截面损伤的承载力调整，材料强度依据现场实测值选取。使用中国建筑科学研究院开发的建筑结构计算软件PKPM建立空间计算模型进行分析计算。该楼采用空间整体建模进行三维有限元计算分析，简化后的整体模型如图8-36所示。

（2）荷载取值：1）荷载种类：①恒载：包括结构构件自重、楼面做法自重、屋面做法自重、吊顶等；②活荷

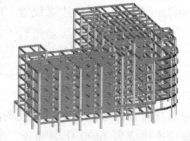

图8-36　计算简图

载：包括楼面活荷载和屋面活荷载等；③地震作用：抗震设防烈度为8度，设计基本地震加速度值为0.20g，设计地震分组为第一组，建筑场地类别为Ⅱ。2）荷载取值：①风荷

载：基本风压 0.4kN/m²，地面粗糙度：B；②雪荷载：基本雪压 0.4kN/m²；③楼面、屋面活荷载及装饰面层荷载：根据《建筑结构荷载规范》（GB 50009—2012）确定。

b　计算结果

各层框架柱、梁及剪力墙承载力满足要求，抗震能力指数均大于 1，且安全裕度较大。

D　结构可靠性鉴定

依据《民用建筑可靠性鉴定标准》（GB 50292—1999），在该次鉴定计算分析、现场检查、检测结果的基础上，按照构件、子单元和鉴定单元三个层次，逐层对该建筑物进行可靠性评级，结果如下。

a　构件评级

（1）安全性评级：混凝土构件普遍存在蜂窝、麻面，钢筋外露，钢筋锈蚀等严重情形，评定等级为 $c_u$。

（2）正常使用性评级：混凝土框架梁、柱、楼板等混凝土构件未出现显著变形和裂缝，正常使用性评定等级为 $a_s$。

b　子单元评级

（1）地基基础评级：

1）安全性评级：地基基础的安全性鉴定，包括地基检查项目和基础构件。

该建筑物地基基础未出现变形和不均匀沉降。无静载缺陷，承载力满足使用要求。地基基础子单元安全性评定等级为 Au。

2）正常使用性评级：根据其上部承重结构或围护系统的工作状态进行评估。地基基础子单元正常使用性评定等级为 Bs。

（2）上部承重结构评级：

1）安全性评级：结构整体性较好，其安全性评级为 Au；根据《混凝土结构工程施工质量验收规范》（GB 50204—2002）（2011 年版）的相关规定，垂直度偏差值不能大于建筑物全高的 1‰且不大于 30mm，而测量结果值为 69mm，该房屋全高为 24.9m，显然不满足规范要求，故侧向位移评级为 Bu。最终上部承重结构安全性等级为 Cu，详细评级见表 8-28。

2）正常使用性评级：由于垂直度偏差值不符合要求，已影响房屋正常使用，对其评级为 Cs。最终上部结构正常使用性评级为 Cs，详细评级见表 8-29。

（3）围护结构评级：

1）安全性评级：根据围护系统检查结果可知，砌体与主体结构缺少可靠联系，无构造柱及水平系梁，砌体墙未与混凝土结构对齐，其承重部分的安全性检查项目，安全性不符合对 Au 级的要求，显著影响承载能力，详细评级见表 8-30。

2）正常使用性评级：根据围护系统检查结果，由于整体屋面施工未完成，屋面防水评级为 Bs；由于吊顶已经破损严重，评级为 Cs；砌体墙未与砼结构对齐，外墙使用评级为 Cs；地下防水良好，故评级为 As。因此，最终围护系统正常使用性评级为 Cs，详细评级见表 8-31。

c　鉴定单元可靠性综合评级

该建筑物可靠性评定等级为Ⅲ级，即其可靠性不符合《民用建筑可靠性鉴定标准》

（GB 50292—1999）对Ⅰ级的要求，显著影响整体承载功能和使用功能。可靠性综合评级结果见表8-32。

**表8-28　上部承重结构安全性评级**

| 构件 | | 结构整体性 | 侧向位移 | 安全性评级 |
|---|---|---|---|---|
| 砌体构件 | 混凝土构件 | | | |
| — | $c_u$ | Au | Bu | Cu |

**表8-29　上部承重结构正常使用性评级**

| 构件 | | 侧向位移 | 正常使用性评级 |
|---|---|---|---|
| 砌体构件 | 混凝土构件 | | |
| — | $a_s$ | Cs | Cs |

**表8-30　围护系统结构安全性评级**

| 屋面 | 围护墙 | 结构间联系 | 结构布置及整体性 | 安全性等级评定 |
|---|---|---|---|---|
| Cu | Gu | Cu | Cu | Cu |

**表8-31　围护系统正常使用性评级**

| 屋面防水 | 吊顶 | 非承重内墙 | 外墙 | 门窗 | 地下防水 | 其他防护 | 正常使用性评级 |
|---|---|---|---|---|---|---|---|
| Bs | Cs | Cs | Cs | — | As | Bs | Cs |

**表8-32　可靠性综合评级结果**

| 层次 | | 二 | 三 |
|---|---|---|---|
| 层名 | | 子单元评定 | 鉴定单元综合评定 |
| 安全性鉴定 | 等级 | Au、Bu、Cu、Du | Asu、Bsu、Csu、Dsu |
| | 地基基础 | Au | Csu |
| | 上部承重结构 | Cu | |
| | 围护系统 | Cu | |
| 使用性鉴定 | 等级 | As、Bs、Cs | Ass、Bss、Css |
| | 地基基础 | Bs | Css |
| | 上部承重结构 | Cs | |
| | 围护系统 | Cs | |
| 可靠性鉴定 | 等级 | A、B、C、D | Ⅰ、Ⅱ、Ⅲ、Ⅳ |
| | 地基基础 | B | Ⅲ |
| | 上部承重结构 | C | |
| | 围护系统 | C | |

E　加固修复建议

依据本次检测鉴定结果，针对影响该建筑结构可靠性的几点问题提出以下处理意见：

（1）钢筋外露及保护层厚度偏小：首先对钢筋外露、锈蚀严重的钢筋进行除锈处理，然后对其周围混凝土进行修补。尽快对混凝土构件进行抹灰处理，避免钢筋锈蚀继续恶化。

（2）抗震构造措施不满足设计及规范要求：对框架柱、梁箍筋加密区未加密或箍筋间距过大的位置进行加固处理，采取增设碳纤维围箍或钢板围箍的形式进行加固。

（3）建筑结构使用环境的改变：尽早对该房屋室外门窗进行封闭，使其符合原设计的环境类别。

（4）建筑垂直度超限：该建筑垂直度偏差超规范要求，建议对该建筑进行长期沉降变形观测。根据长期观测数据分析原因，判断其倾斜是否已对结构安全造成影响。

（5）钢结构屋面锈蚀：对钢结构屋面大跨钢梁螺栓进行防腐处理，必要时对螺栓进行更换。屋面檩条除锈并进行防腐处理。

F　项目小结

本工程可靠性评定等级为Ⅲ级，不符合《民用建筑可靠性鉴定标准》（GB 50292—1999）对Ⅰ级的要求，主要原因：（1）钢筋外露及保护层厚度偏小，大量混凝土柱、梁露筋并锈蚀。（2）抗震构造措施不满足设计及规范要求。（3）建筑结构使用环境改变。
（4）建筑垂直度超限。（5）钢结构屋面大跨钢梁螺栓锈蚀严重。（6）加固工程施工质量
差、施工资料大量缺失，不满足《建筑结构加固工程施工质量验收规范》（GB 50550—
2010）的要求。

### 8.2.5 【实例 27】某纯钢框架结构幼儿园结构抗震性能检测、鉴定

A 工程概况

某幼儿园建造于 2000 年，为 2 层钢框架结构，结构为圆形建筑，半径 12.0m，1 层层
高 3.45m，2 层层高 3.75m。建筑面积为 1880m²，现场如图 8-37 所示。

a 目的

为了解该工程结构抗震性能的现状，特对该工程进行相关检测鉴定工作。

b 初步调查结果

该地区抗震设防烈度为 8 度，该工程钢材均采用 Q235B 钢，梁柱、梁梁连接处采用
10.9 级高强螺栓。1 层、2 层楼（屋）面采用压型钢板-混凝土组合楼板，2 层局部屋面采
用夹心彩钢板，基础为柱下混凝土独立基础。该次鉴定主要依据查找到的相关原设计图
纸，以及现场检查量测的数据进行结构分析。平面图如图 8-38 所示。

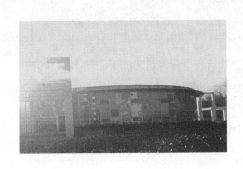

图 8-37 结构现状

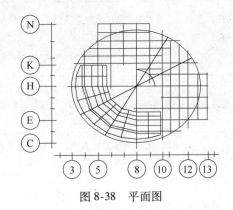

图 8-38 平面图

B 结构检查与检测

a 现场检查结果

（1）结构体系及结构布置：该楼主体结构为钢框架结构房屋，地上二层。框架柱采用圆
管钢和 H 型钢，截面尺寸为 φ299×12，H400×250×8×12、H400×300×8×12、H300×
250×6×10；框架梁采用 H 型钢，主要截面尺寸为 H550×250×8×12、H300×200×8×12；
楼屋面为 150mm 厚组合楼板。现场对检测范围内的结构布置同原设计进行了核对，现有钢框
架结构布置及主要截面尺寸与原设计基本相符。

（2）外观损伤及变形：建筑物外观状况较好，梁柱连接、高强连接及焊缝连接未发现
异常损伤和破坏。

b 现场检测结果

（1）钢结构材料抗拉强度：采用硬度法对钢结构材料抗拉强度进行测试，根据测试结
果，网架杆件及球节点钢材实测抗拉强度平均值符合规范 Q235 钢 375~500 的限值要求。

（2）钢构件防火涂层厚度检测：依据《钢结构施工质量验收规范》规定，现场采用涂层测厚仪检测钢构件防火涂层厚度，检测结果表明，所抽检钢构件防火涂料的涂层厚度符合有关耐火极限的设计要求。

C　抗震鉴定

依据《建筑抗震鉴定标准》（GB 50023—2009）的规定，该建筑按 C 类建筑、抗震设防烈度为 8 度、抗震设防分类为乙类进行后续使用年限为 40 年的抗震鉴定。

依据《建筑抗震鉴定标准》（GB 50023—2009）和《建筑抗震设计规范》（GB 50011—2010）的要求，钢框架结构的抗震鉴定，应按最大高度、最大高宽比、支撑布置、屋盖系统、框架柱的长细比、框架梁柱的宽厚比、梁柱构件的侧向支承、梁与柱的连接构造等对房屋的抗震构造措施进行鉴定，并应通过内力调整进行抗震承载力验算。

a　第一级鉴定

表 8-33 规范条文均引用自《建筑抗震设计规范》（GB 50011—2010），抗震措施鉴定结果见表 8-33。

表 8-33　结构抗震措施鉴定结果

| 鉴定项目 | 鉴定标准要求 | 结构实际抗震构造 | 鉴定结果 |
|---|---|---|---|
| 房屋高度和抗震等级 | 6.1.2 条：房屋总高度不大于 50m，8 度乙类钢框架结构抗震等级为二级 | 房屋总高度为 7.2m，原设计未明确框架抗震等级 | 满足二级要求 |
| 最大高宽比 | 8 度乙类：5.5 | 0.33 | 满足 |
| 支撑布置 | 一级、二级的钢结构房屋宜设置偏心支撑、带竖缝钢筋混凝土抗震墙板、内藏钢支撑钢筋混凝土墙板、屈曲约束支撑等消能支撑或筒体 | 局部设有侧向支撑 | 满足 |
| 屋盖系统 | 宜采用压型钢板现浇混凝土组合楼板或钢筋混凝土楼板，并应与钢梁有可靠连接 | 采用压型钢板现浇混凝土组合楼板，和钢梁有可靠连接 | 满足 |
| 框架柱的长细比 | 二级不应大于 $80\sqrt{235/f_{ay}}$ | 柱最大柱长细比：71.5 | 满足 |
| 框架梁柱的宽厚比 | 二级：框架柱：工字形截面翼缘外伸部分：11；框架梁：工字形截面翼缘外伸部分：9；工字形截面和箱形截面腹板：$72-100Nb/(Af)\leqslant65$ | 框架柱：最大 12 框架梁：最大 10 腹板最大 $72-100Nb/(Af)=62$ | 满足 |
| 梁柱构件的侧向支承 | 梁柱构件受压翼缘应根据需要设置侧向支承 | 楼屋面采用组合楼板，梁构件有侧向支承，柱不需要侧向支承 | 满足 |
| 梁与柱的连接构造 | （1）梁与柱的连接宜采用柱贯通型；（2）柱在两个互相垂直的方向都与梁刚接时宜采用箱形截面，并在梁翼缘连接处设置隔板。当柱仅在一个方向与梁刚接时，宜采用工字形截面 | （1）采用柱贯通型；（2）梁与柱为铰接或仅一个方向刚接，采用工字形截面 | 满足 |

抗震措施鉴定结果：该建筑符合《建筑抗震设计规范》（GB 50011—2010）中 8 度抗震设防烈度、乙类设防的 C 类钢框架结构抗震措施要求；框架梁柱的宽厚比基本满足标准要求。其中，在框架梁柱的宽厚比鉴定选项中，虽外伸部分略超标准规定，考虑到框架梁柱均

采用轧制 H 型钢，其自身稳定性有保证，且结构计算应力水平较低，所以判定此项满足。

b 第二级鉴定

（1）计算说明：

1）地震动参数取值：该建筑物场地类别为Ⅲ类，抗震设防烈度为 8 度，设计基本地震加速度值为 0.2g，设计地震分组为第一组，抗震设防类别为乙类。

2）楼（屋）面荷载取值：楼（屋）面永久荷载标准值为 4.0kN/m²，活荷载标准值为 2.0kN/m²，走廊、楼梯间活荷载标准值一般为 2.5kN/m²，屋面荷载取 0.5 kN/m²。

3）材料强度取值：框架钢柱、框架钢梁材料强度等级按 Q235B 取值。

该楼结构计算模型如图 8-39 所示。

（2）计算结果：

1）构件承载能力验算结果：根据计算结果，在考虑抗震构造措施影响（体系影响系数和局部影响系数）后抗震承载能力满足鉴定标准要求。

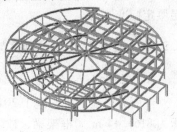

图 8-39　计算模型

2）多遇地震作用下的抗震变形验算结果：按抗震设防烈度为 8 度（0.2g）计算得到的多遇地震作用下的弹性位移见表 8-34。

表 8-34　抗震设防烈度为 8 度（0.2g）的弹性位移

| 楼层 | 层高 $h$/mm | Max-$(X)$/mm | Max-$D_x$/mm | Max-$D_x/h$ | Max-$(Y)$/mm | Max-$D_y$/mm | Max-$D_y/h$ |
|---|---|---|---|---|---|---|---|
| 二层 | 3750 | 5.29 | 3.71 | 1/1010 | 4.14 | 2.76 | 1/1359 |
| 一层 | 3450 | 1.58 | 1.58 | 1/2183 | 1.38 | 1.38 | 1/2500 |

注：1. $X$ 方向为东西向，$Y$ 方向为南北向。

2. Max-$(X)$ 表示 $X$ 方向楼层最大位移；Max-$D_x$ 表示 $X$ 方向最大层间位移；Max-$D_x/h$ 表示 $X$ 方向最大层间位移角；Max-$(Y)$ 表示 $Y$ 方向楼层最大位移；Max-$D_y$ 表示 $Y$ 方向最大层间位移；Max-$D_y/h$ 表示 $Y$ 方向最大层间位移角。

计算结果表明，1～2 层结构弹性层间位移角均满足抗震设计规范多层钢结构房屋最大弹性层间位移角限值 1/250 的要求。

D　抗震鉴定结论

依据《建筑抗震鉴定标准》（GB 50023—2009）和《建筑抗震设计规范》（GB 50011—2010），按后续使用年限 40 年 C 类建筑、抗震设防烈度为 8 度、抗震设防分类为乙类建筑，对该建筑进行现场检查、检测和抗震性能鉴定分析，该建筑整体抗震性能满足 8 度抗震设防烈度、乙类设防的 C 类多层钢框架结构的要求。

E　加固修复建议

鉴于本建筑结构整体抗震性能满足国家现行规范标准要求，结构可不进行加固处理，但应加强结构的日常维护和管理。

F　项目小结

根据《建筑抗震鉴定标准》（GB 50023—2009）的相关规定，该建筑抗震综合能力满足抗震鉴定要求，满足要求的主要原因如下：

（1）通过整体外观检查未发现该建筑物主体结构构件有明显变形、倾斜或歪扭现象；梁柱连接、高强螺栓和焊缝连接无异常破坏和损伤。

（2）钢结构梁、柱构件截面尺寸和原设计相符。所抽查的钢框架梁、框架柱实测材料强度等级满足原设计 Q235B 钢要求。

（3）在最大高度、最大高宽比、支撑布置、屋盖系统、框架柱的长细比、梁柱构件的侧向支承、梁与柱的连接构造等方面符合《建筑抗震设计规范》（GB 50011—2010）中 8 度抗震设防烈度、乙类设防的 C 类钢框架结构抗震措施要求；框架梁柱的宽厚比基本满足标准要求。

（4）在考虑抗震构造措施影响（体系影响系数和局部影响系数）后抗震承载能力满足鉴定标准要求。

### 8.2.6 【实例 28】某纯钢框架结构会展中心结构可靠性检测、鉴定

**A　工程概况**

某商务区展示中心建于 2010 年，为地上 2 层、局部 3 层的钢结构框架结构，建筑面积为 8169.44 m²。框架梁、柱均为 H 型钢，现场如图 8-40 所示。

**a　目的**

根据使用功能要求，拟对该建筑进行改造处理，根据《中华人民共和国防震减灾法》、《中华人民共和国建筑法》、《建设工程质量管理条例》等法律法规以及当前的地震形势，为保障工作人员及财产安全，特对该建筑进行结构可靠性检测鉴定，对房屋现有状态下的实际安全性和使用性进行评价，并给出鉴定结论与处理意见，以便采取相应措施进行加固或改造处理，确保房屋结构的安全使用。

**b　初步调查结果**

现场仅有未盖章的简易竣工图纸留存。该图纸作为参考，不作为依据，结构平面布置、构件截面尺寸以及材料强度以实测结果为准。经现场实测，平面简图如图 8-41 所示。

图 8-40　结构现状

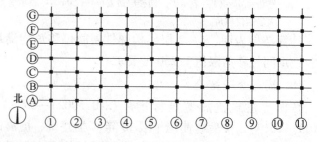

图 8-41　平面图

**B　结构检查与检测**

**a　现场检查结果**

（1）地基基础检查：该建筑基础形式为柱下独立基础，检查中未发现上部结构存在明显的倾斜、变形、裂缝等缺陷，建筑地基和基础无静载缺陷，推断地基基础基本完好。现场通过对柱下独立基础进行开挖验证，发现该基础外观质量良好，无裂缝或蜂窝空洞等缺陷。

（2）钢梁现状检查：该钢结构房屋采用 H 型截面钢梁，主梁与钢柱节点采用双侧单排 5 个螺栓连接，现场检查发现钢梁外观质量良好，防火涂料喷涂较好，没有明显异常，螺栓无未拧紧现象，但个别钢梁翼缘板底部有锈蚀或焊接损伤。根据现场检测，螺杆直径为 18mm，螺孔中心间距为 70mm。

（3）钢柱现状检查：该钢结构房屋钢柱采用 H 型截面，1~3 层钢柱采用同一柱截面。现场检查发现钢柱外观质量良好，防火涂料喷涂较好，没有明显异常。

（4）围护结构系统现状检查：经调查，该建筑外墙围护墙体整体使用性能良好，门厅挑檐玻璃局部碎裂，屋面防水性能良好。

（5）结构布置检查：该房屋为地上 2 层、局部 3 层钢框架结构，整体平面为规则矩形；现场采用激光测距仪、卷尺对结构平面布置进行了检测，结构整体平面布置合理，传力路径明确，符合国家现行标准规范规定。

b 现场检测结果

（1）钢构件截面尺寸检测：现场采用卷尺、游标卡尺对钢梁、钢柱、柱下独立基础截面尺寸进行了抽样检测，钢梁、钢柱均采用 H 型钢，检测结果表明，GL 腹板、翼缘厚度、柱下独立基础宽度均不满足设计要求，后续计算采用实测截面尺寸。

（2）基础截面尺寸检测：现场开挖后采用卷尺、激光测距仪对柱下独立基础尺寸进行抽样检测表明，柱下独立基础平面宽度、高度分别为 0.6m、1.0m，深度为 2.2m；底板厚度为 0.35m，东西向长度为 3.15m；由于现场条件所限，现场测得基础南边距底板南边为 1.3m。

（3）楼板厚度检测：现场超声波扫描仪配合电镐对二层混凝土楼板进行局部开洞测量，经现场实测，楼板厚度为 100mm，分布钢筋为直径 10mm 的圆钢，间距约为 200mm。此外，经检测，压型钢板内部钢筋直径为 10mm 的螺纹钢。

（4）钢构件强度检测：现场采用里氏硬度计对该工程主要结构构件钢材力学性能进行抽样检测，通过检测数据分析，推定该房屋钢梁和钢柱采用牌号为 Q345 的钢材，在后期承载能力验算中，其力学性能可按 Q345 考虑。

（5）钢构件防火涂层厚度检测：现场采用涂层测厚仪检测钢构件防火涂层厚度，根据《钢结构施工质量验收规范》规定，防火涂料的涂层厚度应符合有关耐火极限的设计要求，以及该钢结构房屋耐火等级为二级，梁、柱耐火极限分别为 1.5h、2.5h，检测结果表明，所抽检钢构件的防火涂层厚度不满足规范要求（7mm）。

C 结构承载能力分析

a 计算说明

（1）结构计算说明：在选择结构计算简图时，考虑结构的偏差、裂缝缺陷及损伤、荷载作用点及作用方向、构件的实际刚度及其在节点的固定程度，结合现场检查及检测结果，以及在结构检查时所查明的结构承载潜力，得出结构构件的现有实际安全裕度，计算模型如图 8-42 所示。

（2）荷载取值：不上人屋面活荷载标准值取 $0.5\ kN/m^2$；其余荷载按《建筑结构荷载规范》（GB 50009—2012）取值；地震基本设防烈度 8 度，设计基本地震加速度值 $0.20g$，设计地震分组为第一组。

b 计算结果

（1）应力比计算结果：通过计算，钢框架构件正应力强度、稳定性与剪应力强度均满足要求（$R1$，$R2$，$R3 > 1$ 时为满足要求，$\leq 1$ 时为不满足要求）。

（2）地震作用下层间位移、层间位移角计算结果：在地震荷载作用下该房屋最大层位移、层位移角计算结果见表 8-35。根据计算结果可知，在地震荷载作用下，该建筑最大层位移角为 1/278，满足《建筑抗震设计规范》（GB 50011—2010）对层位移角最大限值 1/250 的规定。

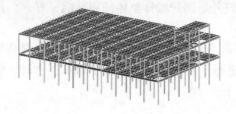

图 8-42　计算模型

**表 8-35　地震作用下最大层位移、层位移角计算结果**

| X 向 | | Y 向 | |
|---|---|---|---|
| 最大层位移 /mm | 最大层位移角 | 最大层位移 /mm | 最大层位移角 |
| 9.7 | 1/891 | 33.9 | 1/278 |

**D　结构可靠性鉴定**

**a　结构安全性等级评定**

根据《民用建筑可靠性鉴定标准》（GB 50292—1999）和现场检测结果，对该建筑结构可靠性进行鉴定评级。

（1）地基基础安全性鉴定：经过现场对地基基础的检测与检查，并未发现明显不均匀沉降，柱下独立基础未见明显裂缝，地上承重构件未见明显歪斜变形和明显有害裂缝，地基基础系统安全性评定为 Au 级。

（2）承重结构安全性鉴定：由于上部承重结构中，钢梁、钢柱、楼板等承载能力、构造、位移和裂缝均符合 $a_u$ 的要求，故各构件评级为 $a_u$，承重结构系统安全性评定为 Au 级。具体评定结果见表 8-36。

（3）围护系统安全性鉴定：经检查围护墙体整体性能良好，围护系统安全性评级为 Au。

（4）建筑安全性综合评级：根据《民用建筑可靠性鉴定标准》（GB 50292—1999）和构件检查结果，建筑物安全性综合评定等级为 Asu 级，即结构整体承载能力良好。

**b　正常使用性等级评定**

根据《民用建筑可靠性鉴定标准》（GB 50292—1999）和现场检测结果，对结构正常使用性进行鉴定评级，分为地基基础和承重结构鉴定评级。

（1）地基基础正常使用性鉴定：地基持力层为情况良好的粉质黏土，上部结构未发现由于不均匀沉降造成的结构构件开裂和倾斜，建筑地基和基础无静载缺陷，地基基础基本完好，故地基基础系统使用性评定为 As 级。

（2）承重结构正常使用性鉴定：对承重结构进行正常使用性鉴定评级，考虑构件位移和锈蚀两个子项，承重结构系统使用性评定为 As 级，具体评定结果见表 8-37。

**表 8-36　承重结构安全性鉴定评级**

| 构件 | 构件评级 | | | 子单元评级 |
|---|---|---|---|---|
| | 承载力 | 构造 | 不适于继续承载的位移 | |
| 钢梁 | $a_u$ | $a_u$ | $a_u$ | Au |
| 钢柱 | $a_u$ | $a_u$ | $a_u$ | Au |
| 楼板 | $a_u$ | $a_u$ | $a_u$ | Au |

**表 8-37　上部承重结构使用性鉴定评级**

| 构件 | 构件评级 | | 子单元评级 |
|---|---|---|---|
| | 位移 | 锈蚀 | |
| 钢梁 | $a_s$ | $b_s$ | Bs |
| 钢柱 | $a_s$ | $a_s$ | As |
| 楼板 | $a_s$ | $b_s$ | Bs |

（3）建筑正常使用性综合评级：根据《民用建筑可靠性鉴定标准》（GB 50292—1999）和构件检查结果，建筑物正常使用性综合评定等级为 Bss 级，即正常使用性不符合该标准对 Ass 级的要求，但尚不显著影响整体的承载功能和使用功能。

c 建筑可靠性鉴定评级

根据《民用建筑可靠性鉴定标准》（GB 50292—1999）和《建筑结构检测技术标准》（GB/T 50344—2004）、构件检测检查结果、安全性鉴定评级和使用性鉴定评级，依据《民用建筑可靠性鉴定标准》第 9.0.3 条，建筑物可靠性鉴定综合评定等级为 Ⅱ 级，即可靠性略低于鉴定标准对 Ⅰ 级的要求，但尚不显著影响整体的承载功能和使用功能。详细评级结果见表 8-38。

E 加固修复建议

对于钢柱和横梁的锈蚀部位，应立即彻底除锈，刷防锈漆，并每 3 ~ 4 年根据实际情况在下列情况下进行重刷：（1）油漆表面失去光泽达 90%。（2）油漆表面粗糙，风解，开裂达 25%。（3）油漆起泡，构件轻微锈蚀达 40%。

F 项目小结

根据《民用建筑可靠性鉴定标准》（GB 50292—1999），该建筑结构可靠性评定等级为 Ⅱ 级，可靠性未达到 Ⅰ 级的要求，不满足要求的原因如下：承重构件钢梁、钢板的锈蚀程度不满足规范要求。

**表 8-38 可靠性综合评级结果**

| 层 次 | | 二 | 三 |
|---|---|---|---|
| 层 名 | | 子单元评定 | 鉴定单元综合评定 |
| 安全性鉴定 | 等级 | Au、Bu、Cu、Du | Asu、Bsu、Csu、Dsu |
| | 地基基础 | Au | Asu |
| | 承重结构 | Au | |
| | 围护系统 | Au | |
| 使用性鉴定 | 等级 | As、Bs、Cs | Ass、Bss、Css |
| | 地基基础 | As | Bss |
| | 承重结构 | Bs | |
| | 围护系统 | As | |
| 可靠性鉴定 | 等级 | A、B、C、D | Ⅰ、Ⅱ、Ⅲ、Ⅳ |
| | 地基基础 | A | Ⅱ |
| | 承重结构 | B | |
| | 围护系统 | B | |

## 8.2.7 【实例 29】某大厦钢结构部分结构承载能力安全性检测、鉴定

A 工程概况

某大厦，地上主体 17 层，现浇钢筋混凝土框架-核心筒结构体系，现场如图 8-43 所示。

a 目的

因对结构的使用功能进行了改造，4 ~ 13 层原先挑空位置局部增加了钢结构平台，根据《中华人民共和国防震减灾法》、《中华人民共和国建筑法》、《建设工程质量管理条例》等法律法规，为保障工作人员及财产安全，特对大厦 4 ~ 13 层加建钢结构部分及相关联混凝土构件安全性进行检测鉴定，给出鉴定结论及相应处理建议。

b 初步调查结果

该建筑原设计图纸等资料留存基本完整。该次检测范围为大厦的 4 ~ 13 层加建钢结构部分及相关联混凝土构件。7 层平面如图 8-44 所示。

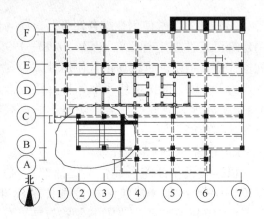

图 8-43　结构现状　　　　　　　　　图 8-44　7 层平面图

**B　结构检查与检测**

**a　现场检查结果**

（1）结构检查：经对混凝土结构体系现场检查，得到以下结论：1）现浇钢筋混凝土框架梁、框架柱构件无缺棱掉角、棱角不直、翘曲不平、飞出凸肋等外形缺陷。2）现浇钢筋混凝土框架梁、框架柱构件表面无裂缝、蜂窝麻面及缺浆露筋等缺陷。3）结构整体无影响结构性能和使用功能的尺寸偏差。4）建筑物整体不存在由于地基不均匀沉降而引起的构件开裂或倾斜。

经对新增钢结构体系检查发现，部分楼层新增钢结构布置与设计不相符，部分楼层存在植筋长度达不到设计要求，与原设计不符且未采取有效措施等问题；植筋锚板安装不平整。新增钢结构部分连接形式如图 8-45 所示，结构现状如图 8-46 所示。

（2）7 层新增钢结构端板锚栓拉拔：现场检查时，发现 7 层 1~4/A~C 区域部分新增钢梁端板采用 2 个锚栓连接且螺栓存在变形，不符合原锚固设计节点。现场通过对锚栓进行非破坏拉拔，达到荷载检验值时，螺杆变形。考虑到锚栓布置个数较少，原设计复核下锚栓承载力。

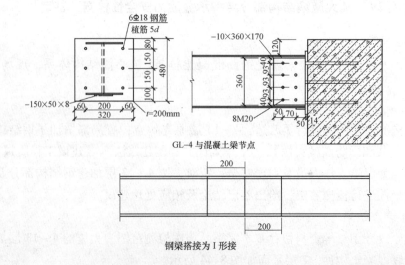

GL-4 与混凝土梁节点

钢梁搭接为 I 形接

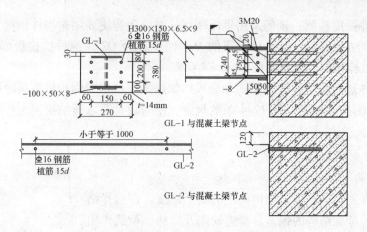

图 8-45 新增钢梁与原结构预埋节点设计图

b 现场检测结果

（1）相关联混凝土构件检测结果：

1）根据《回弹法检测混凝土抗压强度技术规程》（JGJ/T 23—2011）的规定，采用回弹法对 4～13 层加建钢结构部分相关联的混凝土构件强度进行检测，检测结果表明，所抽检 3 层混凝土柱满足原设计强度 C50 的要求，4～7 层混凝

图 8-46 新增钢结构现状

土柱强度满足原设计强度 C45 的要求，8～10 层混凝土柱强度满足原设计强度 C40 的要求，11～12 层混凝土柱强度满足原设计强度 C35 的要求；所抽检 3 层混凝土梁、板强度满足原设计强度 C40 的要求，4～7 层混凝土梁、板强度满足原设计强度 C35 的要求，8～12 层混凝土梁、板强度满足原设计强度 C30 的要求。

2）应用磁感仪对该工程现浇混凝土柱、梁、板等构件的配筋数量情况进行抽样检测。检测工作依据《混凝土结构工程施工质量验收规范》（GB 50204—2015）的有关规定进行。

3）现场对各类混凝土构件的钢筋保护层进行了抽检，按照《混凝土结构工程施工质量验收规范》（GB 50204—2015）的有关规定，柱、梁受力钢筋、箍筋的保护层厚度允许偏差为 ±5mm，板钢筋的保护层厚度允许偏差为 ±3mm。检测结果表明：所抽检框架柱、框架梁钢筋保护层厚度约为 25mm，板钢筋保护层厚度约为 15mm，平均保护层厚度均基本满足设计要求。

4）应用钢尺等对本工程现浇混凝土柱、梁等构件的截面尺寸进行抽样检测。检测工作依据《混凝土结构工程施工质量验收规范》（GB 50204—2015）的有关规定进行。按照《混凝土结构工程施工质量验收规范》（GB 50204—2015）的有关规定，现浇混凝土构件截面尺寸的允许偏差为 +10mm，-5mm。

检测结果表明：本工程所抽检混凝土构件的截面尺寸均符合设计要求。

（2）钢构件截面尺寸检测：现场采用超声波测厚仪、卷尺、游标卡尺对钢梁截面尺寸进行了抽样检测，抽样结果表明，钢构件尺寸偏差能够满足《钢结构工程施工质量验收规范》（GB 50255—2001）的要求，在对结构承载力验算时，可以按照检测数据进行验算分析。

（3）钢构件强度检测：现场采用里氏硬度计对该工程主要结构构件钢材力学性能进行抽样检测，抽样结果表明，所抽检钢梁的力学性能符合 Q235 钢材抗拉极限强度的要求。在对结构承载力验算时，钢材应按 Q235 钢考虑。

（4）钢构件防腐涂层厚度检测：现场采用涂层测厚仪检测钢构件防腐涂层厚度，根据《钢结构现场检测技术标准》第 12.4 条的规定，结合设计要求所抽检钢构件涂层厚度满足要求。

C　结构承载能力验算分析

a　计算说明

依据国家有关规范，确定结构构件的安全裕度。在选择结构计算简图时，考虑结构的偏差、裂缝缺陷及损伤、荷载作用点及作用方向、构件的实际刚度及其在节点的固定程度，结合现场检查及检测结果，以及在结构检查时所查明的结构承载潜力，得出结构构件现有实际安全裕度，计算模型如图 8-47 所示。

图 8-47　计算模型

荷载取值：按原设计和使用要求，楼面、屋面按均布活荷载标准值取值。基本风压：$0.45 \mathrm{kN/m^2}$，地面粗糙度类别：B 类，基本雪压：$0.4 \mathrm{kN/m^2}$。抗震设防烈度：8 度，设计基本地震加速度值：$0.20g$，设计地震分组：第一组，场地类别：Ⅲ类。

经现场实测实量发现，5 层、7 层、8 层、11 层钢梁实际布置与施工图纸存在一定出入，部分不同点如图 8-48 所示，该次结构计算根据现场实测结果进行。

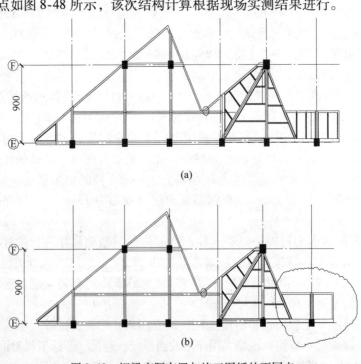

(a)

(b)

图 8-48　钢梁实际布置与施工图纸的不同点

（a）11 层钢梁设计布置；（b）11 层钢梁实际布置

b 计算结果

根据《高层建筑混凝土结构技术规程》（JGJ 30—2010）规定，主要考察各工况作用下最大位移、最大层间位移角与混凝土构件安全裕度是否满足要求。最大位移、最大层间位移角计算结果见表8-39。

根据最大层间位移角计算结果可知，地震作用和风荷载作用下 $X$、$Y$ 向最大层间位移角满足规范要求（小于1/800）。

经验算，4层西侧、7层南侧新增钢结构楼板区域钢柱承载能力不足，通过对纯悬挑区域受力分析，需要加固的钢结构区域相关联混凝土构件（安全裕度略大于1仍需要加固增强承载能力，在此不再列出）见表8-40。

表8-39　最大位移、最大层间位移角

| 工况 | 最大位移/mm | | 最大层间位移角（最大1/800） | |
|---|---|---|---|---|
| | $X$ 方向 | $Y$ 方向 | $X$ 方向 | $Y$ 方向 |
| 地震作用下 | 20.2 | 29.6 | 1/2923 | 1/1922 |
| 风荷载作用下 | 5.6 | 12.1 | 1/9999 | 1/5100 |

表8-40　混凝土构件配筋验算结果

| 楼层 | 构件名称 | 安全裕度 |
|---|---|---|
| 4 层 | 边梁200×800 | 0.67 |
| 5 层 | 框梁5/B~C西侧边梁 | 0.87 |
| 6 层 | 框梁5/B~C西侧次梁300×800 | 0.87 |
| 7 层 | GL-6 安全裕度较低0.94 | 0.94 |
| 10 层 | 钢结构连接处200×800边梁 | 0.87 |
| 11 层 | 钢结构连接处200×800边梁 | 0.94 |
| 12 层 | 钢结构连接处200×800边梁 | 0.84 |

D 承载能力鉴定结论

通过对大厦钢结构部分各构件的现场检查、检测，以及结构承载能力验算分析，得到主要鉴定结论如下：地震作用和风荷载作用下 $X$、$Y$ 向最大层间位移角满足规范要求（小于1/800）。此外，大厦4层西侧、7层南侧新增钢结构楼板区域钢柱承载能力不足。

E 加固修复建议

（1）3层西北侧三根钢柱偏心，长细比超限，建议拆除钢柱，保留钢结构楼板，对3层钢梁连接处混凝土梁、柱构件进行加固处理。（2）与钢结构相关联混凝土构件需要进行加固处理，8层、9层局部区域需要拆除钢结构楼板。（3）对安全裕度小于1的构件区域加固处理。

F 项目小结

通过对大厦钢结构部分的检查、检测，及对结构的承载能力验算分析可知，部分区域的钢柱承载能力不满足要求，需要进行加固处理。主要原因：（1）5层、7层、8层、11层钢结构布置与设计不相符，200mm×800mm 梁存在植筋长度达不到设计要求（240mm），与原设计不符且未采取有效措施。（2）7层5-8~1/0A-A区域部分新增钢梁端板采用2个锚栓连接且螺栓存在变形，不符合原设计节点锚固要求（设计为3个）。

## 8.3 民用公共建筑结构检测、鉴定、加固修复案例

### 8.3.1 【实例30】某框架结构食堂地面上浮事故检测、鉴定及地基加固修复

A 工程概况

某食堂，为3层框架结构建筑，1层、2层用途为学生食堂，3层为礼堂，建筑面积约

为 5811m²，现场如图 8-49 所示。

a　目的

在使用过程中发现，该建筑东西两侧室外踏步出现鼓起、开裂，室外楼梯间填充墙出现明显开裂，为查清结构目前状况以及实际承载力状态，特对该建筑进行沉降观测以及地上结构可靠性检测鉴定，以便采取相应措施进行加固或改造处理，确保房屋结构的安全正常使用。

b　初步调查结果

该建筑无任何设计图纸留存。主要解决的问题：通过地基沉降观测，确切了解建筑地基、基础、上部结构的变形趋势；并对结构可靠性进行综合鉴定。经实测，平面简图如图 8-50 所示。

图 8-49　结构现状

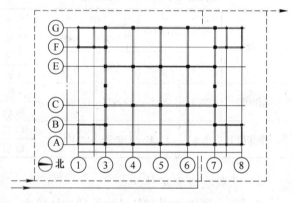

图 8-50　平面图

B　结构检查与检测

a　现场检查结果

（1）地基基础检查：通过对该建筑地基基础周围地面及上部结构的检测可知，该建筑东西两侧室外踏步出现鼓起、开裂，室外楼梯间填充墙出现明显开裂，初步确定是由于不均匀变形造成的。

（2）上部结构检查：大部分框梁、框柱、楼板等混凝土构件外观无露筋、蜂窝麻面、掉皮起砂、开裂等缺陷，外观现状良好；3 层礼堂西侧房间梁底部混凝土保护层开裂剥落，钢筋严重锈蚀；室外楼梯梁多处存在 U 形裂缝。

（3）围护系统检查：屋面防水较差；地面防水、散水开裂。

b　现场检测结果

（1）碳化深度测试结果：经现场检测，混凝土构件的碳化深度离散性较大，3 层梁及室外楼梯构件碳化深度较其余构件大，最大值超过 6.0mm，并且大多数区域碳化值接近 6.0mm，说明混凝土碳化严重，主要原因为该建筑建造时间较长、混凝土构件抹灰局部脱落。

（2）回弹法检测混凝土抗压强度结果：混凝土实测推定强度等级达到设计 C25 的要求；由于现场检测条件有限，且由于该建筑 3 层混凝土强度标号相同，故后续建筑承载能力计算时混凝土强度等级采用 C25。

（3）钢筋位置检测：框架梁底部纵筋直径 25mm，5 根；箍筋直径为 10mm，平均间距约200mm。框架柱单面纵筋直径28mm，5根；箍筋配置同框架梁。

（4）钢筋保护层厚度检测：经现场实测，混凝土构件保护层厚度离散性较大，其中，框架梁保护层厚度平均值约25mm，框架柱保护层厚度约28mm。

c 沉降监测

通过对该建筑为期3个月的沉降观测与数据分析可知，该建筑整体沉降速率符合《建筑变形测量规范》（JGJ/8—2007）规定的不满足0.02～0.04mm/d沉降稳定性指标要求，该地基基础在监测周期内沉降不均匀，存在轻微上浮现场。

C 结构承载能力分析

a 计算说明

（1）结构计算说明：该建筑为丙类建筑物，所处地区抗震设防烈度为8度（0.20g），按照本地区设防烈度要求核查其抗震措施，抗震验算按照本地区设计烈度的要求采用。经现场检查，部分框架梁存在保护层剥落钢筋锈蚀现象，考虑截面损伤承载力调整系数取0.9。采用空间整体建模进行三维有限元计算分析，整体模型如图8-51所示。

图8-51 计算模型

（2）荷载取值：按使用要求，不上人屋面活荷载标准值取0.7kN/m²；其余荷载按《建筑结构荷载规范》（GB 50009—2012）取值；地震作用：抗震设防烈度为8度，设计基本地震加速度值为0.20g，设计地震分组为第一组。

b 计算结果

框架梁、柱承载力安全裕度大于1.0，即抗震承载能力满足8度的抗震设防要求。

D 鉴定结论及事故原因分析

a 可靠性鉴定结论

（1）安全性等级评定

地基基础沉降不均匀，地基基础安全性评级为Bu；由于混凝土碳化严重、保护层厚度离散性较大，对于承重结构评级为Bu；由于部分外墙强度不足，故围护系统安全性评级为Bu。

（2）正常使用性鉴定

地基基础周围地面出现鼓起，对其评级为Bs；检查发现3层礼堂西侧房间梁底部混凝土保护层开裂剥落，故对其使用性评级为Bs；对于围护系统，由于屋面防水较差，评级为Bs。

该学生食堂可靠性鉴定评级为Ⅱ级，可靠性综合评级结果见表8-41。

表8-41 可靠性综合评级结果

| 层 次 | | 二 | 三 |
|---|---|---|---|
| 层 名 | | 子单元评定 | 鉴定单元综合评定 |
| 安全性鉴定 | 等级 | Au、Bu、Cu、Du | Asu、Bsu、Csu、Dsu |
| | 地基基础 | Bu | |
| | 承重结构 | Bu | Bsu |
| | 围护系统 | Bu | |
| 使用性鉴定 | 等级 | As、Bs、Cs | Ass、Bss、Css |
| | 地基基础 | Bs | |
| | 承重结构 | Bs | Bss |
| | 围护系统 | Bs | |
| 可靠性鉴定 | 等级 | A、B、C、D | Ⅰ、Ⅱ、Ⅲ、Ⅳ |
| | 地基基础 | B | |
| | 承重结构 | B | Ⅱ |
| | 围护系统 | B | |

b　事故原因分析

通过现场调查和分析，得出造成地基上浮的主要原因有两点：

（1）在建设施工时四周的回填土质量较差，未按设计要求分层碾压夯实，回填土体松散，未能作为有利荷载起到抗浮作用，致使地表水大量渗入地下，造成地下水位上升。

（2）外围散水上浮的区域地下排水系统遭到破坏，随着食堂日常大量排污，污水不间断排出，污水从管道流出到最低点位置；加之该地区近年来雨水较多，在遭遇暴雨时，现场大面积的地下水位急剧上升。

E　加固修复建议

a　地下管网改造

路面上浮是由排污管周围的回填土土质遭地下排污管道泄漏后大量积水软化地基造成的，为解决此问题，在进行地基加固处理的同时，应对地下管网进行排查，改造地下管网的走向，地下管网的具体走向改造如图8-52所示；并对老化的管线进行更换、修复，如图8-53（a）所示。将东西两侧的污水管排污口废弃，将污水管引入北侧污水管道集中处理。

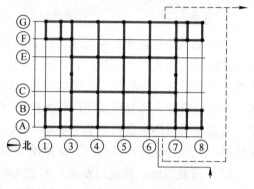

图8-52　地下管网改造平面图

b　地基加固处理

钻孔高压喷射注浆方案第一步主要针对基础下部的砂石换填层进行高压喷射注浆。进行第一步压力注浆的目的是将沉降基础底部的砂石换填层固结成刚性体，其作用是变相加大基础底面积，有效扩散上部荷载。在砂石换填层压力注浆完毕后进行第二步，将钻孔继续下钻至老土层下1500mm处，对砂石换填层下部、老土层上部的场平回填土进行压力注浆，其目的是将水泥砂浆与场平回填土有效结合，从而提高场平回填土的地基承载力，方案如图8-53（b）所示。

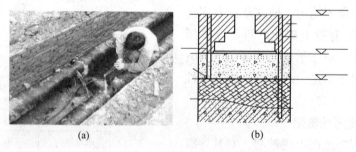

(a)　　　　　　　　　(b)

图8-53　渗水点修复及地基加固处理

（a）渗水点修复；（b）高压灌浆喷射法方案

采用钻机干钻成孔，注浆材料为425R普硅水泥，水灰比为0.5，外加剂（水玻璃）为2%~3%。施工工艺：钻孔定位→钻机就位→成孔→封堵孔口→注入水泥浆→2~3h后第二次压浆→移至下一孔。

采用钻孔高压注浆加固地基，一方面采用高压水泥浆填充垫层与砂层换填层间的空隙，另一方面采用高压水泥浆硬化被地下水软化的地基。首先，在排污管沿线两侧设注浆孔，距排污管 0.5m，孔距 5m，孔径 80mm，孔深 3m。第一次注入水泥砂压力为 0.5MPa，并设置观测孔监测注浆的充盈率；第二次注浆压力为 1～2MPa（具体注浆压力现场调整，以外围散水及地基不隆起为宜），再通过孔进行注浆，孔距不大于 5m。为了获得加固地基的作用，钻孔应深入砂层换填层下方地基的 150mm 以下。浇灌完成后，在孔间设检查孔，检查混凝土的充盈率。

c　上部结构修复

对锈蚀钢筋进行除锈处理。对室外楼梯间梯梁、填充墙裂缝进行灌浆封闭处理。

d　加固改造后沉降观测结果

对该食堂室外台阶地下水管进行维修处理及地基处理加固后，通过持续 100d 对主体沉降进行不间断监测，并进行数据分析可知，礼堂整体沉降速率在加固处理后监测区间内主体沉降速率符合《建筑变形测量规范》（JGJ/8—2007）规定的不大于 0.02～0.04mm/d 沉降稳定性指标要求，即沉降稳定。上部结构再未发现由于地基不均匀沉降造成的新增结构构件显著开裂和倾斜，建筑地基和基础无静载缺陷，地基基础基本完好。

F　项目小结

依据《民用建筑可靠性鉴定标准》（GB 50292—1999），经过现场检查、检测，计算及分析，该建筑加固处理前的可靠性鉴定评级为Ⅱ级的主要原因为：地基基础上浮、散水破裂；室外楼梯梁、填充墙多处裂缝；3 层框架梁底部钢筋严重锈蚀。经地下管网改造及地基加固后地基基础工作良好。

## 8.3.2　【实例 31】某框架结构商业综合体恶性破坏事故检测、鉴定及加固修复

A　工程概况

某商业综合体，2014 年建成，框架核心筒结构，地上 16 层，设 2 层地下室，建筑高度为 62.85m，基础采用 CFG 桩复合地基，筏板基础。事故现场如图 8-54 所示。

图 8-54　箍筋剪断

a　事故调查结果

在项目施工过程中出现部分关键结构受力钢筋断裂，但未采取任何补救措施就浇筑混凝土的恶性事件。为确保房屋结构的安全性要求，查清结构目前使用状况以及是否存在其他安全隐患，评估实际承载能力状态，对项目进行全面检测鉴定，给出结构安全性鉴定结果。

b　初步调查结果

现场有建筑结构等有关图纸与资料，但结构平面布置与材料强度以现场实际检测结果为准。平面简图如图 8-55 所示。

B　结构检查与检测

a　现场检查结果

（1）地基基础检查：该商业综合体的四周地面均未发现明显开裂现象，未见因地基沉降等引起上部结构倾斜变形、裂缝等缺陷。

（2）质量缺陷检查：整个项目构件外观缺陷共发现180处，主要体现为混凝土保护层不足；混凝土泌水严重；梁底、板底露筋；混凝土表面蜂窝，麻面多；柱烂根；梁、板裂缝等。

b 现场检测结果

（1）混凝土强度检测结果：试验室抗压强度试验及现场回弹检测，结果有52.22%不满足设计及规范要求，如图8-56所示。

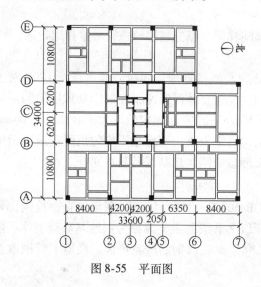

图 8-55 平面图

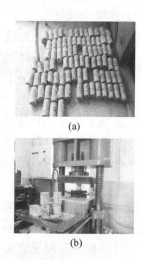

图 8-56 混凝土强度取芯试验
（a）现场取芯；（b）实验室试验

（2）结构耐久性检测结果：综合计算，对整个项目随机抽样检测，混凝土强度不合格率过大，芯样不合格率大，整个项目混凝土结构耐久性满足要求。

（3）垂直度检测结果：该结构可观测部分，4层以下顶点侧向水平位移的最大值为34mm，根据《民用建筑可靠性鉴定标准》（GB 50292—1999）第6.3.5条关于各类结构不适于继续承载的侧向位移评定的规定，该次检测的新建建筑混凝土结构高层建筑框架顶点位移大于 $H/550 = 28.1mm$，应评定为 Cu 或 Du 级，顶点侧向水平位移不满足设计及规范要求。

（4）钢筋配置及保护层厚度检测结果：整个项目钢筋配置保护层部分数据超出规范允许值（梁 +10mm、 -7mm，板 +8mm、 -5mm）；但点合格率在90%以上，应判为合格。

（5）构件尺寸检测结果：整个项目构件截面尺寸随机抽样结果显示，共有11处不满足《混凝土结构工程施工质量验收规范》（GB 50204—2002）要求。

c 钢筋剪断区域检测

采用 PS200 型钢筋扫描仪对该项目主体结构梁、板、柱、墙进行钢筋剪断和钢筋缺失区域检测。

（1）电磁感应法原理：此方法为电磁感应法，探头等计量仪器中的线圈当交流电流通电后便产生磁场，在该磁场内有钢筋等磁性体存在，这个磁性体便产生电流，由于有电流通过便形成新的反向磁场。由于这个新的磁场，计量仪器内的线圈产生反向电流，结果使线圈电压产生变化。线圈电压的变化，是随磁场内磁性体的特性及距离而变化的，利用这种现象测出混凝土中钢筋的位置。

（2）检测结果：对初步检测结果为可疑点的区域进行剔开检测，结果汇总发现，剔凿露出钢筋的位置，有 50% 以上柱根位置绑扎箍筋施工质量不符合设计，加密区箍筋缺失 1 排到多排，其中该楼有 8 处钢筋断裂、缺少主筋的位置，严重影响结构安全及抗震承载力，其施工质量不符合设计及《混凝土结构工程施工质量验收规范》（GB 50204—2002）的要求。

现场工作如图 8-57 所示，构件扫描断筋、缺失钢筋，部分可疑区成像检测结果如图 8-58 所示。

C　结构承载能力分析

a　计算说明

采用建筑工程计算软件 PKPM 进行结构承载力校核验算，计算的主要流程如下：建立三维空间计算模型；输入结构整体信息、荷载作用信息和其他结构

(a)　　　　　　(b)

图 8-57　钢筋剪断区域检测工作现场
(a) 雷达扫描；(b) 可疑区成像

设计参数等；按照实测值调整结构计算控制参数（如几何尺寸、强度等），以保证结构计算分析结果真实反映结构现状；进行整体结构计算，并对计算结果进行总结归纳。

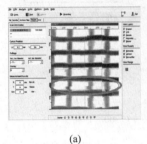

(a)　　　　　　(b)　　　　　　(c)　　　　　　(d)

图 8-58　部分钢筋剪断区域检测结果对照图
(a) 可疑区成像主筋断裂；(b) 剔凿后主筋断裂图；(c) 可疑区成像箍筋缺失；(d) 剔凿后箍筋缺失图

计算模型建立后，采用建筑工程计算软件 PKPM 的 SATWE 模块进行计算复核，各层混凝土强度均按实测值和设计值取最小值输入。经简化，计算模型如图 8-59 所示。

b　计算结果

经承载力计算结果分析，该综合体所有被剪断构件抗力与荷载效应之比均小于 1，说明该建筑主体结构大部分构件的承载能力良好，此区域构件的安全性等级评定为 Cu 级。

D　结构可靠性鉴定

依据《民用建筑可靠性鉴定标准》（GB 50292—1999）、《混凝土结构工程施工质量验收规范》（GB 50204—2002）及《混凝土结构设计规范》（GB 50010—2010），经对该楼结构整体的现场检查、检测，计算及分

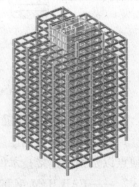

图 8-59　计算模型

析，得出鉴定结论为，该建筑物可靠性评定等级为Ⅳ级，即其可靠性不符合对Ⅰ级的要求，显著影响整体承载功能和使用功能。

E  加固修复设计

该次加固修复范围为所检测区域内评级为 c 级、d 级的所有柱、墙，主要加固修复工作为剪断钢筋的连接及构件节点混凝土强度的补强。

a  框架柱加固修复设计

基于对该结构现有构件安全性的评级结果，并通过对传统混凝土构件加固方法的比选，综合考虑选用置换混凝土＋增大截面＋外包角钢的加固方法对本结构评级为 d 级的框架柱构件进行加固，在加固中，对于被剪断的竖向主筋采取重新连接的方案，对于被剪断的箍筋采取替换的方案。具体加固设计如图 8-60、图 8-61 所示。

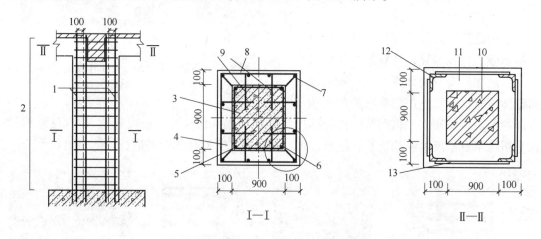

图 8-60  框架柱置换混凝土加固修复

1，7—新增截面纵筋 12φ25；2，8—新增箍筋 φ12@100；3，10—原结构；4，11—新增结构；
5—搭接钢筋；6—竖向剪断钢筋连接；9—插筋；12—角钢；13—20×1000×4@300（四边）

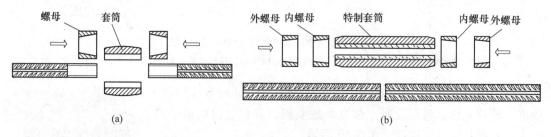

图 8-61  竖向钢筋连接方式

（a）CAB R/M 钢筋连接方式；（b）改进后的 CAB R/M 钢筋连接方式

b  竖向被剪断钢筋的连接

通过综合分析钢筋绑扎搭接、钢筋焊接、钢筋机械连接这三种传统钢筋连接方式的优缺点以及钢筋连接技术的研究进展，本结构被剪断钢筋采用改进后的"直螺纹钢筋连接方式"——CAB R/M 钢筋连接方式进行修复连接。其中，构件节点混凝土强度的补强采取置换混凝土与外包钢相互组合的加固修复方案，具体方案如下。

CAB R/M 钢筋接头是一种新型的直螺纹接头形式，在待连接两钢筋的端部加工上直螺纹，再用两个半圆形的螺纹套筒扣到两钢筋螺纹上，两个半圆形的螺纹外面拧上带有内锥螺纹的螺母，拧紧螺母后即可将两钢筋连接在一起，如图 8-61 所示 。这种钢筋连接方式中螺纹套筒和螺母的螺纹能够自锁，因此锁紧后螺母不会自行脱落，接头质量非常稳定。

c　水平被剪断钢筋的连接

对于被剪断的箍筋，采取逐个替换的方式，对于剪力墙上的箍筋，采用改进后的 CABR/M 钢筋连接方式进行连接。

F　项目小结

根据《民用建筑可靠性鉴定标准》（GB 50292—1999）对该结构检测鉴定的最终评级为Ⅳ级，显著影响整体承载功能和使用功能，不满足的主要原因：断筋、缺筋严重，构件缺陷点处密集，混凝土抗压强度不满足设计值，严重影响结构承载力，严重影响结构的使用安全；需立即采取措施处理。通过对剪断的竖向框架柱钢筋进行修复，对节点处混凝土强度不达标的部位采取置换混凝土的方式进行增强，进而保证结构安全。

## 8.4　本章案例分析综述

本章结合 13 个民用公共建筑的工程实例，其中 4 个检测案例，7 个检测、鉴定案例，以及 2 个检测、鉴定、加固修复的工程案例，详细介绍了民用公共建筑中常见的砌体结构建筑、钢筋混凝土结构建筑、钢结构建筑的检测、鉴定、加固修复全过程，并给予了分析，针对不同结构形式的民用公共建筑的不同特点，有针对性地展开了检测、鉴定、加固修复各个环节的工作，与民用住宅建筑、工业建筑相比，民用公共建筑存在着自身的特点，根据其特点，开展各项工作。同时，也应该看到民用公共建筑在检测、鉴定、加固修复的各个环节仍有许多问题需要解决（可参考民用住宅的综述内容）：

（1）检测方面：缺少系统的实验研究和完整的数据，且不能充分地采集相关信息；由于大量项目图纸资料缺失、实际结构还原过程中存在偏差，且无法通过荷载实验充分采集全部数据，结构承受荷载作用的极限状态也不可能通过实验达到。此外，不同的检测方法数据处理过程各不相同，鉴定是建立在现场检测基础上的，但是检测、鉴定规范联系却不甚紧密；一般来说，对于一个检测项目会有不止一种的检测方法，而每种方法又可能对应不同的检测精度以及数据处理方法，不同方法之间存在着不同的检测误差，上述原因导致数据评定结果存在不确定性，在这种情况下，应充分考虑不同方法对鉴定结果的影响。

（2）鉴定方面：在鉴定规范中，结构或构件的抗力与荷载的计算取值仍然沿用设计规范，这与结构的实际情况不符。例如：既有结构或构件的承载能力验算在我国仍然沿用设计规范，如我国《民用建筑可靠性鉴定标准》（GB50292—1999）规定，当验算被鉴定结构或构件的承载能力时，结构上作用的分项系数及组合系数，应按现行国家标准《建筑结构荷载规范》的规定执行；而《建筑结构荷载规范》（GB50009—2012）规定的作用分项系数及作用组合系数是以拟建结构为对象确定的，对既有建筑结构并不完全适合。既有结构的继续使用期不同于设计时采用的基准期，可变荷载的统计参数会有所不同。针对结构鉴定标准发展相对滞后，各标准编制内容部分交叉，标准之间的协调性较差，相应的鉴定工作不得不依据新建建筑的标准，不能充分反映既有建筑特点和要求等问题，至此，针对既有建筑结构的极限状态准则应该考虑既有结构的特点，重新进行统计分析和理论等方面的研究。

（3）加固修复方面：其一，民用公共建筑在具体的加固修复过程中，加固对象多为钢筋混凝土结构和钢结构，在加固过程中，虽有一些常规、常用的方法可供选择，但这些加固方法不一定就完全符合特定的实际工程特点，因此，对于民用公共建筑结构和构件的加固应提出较为适宜的加固方案比选办法，为加固工作提供决策，避免盲目设计、盲目施工，此外，施工时应该视其具体情况辅以合适的监测技术，以确保施工安全和施工质量。其二，加固后技术规范需不断完善。目前已颁布大量的加固设计系列规范，但与之配套的较为成熟的施工验收规范尚未出台，导致加固工作中施工操作随意性大，不利于加固工作的施工质量控制。同时，不同规范间的相关要求有矛盾之处，如对纤维布要求来说，《混凝土结构加固设计规范》（GB50367—2013）以强制性条文规定，不得使用 $>300\mathrm{g/m^2}$ 碳纤维布，而《碳纤维片材加固混凝土结构技术规程》（CECS 146—2003（2007））则明确可以使用 $200\sim600\mathrm{g/m^2}$ 纤维布，二者要求不统一，造成不同立场的人执行不同标准。

# ⑨　工业建筑结构检测、鉴定、加固修复案例及分析

## 9.1　工业建筑结构检测案例

### 9.1.1　【实例32】某框架结构工业厂房结构振动测试

**A　工程概况**

某工业厂房，建于1997年，4层框架结构，功能用途为生产电子类产品，该厂房投入使用至今，现场如图9-1所示。

**a　目的**

该厂房设备运行时，工作人员反映在正常工作过程中，会引起使人产生不舒适感的振动，为保证使用的安全性，需要搞清结构振动特征、严重程度及导致结构振动较大的

图9-1　项目外观结构现状

具体原因。若振动值超出规范限值，应结合结构、构件自身特征及设备运行特征，给出相应的减振隔振处理方案，以便采取相应措施进行加固或改造处理，确保房屋结构的安全正常使用。

**b　初步调查结果**

查阅原始资料，建筑、结构设计图纸齐全。为便于现场检测记录及定位对结构平面简图进行了测绘。平面简图如图9-2所示。

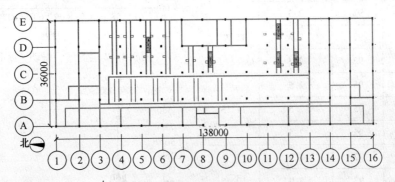

图9-2　2层平面图

**B　测点布置**

本次振动测试共布置7个测区，2层5个测区，3层2个测区，所选测区均在成型机附近且操作人员立姿感觉振动明显的部位，数据采集使用A302型无线加速度传感器和941B型超低频拾振器。每个测区含3个测点，2层、3层共设置21个测点。每个测点均进

行振动速度及振动加速度的测试。测点布置图见图9-2（2层测区布置图，图中斜阴影表示测区，自左至右测区1~5）。

C　振动测试结果

a　振动测试说明

测试振动加速度的目的在于得出振动加速度级，分析舒适性降低界限容许振动计权加速度级、疲劳-工效降低界限的容许振动计权加速度级，是否影响人体全身振动舒适性。

测试振动速度的目的在于确定测点的最大振动速度是否超出标准限值，是否会对结构造成损坏，影响结构安全。

该次振动检测采用BeeDate软件对数据作后处理，得到测点振动速度、振动加速度及频响特征。测试结果见表9-1，部分震动加速度、速度、频域如图9-3~图9-5所示。

表9-1　2层、3层楼板竖向振动检测结果

| 测区 | 测点 | 振动加速度级/dB | 最大振动速度/mm·s⁻¹ | 振动频率/Hz |
|---|---|---|---|---|
| 2层(1) | 1 | 94 | 2.6 | |
| | 2 | 93 | 2.4 | 9.96 |
| | 3 | 94 | 2.6 | |
| 2层(2) | 1 | 97 | 3.9 | |
| | 2 | 96 | 3.2 | 9.96 |
| | 3 | 97 | 3.8 | |
| 2层(3) | 1 | 93 | 2.4 | |
| | 2 | 93 | 2.4 | 11.52 |
| | 3 | 94 | 2.5 | |
| 2层(4) | 1 | 92 | 2.3 | |
| | 2 | 92 | 2.3 | 15.33 |
| | 3 | 92 | 2.3 | |
| 2层(5) | 1 | 95 | 2.5 | |
| | 2 | 95 | 2.5 | 11.13 |
| | 3 | 95 | 2.5 | |
| 3层(1) | 1 | 92 | 1.9 | |
| | 2 | 92 | 2.0 | 10.45 |
| | 3 | 92 | 1.9 | |
| 3层(2) | 1 | 89 | 1.6 | |
| | 2 | 89 | 1.5 | 11.91 |
| | 3 | 89 | 1.6 | |

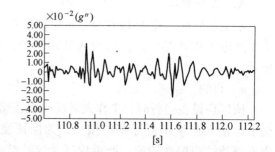

图9-3　2层测区一振动加速度时域图

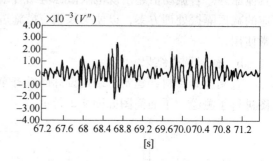

图9-4　2层测区一振动速度时域图

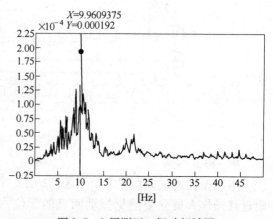

图9-5　2层测区一振动频域图

b　测试结果分析

（1）2 层振动测试值略大于 3 层振动测试值，这与 2 层所开启设备数量多于 3 层有关。

（2）操作区人员连续暴露时间一般不超过 8h，根据《建筑工程容许振动标准》（GB 50868—2013）第 6.0.2 条：舒适性降低界限容许振动计权加速度级为 102dB，疲劳-工效降低界限的容许振动计权加速度级为 112dB。该厂房所测试 21 个测点振动加速度级最大为 97dB，未超过容许限值。因此，只要保证操作人员连续作业在 8h 以内，就不会影响其身体健康。

（3）根据 ISO 推荐的建筑振动容许标准：当建筑物最大振动速度小于 2.5mm/s 时，建筑物不可能受损；建筑物最大振动速度在 2.5~5.0mm/s 之间时，建筑物损坏的可能性极小。该建筑 21 个测点中 16 个测点最大振动速度在 2.5mm/s 以内，仅 5 个测点最大振动速度在 2.5~5.0mm/s 之间，且均未超过 4mm/s。说明设备引起的振动对建筑产生损坏的可能性极小，且该建筑投入使用已有 16 年之久，经现场检查未发现明显受力裂缝（个别裂缝为温度或收缩裂缝，不属于受力裂缝），说明成型机等设备引起的振动不会影响结构安全。

D　振动测试结论

因成型机等设备运行引起楼板的冲击性振动，不会影响操作人员身体健康；楼板的振动未超出规范限值，属于正常振动，不会导致结构损坏而影响结构安全，不需要进行振动治理。

E　项目小结

通过对 2 层、3 层振动较大的区域进行振动测试，得出各个测点的振动加速度级和最大振动速度。将测试结果与国家相关标准、规范进行比较，确定振动幅值（振级）未超出规范要求。为保证人员工作的舒适程度，建议操作人员连续作业时间控制在 8h 以内。

## 9.1.2 【实例 33】某钢结构加工车间施工质量检查、检测

A　工程概况

某加工车间钢结构在建工程，结构形式为门式刚架轻钢结构体系，总建筑面积约为 4267.7m²，由于施工质量原因，现已停工，现场如图 9-6 所示。

a　目的

现场钢结构刚架、抗风柱基本施工完毕，但支撑系统、次结构、围护结构部分施工或未施工，因甲、乙双方存在纠纷，钢结构工程处于停工阶段，特对该加工车间钢结构工程进行质量检测。

b　初步调查结果

查阅原始资料，工程存档资料部分缺失，现场检测时，发现刚架结构构件尺寸与设计图纸不符。为便于现场检测记录及定位，经实测绘制平面简图如图 9-7 所示。

B　结构检查与检测

a　现场检查结果

（1）该门式轻钢结构刚架梁为焊接 H 型变截面钢梁，因停工，室外暴露时间较长，部分刚架梁存在防腐涂层剥落和划伤，梁柱端头板连接螺栓锈蚀现象。

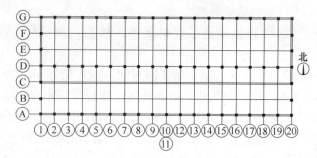

图 9-6　加工车间钢结构现状　　　　　　　　　　图 9-7　平面图

11/D～G、16/D～G、19/D～G 刚架梁扭曲，不满足《钢结构工程施工质量验收规范》（GB 50255—2001）的要求。D 轴线上部分 H 型钢柱端头板存在螺栓孔定位偏差（16/D 见图 9-8（a），12/D、13/D 见图 9-8（b））。5/A～D、6/A～D、7/A～D、8/A～D 等位置刚架梁节间拼接处组装存在偏差（图 9-8（c））。

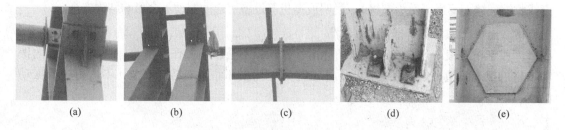

(a)　　　　　(b)　　　　　(c)　　　　　(d)　　　　　(e)

图 9-8　现场检查部分缺陷（一）

（a）钢柱端头板螺栓孔定位偏差；（b）钢柱端头板螺栓孔定位偏差；（c）刚架梁节间拼接处组装偏差严重；
（d）H 型钢柱柱根及连接螺栓锈蚀；（e）刚架柱连接板焊接组装偏差

（2）该门式轻钢结构刚架柱为焊接 H 型钢柱，因停工，室外暴露时间较长，多数柱根部存在锈蚀现象，柱底板连接螺栓存在锈蚀现象（图 9-8（d））。部分刚架柱采用连接板焊接组装而成，部分腹板连接焊缝需要补焊（图 9-8（e））。与刚架梁连接的抗风柱存在组装偏差，后期施工需校正（图 9-9（a））。

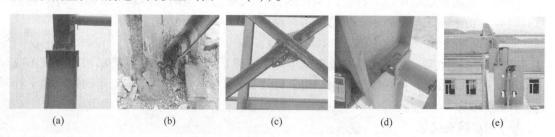

(a)　　　　　(b)　　　　　(c)　　　　　(d)　　　　　(e)

图 9-9　现场检查部分缺陷（二）

（a）抗风柱组装偏差现状；（b）支撑杆件连接螺栓锈蚀现状；（c）部分柱间支撑杆件焊接破损现状；
（d）A 轴刚系杆外形尺寸偏差现状图；（e）屋面檩条组装偏差现状图

（3）该门式轻钢结构刚架柱柱间支撑为等肢双角钢组合截面交叉支撑，因停工，室外暴露时间较长，支撑杆件连接螺栓锈蚀，个别杆件存在焊接破损现象（图 9-9（b））、图 9-9（c））。刚性系杆采用钢管，现场发现 A 轴部分刚性系杆存在外形尺寸偏差，风荷载作用下，存在晃动现象（图9-9（d））。

（4）该门式轻钢结构屋面檩条、墙梁截面均为冷弯薄壁卷边 C 形槽钢，现场检查时，该工程仅安装部分檩条与墙梁，存在组装偏差现象，用点焊代替螺栓连接（图9-9（e）），已安装螺栓锈蚀，檩条与檩托板放置方向不合理，墙面门立柱直接支撑在砌体台墩上方，门立柱与窗立柱连接采用点焊，后续安装时需校正。

b  现场检测结果

（1）钢材性能检测：现场通过里氏硬度计对该工程主要结构进行钢材力学性能抽样检测，检测位置为钢柱的腹板及翼缘（抗拉强度的平均值 $\sigma_b$（MPa））：对2/D 钢柱（422）、4/D 钢柱（447）、6/D 钢柱（472）等钢柱；16/A ~ D 钢梁（458）、17/A ~ D 钢梁（454）等钢梁；1 ~ 2/A 柱间双角钢支撑（385）、1 ~ 2/D 柱间双角钢支撑（387）、1 ~ 2/G 柱间双角钢支撑（384）等支撑，现场截取槽钢试样，进行钢材力学性能试验。抽检结果表明，所测钢柱、钢梁、支撑、檩条的力学性能符合 Q235 钢材抗拉极限强度的要求，见表9-2。

表9-2  冷弯薄壁槽钢拉伸强度试验结果

| 轴线编号及位置 | 截面积（高×宽×厚）/mm | 屈服强度/MPa | 抗拉强度/MPa | 伸长率/% |
|---|---|---|---|---|
| 试样1 | 200×70×2.5 | 264 | 402 | 46.5 |

（2）截面尺寸检测：用钢卷尺、游标卡尺及金属超声测厚仪对柱、支撑等钢构件截面尺寸（设计尺寸 $H450 \times 200 \times 7.5 \times 12$）进行抽检，所检构件均在合格范围之内，所检构件为2/D、4/D、6/D、8/D、10/D、13/D、15/D、17/D、21/D、19/G、16/G、11/G 等。

（3）垂直度检测：根据《钢结构工程施工质量验收规范》（GB 50255—2001）的要求，单层柱的垂直度允许偏差为 $H/1000$（$H \leqslant 10\text{m}$）。用全站仪对所抽检的钢柱垂直度进行检测，检测结果表明，部分钢柱（10/D、19/A、18/G、18/D、6/G、9/G 等）的垂直度偏差大于《钢结构工程施工质量验收规范》（GB 50205—2001）要求，在结构承载力验算中，应考虑其对结构的不利影响。

（4）涂层厚度检测：采用涂层测厚仪检测钢构件防腐涂层厚度，结果表明，所抽检钢构件18处防腐涂层厚度存在负偏差，分别为：1/A 钢柱、3/A 钢柱、7/A 钢柱、11/A 钢柱、14/A 钢柱、20/A 钢柱、6/D 钢柱、8/D 钢柱、15/D 钢柱、16/G 钢柱、16/A ~ D 钢梁、17/A ~ D 钢梁、18/A ~ D 钢梁、19/A ~ D 钢梁、14/A ~ D 钢梁、15/A ~ D 钢梁、11 ~ 12/G 钢系杆、12 ~ 13/G 钢系杆。

c  检测结论

依据有关国家标准、规范和现有资料，综合检验过程并分析得出总体检验结论为：

（1）依据《门式刚架轻型房屋钢结构技术规程》（CECS 102：2002）3.3.1 条、《钢结构设计规范》（GB 50017—2003）3.3.1 条材料的选用规定，该工程所测钢柱、钢梁、檩条、支撑的力学性能符合 Q235 钢材抗拉极限强度的要求。结合《建筑结构荷载规范》（GB 50009—2012）的规定，本工程檩条竖向承载力能够满足设计规范要求。

（2）经现场检查，本工程仍处于在建阶段，停工时间较长，造成钢构件长期处于室外暴露的环境。已安装的部分构件存在安装偏差，需在后续施工过程中采取相应措施调整至符合《钢结构工程施工质量验收规范》（GB 50255—2001）的要求。

D　项目小结

不能满足《钢结构工程施工质量验收规范》（GB 50255—2001）的主要原因为：现场钢材的截面尺寸、垂直度、涂层厚度存在不满足项目；构件的安装、焊接也存在不满足项目。为保证后续正常使用，建议采取以下措施：（1）对外观质量存在缺陷的构件进行修复处理。（2）对已锈蚀的构件、螺栓进行彻底除锈，并做防腐处理。（3）后期结构安装时，应确保新安装构件与原构件连接节点受力合理、连接可靠。

### 9.1.3　【实例34】某混凝土排架结构铸造车间墙体下沉检测

A　工程概况

某公司铸造车间为七跨单层厂房，混凝土排架结构，建筑高度为22.2m，建筑面积为18850m²，现场如图9-10所示。

a　目的

厂房已投入使用近4年，现发现该车间B～C跨24/B～1/B处山墙开裂、下沉及抗风柱下沉，A～B跨24/A～B处山墙开裂，对其下沉处的山墙进行开挖，发现周围土有浸水现象。为保证厂房结构的安全使用要求，特对该车间地基土进行岩土工程勘察，及对存在下沉的山墙及抗风柱损坏状况进行调查及检测，并对其进行后期沉降观测。对造成地基下沉（下部渗积水）的原因进行调查并作出正确判断。

b　初步调查结果

该车间原设计图纸、岩土勘察报告、垃圾坑土方工程等资料留存基本完整。该工程结构构件的平面布置情况与设计图相符。平面简图如图9-11所示。

图9-10　结构现状

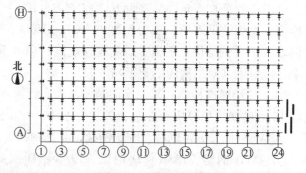

图9-11　平面布置图

通过对铸造车间留存资料进行调查，对检测工作有意义的主要资料归纳如下。

（1）岩土勘察报告表明，铸造车间发生山墙开裂、下沉及抗风柱下沉的位置，原地质土层0～0.5m为耕土、0.5～3.0m为黄土状土、3.0～11.5m为中砂，场地内及其附近未发现地裂缝及其他不良地质作用，勘探深度20m范围内未见地下水，场地内为非湿陷性黄土场地，建筑物地基属于不均匀地基。为改善地基的均匀性，建筑物可采用换填垫层法处理地基，换填材料可选用灰土，地基处理厚度可取1m（对局部填土较厚部分，可采用注浆法局部补强）。

（2）设计院对A～B轴间问题的处理意见：将建筑内及建筑基础边缘外放2m范围垃圾全部清除，然后用素土回填至基础垫层底面下1m，基础下3m素土压实系数不小于

0.97，基础下 3m 以下素土压实系数不小于 0.95。基础垫层底下 1m 高度、基础边缘外放 1m 宽度的范围内采用 3:7 灰土回填至基础垫层底面，该范围外其余采用素土回填，素土、灰土压实系数不小于 0.97。

B　结构检查与检测

a　现场检查结果

（1）结构体系、结构构造和连接构造检查结果：厂房为单层钢筋混凝土排架结构；排架柱采用杯形独立基础，基础埋深 1.8m，围护墙结构采用墙下条形基础；抗风柱与屋架的连接符合要求；溢水口洞底标高与设计不符，设计要求溢水口洞底标高比对应天沟高 300mm。

（2）现场破损情况：未发现围护山墙结构墙体 24/A ~ H 及窗角有明显的因地基基础变形而引起的开裂现象。山墙贯通裂缝主要靠近 24/B 处抗风柱，沿墙呈约 45° 斜向分布，裂缝开展宽度已达到 20mm，裂缝开展长度约 2.5m，裂缝限值已超过《工业建筑可靠性鉴定标准》（GB 50144—2008）对 b 级构件的要求，已影响结构的正常使用；车间内地面也出现开裂下沉，裂缝宽度较大，地面下沉量约 60mm，24/B 抗风柱也出现了约 30mm 的下沉。东南角山墙 24/A 处也出现了形态呈斜向的裂缝，裂缝宽度约 10mm，雨、污水井壁及东南角路面也出现不同程度的开裂。

b　现场检测结果

（1）地面密实度检测：采用瑞典 MALA 地质雷达，选用主频为 250MHz 屏蔽天线，该天线的理论探测深度可达 5 ~ 10m。检测区域为沿铸造车间东南角 A ~ B 跨、B ~ C 跨墙体布设 4 条测线（约 20m），现场实际探测深度达 4 ~ 5m，如图 9-11 所示（右侧黑线区域）。

通过对现场检测结果的分析可以知，测线检测范围内区域不存在内部土体空洞现象，内部土体基本密实，不会显著造成路面沉降和塌陷。现场雷达扫描结果见图 9-12。

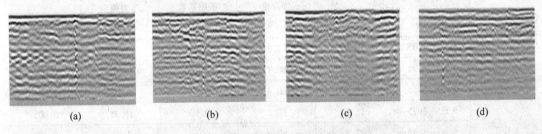

(a)　　　　(b)　　　　(c)　　　　(d)

图 9-12　地质雷达扫描结果
(a) 测线 1；(b) 测线 2；(c) 测线 3；(d) 测线 4

（2）地下管线渗漏检测：对铸造车间东南角管网进行漏水调查、探测、查明漏水点位。要求漏点的准确率 100%，漏水点定位精度不大于 ±1.5m。本次调查工作的内容为：管网分布及管道走向现场确认、管网区域环境调查、阀栓听音调查、路面听音调查、漏水点位确认调查。通过对现场检测结果的分析可以看出，管网测试区域未存在漏水异常现象。现场管网测试波形结果如图 9-13 和图 9-14 所示。

（3）抗风柱钢筋分布扫描检测：对 24/B 处抗风柱进行了混凝土钢筋分布雷达扫描，现场扫描图片表明，钢筋分布、钢筋直径满足设计图纸要求。

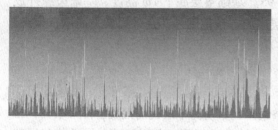

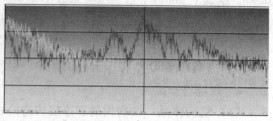

图 9-13 管网测试波形结果（一）  　　　　图 9-14 管网测试波形结果（二）

（4）钢筋保护层厚度检测结果：采用电磁感应法对抗风钢筋保护层厚度进行检测。结果表明，纵向主筋保护层厚度为 28~42mm，平均厚度为 34mm，保护层厚度满足设计规范要求。

（5）混凝土构件强度检测：根据《回弹法检测混凝土抗压强度技术规程》（JGJ/T 23—2011）的规定，采用回弹法对铸造车间抗风柱构件强度进行检测，且混凝土龄期已超过 1000d，考虑龄期修正后的构件强度回弹值结果表明，抗风柱强度满足设计要求。

（6）山墙及抗风柱垂直度检测：采用全站仪对山墙及抗风柱垂直度进行检测，根据《工业建筑可靠性鉴定标准》（GB 50144—2008）及《砌体结构工程施工质量验收规范》（GB 50203—2011）的要求，砌体结构墙体不适于继续承载的侧向位移不应大于 20mm，从检测结果看出山墙东南角 24/A 偏差（28mm）不满足规范要求。

（7）下沉山墙处地质勘察：对紧邻 24/B~C 处山墙东侧地质条件进行现场勘探，主要目的为查明场地地基土的分布埋藏特征及其物理力学性质，并进行岩土工程评价，共钻探 5 个孔，每个孔深度为 10m，各试样的常规物理力学性质指标试验结果详见表 9-3。

表 9-3　常规物理力学性质指标试验结果

| 孔号 | 取土深度/m | 天然湿度 $\omega$/% | 饱和度 $S_r$/% | 压缩系数 $\alpha_v$/MPa$^{-1}$ | 压缩模量 $E_s$/MPa | 湿陷系数 |
|---|---|---|---|---|---|---|
| 1 号孔 | 1.60~1.75 | 18.9 | 83.2 | 0.42 | 3.98 | 0.001 |
| | 3.60~3.75 | 17.2 | 60.7 | 0.15 | 13.22 | 0.001 |
| | 5.00~5.15 | 17.5 | 50.4 | 0.32 | 6.12 | 0.001 |
| 2 号孔 | 3.60~3.75 | 18.6 | 80.2 | 0.10 | 16.75 | 0.001 |
| | 5.80~5.95 | 22.8 | 80.9 | 0.40 | 3.75 | 0.001 |
| | 8.00~8.15 | 27.1 | 90.8 | 0.27 | 7.02 | 0.001 |
| 3 号孔 | 1.50~1.65 | 24.6 | 88.2 | 0.36 | 4.52 | 0.001 |
| | 7.80~7.95 | 26.1 | 80.7 | 0.51 | 3.38 | 0.001 |
| 4 号孔 | 4.30~4.45 | 16.8 | 81.9 | 0.09 | 14.08 | 0.001 |
| | 6.00~6.15 | 22.9 | 81.2 | 0.52 | 3.86 | 0.001 |
| 5 号孔 | 4.00~4.15 | 20.6 | 75.2 | 0.23 | 8.12 | 0.001 |
| | 7.00~7.15 | 25.9 | 81.4 | 0.40 | 4.65 | 0.001 |

从现场勘探以及试验结果可知，五个勘探点土质情况大体相同，2 号孔、3 号孔和 5

号孔土的湿度相对较大。五个勘探点的土质情况大致为：0～2m为素填土，湿度较大；2～4m为灰土层，稍湿；4～9m为素填土，湿度较大；9m左右开始为粗砂。取土试样试验结果显示土样含水量相对湿度较大，场地地基土为中压缩性非湿陷性土。经勘察揭示，场地内素填土，填龄小于10a，土质松散，欠均质、欠固结，压缩性存在一定差异，承载力低，为不均匀地基。对于不均匀地基，建筑物易产生差异沉降、倾斜等变形。三七灰土层上下的土含水率都较高，且素填土颜色呈现褐黄色，说明没有被污水污染，也排除了排水管道漏水的可能性。

C 检测结论

依据国家现行规范及现场检测、检查、勘探结果，综合分析引起铸造车间墙体开裂、下沉及抗风柱下沉的原因主要如下：

下沉区域为高回填土，土质松散，不均匀、欠固结，压缩性存在差异，为中高压缩性，承载力低；三七灰土层上下土层含水率都较高，说明三七灰土垫层及素填土处理不到位，压实度不足，加之屋面落水口维护不当导致排水不畅，当雨量过大时从外墙溢水口流出直接排到室外散水及绿化带处，马路道牙高于室外散水，进而造成地基土产生不均匀沉降。

D 项目小结

通过对铸造车间下沉区域土质、厂房主体结构、雨水管网等项目的检测及排查，得出以下结论：铸造车间东侧雨、污水井区域由于土质及排水不畅等原因造成了地基不均匀沉降，及墙体开裂、下沉，抗风柱下沉，并出现大量的裂缝。为使该结构达到安全使用，建议采取如下加固处理措施：

（1）对于素填土采用注浆法进行加固修复，即利用压力注浆使回填土固化，并达到稳定土层的目的。建议采用高压喷射注浆法进行施工。

（2）对开裂的墙体，首先清除裂缝墙体两侧的碎屑、粉尘、松散层等，对裂缝较宽的墙体，采用置换新砖、填塞砂浆的办法；对裂缝较小的墙体，采用$\phi10$的穿墙钢筋，拉结两侧的$\phi6@500$的钢丝网，然后用M5的水泥砂浆抹面。

（3）将散水及其下土层挖除，分层夯实，重新做新散水，并按规定留缝，用沥青嵌缝，散水应视基础宽度适当加宽。散水以外的室外地面，应做好雨水疏导，不得在散水处积水。

## 9.2 工业建筑结构检测、鉴定案例

### 9.2.1 【实例35】某砖混结构厂房火灾后结构安全性检测鉴定

A 工程概况

某公司厂房建于1994年，为3层砖混结构，建筑面积为795m²。现场如图9-15所示。

a 火灾调查结果

火灾于凌晨1时许发生，消防队赶到后迅速喷水灭火，至4时左右明火被扑灭。起火原因为天气干燥等导致一楼楼梯口处电路短路，引起厂房内化工填料等易燃物燃烧，火势向四周迅速蔓延，最终导致厂房发生严重火灾。此火灾造成厂房一层楼板、梁混凝土脱落、墙体局部倒塌、变形，厂房内大量化工填料烧毁殆尽。

**b    初步调查结果**

查阅原始资料，结构施工图、设计图纸全部丢失，根据灾后现场初步调查发现，火灾引起厂房1层梁、板混凝土脱落、露筋以及砌体墙砖块酥松，2层以上受损情况较轻。该鉴定主要依据现状检查及检测结果进行，过火区域平面图如图9-16所示。

图9-15    火灾后结构现状

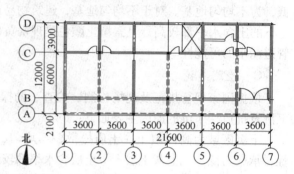

图9-16    过火区域平面图

**B    结构检查与检测**

**a    火灾后现场检查结果**

（1）围护结构检查结果：厂房室内地坪及厂房之间的过道地坪、门窗严重损毁。1层楼梯间左侧大部墙体抹灰层脱落，部分砂浆烧伤在15mm以内，块材表面酥松。2层、3层墙体因无燃烧，情况基本正常。

（2）楼面板检查结果：楼面板采用五孔径预制钢筋混凝土空心板，预制空心板，板长3800mm、板宽470mm、板厚120mm、孔径70mm、孔间距20mm。一层板底处于迎火面，火焰可直接达到板底，在火焰较长时间作用下，首先使粉刷层失水，产生干缩，进而出现大面积龟裂网纹，在温度较高部位，出现粉刷层剥落。在火焰持续作用下，混凝土结构层水泥急剧失水汽化而产生爆裂破坏，混凝土构件表面形成凹坑，产生灼烧点，在严重灼烧部位，混凝土保护层成片脱落使钢筋裸露。部分楼面板出现了混凝土脱落情况，个别板出现了露筋情况。2层楼板、3层屋面板因无燃烧情况，情况基本正常。

（3）墙、梁检查结果：墙体采用普通烧结砖，部分墙皮脱落，现场检查发现，1层2、4轴梁部分粉刷层已脱落，混凝土表面变色、龟裂。2层以上梁基本未受到火灾影响。

**b    火灾作用调查**

根据《火灾后建筑结构鉴定标准》，混凝土构件表面曾经达到的温度及范围和烧灼后混凝土表面现状的关系，现场发现燃烧区域柱多呈灰白色或者浅黄色，说明柱温度达到800℃。结合混凝土构件的破损情况，可知温度在700～800℃之间，局部区域温度超过800℃，过火区域温度场如图9-17所示，温度场中空白部分为300～500℃。

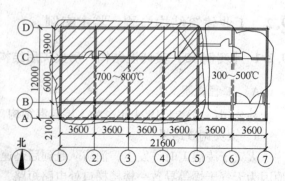

图9-17    过火区域温度场

**c    火灾后现场检测结果**

（1）构件尺寸检测：经过对主要承重构件的截面进行复核，承载能力验算中采用实测值并进行相应折减。

（2）混凝土强度检测：现场采用回弹法对混凝土强度进行了检测，其中 1 层 7/A 柱推定值为 28.10MPa，1 层 4/A 柱为 10.95MPa，一层 3/A 柱为 11.00MPa。结果表明，混凝土回弹主要为表面混凝土强度，混凝土表面被灼烧后，强度受火灾影响均有不同程度折减。验算时根据《火灾后建筑结构鉴定标准》对混凝土抗压强度进行折减。

（3）砌体砖强度检测：块材表面非常酥松，现场采用回弹法进行砖的强度检测，检测结果表明砖强度达到 MU7.5 的要求。

（4）砌体砂浆强度：现场对砌体砂浆强度采用贯入法进行检测。砂浆粉化十分严重，强度值非常低，不再给出具体检测值。

（5）构造柱变形测量：构造柱测量高度均为 1m，其中一层 1/A 的倾斜值为 2mm、倾斜率为 0.2%，一层 2/A 为 2mm、0.2%，一层 3/A 为 3mm、0.3%，一层 5/A 为 3mm、0.3%，一层 6/A 为 2mm、0.2%，一层 2/C 为 3mm、0.3%。

C　构件承载能力校核验算

a　计算说明

由于火灾发生在整个厂房，为保证局部承载力不对结构整体造成不良影响，使用火灾后构件承载力相对原构件承载力的折减系数对结构构件进行详细鉴定。对于混凝土构件，需要确定受压区混凝土强度折减和受拉区钢筋强度及黏结性能折减两方面。受压区混凝土强度折减需综合考虑界限受压区高度及火灾过程中截面温度场的影响。

b　计算结果

对烧损较严重的梁、板、柱钢筋屈服强度折减系数约为 0.75，烧损较轻微的柱钢筋屈服强度折减系数为 0.85。

D　火灾后结构安全性鉴定

a　初步鉴定评级

（1）过火区域厂房 1 层共 23 个墙体，评为 Ⅱa 级的共 8 个（5/C～D、6/C～D、7/C～D、5～6/D、6～7/D、5～6/C、7/B～C、4～5/D）；评为 Ⅱb 级的共 3 个，约占 13%（5/B～C、5～6/B、3～4/D）；评为 Ⅲ 级的共 12 个，占 52%（1～2/B、3/C～D、3～4/B、1/C～D、2/C～D、1～2/C、1/B～C、1～2/D、3/B～C、2～3/D、2～3/C、3～4/C）。

（2）过火区域厂房 1 层共 13 块板，评为 Ⅱa 级的共 4 个，约占 30%（5～6/A～B、4～5/B～C、6～7/A～B、3～4/C～D）；评为 Ⅱb 级的共 8 个，约占 62%（1～2/C～D、2～3/C～D、1～2/A～B、2～3/B～C、2～3/A～B、1～2/B～C、3～4/A～B、4～5/A～B）；评为 Ⅲ 级的 1 个，占 8%（3～4/B～C）。

（3）过火区域厂房 1 层共 14 根梁，评为 Ⅱa 级的共 3 个（7/A～B、6/A～B、6/B～C）；评为 Ⅱb 级的共 10 个，约占 71%（2/B～C、2/A～B、4/B～C、3/A～B、4～5/B、4/A～B、1～2/B、5/A～B、2～3/B、3～4/B）；评为 Ⅲ 级的 1 个，占 7%（1/A～B）。

b　详细鉴定评级

综合以上分析结果，并考虑火灾部位在整个构件中所处的位置对整个构件承载力的影响，厂房火灾后承载力评级结果见表 9-4～表 9-6。

**表9-4　厂房砌体墙详细鉴定评级结果**

| 序号 | 构件编号 | 初步评级 | 详细评级 | 序号 | 构件编号 | 初步评级 | 详细评级 | 序号 | 构件编号 | 初步评级 | 详细评级 |
|---|---|---|---|---|---|---|---|---|---|---|---|
| 1 | 1~2/B | Ⅲ | c | 9 | 3/C~D | Ⅲ | c | 17 | 5~6/D | Ⅱa | b |
| 2 | 3~4/B | Ⅲ | c | 10 | 5/C~D | Ⅱa | b | 18 | 6~7/D | Ⅱa | b |
| 3 | 5~6/B | Ⅱb | b | 11 | 6/C~D | Ⅱa | b | 19 | 1/B~C | Ⅲ | c |
| 4 | 1~2/C | Ⅲ | c | 12 | 7/C~D | Ⅱa | b | 20 | 3/B~C | Ⅲ | c |
| 5 | 2~3/C | Ⅲ | c | 13 | 3~4/C | Ⅲ | c | 21 | 5/B~C | Ⅱb | b |
| 6 | 2~3/D | Ⅲ | c | 14 | 5~6/C | Ⅱa | b | 22 | 7/B~C | Ⅱa | b |
| 7 | 3~4/D | Ⅱb | b | 15 | 1~2/D | Ⅲ | c | 23 | 1/C~D | Ⅲ | c |
| 8 | 4~5/D | Ⅱa | b | 16 | 2/C~D | Ⅲ | c | | | | |

厂房一层共23块墙体，评为b级的共11个，约占48%；评为c级的共12个，占52%。

**表9-5　板详细鉴定评级结果**

| 序号 | 构件编号 | 初步评级 | 详细评级 | 序号 | 构件编号 | 初步评级 | 详细评级 | 序号 | 构件编号 | 初步评级 | 详细评级 |
|---|---|---|---|---|---|---|---|---|---|---|---|
| 1 | 1~2/A~B | Ⅱb | b | 6 | 6~7/A~B | Ⅱa | b | 11 | 4~5/B~C | Ⅱa | b |
| 2 | 2~3/A~B | Ⅱb | b | 7 | 1~2/B~C | Ⅱb | b | 12 | 1~2/C~D | Ⅱb | b |
| 3 | 3~4/A~B | Ⅱb | b | 8 | 3~4/C~D | Ⅱa | b | 13 | 2~3/C~D | Ⅱb | b |
| 4 | 4~5/A~B | Ⅱb | b | 9 | 2~3/B~C | Ⅱb | b | | | | |
| 5 | 5~6/A~B | Ⅱa | b | 10 | 3~4/B~C | Ⅲ | c | | | | |

厂房一层共13块板，评为b级共10个，约占92%；评为c级的1个，占8%。

**表9-6　梁详细鉴定评级结果**

| 序号 | 构件编号 | 初步评级 | 详细评级 | 序号 | 构件编号 | 初步评级 | 详细评级 | 序号 | 构件编号 | 初步评级 | 详细评级 |
|---|---|---|---|---|---|---|---|---|---|---|---|
| 1 | 1/A~B | Ⅲ | c | 6 | 6/A~B | Ⅱa | b | 11 | 1~2/B | Ⅱb | b |
| 2 | 2/A~B | Ⅱb | b | 7 | 7/A~B | Ⅱa | b | 12 | 2~3/B | Ⅱb | b |
| 3 | 3/A~B | Ⅱb | b | 8 | 2/B~C | Ⅱb | b | 13 | 3~4/B | Ⅱb | b |
| 4 | 4/A~B | Ⅱb | b | 9 | 4/B~C | Ⅱb | b | 14 | 4~5/B | Ⅱb | b |
| 5 | 5/A~B | Ⅱb | b | 10 | 6/B~C | Ⅱa | b | | | | |

厂房一层共14根梁，评为b级共13个，约占93%；评为c级的1个，占7%。

c　综合结论

在火灾后构件评级的基础上，火灾鉴定单元的综合评级结果为三级，其可靠性不满足鉴定标准要求，显著影响整体承载功能和使用功能，需要尽快采取措施。

E　加固修复建议

针对火灾影响区域出现的构件承载力下降，建议采取如下加固处理措施：

（1）对初步评级为Ⅲ级或详细评级为c级的构件，需进行加固，保证结构安全使用。

（2）对详细评级为b级，出现局部剥落、表面裂缝的混凝土柱，将烧损混凝土彻底凿除，露出新鲜密实混凝土，然后采取防腐砂浆进行修补，当凿除高度大于40mm时应采取灌浆料或细石混凝土进行浇灌。浇灌前应保证结合面清洁，并涂界面剂；砌体砖墙应采用钢筋混凝土板墙面层加固。

F 项目小结

根据《火灾后建筑结构鉴定标准》，火灾鉴定单元的综合评级结果为Ⅲ级，原因如下：通过对该砖混结构厂房火灾后的检测鉴定及结构承载能力的验算，对火灾后的受损构件进行了初步评级、详细评级。其中厂房1层共23块墙体，48%评为b级，52%评为c级；厂房1层共13块板，92%评为b级，8%评为c级。厂房1层共14根梁，93%评为b级，7%评为c级。

### 9.2.2 【实例36】某钢筋混凝土框架结构厂房坍塌事故后结构检测、鉴定

A 工程概况

某厂房为在建现浇钢筋混凝土框架结构，结构总高29.8m，现场如图9-18所示。

a 目的

在对29.8m标高顶板及梁浇筑过程中，脚手架发生坍塌事故，由于24.2m标高上部框架柱混凝土龄期较短，混凝土强度还未达到设计要求，脚手架及顶板的坍塌造成了24.2m标高上部框架柱断折，并对下部框架柱构成了一定的安全隐患。为保证现状条件下的安全施工及后期的安全运营，对受影响的框架柱及框架梁进行全面的检测鉴定，确定其在现状条件下的安全性，得出鉴定结论并给出处理意见，为后续加固提供技术依据。

b 初步调查结果

（1）使用历史调查：该结构处于施工阶段，尚未投入使用。（2）结构作用调查：该结构在施工过程中未经历台风、强震作用，周边无强振动源。（3）本次收集到的原始资料主要为施工设计图纸。经现场实际测绘，平面简图如图9-19所示。

图9-18 框架柱断折（24.2m）

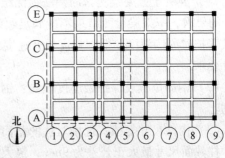

图9-19 平面图

B 结构检查与检测

a 现场检查结果

（1）框架柱：1）1~5/A~C轴线范围内15根框架柱24.2m标高上部全部断折，如图9-18所示，其中上部混凝土全部剥落，钢筋弯折。2）折断部位框架柱柱头混凝土有竖向裂缝。3）折断部位框架柱柱头局部存在混凝土受压破损现象。4）部分框架柱模板拼接部位浇筑不齐。

（2）框架梁：1）29.8m 标高 5 轴线梁体侧面普遍存在斜裂缝，裂缝宽度最大 0.32mm。2）29.8m 标高 5 轴线西侧次梁普遍存在斜裂缝，最大宽度 0.72mm；部分缺陷如图 9-20 所示。

(a)　　　　(b)　　　　(c)　　　　(d)　　　　(e)

图 9-20　主要缺陷示意图

（a）钢筋弯折；（b）框架柱端头竖向裂缝；（c）框架柱端头混凝土受压破损；
（d）框架柱模板拼接部位浇筑不齐；（e）框架梁侧面斜裂缝

裂缝多是以裂缝群的形式出现，裂缝示意图中仅列出宽度较大的主要裂缝，部分框架梁侧面裂缝布置示意图如图 9-21 所示（次梁以板位置进行定位）。

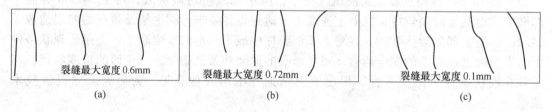

裂缝最大宽度 0.6mm　　　裂缝最大宽度 0.72mm　　　裂缝最大宽度 0.1mm

(a)　　　　　　　　(b)　　　　　　　　(c)

图 9-21　部分框架梁侧面裂缝布置示意图

（a）2~3/A~B 次梁侧面裂缝 $w=0.6$mm；（b）4~5/A~B 次梁侧面裂缝 $w=0.72$mm；
（c）4~5/B~C 次梁侧面裂缝 $w=0.1$mm

b　现场检测结果

（1）混凝土强度检测：回弹法检测结果表明，框架柱混凝土强度基本能够满足原设计 C35 的要求，框架梁检测结果不能满足原设计要求，但由于框架梁混凝土龄期较短，且浇筑及养护时周围温度较低，强度提升速度较慢，认定框架梁混凝土强度稳定后能够满足原设计要求。

（2）钢筋位置及保护层厚度检测：钢筋间距与原设计基本上相符，局部钢筋分布摆放不均。

（3）构件尺寸复核：现场对柱的截面尺寸进行复核，检测仪器为钢卷尺。检测结果表明，柱截面尺寸最大正公差为 9mm，最大负公差为 -5mm，满足《混凝土结构工程施工质量验收规范》（GB 50204—2002）的要求，对结构承载力无不利影响。

（4）框架柱倾斜检测：现行的《混凝土结构工程施工质量验收规范》（GB 50204—2002）中对现浇结构尺寸规定：当层高大于 5m 时，每层偏差不大于 10mm，且总倾斜不大于 1/1000 总高。《工业建筑可靠性鉴定标准》（GB 50144—2008）规定，当总高大于 10m 时，偏差不超过 40mm，可评级为 b 级。检测结果见表 9-7。

通过检测结果可知（测试高度为 11.4m），柱最大偏差 96mm，倾斜度达到 8.4‰，不满足相关规范规定，需进行相应的加固修复处理。

表 9-7 框架柱垂直度检测结果

| 框架柱位置 | 纵向偏差/mm | 横向偏差/mm | 倾斜评级 | 框架柱位置 | 纵向偏差/mm | 横向偏差/mm | 倾斜评级 |
|---|---|---|---|---|---|---|---|
| 1/C | 30 | 20 | a | 3/A | −10 | 55 | c |
| 1/B | 10 | 67 | c | 4/C | 10 | 82 | c |
| 1/A | 30 | 38 | b | 4/B | 35 | −10 | b |
| 2/C | 20 | 35 | b | 4/A | 10 | −10 | a |
| 2/B | 10 | 30 | b | 5/C | 18 | 16 | a |
| 2/A | 20 | 12 | a | 5/A | −20 | 60 | c |
| 3/C | 20 | 96 | c | 5/A | 52 | 43 | c |
| 3/B | 50 | 40 | c | | | | |

注：纵向东正西负、横向南正北负。

（5）混凝土超声缺陷检测：经对 3/B 柱、2/A～B 梁、4/A～B 梁检测，内部混凝土无不密实区，声参量无明显异常，混凝土浇筑质量正常。

C 结构可靠性鉴定

依据《工业建筑可靠性鉴定标准》（GB 50144—2008），在该次鉴定现场检查、检测的基础上，对该厂房部分梁柱结构的可靠性评级结果如下。

a 构件评级

（1）安全性评级：

1）框架柱构件：混凝土构件的安全性等级按承载能力、构造和连接两个项目评定，并取其中较低等级作为该构件安全性等级。由现场检查结果可知，排架柱混凝土模板拼接部位浇筑不齐，15 根框架柱的安全性等级均为 b。

2）框架梁构件：混凝土构件的安全性等级按承载能力、构造和连接两个项目评定，并取其中较低等级作为该构件安全性等级。由现场检查结果可知，框架梁现状基本完好，可认为检测区域范围内的框架梁安全性等级均为 a。

（2）正常使用性评级：

1）框架柱构件：混凝土构件的使用性等级应按裂缝、变形、缺陷和损伤、腐蚀四个项目评定，并取其中较低等级作为该构件的使用性等级。由现场检查结果可知，部分框架柱柱头存在竖向裂缝，裂缝宽度大于 0.3mm，裂缝项评为 c 级；框架柱有严重缺陷损伤，评为 c 级。综上所述，框架柱的正常使用性评级为 c 级。

2）框架梁构件：由现场检查结果可知，框架梁侧面普遍存在斜裂缝，局部位置裂缝宽度较大，所有框架梁正常使用性评级结果均为 c 级。

b 承重结构系统评级

（1）安全性等级：按结构整体性（项目评级结果为 B）和承载功能（项目评级结果为 B）两个项目评定，并取其中较低的评定等级作为上部承重结构的安全性等级，见表 9-8。

（2）正常使用性等级：按上部承重结构使用状况和结构水平位移两个项目评定，并取其中较低的评定等级作为上部承重结构的使用性等级，必要时还应考虑振动对该结构系统或其中部分结构正常使用性的影响。现场检测发现，部分框架柱倾斜过大，部分框架梁裂缝宽度过大，主体上部承重结构使用性等级评定结果为 C。

c　鉴定单元可靠性综合评级

通过对该厂房部分梁柱结构鉴定单元的现状检查、检测及分析结果，根据以上项目和结构系统评级结果，在现有结构体系、现有荷载状况下，鉴定单元的可靠性评定等级为三级，即其可靠性不符合国家现行标准规范的可靠性要求，影响整体正常使用，应采取加固修复措施。梁柱鉴定单元可靠性综合评级结果见表9-9。

**表9-8　上部承重结构安全性等级评定**

| 项目名称 | | 项目评级结果 | 安全性评级结果 |
|---|---|---|---|
| 整体性 | 结构布置和构造 | B | B |
| | 支撑系统 | — | |
| 承载功能 | | B | |

**表9-9　鉴定单元可靠性综合评级结果**

| 鉴定单元 | 结构系统名称 | 结构系统评级 | | | 鉴定单元评级 |
|---|---|---|---|---|---|
| | | 安全性 A、B、C、D | 使用性 A、B、C | 可靠性 A、B、C、D | 一、二、三、四 |
| 梁柱单元 | 上部承重结构 | B | C | C | 三 |

D　加固修复建议

为保证结构的安全正常使用，建议采取如下处理措施：

（1）对24.2m上部断折框架柱的混凝土进行清理，对弯折钢筋进行校正，并在弯折校正部位补焊钢筋对弯折部位钢筋进行补强。

（2）对柱头受压破损混凝土进行清理，露出内侧密实新鲜的混凝土，用高性能修补料进行修补。

（3）对框架柱柱头裂缝及框架梁侧面裂缝进行封堵及修复处理，宽度大于0.2mm的裂缝采用压力灌浆的方式进行封堵处理，宽度不大于0.2mm的裂缝采用表面封闭的方式进行修复处理。

（4）对5轴线主梁侧面及底面全长采用粘贴碳纤维的方式进行加固处理。

（5）对倾斜评级为c的框架柱进行加固修复处理，可根据现场情况在下面两种方法中任选其一：方法一，对倾斜评级为c的框架柱在12.8～24.2m标高范围内采用沿柱四周纵向及环向粘贴碳纤维的方式进行加固处理。方法二，对倾斜评级为c的框架柱进行局部补强，为防止柱杆件失稳，需剔除倾斜部分，但不能过多地减少保护层厚度，然后绕柱身环向粘贴碳纤维，增加柱的整体性，防止偏心受压造成轴压比不足。

E　项目小结

依据《工业建筑可靠性鉴定标准》（GB 50144—2008），厂房部分梁柱结构鉴定单元的可靠性评定等级为三级，其可靠性不满足一级要求的主要原因如下：

（1）部分框架柱倾斜过大。（2）5轴线主梁及其西侧次梁侧面普遍存在斜裂缝，且部分裂缝宽度超过相关规范的要求。

## 9.2.3　【实例37】某钢筋混凝土框架结构矿石筛分厂房安全性检测、鉴定

A　工程概况

某筛分楼建于1966年，为钢筋混凝土框架结构，地下2层，地上4层，建筑面积1606.47m²，如图9-22所示。

a  目的

该结构经过多次扩建改造，原有结构能否满足承载力要求未知，为保证设备大型化改造的进行及现状条件下的安全生产，特对该建筑进行安全性检测鉴定，评价其实际承载能力，提出相应的处理意见建议，为后续的安全施工提供可靠、准确的技术依据。

b  初步调查结果

该次鉴定收集到的资料包括：筛分楼建筑、结构施工图。平面简图如图9-23所示。

图9-22  结构现状

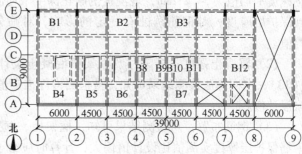

图9-23  标准层平面图

B  结构检查与检测

a  现场检查结果

（1）地基基础检查：筛分楼基础采用柱下钢筋混凝土阶梯形基础，混凝土标号为150号，砖墙基础用25号混合砂浆砌400号块石，基础下为150mm厚100号混凝土垫层。在对基础的检查中，未发现明显的倾斜、变形、裂缝等缺陷，未出现腐蚀、粉化等不良现象。未发现由于不均匀沉降造成的结构构件开裂和倾斜，建筑地基和基础无静载缺陷，地基主要受力层范围内不存在软弱土、液化土和严重不均匀土层，非抗震不利地段，地基基础基本完好。

（2）上部承重结构现状检查：地下1层 -3.600~0.000m，地上1层 0.000~4.100m，地上2层 4.100~8.100m，地上3层 8.100~13.80m，地上4层 13.80~19.72m，4层有一夹层，标高13.80~15.30m。所有框架梁、柱分别选用150号（C13）、200号（C18）混凝土。

1）地下一层1轴~2轴之间12块现浇板中有5块现浇板存在露筋或者保护层脱落现象，框架梁严重破损、多处露筋，料斗口次梁因受矿料和水侵蚀腐蚀较严重；7轴~9轴之间梁板多处露筋、破损、腐蚀；地下1层梁、板现状较差。

2）地上1层33块现浇板中有13块现浇板存在露筋、裂缝或者渗水现象；梁1/A~B腐蚀较严重；18根框架梁中有10根存在保护层脱落、露筋或者腐蚀等缺陷，受损构件较多。

3）地上2层42块现浇板中有23块现浇板存在露筋、裂缝或者渗水等缺陷；框架梁现状良好；18根框架柱中有11根存在保护层脱落、露筋或者腐蚀等缺陷，受损构件数量较多。

4）地上3层仅有5块现浇板存在露筋、人为开洞或者渗水等缺陷；料斗内所有梁腐蚀较严重，保护层脱落，积垢，局部露筋；主次梁节点（1~5/A）处腐蚀；18根框架柱中有13根存在保护层脱落、露筋或者腐蚀等缺陷。

5）地上4层32面现浇板中23面存在露筋、人为开洞、裂缝或者渗水等缺陷；梁现状良好；18根框架柱中有12根存在保护层脱落、露筋、掉角或者腐蚀等缺陷。

6）夹层现浇板两块板板底泛黄；四处小梁底泛碱腐蚀；设备垫板、螺栓严重锈蚀。

b　现场检测结果

（1）碳化深度：碳化测试结果表明，框架柱碳化深度平均值为38.92mm，框架梁碳化深度平均值为34.21mm，现浇板的碳化深度平均值为35.21mm，构件的碳化深度已经达到保护层厚度，对钢筋锈蚀有一定的影响，对筛分楼进行耐久性评估时取碳化深度平均值。

（2）混凝土强度：框架柱、框架梁混凝土设计标号分别为200号（C18）和150号（C13），由回弹法检测结果可知，被检测构件推定值大于设计值，验算时，混凝土强度值取设计值。

（3）钢筋布置：从检测结果可知，框架柱、框架梁等构件配筋情况与设计基本一致。钢筋保护层厚度实测值比设计值偏大，计算时应给予考虑。

（4）钢筋锈蚀：根据混凝土现状检查和电位梯度法钢筋锈蚀抽样无损检测，判定筛分楼框架柱、框架梁混凝土内钢筋已发生锈蚀。

（5）构件尺寸：对各层框架柱、框架梁和板等构件进行了尺寸复核，截面尺寸与设计值基本相符，计算时截面尺寸可取设计值。

（6）排架柱侧移：根据《工业建筑可靠性鉴定标准》（GB 50144—2008），结构侧向（水平）位移评定等级，在多层混凝土结构厂房的层间变形和施工偏差产生的倾斜小于1/400层高时评为A级。根据测量结果，该建筑有较多框架柱层间垂直度超过规范要求的限值，但由于该偏差相对较小，对结构承载力影响较小，计算中予以考虑。

C　结构承载能力分析

a　计算说明

荷载取值：（1）地震作用：抗震设防烈度为6度，设计基本地震加速度值为0.05$g$，设计地震分组为第一组；（2）平台活荷载：2.0kN/m²；（3）基本风压：0.35kN/m²；（4）料重：2.7t。（5）材料强度取值：混凝土强度等级C18、C13。该次计算对结构进行三维建模分析，构件尺寸等按照实测结果输入，计算模型如图9-24所示。

b　计算结果

框架柱纵筋配筋过少，2层、3层普遍不满足最小配筋率要求，承载力不满足要求。框架梁、柱箍筋加密不满足抗震要求；主要构件验算结果见表9-10。

**表9-10　主要构件最小安全裕度列表**

| 构件种类 | 最小安全裕度 | 备 注 |
|---|---|---|
| 框架柱 | 不满足构造要求，低于最小配筋率 | 主要分布在2层和3层 |
| 纵向框架梁 | 0.50 | 各层6.0m跨度支座负弯矩配筋过少，原设计纵向未按框架梁设计 |
| 楼板 | 1.12 | 满足 |

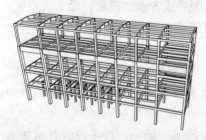

图9-24　筛分楼三维计算模型

D　结构耐久性评定

根据实际情况，确定耐久性极限状态为混凝土表面出现可接受的最大外观损伤，并据此对其进行耐久性分析。

a　耐久性计算

该建筑已使用44a（检测日期2010年），计算钢筋开始锈蚀时间为28.29a，保护层开裂时间为37.34a，说明钢筋开始锈蚀，保护层已经开裂，扣除已使用年限，表面出现最大可接受外观损伤的时间为1.21a，按平均碳化深度计算的剩余耐久年限已不能满足下一个目标使用期的要求。具体计算结果见表9-11。筛分楼框架梁碳化深度也已超过保护层厚度，钢筋已经开始锈蚀，保护层即将开裂，表面出现最大可接受外观损伤时间还有5.88a，按照平均碳化深度计算的剩余耐久性年限已经不能满足目标使用期的要求。现场检查发现框架梁有腐蚀和露筋等缺陷（主要集中在13.8m平台梁），应及时采取措施。

表9-11　筛分楼混凝土构件耐久性计算结果

| 构件名称 | 碳化深度平均值/mm | 碳化速率 | 钢筋开始锈蚀时间/a | 保护层开裂时间/a | 表面出现最大可接受外观损伤时间/a |
| --- | --- | --- | --- | --- | --- |
| 框架柱 | 38.92 | 5.87 | 28.29 | 37.34 | 45.21 |
| 框架梁 | 34.21 | 5.16 | 33.16 | 44.23 | 49.88 |
| 现浇板 | 35.21 | 5.31 | 30.32 | 40.76 | 47.64 |

筛分楼现浇板平均碳化深度已经大于钢筋保护层厚度，表面出现最大可接受外观损伤时间还有3.64a，不能满足下一个目标使用期的要求。

b　耐久性结论

按照混凝土表面出现可接受的最大外观损伤作为耐久性极限状态，总体现状条件剩余耐久性年限不能满足下一个目标使用期的要求：（1）框架柱的耐久性年限为1.21a；（2）框架梁的耐久性年限为5.88a；（3）现浇板的耐久性年限为3.64a。

E　结构可靠性鉴定

依据《工业建筑可靠性鉴定标准》（GB 50144—2008），在该次鉴定计算分析、现场检查、检测结果的基础上对筛分楼进行可靠性鉴定评级，结果见表9-12。

（1）地基基础评级：地基基础基本完好，各检查项基本符合规范要求，评为A级。

（2）上部承重结构评级：使用性包括结构水平位移和上部承重结构使用状况两个

表9-12　结构可靠性综合评级

| 项目名称 | | | 项目评级 | 综合评级 |
| --- | --- | --- | --- | --- |
| 地基基础 | | | A | |
| 上部承重结构 | 使用性 | 水平位移 | C | C |
| | | 使用状况 | C | |
| | 安全性 | 结构整体性 | A | D |
| | | 结构承载能力 | D | |
| 围护结构 | | | A | 四级 |

子项。其中，排架柱水平位移较大，评为C级；上部承重结构的梁板柱等主要构件多处露筋、破损、腐蚀，评为C级。安全性包括结构整体性和结构承载能力两个子项。其中，结构布置合理，构造基本满足规范要求，整体性评为A级；经计算，结构承载力不满足要求，评为D级。综上，上部承重结构评为D级。

（3）围护结构评级：通过现场的检查可知，该建筑围护结构基本完好，评为 A 级。

（4）综合评级：根据评级结果，该楼的可靠性综合评级为四级，极不符合国家现行标准规范的可靠性要求，已严重影响整体安全，必须立即采取措施。

F　加固修复建议

针对筛分楼的耐久性现状，建议采取以下措施进行修复：（1）对混凝土构件锈胀剥落部位，将表面疏松混凝土彻底凿除，钢筋除锈，采用防腐砂浆或防腐混凝土进行修补；对裂缝部位采用压力灌浆进行封闭，最后整体涂刷混凝土保护液。（2）对泛碱混凝土构件，可凿除不致密的表层析霜部分，然后采用防腐砂浆进行修补，并刷一道混凝土保护液，切断内外水的通道。

G　项目小结

筛分楼的可靠性综合评级为四级，主要原因：（1）框架混凝土设计标号较低。（2）构造方面：横向为单跨框架，抗侧力能力较弱；纵向混凝土梁未按框架梁设计，两端跨度较大，支座负弯矩筋配筋不足，结构体系存在缺陷。（3）框架柱普遍出现锈胀露筋，13.8m 平台梁及其他料斗梁受矿料冲击腐蚀后严重破损、露筋，大大降低构件承载力。（4）框架柱承载力不满足要求，结构脆性破坏可能性增加，威胁结构安全；所有混凝土梁柱的箍筋加密布置均不满足抗震规范要求，造成结构整体延性差，一旦发生较大变形就会产生整体脆性破坏。

### 9.2.4 【实例 38】某钢筋混凝土排架结构厂房结构抗震性能检测、鉴定

A　工程概况

某机械厂主厂房建于 1992 年，为钢筋混凝土排架厂房，占地约 11000m²，共 5 跨，每跨均为 18m，檐口高度为 10.3m。现场如图 9-25 所示。

a　目的

为了确保厂房后续使用中的抗震性能，特对该厂房进行结构抗震检测鉴定。

b　初步调查结果

设计图完整，A 轴、F 轴排架柱截面为矩形，B 轴、C 轴、D 轴、E 轴排架柱均为工字型钢筋混凝土柱。经现场实测，平面简图如图 9-26 所示。

图 9-25　结构现状

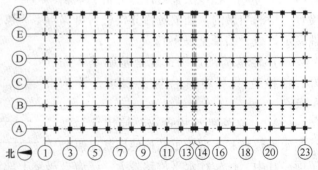

图 9-26　平面图

B　结构检查与检测

a　现场检查结果

（1）排架柱检查：柱现有布置及尺寸满足原设计图纸设计要求；柱子整体外观质量较好，A轴、F轴排架柱截面为矩形，B轴、C轴、D轴、E轴排架柱均为工字型钢筋混凝土柱；厂房中的一些线路、管道的布置均在混凝土柱上打孔安装；经普查，部分柱表面有轻微机械擦伤；10/E柱、19/F柱表面有机械碰伤，柱底侧表面混凝土有脱落，有漏筋现象。

（2）屋架与屋面板部分检查：屋架为预制钢筋混凝土薄腹屋架，屋面板为预制钢筋混凝土轻型屋面，对屋架及屋面板布置及截面尺寸进行测量，与原设计图纸要求相符；屋架与柱头连接节点板普遍锈蚀，预应力钢筋锚具锈蚀严重，特别是屋面漏雨部位节点板锈蚀严重；屋面板直接搭接于屋架，无可靠连接措施，屋面板之间板缝填充混凝土普遍脱落，板与板之间板缝较宽，屋面防水有破损时漏雨较为严重；屋面部分位置有杂土堆积，杂草丛生，导致屋面排水不畅；屋面防水有部分位置破损。

（3）围护结构检查：墙体布置符合图纸设计要求；维护墙体由混凝土加气块砌筑，墙厚250mm，在1.200m、5.700m、8.800m各有圈梁一道；A轴抗震缝部位由于混凝土雨棚跨缝设置，抗震缝两侧有不同的沉降，导致此处墙体有裂缝，裂缝最宽处为2.5mm；23轴上各车间进出库门框均有不同程度的机械擦伤；维护墙体开大窗部位由于窗底有圈梁通过，与窗间墙材料不同，窗角普遍有细小横向裂缝。

（4）内部房屋结构检查：厂房内部西侧及南侧有工人办公室、配电间等，均为砌体结构，独立承重，房屋墙体与排架柱无结构连接，整体表观质量较好，未见明显破损或不足。

（5）支撑检查：支撑截面尺寸及布置符合原图纸设计；屋面支撑、柱间支撑普遍有锈蚀点；钢支撑无防火处理；柱间支撑与柱子连接的节点板普遍锈蚀，特别是水平支撑节点处，由于普遍漏雨造成锈蚀严重；19/D柱附近，有管道通至屋面，走管道处将屋架水平支撑角钢翼缘切掉，其余走管道处处理方式一样，严重破坏了水平支撑。

（6）吊车梁系统：A~B跨17~23轴有一台3t吊车；D~E轴有10t和3t吊车各一台；E~F轴有10t和3t吊车各一台；A~B跨1~13轴有一台3t电葫芦，B~C跨在1~13轴及13~23轴各有1台1t电葫芦，C~D轴有2台2t电葫芦。经检查，电动单梁吊车轨道及吊车梁布置均满足设计要求；检查吊车轨道，未发现明显的偏轮磨损；检查吊车梁，未发现明显的裂缝或破损；吊车梁与牛腿连接节点钢板锈蚀。

b 现场检测结果

（1）混凝土构件强度与碳化深度检测结果：抽取20根柱子进行混凝土强度回弹检测，结果表明混凝土强度能够达到原设计要求的C25；同时，对柱子进行了碳化深度抽查，抽查结果表明柱子混凝土碳化深度基本在6mm以上。

（2）屋架挠度检测结果：现场利用全站仪对屋架挠度进行了抽查，实际抽查19个屋架，检测结果表明，屋架挠度均小于规范要求的$L_0/500$（即36mm），满足规范要求。

（3）排架柱倾斜度检测结果：检测中选取15根柱子进行检测，结果表明，绝大多数柱子能够满足规范要求1/1000的倾斜率。但个别柱子有超出规范的偏差，特别是14/F柱，向南侧的倾斜率为5.8‰，对14/F两侧柱子13/F、15/F进行补充测量，结果均未超限。

（4）柱截面及钢筋配置检测结果：1）柱截面尺寸检测：对厂房内钢筋混凝土排架

柱及牛腿的截面尺寸进行抽查检测，结果表明柱截面尺寸符合原设计图纸要求。2）柱子钢筋配置检测结果：对钢筋混凝土排架柱进行钢筋配置抽查，结果表明，与原设计相符。

c　厂房抗震措施检查

该厂房建于 1992 年左右，根据《建筑抗震鉴定标准》（GB 50023—2009）规定，属于 B 类建筑（后续使用年限为 40 年），应按照 B 类建筑抗震鉴定方法进行鉴定，具体见表 9-13。

表 9-13　抗震措施鉴定表

| 鉴定项目 | 鉴定标准要求 | 检查结果 | 鉴定意见 |
|---|---|---|---|
| 厂房角部是否有贴建房屋 | 见第 8.3.1 条 | 无 | 满足 |
| 砖围护墙是否为外贴式 | 见第 8.3.1 条 | 是 | 满足 |
| 排架柱柱底室内地坪以上 500mm 范围内和阶形柱的上柱是否为矩形 | 见第 8.3.2 条 | 是 | 满足 |
| 屋架支撑相关要求 | 见第 8.3.3 条 | — | 满足 |
| 排架柱箍筋间距在以下部位是否小于 100mm：（1）柱顶以下 500mm；（2）阶形牛腿柱面至吊车梁以上 300mm；（3）牛腿全高；（4）柱底只设计地坪以上 500mm；（5）柱间支撑与柱连接节点 | 见第 8.3.4 条 | 是 | 满足 |
| 有支撑的柱头箍筋最小直径是否大于 $\phi10$ | 见第 8.3.4 条 | 均为 $\phi8$ | 不满足 |
| 柱间支撑布置　厂房单元中部是否有一道上下柱支撑 | 见第 8.3.5 条 | 是 | 满足 |
| 柱间支撑布置　单元两端是否各有一道上柱支撑 | 见第 8.3.5 条 | 是 | 满足 |
| 柱间支撑布置　上下柱长细比 | 见第 8.3.5 条 | — | 满足 |
| 柱间支撑布置　节点板设置 | 见第 8.3.5 条 | — | 满足 |
| 柱间支撑布置　中柱柱顶是否有通长水平压杆 | 见第 8.3.5 条 | 有 | 满足 |
| 柱间支撑布置　下柱支撑下节点是否能将地震力直接传给基础 | 见第 8.3.5 条 | 紧靠地面 | 满足 |
| 大型屋面板是否与屋架焊牢 | 见第 8.3.6 条 | 否 | 不满足 |
| 屋架与柱子连接是否可靠 | 见第 8.3.6 条 | 钢板铰 | 满足 |
| 围护墙构造 | 参考第 8.3.7 条 | 三道圈梁 | 满足 |

C　结构承载能力分析

a　计算说明

厂房抗震设防烈度 8 度，设计基本地震加速度 0.20g，设计地震分组第一组，场地土类别不详（计算取Ⅲ类）。荷载组合依据现行设计规范和抗震鉴定规范 B 类鉴定的相关要求。（1）屋面荷载取值：屋面面层 $0.4kN/m^2$；防水层 $0.4kN/m^2$；保温层 $0.75kN/m^2$；预应力钢筋混凝土板（加灌缝）$1.4kN/m^2$；屋面吊顶 $0.2kN/m^2$；雪荷载 $0.35kN/m^2$；活荷载 $0.5kN/m^2$。（2）吊车梁荷载：根据吊车梁系统的实际检查结果确定具体区域的吊车数量，由于吊车梁缺少具体数据，参照钢结构设计手册中同级吊车数据进行计算。（3）边界条件假定：排架柱与基础固接，排架柱与屋架铰接。

选取具代表性的两榀排架（10 轴、20 轴排架）进行计算，计算模型如图 9-27 所示。

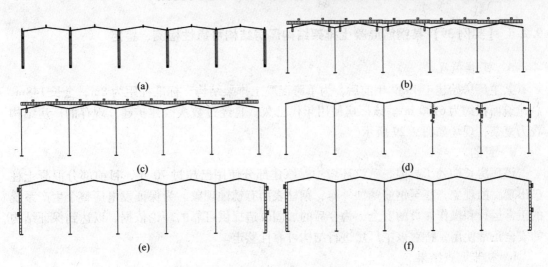

图 9-27　第 10 轴排架计算模型

（a）计算模型；（b）恒载布置图；（c）活荷载布置图；（d）吊车荷载；（e）左风荷载；（f）右风荷载

b　计算结果

经计算，两榀排架均能满足 8 度抗震承载要求，计算结果如图 9-28 所示。

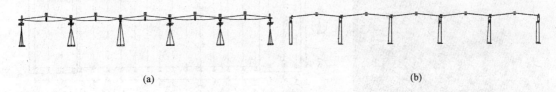

图 9-28　第 10 轴排架计算结果

（a）弯矩包络图；（b）配筋包络图

D　抗震鉴定结论

经对厂房纵向支撑及构造情况进行抗震排查，并经计算，厂房排架能够满足目前正常使用承载及 8 度地震承载要求，满足《建筑抗震鉴定标准》（GB 50023—2009）的要求。

E　加固修复建议

（1）对有碰伤漏筋的柱子，对裸露锈蚀进行除锈，柱表面凿毛并增补 C30 混凝土。（2）对于钢支撑及节点板、屋架与柱头连接节点的锈蚀进行除锈处理，增喷防火涂料，补刷防锈漆。（3）对于水平支撑被破坏部位进行修复或补设支撑。（4）屋面板与屋架应增设可靠连接；应对屋面板之间填充脱落的混凝土进行增补。（5）屋架预应力钢筋锚具应进行除锈处理，并补刷防锈漆。（6）应将屋面杂土及草木进行清理，并修补或重新设置防水层。（7）对于维护墙体有开裂的、车间大门处门框构造柱被破坏的，应进行修补。

F　项目小结

根据《建筑抗震鉴定标准》（GB 50023—2009）的相关规定，该建筑综合抗震综合能力满足抗震鉴定要求，原因如下：第一级鉴定中存在不符合抗震要求的项目，但通过第二级鉴定（抗震承载能力验算），上部承重结构中所有构件均能满足抗震要求。

### 9.2.5 【实例39】某钢筋混凝土排架结构厂房结构可靠性检测、鉴定

**A　工程概况**

某主厂房始建于1939年前后，为单跨混凝土排架结构，标准柱距为8m，全长148m，总建筑面积约为6700 m²。该厂房使用年代已久，且经过数次改建扩建，现存的厂房结构较为复杂，现场如图9-29所示。

**a　目的**

该厂房长期处于高温、蒸汽环境中，原建部分使用已超过70年，目前部分混凝土柱已出现腐蚀现象，甚至钢筋锈蚀外露，钢柱表面有锈蚀现象。为保证发电厂整个生产系统的正常运行和操作人员的安全，为今后的加固改造提供可靠的理论依据，以达到保证结构的安全正常使用，特对该主厂房进行结构可靠性鉴定。

**b　初步调查结果**

该工程已无建筑、结构设计图纸留存，依据收集到的部分资料可知，该厂房分为三阶段建造，经实测，平面图如图9-30所示。

图9-29　加工车间钢结构现状

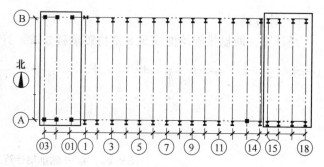

图9-30　平面图

原建部分（1~14轴）为日伪时期建筑，始建于1939年前后，主体结构为单层钢结构铰接排架结构，柱距8m，全长104m，有一台75/5t桥式吊车，跨内设有7m的运转平台，该平台为多个独立的混凝土结构和钢架结构。

第一次扩建部分（14~18轴）始建于1953年前后，为单层钢结构刚接排架结构，14~15轴柱距为4m，其余为8m，全长28m。

第二次扩建部分（03~01轴）始建于1956年前后，为钢筋混凝土框排架结构，柱距为8m，全长16m。跨内7m标高的运转平台为老10号机，为独立的混凝土框架结构。

**B　结构检查与检测**

**a　现场检查结果**

（1）地基基础：建筑物A列采用柱下混凝土独立基础，B列柱下为连续阶形基础、钢筋混凝土桩基。上部结构未发现由于不均匀沉降造成的结构构件开裂和倾斜，建筑地基和基础无静载缺陷，地基基础基本完好。

（2）柱网系统：1）主厂房03~01轴部分为钢筋混凝土柱，上柱截面为600×900，下柱截面为600×1200，其中01/A柱下破损、漏筋。7m平台下方大部分柱表面腐蚀、开裂严重，钢筋外露。2）主厂房1~14轴部分为铆接组合截面钢柱，B列轴部分柱的柱脚

腹板和翼缘锈蚀严重，锈皮厚度为 5～8mm，A 列柱表面基本完好，11 轴柱腹板有 30×30 的孔洞。7m 平台下方大部分柱无明显缺陷，个别混凝土柱有表面损伤、漏筋。3) 主厂房 14～18 轴部分为焊接钢结构组合截面柱，B 列钢柱全部锈蚀，其中钢柱柱脚部分锈蚀最为严重，锈皮厚度为 10～20mm，A 列中只有 15 轴柱锈蚀，是由于柱顶沿墙漏雨所致。7m 平台下方大部分柱无明显缺陷，个别混凝土柱有表面损伤、漏筋。

（3）屋盖系统：1) 厂房 03～01 轴采用 24m 跨下沉式屋架，天窗架为钢天窗架，屋面板为 8m 跨钢筋混凝土槽型板。检查中发现部分屋架杆件和天窗架杆件轻微锈蚀，槽型板混凝土局部剥落、掉渣，板底有漏雨迹象，天窗上石棉瓦破损严重。2) 厂房 1～14 轴屋盖为门式钢架，檩条支撑于钢架横梁上，檩条长 8m，截面为 24 号工字钢，檩距一般为 3m，天窗为 6.6m 钢门架，屋面板为小型钢筋混凝土槽型板，跨度为 3m，支撑于檩条上。检查中发现屋面局部漏雨，漏雨处檩条有锈蚀，部分天窗架杆件有锈蚀，槽型板混凝土局部剥落、掉渣，部分钢筋外漏。天窗屋面板采用双层压型钢板，边缘有部分锈蚀。总体来看靠近 B 列半跨的破损比靠近 A 列的半跨严重。3) 厂房 14～18 轴屋架为梯形钢屋架，檩条为 8m 跨钢檩条，间距为 2m，截面为 [30a，屋面板为小型钢筋混凝土槽型板，跨度为 2m，天窗为 8m 跨钢天窗架。检查中发现 B 列屋架构件及节点锈蚀严重，B 列半跨屋面局部漏雨，漏雨处檩条有锈蚀，A 列基本完好，只在 15 轴附近由于屋架端部漏雨，使屋架节点及端杆锈蚀，部分天窗架杆件有锈蚀，槽型板混凝土局部剥落、掉渣，部分钢筋外漏。

（4）吊车梁系统：该厂房设有一台检修吊车，为轻级工作制吊车，限定最大起重量为 75t，吊车轨顶标高为 15.5m。03～01 轴为钢筋混凝土连续吊车梁，1～18 轴为钢吊车梁，其中 1～14 轴为铆接 I 形截面吊车梁，14～18 轴为焊接工字形截面吊车梁。现场检查发现吊车梁没有明显异常，个别钢梁翼缘板有锈蚀或螺栓未拧紧现象，混凝土梁有破损、漏筋现象。

（5）围护结构系统：该厂房围护采用钢骨架墙体 120mm 厚墙砖填充，外加 70mm 厚万利板保温层。墙体已使用了近 60 年的时间，经蒸汽及高温侵蚀，外表面保温层局部大片剥落，砖体酥松、掉落，砂浆粉化，尤其是 B 列 14～18 轴附近破损最为严重，应及时处理。

（6）结构布置检查：该厂房结构布置合理，结构形式与构件选型基本正确，传力路线基本合理，结构构造和连接基本可靠，基本符合国家现行标准规范规定。

b 混凝土构件现场检测结果

（1）碳化深度：从检测结果可以看出，主厂房混凝土柱碳化深度较浅，均未超过钢筋保护层厚度，对钢筋基本无影响。

（2）混凝土强度：根据回弹检测数据，初步推定柱混凝土强度满足设计等级 C18 要求。

（3）砌体砖强度：根据检测结果可知，实测强度推定标号为 MU7.5。

（4）砌体砂浆强度：根据检测结果可知，砂浆实测强度推定等级达到 M2.5。

（5）钢筋位置及保护层厚度：检测结果表明，钢筋间距摆放基本良好，满足《混凝土结构设计规范》（GB 50010—2010）的要求。各构件配筋检测结果见表 9-14。

表 9-14 厂房各构件配筋汇总表

| 构件名称 | 构件尺寸/mm | 推定配筋 | 配筋面积/mm² | 保护层厚度/mm |
|---|---|---|---|---|
| 混凝土柱（7m 平台下） | 400×400 | 6φ22 | 2281 | 30 |
| 混凝土柱（7m 平台下） | 600×600 | 8φ22 | 3401 | 30 |
| 混凝土柱（01/A） | 600×900 | 10φ22 | 3801 | 35 |

（6）柱侧移：根据《工业建筑可靠性鉴定标准》（GB 50144—2008），结构侧向（水平）位移评定等级，在单层厂房混凝土柱的倾斜小于 $H/1000$ 柱高时评为 A 级。根据测量结果可知，所检测部位排架柱垂直度最大侧移相对偏差 0.0004，满足规范要求。

（7）钢筋锈蚀：根据混凝土现状检查和电位梯度法钢筋锈蚀抽样无损检测，判定主厂房柱混凝土内部钢筋有发生锈蚀的可能，锈蚀概率为 5%。从腐蚀图形上来看，柱混凝土内部绝大部分钢筋未发生锈蚀，少量钢筋有轻微锈蚀，对构件的长期正常使用性有一定影响。

（8）构件尺寸：对混凝土柱和轴线进行了复核，结果表明，实际尺寸与设计尺寸基本相符，满足《混凝土结构工程施工质量验收规范》（GB 50204—2002）要求。

c　钢构件现场检测结果

（1）钢构件厚度检测：从检测数据结果可知，厂房排架钢柱尺寸偏差能够满足《钢结构工程施工质量验收规范》的要求，可以按照检测数据进行承载力计算。

（2）钢构件柱涂层检测：从检测数据结果可以知，厂房排架钢柱涂层厚度能够满足《钢结构工程施工质量验收规范》的要求。

（3）排架柱垂直度检测：根据测量结果可知，纵向倾斜最大位置在 16/A 柱和 14/B 柱，倾斜度为 5mm。横向倾斜最大位置在 16/A 柱，倾斜度为 5mm。完全满足《钢结构工程施工质量验收规范》的要求，对结构无不利影响。

（4）屋架、吊车梁挠度检测：根据测量结果可知，屋架桁架 16 轴挠度为 −95mm，吊车梁 15 轴挠度为 −15mm，均为反拱，满足《钢结构工程施工质量验收规范》的要求。

C　承载能力校核验算

a　结构计算说明

荷载取值：（1）地震作用：抗震设防烈度为 7 度，设计基本地震加速度值为 0.10$g$，设计地震分组为第一组。（2）恒荷载：包括楼面自重、地面做法、梁自重、墙体自重及饰面，楼层静力设备荷载、吊车荷载等按实际取用。（3）基本风压：0.45kN/m²。（4）屋面活荷载：0.7kN/m²。按照实测值调整结构计算控制参数（如几何尺寸、强度等），计算模型如图 9-31 所示。

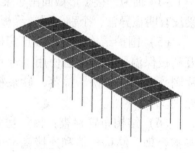

图 9-31　三维计算模型

b　验算结果

（1）上部结构验算结果：通过分析钢柱弯矩包络图、钢柱轴力包络图、钢柱剪力包络图、钢柱应力比图、混凝土柱轴力包络图可知，本建筑混凝土排架柱按原设计尺寸加固修复后的承载力安全裕度均大于 1，满足要求，计算结果如图 9-32 所示。部分验算结果见表 9-15。

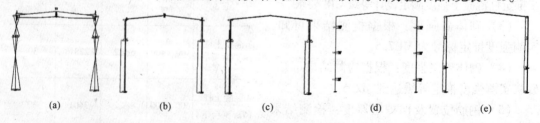

| (a) | (b) | (c) | (d) | (e) |

图 9-32　上部结构验算结果

（a）钢柱弯矩包络图（kN·m）；（b）钢柱轴力包络图（kN）；（c）钢柱剪力包络图（kN）；
（d）钢柱应力比图（kN）；（e）混凝土柱轴力包络图（kN）

（2）地基基础计算说明：由于本建筑经长期使用，未出现裂缝和异常变形，地基沉降均匀，上部结构刚度较好，地基基础的承载力基本满足要求。

D　可靠性评定

依据《工业建筑可靠性鉴定标准》（GB 50144—2008），在该次鉴定计算分析、现场检查、检测结果的基础上对该厂房进行可靠性评级，结果如下。

a　结构构件评级

（1）基础构件评级：上部结构未发现由于不均匀沉降造成的结构构件开裂和倾斜，建筑地基和基础无静载缺陷，地基基础基本完好。柱基础构件共40个，可靠性全部评为 a 级。

（2）排架柱构件评级：混凝土柱的鉴定评级包括安全性等级和使用性等级，排架柱构件评级结果见表9-16。

**表 9-15　混凝土柱承载力计算结果**

| 截面/mm² | 位置 | 推定配筋/mm² | 计算配筋/mm² | 安全裕度 | 结论 |
|---|---|---|---|---|---|
| 600×900 | 柱顶 | 10φ22 | 2160 | 1.76 | 满足 |
| | 柱底 | 10φ22 | 3031 | 1.25 | 满足 |
| 600×1200 | 柱顶 | 12φ22 | 2880 | 1.58 | 满足 |
| | 柱底 | 12φ22 | 2880 | 1.58 | 满足 |

**表 9-16　排架柱评级结果**

| 部位 | 列 | 线 | 安全性 | 使用性 | 评级 | 部位 | 列 | 线 | 安全性 | 使用性 | 评级 |
|---|---|---|---|---|---|---|---|---|---|---|---|
| 1~02 | A | 01 | a | a | a | | | 4 | a | a | a |
| | | 02 | a | a | a | | | 5 | a | a | a |
| | B | 01 | a | a | a | | | 6 | a | b | a |
| | | 02 | a | a | a | | | 7 | a | b | a |
| | 7m平台 | | b | c | c | | | 8 | a | a | a |
| 1~14轴 | A | 1 | a | a | a | 1~14轴 | B | 9 | a | a | a |
| | | 2 | a | a | a | | | 10 | a | b | a |
| | | 3 | a | a | a | | | 11 | a | b | a |
| | | 4 | a | a | a | | | 12 | a | c | c |
| | | 5 | a | a | a | | | 13 | a | c | c |
| | | 6 | a | a | a | | | 14 | a | c | c |
| | | 7 | a | a | a | | 7m平台 | | a | b | a |
| | | 8 | a | a | a | | A | 15 | a | b | a |
| | | 9 | a | a | a | | | 16 | a | a | a |
| | | 10 | a | a | a | | | 17 | a | a | a |
| | | 11 | a | a | a | | | 18 | a | a | a |
| | | 12 | a | a | a | 15~18轴 | B | 15 | b | c | c |
| | | 13 | a | a | a | | | 16 | c | c | c |
| | | 14 | a | a | a | | | 17 | c | c | c |
| | B | 1 | a | a | a | | | 18 | c | c | c |
| | | 2 | a | a | a | | 7m平台 | | a | b | a |
| | | 3 | a | a | a | | | | | | |

（3）屋盖构件评级：屋面局部有漏雨，屋盖杆件和檩条部分有轻微锈蚀，屋面板混凝土局部剥落、掉渣，且B列14~18轴附近钢构件锈蚀和屋面板破损情况较为严重，影响结构耐久性。构造连接完好，未发现明显偏差、变形。因此屋盖构件可靠性均评为b级。

（4）围护墙体构件评级：墙体已使用了近60年的时间，经蒸汽及高温侵蚀，墙体表面保温层多处受侵蚀剥落，砖体酥松、掉落，砂浆粉化，尤以B列14~18轴附近破损最为严重。砖和砂浆强度均满足抗震鉴定标准的要求。因此围护墙体构件可靠性均评为c级。

b  地基基础评级

根据鉴定标准的相关规定，本次鉴定范围内的地基基础项目综合评级为A级。

c  上部承重结构

（1）排架柱系统的评级：根据本次鉴定范围内的排架柱构件评级结果，依据鉴定标准的相关规定，框架柱系统安全性等级为B，使用性等级为B，综合评级为B级。

（2）屋盖系统评级：根据本次鉴定范围内的梁、板构件评级结果，依据鉴定标准的相关规定，梁板系统安全性等级为B，使用性等级为B，综合评级为B级。

（3）组合项目评级：上部承重结构组合项目评级结果为B级。

d  围护结构系统评级

根据本次鉴定范围内的围护结构构件评级结果，及鉴定标准的相关规定，围护结构项目综合评级为C级。

e  可靠性综合评级

根据对厂房的现状检查、检测结果，在现有厂房结构体系、现有荷载状况下，主厂房可靠性评定等级为二级，略低于国家现行标准规范的可靠性要求，仍能满足结构可靠性的下限水平要求，尚不明显影响整体安全，在目标使用年限内不影响或尚不明显影响整体正常使用，该厂房可靠性综合评级结果见表9-17。

表9-17  厂房可靠性综合评级结果

| 组合项目名称 | 项目 | 项目评级 A、B、C、D | 组合项目评级 A、B、C、D | 单元评级 一、二、三、四 |
|---|---|---|---|---|
| 地基基础 | 安全性 | A | A | 二 |
| 地基基础 | 使用性 | A | A | 二 |
| 承重结构系统 | 安全性 | B | B | 二 |
| 承重结构系统 | 使用性 | B | B | 二 |
| 围护结构系统 | 安全性 | B | C | 二 |
| 围护结构系统 | 使用性 | C | C | 二 |

E  加固修复建议

为使该结构目标使用期内达到安全生产的目的，建议采取如下维修处理措施：

（1）柱系统：对于03~01轴的7m平台下混凝土柱，应采取增大截面法进行加固修复，对B列12~18轴钢柱，应进行除锈、防腐处理，而锈蚀最为严重的B列14~18轴钢柱柱脚位置可贴覆钢板进行补强。

（2）屋盖系统：应重做屋面防水，根据情况更换全部或部分屋面板，并对屋盖钢构件进行除锈防腐处理，特别是B列14~18轴半跨部分，应及时处理。

（3）围护系统：清除墙体原有砂浆抹面，表面用钢丝网水泥砂浆重新抹面，砂浆标号应不低于M5，并考虑表面防腐。

F 项目小结

依据《工业建筑可靠性鉴定标准》（GB 50144—2008），该厂房可靠性评定等级为二级，该厂房可靠性略低于国家现行标准规范的主要原因为：受厂房环境中的蒸汽和高温影响，造成03～01轴7m平台下大部分柱已大面积腐蚀甚至钢筋外露锈蚀严重，B列12～18轴排架钢柱锈蚀较为严重，特别是15～18轴钢柱柱身锈蚀，柱脚锈蚀最为严重，影响厂房的安全使用。

## 9.2.6 【实例40】某纯钢框架结构厂房结构安全性及抗震性能检测、鉴定

A 工程概况

某钢结构厂房为地上3层钢框架结构，楼屋面板为预制板，现场如图9-33所示。

a 目的

拟对其进行装修改造，改变使用功能，根据国家规范，在改变原设计用途重新设计改造前，应对该钢结构进行相关结构的检测鉴定。故对现场钢结构进行检测鉴定。

b 初步调查结果

该项目设计图纸资料基本齐全，该次鉴定主要依据收集到的设计资料以及现状检查及检测结果对该结构进行鉴定。平面简图如图9-34所示。

图9-33 结构现状

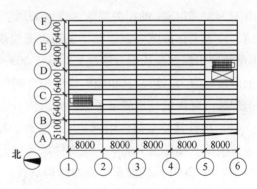

图9-34 1～2层钢结构平面布置图

B 结构检查与检测

a 现场检查结果

（1）地基基础检查：经检查，柱基础为柱下独立基础，柱脚节点做法属刚接。现场对其进行地基基础检查，未发现不均匀沉降及其他明显缺陷，未发现其他明显的倾斜、变形等缺陷，未出现腐蚀、粉化等不良现象；上部结构未发现由于不均匀沉降造成的倾斜。

（2）钢结构构件外观质量检查：钢柱、钢梁均为H形截面，钢柱钢材牌号为Q235B，钢梁钢材牌号为Q345B，现场对该结构的外观质量情况进行了检查，未发现钢构件存在明显裂纹及非金属夹杂等外观质量缺陷，但少量钢构件存在防腐涂层表面剥落和划伤的现象。

（3）结构布置检查：从结构整体的角度上，该钢结构布置合理，结构形式与构件选型基本正确，传力路线基本合理，符合国家现行标准规范规定。

（4）现状荷载调查结果：经现场调查，楼屋面板均为SP18C预应力空心板，预制空

心板厚度为200mm，楼板上砂浆层面和地砖总厚度约为60mm。房屋卫生间采用120mm厚轻质砖墙，其余隔墙采用120mm厚轻钢龙骨纸面石膏板隔墙。根据楼板和面层厚度计算，考虑隔墙、吊顶重量，楼面恒载为4.8kN/m²（不含梁自重），屋面恒载为5.5 kN/m²（不含梁自重）。

楼面自重荷载计算说明：SP18C预制板为3.2kN/m²，碳化砖（建筑地面做法）为1.1kN/m²，天花吊顶为0.25kN/m²，轻钢龙骨纸面石膏板隔墙为0.25kN/m²，楼面荷载共计4.8kN/m²。

b　现场检测结果

（1）钢构件强度回弹检测：现场通过里氏硬度计对该工程主要结构钢材力学性能进行抽样检测，抽样检测结果表明，钢柱的力学性能符合Q235钢材抗拉极限强度的要求，钢梁的力学性能符合Q345钢材抗拉极限强度的要求。现场对同批次钢材楼梯柱截取试样，进行钢材的力学性能试验，试样拉伸强度试验结果表明，力学性能符合要求。

（2）钢构件防腐涂层厚度：根据《钢结构现场检测技术标准》（GB/T 50621—2010）的要求，当设计对涂层厚度无要求时，室内构件涂层总厚度为100~125μm。现场采用涂层测厚仪检测钢构件防腐涂层厚度。检测结果表明，钢构件的防腐涂层厚度均满足要求。

（3）钢构件焊缝质量检测：按照《钢焊缝手工超声波探伤方法和探伤结果分级》（GB 11345—2013）的相关要求，现场采用全数字超声波探伤仪对梁柱拼接焊缝进行抽样检测，检测工作按照《钢焊缝手工超声波探伤方法和探伤结果分级》（GB 11345—2013）、《钢结构超声探伤及质量分级法》（JG/T 203—2007）的有关规定执行。根据设计要求，焊缝的质量等级为二级，其相应的焊缝超声探伤评定等级为Ⅲ级。检测结果表明所抽检钢构件的焊缝内部质量基本满足Ⅲ级的要求。

（4）构件尺寸复核：用钢卷尺、游标卡尺及金属超声测厚仪对柱、梁等钢构件截面尺寸进行抽检。抽样结果表明，钢构件尺寸偏差能够满足《钢结构工程施工质量验收规范》（GB 50255—2001）的要求。在对结构承载力验算时，可以按照设计尺寸进行验算分析。

（5）钢柱垂直度检测：现场采用钢卷尺、全站仪等仪器对钢柱柱垂直度进行检测，检测工作依据《建筑变形测量规范》（JGJ 8—2007）的相关规定进行。检测结果表明，该工程所测柱垂直偏差满足《钢结构工程施工质量验收规范》（GB 50255—2001）的要求。

c　预制空心板实荷试验

检验荷载值6.6kN/m² = 1.2×2.0kN/m²（拟增加的荷载）+ 1.4×楼面活载3.0kN/m²（楼面活载）；预制空心板长8000mm，宽1180mm，板厚200mm。依据《混凝土结构设计规范》（GB 50010—2010）规定：钢筋混凝土受弯构件的最大挠度限值为$L_0/200 = 40$mm（$L_0$为构件的计算跨度），现场抽取的三个区域板实荷加载、卸载过程中3个百分表的累计差值变化较一致，且3个百分表的最大累计差值满足《混凝土结构设计规范》（GB 50010—2010）规定限值要求。

试验结果表明：预制空心板满足恒载1.0kN/m²、活载3.0kN/m²的使用要求，但考虑到预制板跨度较大，在钢梁上的支承长度较小，预制板刚度相对较小，建议增加支撑加固处理。

C 承载能力、抗震验算

a 结构计算说明

采用 PKPM 计算软件进行结构承载力校核验算，构件截面尺寸和布置按现状实测取值，根据梁柱节点实际状况，计算模型中，梁柱节点取刚接，柱脚节点取刚接，计算模型如图 9-35 所示。

（1）荷载取值：1）恒、活荷载标准值根据实际情况和《建筑结构荷载规范》（GB 50009—2012）进行取值，见表 9-18。2）风荷载、雪荷载：基本风压 $0.45kN/m^2$，基本雪压 $0.4kN/m^2$。

（2）地震作用信息：地震作用：抗震设防烈度为 8 度，设计基本地震加速度值为 $0.20g$，设计地震分组为第一组，抗震等级为三级。

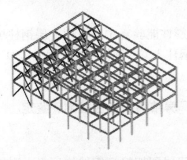

图 9-35 钢框架计算模型图

表 9-18 恒、活荷载取值（$kN/m^2$）

| 位置 | 恒荷载 | 活荷载 |
| --- | --- | --- |
| 楼面 | 4.8 | 2.5 |
| 楼梯、卫生间 | 4.8 | 2.5 |
| 屋面 | 5.5 | 2.0 |
| 汽车展厅 | 4.8 | 4.0 |

（3）材料：钢柱采用 Q235 钢，钢梁采用 Q345 钢。

b 承载能力验算结果

经对钢构件承载力验算、钢梁弹性挠度验算，钢构件承载力、节点承载力、结构变形基本能够满足要求。1～3 层钢梁构件宽厚比、高厚比不满足规范要求。部分楼层钢构件承载力验算结果和钢梁弹性挠度验算结果如图 9-36、图 9-37 所示。

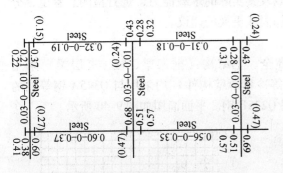

图 9-36 1 层钢构件承载力验算结果（局部）

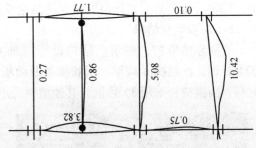

图 9-37 1 层钢梁弹性挠度验算结果（局部）

c 钢结构抗震性验算结果

经对钢构件抗震承载力验算，1 层钢柱承载力不满足要求。1～3 层钢梁构件宽厚比、高厚比不满足规范要求。1 层钢柱承载力不满足要求，不满足规范要求的钢构件分别为：钢柱 2/B、钢柱 3/B、钢柱 2/C、钢柱 3/C、钢柱 4/C、钢柱 2/D、钢柱 3/D、钢柱 2/E、钢柱 3/E。

1～3 层钢梁、钢柱承载力部分验算结果如图 9-38 所示。

D　抗震鉴定结论

根据《建筑抗震鉴定标准》（GB 50023—2009）的相关规定，该建筑抗震综合能力不满足抗震鉴定要求。

E　处理意见

为保证安全生产，采取如下处理措施：对 1～3 层局部稳定性不满足的钢梁及 1 层承载力不满足的钢柱采用加大截面加固处理。

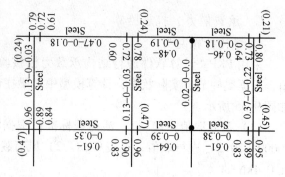

图 9-38　首层钢构件抗震承载力验算结果（局部）

F　项目小结

该工程抗震性不满足要求，主要原因如下：在抗震性能验算中，下列一层钢柱抗震承载力不满足要求：钢柱 2/B、钢柱 3/B、钢柱 2/C、钢柱 3/C、钢柱 4/C、钢柱 2/D、钢柱 3/D、钢柱 2/E、钢柱 3/E。

### 9.2.7　【实例 41】某 H 型钢门式刚架轻型钢结构厂房结构安全性检测、鉴定

A　工程概况

某厂房于 2008 年建成，主体结构为焊接 H 型钢门式刚架轻型钢结构厂房，刚架顶标高 15.3m，共 5 跨，每跨跨度为 24.0m，1～2 轴及 19～20 轴柱距为 7.5m，2～19 轴柱距均为 9.0m，总面积约 20160m²。现场如图 9-39 所示。

a　目的

该厂房特点是厂房结构体系简单，吊车吨位相对较大，吊车运动频繁，振动大。目前厂区内所有跨吊车梁，在天车运行时摆动、颤动，影响天车正常运行，特对该厂房进行重新复核、检测、鉴定。基于现有厂房的现状以及其实际的承载能力，进行检测、鉴定、分析，确定其安全裕度并提出鉴定意见结论及加固或更换的建议。

b　初步调查结果

查阅原始资料，建筑、结构设计图纸齐全。主结构（框架梁、柱、夹层梁）采用 Q345B 钢，次结构（墙梁、实腹檩条及面板等冷弯薄壁构件）均采用与 Q345A 钢等强的材料，圆钢拉杆采用 35 号钢，其他型钢采用 Q235B 钢。平面简图如图 9-40 所示。

图 9-39　结构现状

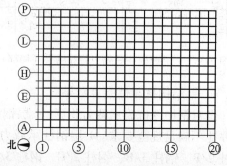

图 9-40　平面图

B 结构检查与检测

a 现场检查结果

（1）地基基础：1）上部结构进行检查时发现 D 轴、E 轴母材区局部钢架柱有明显倾斜情况发生，开挖检查发现地基基础及承台与桩头连接基本完好。2）基底采用预应力管桩，桩径为 300mm，基础采用独立承台基础；土壤酸碱度基本为中性，对混凝土基本无影响。

（2）刚架柱：1）上柱顶均无刚性系杆，整体性较弱。2）上柱与吊车梁上翼缘的连接比较薄弱，后期改造后对上翼缘进行多处烧焊，应考虑其损伤。3）吊车梁与柱牛腿间塞入钢板垫块以调整轨顶高度，建议将垫块刨平顶紧以保证紧密贴合，同时应予以点焊固定。

（3）柱间支撑：上柱柱间支撑大多数现状良好，但部分上柱支撑采用圆钢拉杆，在吊车运行中晃动严重，应随时进行张力调整，考虑到加强结构稳定性和实际效果的因素，建议将其更换为型钢支撑。

（4）吊车梁：吊车梁为钢吊车梁，吊车实际跨度 $L_K = 22.5m$，屋面设有采光带。吊车均为 A6 工作制，A 跨为两台 10t 吊车，B 跨为三台 10t 吊车，C 跨、D 跨为 10t 吊车两台、16t 吊车一台，E 跨为 10t、20t 吊车各一台。对吊车梁的现状检查未发现吊车梁有明显的破损和锈蚀现象发生，其设置也符合图纸设计要求。但吊车梁轨道压板仍有部分失效甚至脱落，应对失效或脱落的轨道压板进行重新补足。

（5）构造检查：该厂房在结构布置、结构构件连接构造、屋盖系统、吊车梁系统等方面有个别未满足《门式刚架轻钢房屋钢结构技术规程》（CECS102：2002）的相关要求，但大部分符合《钢结构设计规范》的要求。

b 现场检测结果

（1）钢构件强度：1）钢吊车梁腹板、翼缘的实际最小强度在 475~486MPa 之间，实际平均强度在 478~497MPa 之间，达到原设计 Q345 钢的强度值，计算时按照 Q345 钢验算其承载力能力和疲劳强度。2）刚架柱、刚架梁的实际最小强度在 468~472MPa 之间，基本达到原设计 Q345 钢的强度值，计算时按照 Q345 钢验算其承载力能力。

（2）钢构件厚度：在现场检测时发现厂房刚架、吊车梁钢构件钢板厚度在大多数位置偏差较小，基本上满足钢材验收要求，计算时可按照设计厚度进行验算。

（3）焊缝：本次探伤对钢架柱、吊车梁焊缝进行了着色渗透检测，检测结果显示抽样检测的所有 30 条焊缝未发现超标缺陷，定为Ⅰ级合格。

（4）刚架柱侧向位移：现行的《钢结构工程施工质量验收规范》（GB 50205—2001）中对单层钢结构中柱子安装的允许偏差作出明确的规定，对 $H > 10m$ 的柱子，其允许偏差为 1/1000 柱高，且不大于 25mm。根据测量结果可以看出，本次抽检测量的刚架柱大部分倾斜量已经超出规范要求，纵向倾斜最大位置在 11/F 柱，倾斜量为 38mm，倾斜度为 3.2/1000。横向倾斜最大位置在 18/A 柱，倾斜量为 36mm，倾斜度为 3.1/1000。另外从检测结果还可看出，刚架柱倾斜呈现出四周向内部倾斜、成品区向母材区倾斜的趋势，可见母材区堆载较大导致地基沉降与刚架柱倾斜有一定关系。据此，对刚架柱倾斜进行长期监测。

（5）轨道偏心：根据《工业厂房可靠性鉴定标准》（GBJ144—90）的相关规定，吊车轨道中心对吊车梁轴线的偏差 $e$：a 级：$e \leqslant 10mm$；b 级：$10mm < e \leqslant 20mm$；c 级或 d 级：$e > 20mm$，吊车梁上翼缘与接触面不平直，有啃轨现象，可按《工业厂房可靠性鉴定标准》（GBJ144—90）第 2.2.1 条原则评为 c 级或 d 级。经检测，天车频繁卡轨，单跨轨距最大偏差值达到35.0mm。对于天车的运行以及吊车梁系统的受力体系有较大影响，将吊车梁轨距偏移评为 d 级。

（6）轨顶标高：根据《钢结构工程施工质量验收规范》（GB 50205—2001）的规定，同跨间横断面顶面高差不得大于10.0mm，同列相邻柱间顶面高差按照规范规定，不得大于 L/1500，即9m柱距高差不得大于6.0mm。从检测结果可知，轨顶标高总体情况较差，有近30%的相邻轨道高差超限，因此建议结合改造对吊车梁轨道系统进行调整。

（7）构件尺寸：对23根刚架柱、5根吊车梁进行了尺寸复核，复核结果显示，构件尺寸与原设计大多数基本相符，对相符的结构构件，在计算时可以按照设计参数进行验算分析。

（8）地基沉降监测：因厂房使用时间尚短，沉降及结构变形积累时间较短。至此共对34个观测点进行4次沉降观测，监测结果发现在1个月时间内，厂房总体呈下沉趋势，平均下沉4.8mm，最大下沉量发生在6/B柱处，达到10.4mm。沉降量远大于《工业厂房可靠性鉴定标准》规定的2mm/月的限值。

C　结构承载能力分析

a　计算说明

主体承重结构为吊车梁及门式刚架梁柱，构件材料按照检测后的推定强度计算，并考虑刚架柱偏移、吊车梁偏心等影响因素。吊车荷载按照甲方提供的吊车相关参数进行计算。局部刚架梁、钢架柱如图9-41所示。

荷载取值：（1）地震作用：抗震设防烈度为7度，设计基本地震加速度值为0.10$g$，设计地震分组为第一组。（2）屋面恒荷载：0.3kN/m$^2$。（3）风荷载：基本风压0.60kN/m$^2$。（4）屋面活荷载：0.3（钢架）/0.5kN/m$^2$。（5）吊车荷载：吊车起量分别为10t、16t、20t，最大轮压分别为110kN、吊车重分别为215kN、288kN和287kN。吊车工作制A6。

b　计算结果

（1）地基基础：所有刚架柱基础配筋均满足承载力要求，结果见表9-19。

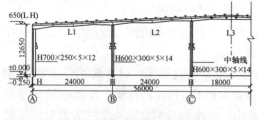

图9-41　局部刚架梁、柱示意图

表9-19　刚架柱、抗风柱地基基础计算结果

| 列 | 名称 | 地基承载力安全裕度 | 基础抗冲切安全裕度 | 基础抗弯安全裕度 |
|---|---|---|---|---|
| A、B | ZJ3 | 2.03 | 2.60 | 2.58 |
| | 抗风柱 | 2.10 | 1.98 | 2.51 |

（2）刚架柱：构件按设计承载力安全裕度大于1.0，即能满足承载要求。但A轴、E轴、F轴柱平面内稳定应力比安全裕度小，平面外刚度较弱，承受频繁吊车荷载及吊车卡轨等非常规工作情况下能力较弱，需处理。

（3）刚架梁：按设计承载力验算，构件设计承载力安全裕度大于1.0，满足承载力要求。

（4）屋面檩条、隅撑等：1）檩条考虑冷弯效应的钢材强度设计值为300MPa，风吸力作用下最大应力 $\sigma$ =456.0MPa，即风吸力作用下檩条承载力不满足使用要求。9m跨檩条的最大挠度为 70.967mm；相当于跨度的 1/127，不满足要求。2）墙梁考虑冷弯效应的钢材强度设计值为 300MPa，最大应力 $\sigma = 208.7$MPa，满足要求。9m 跨墙梁的最大水平挠度为 6.065mm；相当于跨度的 1/1484，满足要求。3）隅撑最大应力为 134MPa，强度满足要求。

（5）抗风柱：抗风柱最大应力比为 0.465 < 1，满足要求。但风压计算最大挠度 57.684mm > 容许挠度 35.000mm，不满足要求，需要进行加固。

（6）吊车梁。

1）计算说明：计算荷载主要包括吊车竖向荷载、吊车横向水平荷载，以及吊车梁、轨道自重等。吊车纵向水平荷载标准值，取作用在一边轨道上所有刹车轮的最大轮压之和的 10%；吊车横向水平荷载标准值，取横行小车重量与额定起重量之和的 20%，并乘以重力加速度。多台吊车组合及动力系数取值等参见《建筑结构荷载规范》（GB 50009—2001）；该工程吊车工作级别均为 A6，计算时按 Q345-B 钢验算其安全裕度。吊车梁参数见表 9-20。

2）计算结果：吊车梁承载能力满足规范要求，具体计算结果见表 9-21。

表 9-20 吊车梁统计表

| 吊车梁编号 | 跨度/m | 数量 | 上翼缘/mm | 下翼缘/mm | 腹板/mm | 吊车吨位/t |
|---|---|---|---|---|---|---|
| DL-1a | 7.5 | 4 | 400×16 | 200×8 | 900×6 | 10+10 |
| DL-2a | 7.5 | 8 | 430×18 | 200×8 | 1100×8 | 16+10 |
| DL-3a | 7.5 | 8 | 450×18 | 200×8 | 1100×8 | 20+10 |
| DL-1 | 9 | 60 | 440×18 | 200×10 | 1100×8 | 10+10 |
| DL-2 | 9 | 64 | 450×20 | 200×8 | 1100×8 | 16+10 |
| DL-3 | 9 | 32 | 480×20 | 200×10 | 1100×8 | 20+10 |
| DL-1b | 9 | 8 | 400×18 | 220×8 | 1100×8 | 10+10 |
| DL-2b | 9 | 4 | 430×20 | 200×8 | 1100×8 | 16+10 |
| DL-3b | 9 | 2 | 450×20 | 220×10 | 1100×8 | 20+10 |

表 9-21 吊车梁计算结果列表

| 位置 | 轴线位置 | 跨度/m | 抗弯安全裕度 $(R/\gamma_0 S)$ | 抗剪安全裕度 $(R/\gamma_0 S)$ | 疲劳安全裕度 $(R/\gamma_0 S)$ | 相对挠度 |
|---|---|---|---|---|---|---|
| 精整跨 | 1~20/<br>A~B<br>1~20/<br>B~C | 9 | 1.54 | 1.54 | 3.19 | 1/2404 <<br>[1/1000] |
| | 1~20/<br>C~D<br>1~20/<br>D~E | 9 | 1.60 | 1.60 | 1.22 | 1/1552 <<br>[1/1200] |
| | 1~20/<br>E~F | 9 | 1.60 | 1.60 | 1.07 | 1/1346 <<br>[1/1200] |

D 钢吊车梁疲劳验算

a 验算说明

现行《钢结构设计规范》（GB 50017—2003）规定，疲劳验算采用荷载标准值按容许应力幅进行计算。容许应力幅的确定，是根据疲劳试验数据统计分析而得，在试验结果中已包括了动载效应和局部应力集中可能产生屈服区的影响，因而整个构件可按弹性工作进行计算。连接形式本身的应力集中不予考虑。

实际结构中重复作用的荷载，一般并不是固定值，属于变幅疲劳，若能预测或估算结构的设计应力谱，可根据雨流法进行应力幅频次统计，再按照线性累积损伤原理进行计算，便可求出变幅疲劳的等效应力幅。

根据《钢结构设计规范》（GB 50017—2003）的相关规定，对重级工作制吊车梁的疲劳可作为常幅疲劳，按下式验算：

$$\alpha_f \cdot \Delta\sigma \leq [\Delta\sigma]_{2\times10^6}$$

吊车梁下翼缘与腹板之间采取角焊缝连接，连接类型属于 4 类，腹板与加劲肋连接属于4类，两种连接的容许应力幅均为103N/mm²。

b　吊车梁疲劳分析结论

通过表9-22的验算分析可知，吊车梁疲劳验算满足规范要求，满足下一个目标使用期的要求。但应该认识到，工程结构的疲劳寿命是符合正态分布条件随机事件，也就是当结构使用年限超过疲劳寿命临界值也不一定肯定破坏，只是破坏的可能性大一些；而结构使用年限在疲劳寿命临界值以内也不一定不会破坏，只是破坏的可能性小一些。

表9-22　钢吊车梁疲劳验算结果

| 轴线 | 跨度/m | 疲劳应力幅 $\alpha_f\Delta\sigma$ /N·mm$^{-2}$ | 容许应力幅 $[\Delta\sigma]$ $2\times10^6$/N·mm$^{-2}$ | 疲劳安全裕度（$R/\gamma_0 S$） |
|---|---|---|---|---|
| 1~20/A~B 1~20/B~C | 9 | 32.2 | 103 | 3.19 |
| 1~20/C~D 1~20/D~E | 9 | 84.1 | 103 | 1.22 |
| 1~20/E~F | 9 | 96.9 | 103 | 1.07 |

注：以上均为下翼缘与腹板连接处腹板的疲劳应力。

厂房重级工作制吊车的吊车梁等承受动力荷载重复作用的钢结构加强定期检查、检测、维修是非常必要的，否则一旦产生损坏其修复将是非常困难的，有时还会造成致命的损伤。

E　结构可靠性鉴定

（1）地基基础：经验算，地基承载力和独立柱基、桩基承载力均满足要求，但上部结构存在由于地基不均匀沉降造成的结构构件倾斜，经沉降监测显示建筑地基沉降速度较大，对上部结构造成明显影响。地基基础项目评为D级。

（2）上部承重结构：使用性包括结构水平位移和上部承重结构使用状况两个子项，而使用状况又包括厂房柱、吊车梁系统和屋盖系统三个子项。安全性包括结构整体性和结构承载能力两个子项，结构整体性包括结构布置和构造、支撑系统两个子项。

1）结构侧向位移评级：刚架柱大部分侧向位移超出规范要求，故评为C级。2）厂房柱系统的评级：根据鉴定标准的相关规定，厂房刚架柱和抗风柱有不满足规范要求之处，故评为C级。3）吊车梁系统评级：根据鉴定标准的相关规定，吊车梁系统轨距超限，且吊车卡轨现象较严重，影响正常使用，评定为C级。4）屋盖系统评级：根据鉴定标准的相关规定，屋盖檩条挠度不满足要求，屋盖系统评为C级。5）结构布置和构造：在刚架转折处（单跨房屋边柱柱顶和屋脊），该厂房未沿房屋全长设置刚性系杆，不满足规范要求；在设有带驾驶室且起重量大于15t桥式吊车的跨间，未在屋盖边缘设置纵向水平支撑，不满足规范要求；另外，检查发现吊车梁突缘支座钢板未刨平。故结构布置和构造项目评定等级为C级。6）支撑系统评级：部分支撑影响结构稳定性，故评为A级（见表9-23）。7）结构承载功能评级：经计算，结构承载能力基本满足规范要求，评为A级。

表9-23　支撑系统长细比评级表

| 支撑杆件种类 | | 容许长细比 | 杆件长细比 | 长细比评级 | 项目评定等级 |
|---|---|---|---|---|---|
| 上柱支撑 | 压杆 | ≤150 | 123 | A | A |
| 下柱支撑 | 压杆 | ≤150 | 94 | A | |

（3）围护结构：围护结构基本完好，项目评级结果为 B 级。

（4）可靠性综合评级：根据对厂房的现状检查、检测结果，在现有厂房结构体系、现有荷载状况下，该厂房可靠性评定等级为四级，即其可靠性严重不符合国家现行标准规范要求，已不能正常使用，必须立即采取措施。该厂房可靠性综合评级结果见表 9-24。

**表 9-24 厂房可靠性综合评级结果**

| 项 目 名 称 | | | | | | 项目综合评级 |
|---|---|---|---|---|---|---|
| 地基基础 | | | | D | | 四 |
| 上部承重结构 | 使用性 | 结构侧向位移 | | C | C | |
| | | 上部承重结构使用状况 | 厂房柱 | C | | |
| | | | 吊车梁系统 | C | C | |
| | | | 屋盖系统 | C | | |
| | 安全性 | 结构整体性 | 结构布置和构造 | C | C | |
| | | | 支撑系统 | A | | |
| | | 结构承载功能 | | A | | |
| 围护结构 | | | | B | | |

**F　处理意见**

为保证该结构在目标使用期内安全生产，建议采取如下加固处理措施。

（1）地基基础：由于地面长期堆载过大，造成地基不均匀沉降，对上部结构造成影响，建议立即减小堆载至 $1t/m^2$，若不能减小堆载，则对堆载较大的成品区进行地基加固处理。根据地堪报告显示情况，该区域厂房地下存在两处软弱下卧层，一处位于地下 2.0m，厚约 2.4m；一处位于地下 12.0m，厚约 7.0m，均为淤泥质土。针对此情况建议采用全面高压旋喷桩或水泥搅拌桩复合地基加固，建议桩身长度为 20m，局部淤泥较薄的桩身长度可以稍短，但必须保证伸出淤泥层至少 1m。

（2）吊车梁系统：1）彻底检查吊车梁与柱子系统的连接，所有连接均采用高强螺栓连接，并按照设计图纸进行恢复。2）对于轨道压板：应采用防松永久螺栓进行固定，并建议采用双螺母；压板设置齐全的将连接压板的松动螺栓拧紧，对于缺少垫板及垫圈的以及对缺失或失效的轨道压板进行重新补足更换。3）对于松动的高强螺栓应及时更换新螺栓，不得将松动的螺栓拧紧后继续使用。4）对于吊车梁突缘支座钢板未刨平的，在吊车梁系统调整过程中，要进行吊车梁修复；或者在调整好吊车梁位置偏差后，对吊车梁突缘支座与牛腿上支承垫板之间的间隙采用楔形钢板垫块楔紧后，垫块点焊于牛腿垫板上，保证吊车梁支座部位受力均匀，无晃动。5）对吊车轨道接头间隙过大的部位进行焊接修补修复处理，避免对吊车梁系统产生过大的冲击振动。6）对吊车梁轨道系统再次进行彻底调整，保证轨道的标高、轨距、轨道偏心、轨道接头等在规范允许范围之内。7）定期进行检查调整；对边跨没有在后期处理进行加焊交叉支撑的吊车梁增设制动桁架。8）建议在轨道下设置弹性复合橡胶垫板。

（3）刚架柱：上柱顶增设刚性系杆一道；对倾斜变形大于 25mm 的刚架柱进行纠偏处理；刚架下柱（2～19 轴）采取翼缘加焊角钢的方法增加平面外刚度。

（4）柱间支撑系统：对振动较严重的支撑进行紧固矫正；部分上柱支撑采用圆钢拉杆在吊车运行中晃动严重，应随时调整，考虑到实际稳定性和实际效果，建议更换为型钢支撑。

（5）屋盖系统：对有缺失和弯曲失效的屋盖拉条和撑杆进行修补或更换；沿屋盖两侧设置纵向水平支撑；对局部不满足现有承载力要求的檩条进行加固处理。

（6）抗风柱：建议使用加焊角钢的方式增大抗风柱截面高度。

G　项目小结

该厂房可靠性评定等级为四级，可靠性严重不符合国家现行标准规范要求，主要原因如下：（1）地基基础沉降速率远大于《工业厂房可靠性鉴定标准》规定的地基沉降速度2mm/月的限制，地基基础系统直接评定为 D 级。（2）吊车梁系统虽通过了承载能力验算，但是考虑轨距超限和吊车卡轨较严重等因素后，吊车梁系统可靠性评定为 C 级。（3）厂房柱：刚架柱 A 轴、E 轴、F 轴柱平面内稳定应力比安全裕度较小；抗风柱在现有使用状况下，承载力基本满足使用荷载要求，但挠度不满足规范要求。厂房柱评为 C 级。（4）屋盖系统：檩条承载力在现有使用状况下不满足使用荷载要求，挠度不满足要求，屋盖系统评为 C 级。

## 9.3　工业建筑结构检测、鉴定、加固修复案例

### 9.3.1　【实例42】某钢筋混凝土排架结构厂房火灾后检测、鉴定及加固修复

A　工程概况

某公司厂房建于 2007 年，为钢筋混凝土单层排架结构，建筑面积均为 $3051m^2$。厂房现状如图 9-42 所示。

a　火灾调查结果

火灾于 15 时 55 分许开始燃烧，消防队赶到后迅速喷水灭火，至 20 点左右明火被扑灭。此火灾造成厂房屋面板、梁大面积的塌落、变形，造成排架柱表面混凝土脱落、露筋、倾斜变形，烧毁厂内大量电瓶车。

初步查明，火灾是由于焊工在安装行车施工作业时，电焊切割过程中产生的焊渣、火花溅落在厂房之间临时搭建的大棚内，引起大棚内泡沫纸箱及纸板等易燃物燃烧引起，之后火势向两侧蔓延，最终导致厂房发生严重火灾。

为了考察火灾后混凝土排架柱的承载能力，并为下一步结构修复加固工作提供基础数据和依据，特对厂房整体结构进行现场检测，并根据现场检测数据进行结构现状承载力校核计算，根据相关规范进行结构可靠性鉴定，根据结果对受灾部位和构件提出加固修复建议。

b　初步调查结果

查阅原始资料，结构施工图、设计图纸齐全，通过现场核实，实绘平面图及过火区域平面图，如图 9-43 所示。根据灾后现场初步调查发现，火灾引起厂房屋面梁、板大面积脱

图 9-42　火灾后墙体结构现状

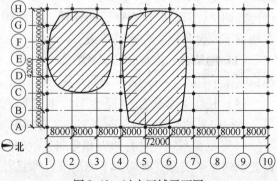

图 9-43　过火区域平面图

落，未脱落区域大多发生严重的弯曲变形；说明屋面系统已经基本失去承载能力。混凝土排架柱多数存在混凝土开裂、剥落、局部箍筋外露、倾斜等不利于结构安全性和耐久性的缺陷。

B 结构检查与检测

a 火灾后现场检查结果

（1）围护结构检查结果：厂房室内地坪及过道地坪、门窗严重损毁，墙体多处裂缝。

（2）屋盖系统检查结果：现场检查发现，厂房①~⑦轴屋面板、梁大面积塌落；两厂房未塌落的屋面板、梁也都发生严重变形，个别未塌落的屋面梁与支座脱离，有随时发生塌落的可能，屋盖系统已经丧失承载能力。根据《火灾后建筑结构鉴定标准》，火灾后钢结构构件严重破坏，难以加固修复，需要拆除或者更换，厂房的屋面梁、檩条全部鉴定评级为Ⅳ级。

（3）排架柱检查结果：排架柱多被熏黑，灼烧较为严重的中柱多出现混凝土脱落、露筋、表面裂缝等缺陷，锤击声音较闷，呈土黄或浅红色。

b 火灾作用调查

现场发现两厂房中柱上部多呈浅黄色或者浅红色，根据《火灾后建筑结构鉴定标准》，混凝土构件表面曾经达到的温度及范围和烧灼后混凝土表面现状的关系，判断中柱上部温度达到800℃。结合混凝土构件的破损情况，可知排架柱上部温度在700~800℃之间，局部区域温度超过800℃；中柱下部和边柱温度在300~500℃之间。过火区域温度场如图9-44所示。

c 火灾后现场检测结果

（1）构件尺寸检测：经过对主要承重构件的截面进行复核，构件尺寸符合原设计要求。

（2）碳化深度检测：对各构件的碳化深度进行检测，碳化深度均在6mm以上。

（3）混凝土强度检测：现场采用回弹法对混凝土排架柱强度进行检测，检测结果见表9-25。采用钻芯法检测混凝土强度，从芯样外观来看，表面未发现明显的分层和酥松现象，芯样抗压强度试验结果见表9-26。

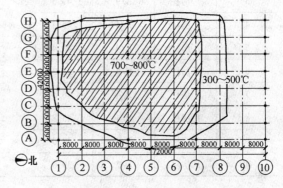

图9-44 过火区域温度场

**表9-25 厂房排架柱回弹法检测结果**

| 序号 | 轴号 | 平均值/MPa | 标准差/MPa | 推定值/MPa |
|---|---|---|---|---|
| 1 | 1/C | 21.9 | 1.00 | 20.21 |
| 2 | 1/G | 24.6 | 1.36 | 22.39 |
| 3 | 3/H | 21.5 | 2.88 | 16.75 |
| 4 | 4/E | 19.0 | 1.02 | 17.35 |
| 5 | 4/F | 22.2 | 1.29 | 20.04 |
| 6 | 6/A | 26.8 | 1.71 | 23.98 |
| 7 | 7/B | 22.8 | 1.95 | 19.59 |
| 8 | 7/D | 17.6 | 2.15 | 14.04 |
| 9 | 7/F | 22.6 | 1.56 | 20.06 |
| 10 | 9/A | 23.0 | 1.05 | 21.23 |

混凝土回弹和取芯的结果表明，混凝土回弹主要为表面混凝土强度，混凝土表面被灼烧后，强度受火灾影响均有不同程度折减。取芯法检测的强度大于设计值及回弹法，因取

芯检测为混凝土内部强度。验算时根据《火灾后建筑结构鉴定标准》对混凝土抗压强度进行折减。由检测结果可知，正常区域混凝土强度满足设计 C25 要求，失火区域混凝土表面强度折减范围在 0.56 ~ 0.92。

（4）排架柱变形测量：测量高度均为 5000mm。厂房无吊车梁，$H = 9600\mathrm{mm}$（$H$ 为基础顶面至柱顶总高度），根据《工业建筑可靠性鉴定标准》（GB 50144—2008），对结构侧向（水平）位移进行评级。12 个构件中评为 a 级的有 2 个，评为 b 级的有 0 个，评为 c 级的有 10 个。评为 c 级的构件占被检测构件总和的 83.33%。检测结果见表 9-27。

表 9-26　芯样抗压强度试验结果

| 序号 | 构件类别 | 构件位置 | 抗压强度/MPa |
|---|---|---|---|
| 1 | 厂房柱 | A/9 | 45.3 |
| 2 | 厂房柱 | A/9 | 43.8 |
| 3 | 厂房柱 | A/9 | 43.3 |
| 4 | 厂房柱 | E/4 | 45.4 |
| 5 | 厂房柱 | E/4 | 40.4 |
| 6 | 厂房柱 | E/4 | 41.3 |
| 7 | 厂房柱 | B/4 | 46.4 |
| 8 | 厂房柱 | B/4 | 43.8 |
| 9 | 厂房柱 | B/4 | 44.0 |
| 10 | 厂房柱 | E/7 | 39.0 |

表 9-27　厂房排架柱倾斜检测结果

| 排架柱位置 | 东西向 | | 南北向 | | 评级 |
|---|---|---|---|---|---|
| | 倾斜值/mm | 倾斜度/‰ | 倾斜值/mm | 倾斜度/‰ | |
| 4/B | 19 | 3.80 | 15 | 3.00 | c |
| 4/C | 10 | 2.00 | 30 | 6.00 | c |
| 4/D | 5 | 1.00 | 4 | 0.80 | a |
| 4/E | -12 | 2.40 | -45 | 9.00 | c |
| 4/F | 8 | 1.60 | -49 | 9.80 | c |
| 4/G | -10 | 2.00 | -47 | 9.40 | c |
| 7/B | 18 | 3.60 | -12 | 2.40 | c |
| 7/C | -7 | 1.40 | 35 | 7.00 | c |
| 7/D | -8 | 1.60 | -18 | 3.60 | c |
| 7/E | 4 | 0.80 | -10 | 2.00 | c |
| 7/F | 9 | 1.80 | 8 | 1.60 | c |
| 7/G | 5 | 1.00 | 2 | 0.40 | a |

C　构件承载能力校核验算

a　计算说明

由于火灾发生在整个厂房，为保证局部承载力不对结构整体造成不良影响，使用火灾后构件承载力相对原构件承载力的折减系数对结构构件进行详细鉴定。对于混凝土构件，需要确定受压区混凝土强度折减和受拉区钢筋强度及粘结性能折减两个方面。受压区混凝土强度折减需要综合考虑界限受压区高度及火灾过程中截面温度场的影响。针对火灾影响区域出现的构件承载力下降，因此采用 SAP2000 软件进行结构验算。

b　计算结果

该厂房屋面钢梁、屋面板因火灾已变形严重或塌落，不能继续承载，须全部进行更换，因此该次鉴定只对柱进行了承载能力验算。

对烧损较严重的柱混凝土抗压承载力折减系数取 0.56 ~ 0.69 之间；烧损较轻微的柱承载力折减系数取 0.87 左右；烧损较严重的柱钢筋屈服强度折减系数约为 0.85，烧损较轻微的柱钢筋屈服强度折减系数为 0.95；烧损较严重的柱钢筋抗拉强度折减系数约为 0.85。

D　火灾后结构安全性鉴定

综合以上分析结果，并考虑受火灾部位在整个构件中所处的位置对整个构件承载力的影响，厂房柱火灾后评级结果如下。

a　初步鉴定评级

厂房共 44 个柱，评为Ⅱa级的共 12 个。评为Ⅱb级的共 21 个，约占48%；评为Ⅲ级的共 11 个，占25%。具体的评级结果见表9-28。

屋面及钢结构构件评级均为Ⅳ级，构件难以加固修复，需要拆除或更换。

b　详细鉴定评级

厂房共 44 个柱，经详细评级，评为 b 级的共 32 个，约占72%；评为 c 级的共 12 个，占38%。详细鉴定评级结果参见表9-28。

**表 9-28　厂房柱初步、详细鉴定评级结果**

| 序号 | 构件编号 | 初步评级 | 详细评级 | 序号 | 构件编号 | 初步评级 | 详细评级 | 序号 | 构件编号 | 初步评级 | 详细评级 |
|---|---|---|---|---|---|---|---|---|---|---|---|
| 1 | 1/A | Ⅱa | b | 16 | 4/D | Ⅲ | c | 31 | 7/G | Ⅲ | c |
| 2 | 1/B | Ⅱa | b | 17 | 4/E | Ⅲ | c | 32 | 7/H | Ⅱb | b |
| 3 | 1/C | Ⅱa | b | 18 | 4/F | Ⅲ | c | 33 | 8/A | Ⅱb | b |
| 4 | 1/D | Ⅱa | b | 19 | 4/G | Ⅲ | c | 34 | 8/H | Ⅱa | b |
| 5 | 1/E | Ⅱb | b | 20 | 4/H | Ⅲ | b | 35 | 9/A | Ⅱa | b |
| 6 | 1/F | Ⅱb | b | 21 | 5/A | Ⅱb | b | 36 | 9/H | Ⅱa | b |
| 7 | 1/G | Ⅱb | b | 22 | 5/H | Ⅱb | b | 37 | 10/A | Ⅱa | b |
| 8 | 1/H | Ⅱb | b | 23 | 6/A | Ⅲ | c | 38 | 10/B | Ⅱb | b |
| 9 | 2/A | Ⅱb | b | 24 | 6/H | Ⅱb | b | 39 | 10/C | Ⅱb | b |
| 10 | 2/H | Ⅱb | b | 25 | 7/A | Ⅱb | b | 40 | 10/D | Ⅱb | b |
| 11 | 3/A | Ⅱb | b | 26 | 7/B | Ⅱb | b | 41 | 10/E | Ⅱa | b |
| 12 | 3/H | Ⅱb | b | 27 | 7/C | Ⅲ | c | 42 | 10/F | Ⅱa | b |
| 13 | 4/A | Ⅱb | b | 28 | 7/D | Ⅲ | c | 43 | 10/G | Ⅱa | b |
| 14 | 4/B | Ⅱb | b | 29 | 7/E | Ⅲ | c | 44 | 10/H | Ⅱa | b |
| 15 | 4/C | Ⅲ | c | 30 | 7/F | Ⅲ | c | | | | |

c　综合结论

在火灾后构件评级的基础上，确定火灾鉴定单元的综合评级结果为三级，其可靠性不满足鉴定标准要求，显著影响整体承载功能和使用功能，需要尽快采取措施。

E　加固修复设计

对详细评级为 c 级及下柱采用灌浆料扩大的柱子采用增大截面法处理（火灾仅对下柱影响较大，对于上柱影响较小）。对厂房柱采用增大截面加固法，也称为外包混凝土加固法，它通过增大构件的截面和配筋，降低了柱子的长细比，提高构件的承载力、刚度、稳定性和抗裂性。对于上柱，则采用粘钢加固即可。

在详细鉴定中评定为 b 级的采用碳纤维加固处理方法。将烧损混凝土彻底凿除，露出新鲜密实混凝土，然后采用灌浆料或细石混凝土进行浇灌。浇灌前应保证结合面清洁，并涂界面剂。待灌浆料或细石混凝土达到设计强度后，环向粘贴两层碳纤维复合材料进行加固。

（1）上柱粘钢加固：采用粘钢法加固，在柱子四角沿纵向粘 150mm 宽、5mm 厚的钢板，并在柱子四边沿柱子高度方向每隔 200mm 粘一条 50mm 宽、3mm 厚的封闭钢箍带，箍带搭接 200mm。在粘钢前先将粘钢处柱子混凝土表面打磨粗糙后再用结构胶粘钢加固，最后再在钢板表面粉刷厚度为 30mm 的水泥砂浆，上柱加固粘钢如图 9-45（Ⅰ—Ⅰ剖面）所示。

（2）下柱扩大截面的加固：下柱主筋采用结构胶植入基础不小于15d，加固所用主筋为 $\phi25$ 螺纹钢筋，植入基础深度取400mm。柱子箍筋分环箍和附加箍筋两种，箍筋均采用 $\phi12$ 螺纹钢筋，其中附加箍筋采用植筋的方法植入原柱15d，为180mm，以保证新旧混凝土的可靠连接，同时，原混凝土表面凿毛洗净，并刷纯水泥浆一道后，再浇注新混凝土。原设计的柱底与基础为铰接节点，该次设计将柱和基础都同时加大断面后将柱与基础连接改为刚接，使结构受力性能更加合理，下柱加固如图9-45所示（Ⅱ—Ⅱ剖面）。

（3）牛腿加固：厂房后续需增设8t吊车，为满足使用要求，需要在吊车标高平面的柱上加大原牛腿。经对安全、经济、可行等方面进行对比后确定采用植筋，再用灌浆料加大牛腿的方法，此方法可有效解决结构的抗剪、抗弯和拉接等问题，牛腿加固如图9-46所示。

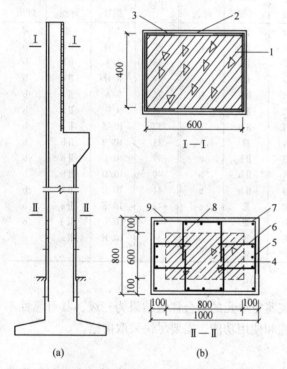

图9-45　增大截面法加固排架柱

（a）排架柱立面；（b）Ⅰ—Ⅰ剖面，Ⅱ—Ⅱ剖面

1，4—原结构部分；2—箍带—50×30@150/300；

3—纵向钢带8-150×5；5—灌浆料扩大断面；

6—植筋 $\phi12$@100/200；7—16 $\phi25$；

8—植筋 $\phi12$@100/200；9— $\phi12$@100/200

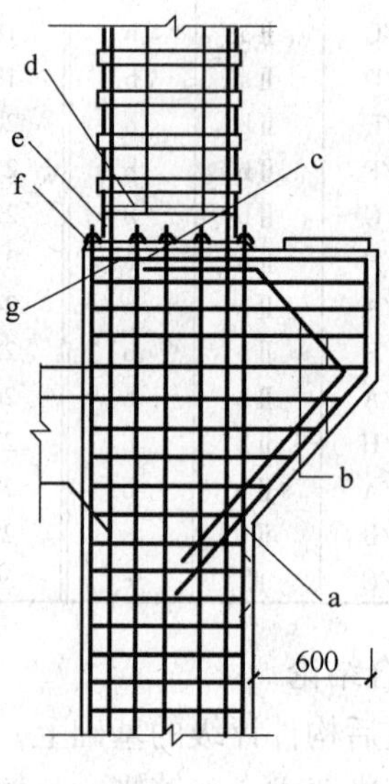

图9-46　牛腿加固

a—植筋；b，c—植筋 $2\phi20$；

d—对接焊缝角钢 L100×10；e—四根角钢之间焊接；

f—主筋和角钢塞焊；g—水平筋搭接焊 $2\phi25$

（4）对所有的屋面及钢结构构件、门窗等拆除并重做。

F　项目小结

通过该单层排架结构厂房火灾后的检测鉴定及结构承载能力的验算，根据《火灾后建筑结构鉴定标准》，对火灾后的受损构件进行了初步评级和详细评级，在构件评级的基础上，对火灾鉴定单元的综合评级结果为Ⅲ级。经对牛腿柱进行加固修复，达到了预期效果。

### 9.3.2 【实例43】某钢筋混凝土框架结构硫铵厂房可靠性鉴定与加固修复

**A　工程概况**

某焦化厂硫铵主厂房于1996年建成投产，主要用于生产焦化厂的回收副产品——硫铵。该厂房为框架结构，占地面积425m²，总建筑面积为1384m²，建筑体积为7565m²。

**a　目的**

该厂房长期处于腐蚀性（酸性）环境中，使用至今，虽然对地面、部分梁、板进行过加固处理，但目前其部分梁板已大面积腐蚀甚至钢筋外露锈蚀严重，整个厂房结构处于不安全的工作状态。因此，为保证焦化厂整个生产系统的正常运行和操作人员的安全，需要对该建筑进行可靠性检测鉴定，为今后的加固改造提供可靠的理论依据，现场如图9-47所示。

**b　初步调查结果**

本次现场调查，发现1层对1~2/D~F轴线内、2/F~G轴、2~4/E轴线部位采用钢柱、钢板等进行过加固改造，3层设有三台离心机（原设计图纸中两台），其余情况基本相符。平面简图如图9-48所示。

图9-47　正面结构现状

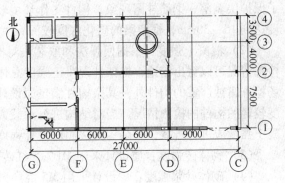

图9-48　平面图

**B　结构检查与检测**

**a　现场检查结果**

（1）地基基础检查：该建筑物采用柱下混凝土独立基础，钢筋混凝土柱外表面（±0.000以下）均涂冷底子油一遍、热沥青两遍做防腐处理。基础上的沥青防腐层基本完好。该建筑硫铵主厂房和硫铵仓库之间有高差，设计时已通过变形缝相互隔离。上部结构未发现由于不均匀沉降造成的结构构件开裂和倾斜，建筑地基和基础无静载缺陷，地基基础基本完好。

（2）柱网系统检查：该厂房为框架结构，1层中柱断面尺寸700mm×600mm，1/G列边柱断面尺寸700mm×500mm，1/G列角柱断面尺寸600mm×500mm，边柱、角柱断面尺寸均为600mm×600mm，其他楼层框架柱1/G列断面尺寸均为500mm×600mm，其余框架柱断面尺寸均为600mm×600mm。1层2/D轴线中柱原设计混凝土强度采用C25，其余框架柱混凝土强度均采用C20。

现场对具备条件的框架柱进行了检查，工作情况基本良好，现场检查情况表明：框架柱系统基本完好。但需要指出：在设备工作时，1层1~2/C~F、2层、3层1~2/D~F轴线范围为易受酸液腐蚀区域，应考虑此条件对框架柱的影响。

（3）梁、板系统检查：梁现状检查发现有相当数量的框架梁破损比较严重，标高4.425m、9.925m处腐蚀比较严重。腐蚀主要集中在楼板洞口周围，洞口周围受酸液侵蚀几率较大，腐蚀时间较长。腐蚀严重位置梁下或板底大面积腐烂酥松，混凝土断面损失严重，达20%~40%，板底钢筋或梁箍筋完全锈断，严重影响构件承载力。

（4）围护结构系统检查：屋面防水除楼梯间位置外基本完好。墙体大部分完好，1层1~4/D轴线位置墙体腐蚀严重，承载力显著下降。屋面防护栏杆锈蚀严重，存在极大安全隐患。该建筑室内楼梯现状基本完好，但外围钢梯根部锈蚀严重，应定期彻底除锈，不足处补强补焊加固，刷防锈漆。门窗系统基本完好，1层1/C~D轴线位置大门下部锈蚀严重。

（5）结构布置检查：该厂房结构布置合理，结构形式与构件选型基本正确，传力路线基本合理，结构构造和连接基本可靠，基本符合国家现行标准规范规定。

b 现场检测结果

（1）碳化深度：现场检查厂房框架梁出现大范围的严重锈胀开裂，个别部位甚至出现了保护层剥落、钢筋外露现象，构件工作环境较差，因框架柱混凝土表面抹灰，保护层厚度达到15~30mm，框架梁的碳化深度较深，大部分均已超过保护层厚度。

（2）混凝土强度：根据回弹法和取芯法对框架柱、框架梁构件的检测结果，结合现场检查情况可以得出结论，框架柱混凝土强度总体上满足设计要求；框架梁混凝土强度除现场检查腐蚀严重的构件外，其余构件满足原设计强度。需要说明的是，上述是针对腐蚀程度较轻的构件的检测情况，当对结构进行承载力计算时，对于受腐蚀程度严重的构件，混凝土强度应进行折减，其余构件按照原设计强度进行计算。

（3）砌体砖强度：原设计采用MU7.5红砖砌筑，实测强度满足原设计要求。

（4）砌体砂浆强度：原设计采用M5混合砂浆砌筑，根据检测结果可知，一层2/E~F轴线处墙体砂浆实测强度（2.5MPa）不满足原设计要求，砂浆强度等级达到M2.5，能满足抗震鉴定标准要求，对结构安全无影响。一层2/E~F轴线处墙体因腐蚀严重、墙体空鼓，砂浆强度值很低，不能够满足抗震鉴定标准的要求。

（5）氯离子含量检测：最大氯离子含量为0.067%，远小于规范规定的限值要求0.1%（五类环境）。该含量对钢筋的腐蚀基本无影响。

（6）硫酸根含量检测：经化学分析试验测得，未腐蚀框架柱混凝土中硫酸根的含量较小，1.16%含量对混凝土基本无影响；受腐蚀梁底混凝土中硫酸根含量为49.50%，严重超标。据此，可判断结构腐蚀为结构损伤主要原因。

（7）钢筋位置及保护层厚度：检测结果表明，钢筋间距与原设计基本相符，摆放基本良好；钢筋保护层厚度以正公差为主，大于验收规范的要求，计算时予以适当考虑。

（8）柱侧移：根据测量结果可以看出，该建筑所检测部位框架柱层间垂直度最大侧移量为1//400（0.0025），满足验收规范要求。

（9）钢筋锈蚀：根据混凝土现状检查和电位梯度法钢筋锈蚀抽样无损检测，判定硫铵主厂房框架梁、柱混凝土内部钢筋已发生锈蚀，从腐蚀图形上来看，框架柱混凝土内部钢筋轻微锈蚀，而框架梁锈蚀程度较为严重。

（10）构件尺寸：本次对框架柱构件进行了复核，结果表明，实际尺寸与设计尺寸基本相符，满足《混凝土结构工程施工质量验收规范》（GB 50204—2002）要求，可以按照原设计截面尺寸进行承载力计算。

（11）楼板厚度：楼板厚度大多为正偏差，最大偏差为 10mm，计算时可以按照原设计楼板厚度进行验算分析。

C　结构承载能力分析

a　计算说明

（1）结构计算说明：构件材料采用检测后的推定强度和设计值中的较小值计算，本计算假定腐蚀截面按原设计尺寸加固修复后配筋率能够达到原设计值的 90%，计算模型如图 9-49 所示。

（2）荷载取值：地震作用：抗震设防烈度为 7 度，设计基本地震加速度值为 0.10$g$，设计地震分组为第一组；恒荷载：包括楼面自重、地面做法、梁自重、墙体自重及饰面，楼

图 9-49　计算简图

层静力设备荷载按实际取用。基本风压：0.45kN/m$^2$；基本雪压：0.55kN/m$^2$；楼面活荷载：2.5kN/m$^2$，楼层动力设备荷载按楼面等效均布活荷载确定计算；屋面活荷载：2.0kN/m$^2$（标高 16.425m）、0.7kN/m$^2$（标高 19.500m、26.700m）。

b　计算结果

（1）柱承载力验算：因框架柱检查情况较好，对计算安全裕度进行折减，经计算，该建筑 1 层混凝土边柱、中柱最小安全裕度为 0.97，基本满足要求，现状检查状况较好，可不采取措施，其余层框架柱安全裕度均大于 1，承载力能够满足要求。

（2）梁承载力验算：该建筑部分混凝土梁的腐蚀较为严重，考虑按原设计尺寸加固修复后配筋率能够达到原设计值的 80%~90%，计算结果见表 9-29。

**表 9-29　部分混凝土梁承载力计算结果**（标高 4.425~26.700m）

| 位　置 | 实　际　配　筋 | 计算配筋 | 安全裕度 | 安全裕度（×0.9） | 结论 |
|---|---|---|---|---|---|
| 1/2 轴主梁（$H$=4.425m） | 支座负弯矩筋 4$\phi$22＋2$\phi$25，跨中新增正弯矩筋 4$\phi$22＋2$\phi$18，箍筋 $\phi$8@200 | 支座 1300，跨中 900 | 1.92 2.26 | 1.73 2.03 | 满足 |
| 1/E 轴主梁（$H$=4.425m） | 支座负弯矩筋 5$\phi$25，跨新增正弯矩筋 4$\phi$22，箍筋 8@200 | 支座 2100，跨中 1500 | 1.23 1.26 | 1.11 1.13 | 满足 |
| 1/D 轴主梁（$H$=9.925m） | 支座负弯矩筋 6$\phi$25，跨新增正弯矩筋 6$\phi$22，箍筋 8@200 | 支座 1200，跨中 1600 | 2.08 1.43 | 1.88 1.28 | 满足 |
| 1/E 轴主梁（$H$=9.925m） | 支座负弯矩筋 6$\phi$25，跨新增正弯矩筋 6$\phi$22，箍筋 8@200 | 支座 1700，跨中 1500 | 1.47 1.52 | 1.33 1.37 | 满足 |
| 4 轴主梁（$H$=21.980m） | 支座负弯矩筋 4$\phi$22＋2$\phi$20，跨中新增正弯矩筋 4$\phi$25，箍筋 $\phi$8@200 | 支座 800，跨中 1000 | 1.26 1.31 | 1.14 1.18 | 满足 |
| 4 轴主梁（$H$=26.700m） | 支座负弯矩筋 2$\phi$20＋4$\phi$18，跨中新增正弯矩筋 4$\phi$20，箍筋 $\phi$8@200 | 支座 700，跨中 600 | 2.35 2.10 | 2.12 1.88 | 满足 |

从计算结果可知：该建筑各层混凝土梁抗震承载力安全裕度均大于1，满足抗震要求。

（3）楼板承载力验算：部分混凝土梁的腐蚀较为严重，考虑按原设计尺寸加固修复后配筋率能够达到原设计值的90%，结果表示该建筑各层混凝土楼板抗震承载力安全裕度均大于1，满足抗震要求，计算结果见表9-30。

**表9-30　楼板最小安全裕度**

| 位置 | 最小安全裕度 | 考虑折减后安全裕度（×0.9） | 是否满足要求 |
| --- | --- | --- | --- |
| 标高4.425m | 1.16 | 1.04 | 满足 |
| 标高9.925m | 1.34 | 1.201 | 满足 |
| 标高16.425m | 2.11 | 1.90 | 满足 |
| 标高21.980m | 1.87 | 1.68 | 满足 |
| 标高26.700m | 2.02 | 1.82 | 满足 |

（4）地基基础验算：该建筑未出现裂缝和异常变形，地基沉降均匀，上部结构刚度较好，地基基础的承载力基本满足要求。

D　结构可靠性鉴定

a　地基基础

在现场检查过程中，地基基础基本完好，且经验算，承载力基本满足要求，故评为A级。

b　上部承重结构

使用性包括结构水平位移和上部承重结构使用状况两个子项，而使用状况又包括框架柱、框架梁和楼板三个子项。安全性包括结构整体性和结构承载能力两个子项，结构整体性包括结构布置和构造、支撑系统两个子项。

（1）结构侧向位移评级：根据测量结果，框架柱水平侧移满足规范要求，故评为A级。

（2）框架柱系统的评级：框架柱系统基本完好，但有局部区域易受酸液腐蚀，考虑到此条件的影响，评为B级。

（3）框架梁系统评级：框架梁破损严重，受酸液大面积腐蚀，影响正常使用，评定为C级。

（4）楼板系统评级：楼板底大面积腐烂酥松，板底钢筋完全锈断，严重影响构件的正常使用，评为C级。

（5）结构布置和构造：该厂房结构布置合理，结构形式与构件选型正确，结构构造与连接可靠，评为A级。

（6）结构承载功能评级：经计算，结构承载能力基本满足规范要求，评为A级。

c　围护结构

局部墙体腐蚀严重，且屋面防护栏杆锈蚀严重，对正常使用有一定影响，项目评级结果为B级。

d　可靠性综合评级

根据对厂房的现状检查、检测结果，在现有厂房结构体系、现有荷载状况下，该厂房可靠性评定等级为三级。该厂房可靠性综合评级结果见表9-31。

E　加固修复设计

a　混凝土框架柱加固

柱采用局部增大截面和外包钢组合加固方式加固，包钢采用压力注胶加固；加固范围为1～4/C～G区域内的所有评级不合格的柱。框架柱加固详图见图9-50。其中，当梁高位于600mm时，$n=2$，当梁高位于750mm时，$n=3$；当$h>750$mm时，$n=4$。

b 混凝土梁、板加固

对受酸液腐蚀混凝土梁，应按原设计截面加固修复，首先将表面粉化、疏松混凝土进行凿除，露出密实新鲜混凝土，涂刷界面剂，钢筋彻底除锈，采取防腐砂浆修补（或破损较大部位采用支模浇防腐混凝土）的办法进行处理。对保护层剥落，钢筋锈蚀严重的截面处还可采取增大截面法加固。混凝土梁加固设计图如图 9-51 所示。

具体处理方法：（1）对梁底腐蚀区域的钢筋锈蚀截面增补钢筋，范围小的可局部补筋，范围大的应通长补筋。（2）在梁底腐蚀区域，新增钢筋两端超出未锈蚀钢筋端部 20$d$。（3）对梁局部腐蚀、尚未腐蚀到钢筋的用耐腐蚀砂浆进行修补。（4）梁遇柱或墙时顶面碳纤维片材端部压条均为单层 200 宽碳纤维布；$L_0$ 为需要加固的梁净跨度。

**表 9-31　厂房可靠性综合评级结果**

| 项　目　名　称 | | | | | 项目评级 | 综合评级 |
|---|---|---|---|---|---|---|
| 地基基础 | | | | | A | |
| 上部承重结构 | 使用性 | 结构侧向位移 | | A | C | 三 |
| | | 上部承重结构使用状况 | 框架柱 | B | | |
| | | | 框架梁 | C | C | |
| | | | 楼板 | C | | |
| | 安全性 | 结构整体性 | 结构布置和构造 | A | A | A |
| | | | 支撑系统 | — | | |
| | | 结构承载功能 | | A | | |
| 围护结构 | | | | | B | |

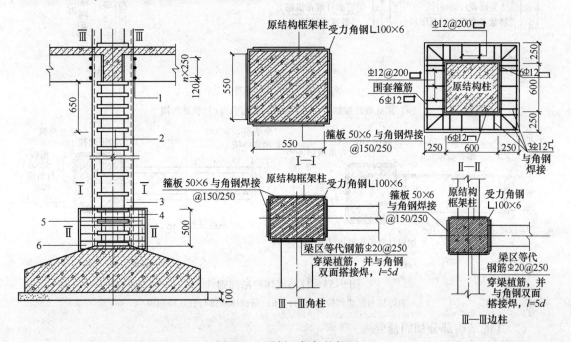

图 9-50　混凝土框架柱加固

1—梁区等代钢筋 φ20，穿梁与角钢焊接；2—箍板 50×6 与角钢焊接@150/250；3—受力角钢 L100×6；
4—围套箍筋 6φ12；5—围套箍筋 φ12@200；6—基础围套

梁粘贴碳纤维 U 形箍，端条宽 200mm，中条宽 100mm，净距 100mm。

对 1 层、2 层顶板腐蚀区域按原设计截面加固进行修复。具体处理方法如图 9-52 所示。

柱与墙连接部位加固方法如图 9-53 所示。

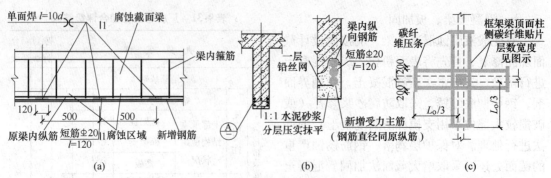

**图 9-51　混凝土梁加固**

（a）梁下侧单面加固详图；（b）1—1 剖面图；（c）梁遇柱或墙时顶面碳纤维加固示意图

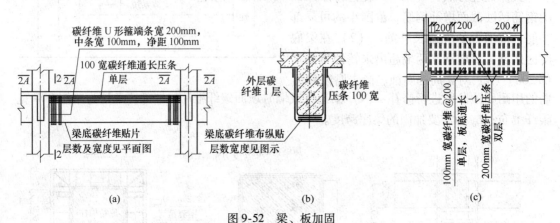

**图 9-52　梁、板加固**

（a）梁底碳纤维加固；（b）2—2 剖面图；（c）板底加固

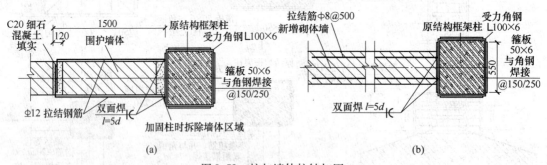

**图 9-53　柱与墙体拉结加固**

（a）加固柱与原墙体拉结加固；（b）新砌体墙体与柱拉结加固

　　c　其他结构部分加固修复

　　（1）室外钢楼梯：室外钢梯已危及使用安全，应立即更换。

　　（2）砖混墙体：1 层 1～2/D 轴墙体拆除重砌，表面用钢丝网水泥砂浆抹面，砂浆标号不低于 M5；室内砖墙做 1m 高墙裙，用耐酸砖和耐酸水泥砂浆贴砌。

　　（3）对空洞周围易渗漏酸液的部位，除进行封闭外，应采取措施与无腐蚀部位隔离开，滴液区宜设引导槽，将废液集中，以防扩散。

　　d　HL 防腐砂浆（防腐混凝土）施工

　　（1）原料：1）HL 钝化剂：HL 液为白色乳状液体；HL 粉为灰色粉剂。2）水泥：

525 普通硅酸盐水泥或矿渣硅酸盐水泥。3）砂子：洁净中砂（陆砂）或石英砂。4）水泥、砂子、细石。

（2）推荐配比：1 份钝化剂（液、粉）可配制成约 5 份砂浆或 7~8 份细石混凝土。

（3）施工方案及步骤：

基面处理：在结构力学性能允许的前提下，最大限度地清除已受腐蚀、污染的混凝土，暴露出新鲜、坚实的混凝土基面，必要时用碱水洗。剥离已锈钢筋周围的混凝土层，并最大限度地除去钢筋表面的锈层（允许紧固的锈存在），清洗或用压缩空气清除表面灰污。

钝化处理与混凝土界面处理：1）按表 9-32 配制清浆，拌制均匀后涂刷钢筋表面，不得漏涂，至少涂刷两遍。2）同时用清浆涂刷欲修补的混凝土表面，以增强新老界面的结合力（可省去界面处理剂）。3）每次拌制的清浆不宜太多，以在 100min 内用完为宜。涂刷清浆之后，应在 30min 之内即进行砂浆修补，若时间间隔长（清浆层表面已干），则在进行砂浆修补前，应该重新涂覆清浆。以上清浆处理也可采用喷涂方法。

表 9-32　推荐配比

| 配比类别 | 水泥 | 砂子 | 石子 | HL 液 | HL 粉 | 水 | 用途 |
|---|---|---|---|---|---|---|---|
| 清浆 | 1 | | | 1.5~2.0 | 0.15 | | 涂钢筋及混凝土表面 |
| 砂浆 | 1 | 2 | | 0.67~0.70 | 0.1~0.14 | 适量 | 修补 |
| 细石混凝土 | 1 | 2 | 2~2.5 | 0.67~0.70 | 0.1~0.14 | 适量 | 修补 |

（4）修补：1）按表 9-32 配比分别取水泥、砂子和 HL 粉剂拌制混合均匀，然后将称量好的 HL 液加入其中，拌制均匀（不要强力和长时间搅拌）备用，每次拌制量不宜过多，以在 100min 之内用完为宜。2）在已涂的钝化处理剂尚未表干时实施砂浆修补，分层抹，每次厚度应不大于 5mm 为宜，每层之间间隔不超过 30min，最后压实抹平后不再反复抹灰，大面积修补时也可采用喷射法。3）对破坏部位较大的情况，可按表 9-32 配制成细石混凝土，并用支模浇注的方法进行修补，捣制要密实。

F　项目小结

依据《工业建筑可靠性鉴定标准》（GB 50144—2008），该主厂房可靠性评定等级为三级，不符合国家现行标准规范的可靠性要求，主要原因如下：受酸性条件影响，大量的梁板构件受到了严重的腐蚀，导致上部承重结构使用状况评为 C 级。

## 9.4　本章案例分析综述

本章结合 12 个工业建筑的工程实例，其中 3 个检测案例，7 个检测、鉴定案例，以及 2 个检测、鉴定、加固修复的工程案例，详细介绍了工业厂房中最常见的砖混结构厂房，钢筋混凝土结构厂房（框架结构、排架结构）、钢结构厂房（纯钢框架结构、某 H 型钢门式刚架轻型钢结构）的检测、鉴定、加固修复过程，与民用建筑相比，工业厂房有自身的特点，应根据不同的结构形式，有针对性地开展各项工作。同时，也应该看到工业厂房在检测、鉴定、加固修复的各个环节仍有许多问题需要解决。

（1）检测方面：对混凝土结构、钢结构厂房进行材料物理力学性能检测的现场无损检测技术、钢构件应力现场无损测定技术和结构关键部位应力及损伤现场测试技术的发展是目前亟待研究和解决的问题。对于钢结构厂房的检测尚停留在具体构件的检测上，而结构检测往往问题复杂，涉及因素众多，如何定量考虑结构整体问题是目前所面临的挑战。

（2）鉴定方面：

1）工业厂房的可靠性鉴定主要采用的是传力树方法。对于单棵传力树，取树中各基本构件等级中的最低评定等级，即将单棵传力树模拟成串联结构体系来评估。只要传力树中的某一基本构件失效，整个传力树就算失效。将传力系统形象化，能清晰地显现出树中各个部分所处的地位及其作用，表示构件之间、构件与系统失效之间的内在联系，但传力树方法不能反映结构体系失效模式的多样性。对于十分复杂的结构，划分传力树有时比较复杂，工作量大，而且传力树的划分也没有统一的标准，因此每个人评价的结果可能不一致，容易产生分歧。因此，可靠性评价体系仍需不断改进，向着更加科学和严谨的方向发展。

2）在可靠性鉴定中，存在着大量不确定的信息和因素，与结构的集合特性、材料特性、荷载特性、失效准则及人为因素有关。不确定性大致分为三类，即随机性、模糊性和未确知性。科学合理地处理这些不确定因素，对结构可靠性理论的发展和完善起着重要的作用。

3）针对火灾后工业厂房的鉴定，《火灾后建筑结构鉴定标准》（CECS 252：2009）只给出了结构构件这一层次的鉴定评级规定，而结构系统和鉴定单元这两个层次的鉴定评级是完全按照《工业建筑可靠性鉴定标准》（GB50144—2008）的规定进行的。按照这种方法进行鉴定评级，结构系统这一层次的鉴定评级并不能完全体现出火灾的影响，因为《工业建筑可靠性鉴定标准》（GB50144—2008）针对的是一般情况下的工业厂房的鉴定评级，而并没有针对火灾后工业厂房鉴定评级的详细规定。因此，火灾后工业厂房的评级理论还需完善。

（3）加固修复方面：

1）加固材料的长期受力工作性能、加固材料与原结构共同工作理论的深层次研究、黏结材料对界面黏结能力的研究及界面黏结破坏也是目前工业建筑加固迫切需要解决的问题；另外，结构加固设计的后续可工作寿命如何确定也是可拓展的研究方向。

2）目前的结构加固主要集中在静力的直接加固理论与技术方面，而间接加固、动力加固等问题的研究较少。

3）加大结构加固技术的方法、工艺、材料的研究，尤其是针对高温、高湿度、化学腐蚀环境的加固方法、工艺的研究，对新型加固材料（如修补砂浆、树脂化学粘结剂）的性能、使用环境研究，以高强高效、低成本、施工简便且能解决不同类型构件问题为方向。

（4）其他方面：

1）厂房腐蚀问题应引起足够的重视：设备检修过程中不慎将防腐层局部损坏、设备故障跑冒滴漏、检修过程中残存在设备中的有侵蚀的介质外泄、用水冲洗使得腐蚀性液体四处流淌等问题是造成厂房腐蚀的主要原因，需要引起足够的注意。

2）严格工业建筑管理制度：严禁在厂房内用水冲洗；严禁在结构上随意开洞、凿坑等；及时清除楼面及屋盖构件上的堆载，以免增加构件荷载造成结构破坏和对构件造成腐蚀；结构构件上严禁随意悬挂重物，构件损坏部位应及时修补加固处理等。

3）应建立工业建筑的技术档案：原设计竣工资料及有关技术文件，加固工程设计竣工资料及有关技术文件，加工制作安装资料及施工记录；日常性点检检查记录；维修保养记录；特定情况下的专业检查记录、测试报告；历次加固处理的资料。

# 10 特种构筑物结构检测、鉴定、加固修复案例及分析

## 10.1 特种构筑物结构检测案例

### 10.1.1 【实例44】某钢桁架结构体育馆分项工程竣工验收检测

A 工程概况

某体育馆 A 区结构为钢桁架结构，建筑面积约 1500m², 现场如图 10-1 所示。

a 目的

目前体育场钢结构基本安装就位，为了保证结构安全和后续施工正常进行，根据国家规范和设计要求，对桁架结构的结点、次桁架与主桁架的连接焊缝等内容进行技术检测、安全测试、安全性鉴定等工作，以确保桁架结构施工质量和安全使用。

b 初步调查结果

查阅原始资料，建筑、结构设计图纸齐全。结合检测时的实际情况，为便于现场检测记录及定位对结构平面简图进行了测绘。整个体育馆平面简图如图 10-2 所示。

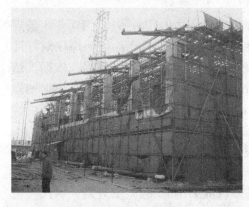

图 10-1 结构现状

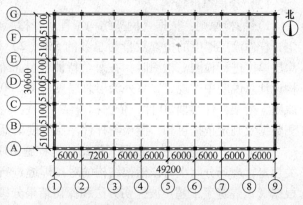

图 10-2 平面图

B 结构检查与检测

a 现场检查结果

（1）竣工资料检查：对施工企业营业执照和相关资质文件；桁架竣工图纸和设计变更文件；桁架用全部原材料出厂合格证和试验报告，包括桁架厂的抽样试验报告；桁架用高强螺栓等各种零部件产品合格证及试验报告；桁架拼装过程中全部工序的施工日志和验收记录；该地区允许焊工上岗施焊的焊工证明等文件进行检查，检查结果表明，资料及手续完整。

（2）桁架外观、尺寸及安装检查：依据设计图纸并经现场测量，桁架结构整体长度、宽度、高度测量符合图纸尺寸要求，大多数杆件与节点连接良好，桁架安装偏差较小，桁架结构总拼装完后跨中最大挠度为17mm，如图10-3所示。

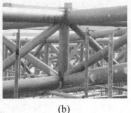

（a）　　　　　　　　（b）

图10-3　外观检查结果
（a）结点外观现状；（b）构件安装检查

b　现场检测结果

对桁架杆件进行抽检，杆件壁厚满足设计要求，涂层厚度均匀，无明显皱皮、流坠、针眼和气泡等，涂层表面未发现明显裂纹。

（1）壁厚检测：

1）抽检原则：参照《网架结构工程质量检验评定标准》（JGJ 78—91）第5.0.4条规定，杆件壁厚的检查数量为每种规格抽查5%，且不少于5件；如果某种规格杆件总数少于5件，全数抽查。2）检测方法：采用超声波测厚仪对杆件壁厚进行检测。检测时，在同一个杆件上选择3处进行测量，杆件壁厚取3次测量结果的平均值。3）判定依据：依据《直缝电焊钢管》（GB/T 13796—1992）第4.1.2条规定，壁厚在5～10mm范围内的钢管，允许偏差为±（8～10）%。桁架杆件壁厚设计值：1类杆件壁厚值10mm、2类杆件壁厚值6mm、3类杆件壁厚值5mm。4）壁厚检测结论：1类杆件壁厚抽检30件、2类杆件壁厚抽检10件、3类杆件壁厚抽检10件。由检测结果可知，1类杆件壁厚平均值为9.4mm、2类杆件壁厚平均值为5.6mm、3类杆件壁厚平均值为4.5mm，由检测数据及判定依据可知，所检测杆件壁厚满足规范要求。

（2）涂层厚度检测：

1）抽检原则：依据《网架结构工程质量检验评定标准》（JGJ 78—91）第7.0.8条规定，杆件涂层厚度的检查数量为总数的5%。2）检测方法：现场采用涂层测厚仪对杆件涂层厚度进行检测。检测时，在每个待测杆件上布置5个测点。3）判定依据：依据该结构设计总说明中的规定，室外涂层总厚度应为260μm。4）涂层厚度检测结论：依据抽检原则，桁架杆件共抽30件，依据抽检结果，杆件涂层厚均在85.1～109.1μm之间。由检测数据及判定依据可知，所检测杆件涂层厚度偏低。

（3）对接焊缝检测：依据《钢结构工程施工质量验收规范》（GB 50205—2001）的相关规定，现场分两次对该桁架结构的对接焊缝进行了超声波探伤检测，检测比例为50%。根据《钢焊缝手工超声波探伤方法和探伤结果分级》（GB 11345—89）的规定，两次共检测焊缝62条，检测结果表明，该桁架结构所检测焊缝均未发现超标缺陷，认为最终所检测的焊缝合格。

c　结点试验结果

（1）结点试验说明：为深入了解焊接结点正常使用状态和实际承载能力，通过试验手段模拟实际使用中的结构响应，验证现有焊接结点是否能满足设计承载力使用要求，对次桁架与主桁架焊接结点（代表性的典型结点）做模拟承载力试验。试件采用同一材料同一工艺模拟原结构结点实际焊缝状况，沿管轴向进行拉拔试验。施加拉力荷载900kN，经过计算管体应力略大于管体材料设计值。主次桁架结构结点焊缝以及模拟原结点焊缝试件现场如图10-4所示。

图 10-4　典型结点试验

(a) 结点 A 试验；(b) 结点 B 试验；(c) 结点 C 试验

（2）结点试验结果：1）A 类、B 类结点试验在施加 900kN 轴向拉力时无破坏现象出现；2）C 类节点 C1、C2 结点施加 900kN 轴向拉力试验结果无破坏，C3 结点试验结果为焊缝破坏（焊缝破坏为夹固端焊缝，与原试验结点焊缝无关，原试验结点焊缝未见破坏）。3）试验结论：由试验结果可认为实际结构中以上试验类型的结点承载力满足设计要求。

C　检测结论

该体育馆主次桁架结构现场检测结果表明，虽然结构杆件接头施工焊缝条数过多，接长管段过碎，但是经过现场超声波探伤抽样检测，未发现超标缺陷，故可认为该杆件施工焊缝质量已基本上达到《钢结构工程施工质量验收规范》（GB 50205—2001）的相关规定要求。通过结点试验可认为，实际结构中的结点承载力能够满足设计要求，但局部涂层过薄，应及时进行补刷漆处理，保证刷涂后的杆件表面涂层厚度达到设计要求。

## 10.1.2　【实例 45】某巨型网格预应力弦支穹顶结构应变、变形监控

A　工程概况

某会展中心，其主体结构屋顶采用巨型网格预应力弦支穹顶（索支网壳）结构体系，跨度为 145.4m×116m，附属钢结构形式为平面管桁架，围护结构采用曲面网架，呈近似椭圆形。结构如图 10-5 所示。

a　目的

由于工程竣工后，场馆为了后期运营的需要，在屋顶主钢结构上又增加了较大的吊挂荷载，因此，拉索的内力状态较施工张拉初期，存在较大变化。目前，这部分索力数据缺失，而该部分数据对屋顶承载力的评估至关重要。

b　初步调查结果

对承受 172t 荷载后屋盖主体钢结构的受力性能进行了系统、全面的评估。近端舞台吊顶应承受至少 82t，中央舞台吊顶至少 54t，远端舞台至少 36t，总计 172t。索力如图 10-6 所示。

图 10-5　结构现状

图 10-6　索力布置图（计算模型）

**B　结构检查与检测**

**a　屋顶主结构现场加固情况检查**

该工程两次加固为对部分杆件进行加固，第一次加固方式为套管加固，第二次加固方式为角钢加固。两次加固存在的问题：第一次加固，套管加固内部灌浆存在不密实情况，现场采用敲击法对套管灌浆质量进行检查，结果表明，套管上部灌浆存在不密实情况；套管加固用材料规格与设计存在偏差。第二次加固，屋顶中央区域，4 根杆件的角钢加固焊缝质量较差，现场焊缝表观质量较差，普遍存在夹渣、气孔；加固角钢存在对接接头，且对接接头为点焊。现场实际加固杆件数量比加固设计增加了 2 根；为此，在检测布点时，以实测数据为准。现场检测工作场景如图 10-7 所示。

(a)　　　　　　　　(b)

图 10-7　现场检测工作场景

(a) 索力检测传感器安装；(b) 挠度检测

**b　弦支穹顶索拉力检测**

（1）振动频率法索力检测机理：结合该项目的特点，选用振动频率法对索力进行检测。

1）测试原理源于张力弦振动公式：

$$F = \frac{1}{2L}\sqrt{\frac{\delta}{\rho}}$$

式中　$F$——弦的自振频率；

　　　$L$——弦的长度；

　　　$\rho$——弦的材料密度；

　　　$\delta$——弦的拉力。

由公式可知，明确了弦的材料和长度之后，测量弦的振动频率就可确定弦的拉力。匀质受力的拉索也可以近似作为弦。

2）拉索的拉力 $T$ 与其基频 $F$ 有如下关系：

$$T = KF^2$$

式中　$F$——拉索的自振频率；

　　　$K$——比例系数；

　　　$T$——拉索拉力，kN。

3）拉索自振频率的测定由下式计算得出：

$$F = F_n / n$$

式中　$F_n$——主振动频率，Hz；

　　　$n$——主振频率的阶次。

4）系数 $K$ 的确定：根据理论计算：

$$K = 4WL^2/1000$$

式中　$W$——拉索单位长度质量，kg/m；

　　　$L$——拉索两嵌固点之间的长度，m。

（2）检测结果：选用振动频率法对索拉力进行检测，工程共有 128 根主拉索，根据现场实际条件，对其中的 26 根拉索进行了测试。现场采用振动传感器对拉索自振频率进行测量并计算索拉力，结果汇总见表 10-1。

表 10-1　拉索自振频率及索拉力测量结果汇总

| 单元编号 | 系数 $K$ | 自振频率 $F_1$/Hz | 实测索拉力 $T$/kN | 施工控制拉力 $T_0$/kN | $T/T_0$ | 单元编号 | 系数 $K$ | 自振频率 $F_1$/Hz | 实测索拉力 $T$/kN | 施工控制拉力 $T_0$/kN | $T/T_0$ |
|---|---|---|---|---|---|---|---|---|---|---|---|
| 1633 | 21.009 | 5.200 | 568.08 | 539.58 | 105% | 3563 | 20.685 | 5.252 | 570.56 | 539.59 | 106% |
| 1636 | 19.265 | 5.799 | 647.85 | 625.6 | 104% | 1634 | 34.229 | 4.337 | 643.83 | 416.5 | 155% |
| 1639 | 30.908 | 5.913 | 1080.65 | 1104.1 | 98% | 1635 | 35.551 | 4.725 | 793.70 | 542.1 | 146% |
| 1642 | 33.643 | 5.596 | 1053.54 | 956.6 | 110% | 1640 | 47.876 | 6.249 | 1869.56 | 1248.1 | 150% |
| 1644 | 26.994 | 6.310 | 1074.80 | 1114.4 | 96% | 1641 | 53.017 | 5.563 | 1640.72 | 1156.6 | 142% |
| 1646 | 33.734 | 5.080 | 870.55 | 803.35 | 108% | 1643 | 41.474 | 6.463 | 1732.38 | 1143.66 | 151% |
| 1685 | 20.255 | 5.415 | 593.92 | 540.35 | 110% | 1645 | 56.022 | 2.794 | 437.33 | 869.19 | 50% |
| 3529 | 20.902 | 5.220 | 569.55 | 540.35 | 105% | 3551 | 56.022 | 4.860 | 1323.22 | 869.21 | 152% |
| 3550 | 34.345 | 4.939 | 837.80 | 803.38 | 104% | 3553 | 42.001 | 6.438 | 1740.85 | 1143.6 | 152% |
| 3552 | 26.426 | 6.389 | 1078.69 | 1114.4 | 97% | 3555 | 54.958 | 5.622 | 1737.05 | 1156.7 | 150% |
| 3554 | 33.643 | 5.424 | 989.77 | 969.55 | 102% | 3556 | 48.129 | 6.256 | 1883.65 | 124.9 | 151% |
| 3557 | 18.396 | 6.156 | 697.14 | 1104.1 | 63% | 3561 | 35.551 | 4.650 | 768.70 | 542.09 | 142% |
| 3560 | 21.565 | 5.623 | 681.84 | 625.6 | 109% | 3562 | 34.229 | 4.337 | 643.83 | 416.49 | 155% |

从数据可知，中环径向索拉力与施工控制拉力基本一致，外环径向索拉力比施工控制力增加了约 50%。在施工阶段，由于主体屋面还未竣工，其上部的荷载并未完全施加，此时，索内的拉力变化不大。现阶段，由于工程竣工，所有屋面荷载已施加完毕，如马道、斗屏、灯具、空调系统、母架等，因此现阶段监测出的索力值必然大于施工阶段下索的张拉控制力。

（3）屋顶主结构挠度测量：结合场馆的真实使用状态，通过对屋盖结构关键点位的竖向变形进行测量，以获得相关变形数据。

（4）钢桁架拼装尺寸测量：进行桁架拼装尺寸的测量，主要是衡量施工安装精度与设计图纸尺寸的一致性。现场采用全站仪对桁架拼装尺寸进行了测量，测试结果，根据国家标准《空间网格结构技术规程》（JGJ 7—2010）桁架上下节点高差实测值与设计值相比较，主要偏差在 −0.056 ~ +0.034m 范围，偏差较小；该次桁架拼装间距测量结果与原设计相比较，偏差范围在 −12～+16mm 范围，结构实体与设计基本保持一致。

C  检测结论

该次现场检测工作，共测得 26 根拉索张力值、屋盖主结构的拼装尺寸、屋盖主结构桁架的挠度值等监测数据，通过与计算模型（图 10-6）比较分析可知，这些数据均处于正常状态，未见异常。

## 10.2  特种构筑物结构检测、鉴定案例

### 10.2.1  【实例46】某蓄水池事故后结构检测及可靠性鉴定

A  工程概况

某热源工程 300m³ 蓄水池于 2013 年完成主体结构施工，钢筋混凝土结构。现场如图 10-8 所示。

a  目的

完工后一周左右，因降雨积水导致水池东侧浮起。事故发生后现场及时组织抢救，对基坑排水，使水池回落，根据《工业建筑可靠性鉴定标准》（GB 50144—2008）及国家有关规范，对该水池进行事故后鉴定。对水池现有状态下的安全性、可靠性进行全面评价。并给出处理意见及处理方案，以便采取相应措施进行处理，确保水池结构的安全正常使用。

b  初步调查结果

结构按照图集《05S804 矩形钢筋混凝土蓄水池》进行施工。选取图集中 300m³ 方形蓄水池并改进为长形，池顶覆土厚度为 1m。平面简图如图 10-9 所示。

图 10-8  结构现状

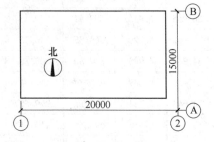

图 10-9  平面图

B  结构检查与检测

a  现场检查结果

（1）地基基础检查：依据图集《05S804 矩形钢筋混凝土蓄水池》该水池基础为 100mm 厚 C15 混凝土垫层。现场对基坑开挖至垫层底标高，未见基础土壤有扰动、液化等情况，说明混凝土垫层未出现上浮，结构现状与设计状态一致。

（2）水池结构检查：

1）墙体检查：水池侧壁净高 3.5m，厚 200mm，配筋为双层双向 φ12@100，混凝土等级为 C25。现场对侧壁进行检查，混凝土表观质量良好，未见明显裂缝、蜂窝麻面等缺陷。

2）顶板及底板检查：底板厚 200mm，顶板厚 150mm，配筋均为双层双向 φ12@100，混凝土等级为 C25。从检查情况看，顶板结构表观质量良好，无明显缺陷；底板上表面局部存在裂缝，缝宽达到 1.0mm，长度约 600～1000mm。裂缝方向多为南北向，分布于底板

东侧3m范围内。根据裂缝分布情况及长度、宽度特点，初步判定其为混凝土干缩裂缝，但不排除其受到事故影响导致裂缝发展扩大的可能。

（3）附属设施检查：水池现有6根贯穿件，位于水池西侧壁，因东侧浮起导致贯穿件连接处拉裂。水池外侧壁防水卷材破损严重，已无法满足正常使用要求。

（4）水池回落情况检查：现场对水池东、南、北侧三条基础底边进行了清理，检查水池底部受力状态。现场检查结果表明，水池东侧仍有一定上翘高度，经测量上翘高度最大值达140mm。水池西侧边无上升痕迹。说明底板与混凝土垫层之间仍有大量泥土滞留。且滞留泥土主要集中于中心区域，东侧边缘泥土基本清除干净。此现状造成水池上部构件自重无法通过侧壁直接传至基础垫层，底板处于受弯状态。主要问题检查结果如图10-10所示。

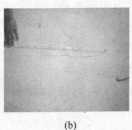

(a)          (b)         (c)         (d)

图10-10 主要问题检查结果
（a）混凝土垫层下地基土；（b）底板裂缝检查；（c）水池东侧上翘；（d）上翘高度达140mm

b 现场检测结果

（1）混凝土强度检测：在水池侧壁位置进行混凝土强度检测，推定其强度平均值为36.2MPa，原设计构造柱混凝土强度等级为C25，从检测结果可知，强度符合原设计要求。

（2）钢筋间距及保护层厚度检测：现场用钢筋雷达对侧壁钢筋进行钢筋位置及保护层厚度测量，测量结果符合设计要求。

（3）裂缝检测：现场采用裂缝测宽仪及裂缝测深仪对底板上表面裂缝进行测量，测量结果表明，最大测量裂缝宽度为1mm，深度达137mm。

C 可靠性鉴定

a 结构构件层评级

（1）地基基础构件评级：未见基础土壤有扰动、液化等情况，底板与混凝土垫层之间仍有大量泥土滞留，造成水池底板处于受弯状态，故该项评级为c。

（2）池体构件评级：底板上表面局部存在裂缝，缝宽达到1.0mm，长度约600～1000mm。安全性等级评为b，使用性等级评为c。

（3）附属设施构件评级：贯穿件连接处拉裂，外侧壁防水卷材破损严重，已无法满足正常使用要求；故评级为c。

b 结构系统层评级

（1）地基基础评级：根据本次鉴定范围内的地基基础构件评级结果，及鉴定标准的相关规定，基础项目综合评级为C级。

（2）池体系统的评级：根据本次鉴定范围内的池体构件评级结果，依据鉴定标准的相关规定，池体系统安全性等级为C，使用性等级为C，综合评级为C级。

（3）附属设施构件评级：根据本次鉴定范围内的附属设施构件评级结果，及鉴定标准的相关规定，附属设施构件项目综合评级为C级。

c　可靠性综合评级

依据《工业建筑可靠性鉴定标准》（GB 50144—2008），该蓄水池的可靠性评定等级为三级，即其可靠性不符合国家现行标准规范的可靠性要求，影响整体安全，应立即采取措施。该结构可靠性综合评级结果见表10-2。

表 10-2　可靠性等级评定

| 系统分类 | 安全性 A、B、C、D | 使用性 A、B、C | 可靠性组合项目评级 A、B、C、D | 可靠性单元评级 一、二、三、四 |
|---|---|---|---|---|
| 地基基础 | C | C | C | 三 |
| 池体 | C | C | C | |
| 附属设施 | — | C | C | |

D　处理意见

（1）水池底板上表面存在明显开裂，此状况影响水池的正常使用及耐久年限，应对水池内部裂缝进行封堵处理。

（2）水池侧壁防水层严重破损，无法满足正常使用要求。应对其进行更换，并对根部防水进行再处理，建议对水池内部进行整体防水施工。

（3）水池底板与混凝土垫层之间滞留大量泥土，致使池体结构受力状态发生改变，应对其采取底部清淤，并于清淤后进行灌浆施工。

E　项目小结

该蓄水池的可靠性评定等级为三级的主要原因如下：水池底板上表面存在明显开裂，裂缝宽度达到1.0mm，深度达137mm，深度超过结构主筋。蓄水池底板与混凝土垫层之间仍有大量泥土滞留，造成水池底板处于受弯状态，影响承载。

## 10.2.2　【实例47】某钢结构景观塔施工验收结构安全性鉴定

A　工程概况

某钢结构景观塔，板件拼接和全熔透焊缝的焊缝质量等级为二级，其他为三级焊缝。现场如图10-11所示。

a　目的

由于该工程部分施工资料不完善。为确保工程结构的安全性，顺利竣工验收，对该结构进行结构检测和安全性鉴定，并提出处理建议。

b　初步调查结果

该景观塔设计图纸资料基本齐全，基础混凝土强度等级为C30，构件要求喷涂环氧富锌底漆两遍，厚度不小于80μm。平面图如图10-12所示。

图 10-11　结构现状

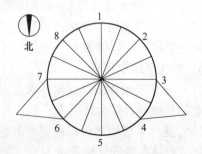

图 10-12　平面图

B 结构检查与检测

a 现场检查结果

（1）地基基础检查：该结构为新建工程，对其进行地基基础检查，未发现不均匀沉降及其他明显缺陷，未发现其他明显的倾斜、变形等缺陷，未出现腐蚀、粉化等不良现象；上部结构未发现由于不均匀沉降造成的倾斜。

（2）钢结构构件外观质量检查：对结构外观质量情况进行检查，未发现钢构件存在明显裂纹及非金属夹杂等外观质量缺陷，但少量钢构件存在防腐涂层表面剥落和划伤的现象。

b 现场检测结果

（1）钢构件强度回弹检测：现场通过里氏硬度计对该工程主要结构钢材力学性能进行抽样检测，其平均抗拉强度在410MPa左右，对应钢材抗拉强度 $\sigma_b$ 的范围均大于375MPa，抽样结果表明，所测方管钢架的力学性能符合 Q235 钢材抗拉极限强度的要求。在对结构承载力验算时，钢材按 Q235 钢考虑。

（2）钢构件防腐涂层厚度检测：现场采用涂层测厚仪检测钢构件防腐涂层厚度，在 146 ~ 191μm 之间，检测结果表明，所抽检钢构件的防腐涂层厚度均满足《钢结构工程施工质量验收规范》（GB 50255—2001）的要求。

（3）钢构件焊缝质量检测：该工程钢构件焊缝内部质量探伤检测结果表明，该工程钢构件焊缝内部质量满足Ⅲ级的要求。在对结构承载力验算时，该工程焊缝质量按二级焊缝考虑。

（4）构件尺寸检测：用钢卷尺、游标卡尺及金属超声测厚仪对柱、支撑等钢构件截面尺寸进行抽检，1 ~ 5 轴方管柱构件尺寸均为□200mm × 200mm × 7.6mm，圆管柱〇219mm × 11.7mm，1 ~ 2 轴、2 ~ 3 轴、3 ~ 4 轴、4 ~ 5 轴间方管横梁为□150mm × 100mm × 5.7mm。抽样结果表明，房屋钢梁和钢柱尺寸偏差能够满足《钢结构工程施工质量验收规范》（GB 50255—2001）的要求，在对结构承载力验算时，可以按照检测数据进行验算分析。

（5）柱基础混凝土强度检测：采用回弹法对该工程柱基础混凝土构件的混凝土强度进行抽样检测，检测工作按照《回弹法检测混凝土抗压强度技术工程》（JGJ/T 23—2011）的有关规定执行。所测基础混凝土柱的推定强度值为C30，检测结果满足相应设计混凝土强度等级的要求。

C 结构承载能力分析

a 计算说明

该钢结构构件材料强度按 Q235 钢考虑，依据《钢结构设计规范》（GB 50017—2003）和《建筑结构荷载规范》（GB 50009—2012）中的有关规定，采用 SAP2000 结构计算软件，对该工程钢构件进行结构承载力验算，计算简图如图 10-13 所示。

荷载取值：恒荷载根据设计图纸及做法，活荷载根据实际的建筑使用用途，按《建筑结构荷载规范》（GB 50009—2012）的有关规定取值，具体设计荷载取值如下：风荷载：0.35kN/m；结冰吊挂荷载：0.02kN/m。

b 验算结果

钢构件应力验算结果如图 10-14 所示，钢柱、钢梁最大应力比为 0.914。根据计算结构可知，该工程钢柱、钢梁承载力满足现行规范要求，承载力安全裕度均大于1，满足安全性使用要求。

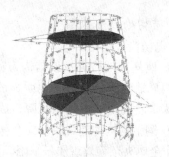

图 10-13　计算简图　　　　　　　　　　图 10-14　应力比计算图

D　检测鉴定结论

该钢结构景观塔满足《钢结构工程施工质量验收规范》（GB 50205—2001）的要求，且景观塔钢柱、钢梁通过结构承载能力验算，安全裕度均满足规范要求，结构安全性满足要求。

E　项目小结

现场检测结果表明，该钢结构景观塔结构施工已基本上达到结构验收要求，存在的部分外观缺陷问题对结构安全影响甚微，结构承载验算满足要求。

### 10.2.3　【实例48】某钢网架结构收费站屋顶结构安全性检测、鉴定

A　工程概况

某收费站为正放四角锥螺栓球节点网架结构，现场如图 10-15 所示。

a　目的

该收费站大棚网架结构已经完工，为了保证结构安全和后续施工正常进行，根据国家规范和设计要求，对网架结构进行技术检测、安全测试、结构试验、安全性鉴定等工作，对网架结构安全进行评定，以确保网架结构施工质量和安全使用。

图 10-15　结构现状

b　初步调查结果

查阅原始资料，建筑、结构设计图纸齐全。结合检测时实际情况，为便于现场检测记录及定位对结构平面简图进行了测绘。平面简图如图 10-16 所示。

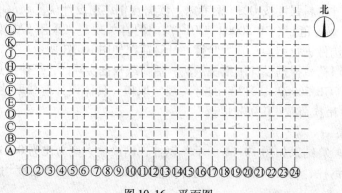

图 10-16　平面图

B 结构检查与检测

a 现场检查结果

（1）网架外观、尺寸：依据设计图纸并经现场测量，网架结构整体长度、宽度、高度测量符合图纸尺寸要求，大多数杆件与节点连接良好，网架安装偏差较小，网架结构总拼装完后跨中最大挠度为 21mm，实测挠度小于设计最大挠度的 115%，满足《钢结构工程施工质量验收规范》（GB 50205—2001）的要求。

（2）网架安装检查：屋面板连接基本良好，屋面板表面平整，未见明显表面缺陷。上弦球节点立管与屋面板连接焊缝不饱满。检测期间已与施工单位联系，现已经完成修复工作。

b 现场检测结果

（1）杆件检测：现场对网架杆件进行了检查，所抽检杆件壁厚、涂层厚度能够满足设计要求，表面涂层厚度均匀，涂层表面未发现明显裂纹。现场采用钢结构磁粉探伤仪对杆件的表面损伤进行检测，结果表明所检测的杆件中未见明显损伤。其中部分杆件套筒连接存在缝隙和松动现象，个别杆件弯曲。

1）直径检测：依照《网架结构工程质量检验评定标准》（JGJ 78—91）第 5.0.4 条规定，杆件直径的检查数量为每种规格抽查 5%，且不少于 5 件；如果某种规格杆件总数少于 5 件，全数抽查。现场采用游标卡尺对杆件直径进行检测，在同一个杆件上选择 3 个截面进行测量，杆件直径取 3 次测量结果的平均值。由检测结果可知，该收费站网架所检测杆件直径满足规范要求（其中，《直缝电焊钢管》（GB/T 13796—92）第 4.1.2 条规定，外径在 41~50mm 范围内的钢管，允许偏差为 ±0.5mm；外径在 51~323.9mm 范围内的钢管，允许偏差为 ±1%）。

2）壁厚检测：依照《网架结构工程质量检验评定标准》（JGJ 78—91）第 5.0.4 条规定，杆件壁厚的检查数量为每种规格抽查 5%，且不少于 5 件；如果某种规格杆件总数少于 5 件，全数抽查。现场采用超声波测厚仪对杆件壁厚进行检测，在同一个杆件上选择 3 处进行测量，杆件壁厚取 3 次测量结果的平均值。检测结果表明，该收费站网架所检测杆件壁厚满足规范要求（依据《直缝电焊钢管》（GB/T 13796—92）第 4.1.2 条规定，壁厚在 1.0~5.5mm 范围内的钢管，允许偏差为 ±10%）。

3）涂层检测：依据《网架结构工程质量检验评定标准》（JGJ 78—91）第 7.0.8 条规定，杆件涂层厚度的检查数量为总数 5%。现场采用涂层测厚仪对杆件涂层厚度进行检测，在每个待测杆件上布置 5 个测点。由检测结果可知，该收费站网架所检测杆件涂层厚度满足规范要求（其中当设计对涂层厚度无要求时，室外涂层总厚度应为 150μm，允许偏差为 −25μm）。

4）损伤检测：参照《网架结构工程质量检验评定标准》（JGJ 78—91）第 3.1.2 条规定，对每种规格杆件抽查 5%，且不少于 5 件，一旦发现裂纹，则应逐个检查。现场采用钢结构磁粉探伤仪对杆件的表面损伤进行检测。检测结果表明该收费站网架所检测的杆件中未见明显损伤。

（2）球节点和支座检测：现场对网架的球节点和支座进行了检测，支座与螺栓球焊缝不饱满、漏焊，应及时进行补焊处理。另外，螺栓球底孔及侧孔未封堵，对结构耐久性存在严重影响，应及时用腻子封堵处理。

1) 直径检测：依据《网架结构工程质量检验评定标准》（JGJ 78—91）第3.1.5条规定，螺栓球直径的检查数量为每种规格抽查5%，且不少于5只；如果某种规格螺栓球总数少于5只，全数抽查。现场采用游标卡尺对螺栓球直径进行检测，从不同角度测量3次，螺栓球直径取3次测量结果的平均值。由检测结果可知，该收费站网架所检测螺栓球直径满足规范要求（其中，螺栓球直径 $D \leqslant 120mm$，允许偏差为 $-1.0 \sim 2.0mm$；$D > 120mm$，允许偏差为 $-1.5 \sim 3.0mm$）。

2) 涂层检测：依据《网架结构工程质量检验评定标准》（JGJ 78—91）第7.0.8条规定，螺栓球涂层厚度的检查数量为节点总数5%。现场采用涂层测厚仪对螺栓球涂层厚度进行检测，在每只待测螺栓球上布置5个测点。由检测结果可知，该收费站网架所检测螺栓球涂层厚度满足规范要求（其中，当设计对涂层厚度无要求时，室外涂层总厚度应为 $150\mu m$，允许偏差为 $-25\mu m$）。

3) 损伤检测：依据《网架结构工程质量检验评定标准》（JGJ 78—91）第3.1.2条规定，对每种规格螺栓球抽查5%，且不少于5只，一旦发现裂纹，则应逐个检查。现场采用钢结构磁粉探伤仪对螺栓球的表面损伤进行检测。由检测结果可知，该收费站网架所检测的螺栓球中未见明显损伤。

c　现场静载试验结果

（1）荷载试验参数：为确定网架结构的承载能力，根据现场采集数据建立空间数值模型，对网架结构进行加载试验，节点位移采用百分表测量，以袋装水泥作为配重，荷载试验参数如下：1) 最大荷载：设计活荷载为 $0.5kN/m^2$。2) 加载位置：上弦节点。3) 加载方式：首先进行预加载（加载至最大荷载的20%，然后卸载）；预加载后，分四级进行加载，每级荷载维持30min。4) 加载范围：网架中跨。5) 测量参数：加载范围内下弦节点的变形。

（2）评定原则：比较实测值与理论计算值的差别，判断网架结构的承载能力。

（3）静载结果：静载试验结果表明，测点变形实测值与理论计算值较为接近，测点变形值与荷载基本符合线性关系，加载过程变形未超过规范限值。静载试验结果见表10-3。

**表 10-3　静载试验结果**

| 加载级数 | 分级荷载所占百分比/% | 加载测点变形/mm | | 卸载测点变形/mm | |
|---|---|---|---|---|---|
| | | 实测值 | 理论值 | 实测值 | 理论值 |
| 0 | 0 | 0 | 0 | 0 | 0 |
| 1 | 25 | 3.5 | 3.4 | 3.5 | 3.4 |
| 2 | 50 | 6.9 | 6.7 | 6.8 | 6.7 |
| 3 | 75 | 10.4 | 10.1 | 10.4 | 10.1 |
| 4 | 100 | 13.8 | 13.4 | 13.8 | 13.4 |

C　结构承载能力分析

a　计算说明

（1）结构计算说明：该网架为下弦支承的正放四角锥螺栓球节点网架结构，按照设计图纸，根据本结构的实际损伤状况及检查、检测结果，按照国家有关现行标准规范要求，采用SAP2000（v9.11）计算软件，根据国家设计规范的要求对该工程上部结构承载力进行了验算，计算简图如10-17（a）所示。

（2）建模依据、原则：该次建模以设计图纸作为建模依据，以设计荷载作为建模荷载，以设计结构实体作为建模实体，以现行的钢结构设计规范和图纸要求作为建模标准，最终建立该收费站空间三维网架结构的1:1计算模型，该模型具有极高的三维仿真水平和

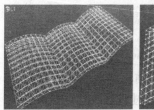 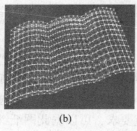 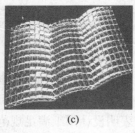 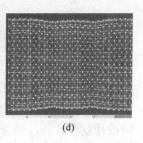

(a)　　　　　　　　(b)　　　　　　　　(c)　　　　　　　　(d)

图 10-17　计算模型及计算结果

（a）结构空间三维模型；（b）网架结构变形；（c）网架结构轴力；（d）网架结构应力比

数字科技含量。为了保证计算结果能够如实地反映设计结构的承载能力，就要求计算模型的受力体系、计算结果与设计数据获得最大的相似度，所以该计算模型在几何参数、材料参数、创建单元、组成整体结构和计算工况五个方面作如下设定：

1）几何参数：主要构件的几何尺寸按照设计图纸选取，各构件的空间轴线位置与设计要求完全一致。2）材料参数：钢管、螺栓球等所有材料参数，包括抗拉（压）强度、屈服强度、泊松比、密度、重度、杨氏弹性模量、剪切弹性模量等都依据设计图纸要求选取。3）创建单元：杆件采用 Frame 单元（杆单元），杆件节点连接设计为铰节点，各个单元通过节点相接，保证了单元节点变形协调。4）组成整体结构：根据设计意图，设定支座约束和边界条件。5）工况组合：按照《钢结构设计规范》（GB 50017—2003）的规定进行选取。

上述设定原则，基本保证了该计算模型的分析结果可以如实反映设计结构的承载能力。

（3）荷载取值：该网架结构作用荷载取值见表 10-4。

表 10-4　网架结构作用荷载取值汇总

| 荷载类型 | 上弦 | | 下弦 | | 风荷载 | 雪荷载 |
|---|---|---|---|---|---|---|
| | 静载 | 活载 | 静载 | 活载 | | |
| 荷载值 /kN·m$^{-2}$ | 0.3 | 0.3 | 0.1 | 0 | 0.65 | 0.45 |

b　计算结果

通过对该结构承载力进行验算，根据网架结构变形图、网架结构轴立图、网架结构应力比图的分析，判定结构的实际承载力，如图 10-17（b）~（d）所示。

c　承载力复核计算结论

根据对该收费站网架结构的空间三维建模复核计算的结果，对该网架结构设计复核评定如下：

（1）原设计输入荷载值满足《建筑结构荷载规范》（GB 50009—2001）的具体要求，杆件强度设计值按照 Q235 钢选取，该网架构件最大应力比为 0.92，所有杆件应力比均小于 1.0，故该结构承载能力满足《钢结构设计规范》（GB 50017—2003）和《网架结构设计与施工规程》（JGJ 7—91）中关于承载能力极限状态的要求。

（2）该网架节点最大挠度为 32.6mm，故该结构变形满足《钢结构设计规范》（GB 50017—2003）和《网架结构设计与施工规程》（JGJ 7—91）中关于正常使用极限状态的要求。

D　检测鉴定结论

检测鉴定结论：该网架结构施工符合设计图纸要求，同时满足《钢结构工程施工质量验收规范》（GB 50205—2001）和《网架结构工程质量检验评定标准》（JGJ 78—91）的要求，可以进行结构施工验收。

E　项目小结

该收费站现场检测结果表明，该网架结构施工已基本上达到结构验收要求，这是因为：检测过程中存在的问题对结构安全影响小且比较容易解决，通过对该收费站网架结构的设计复核计算，结果表明设计图纸满足规范要求，可以据此图纸继续进行结构验收。

### 10.2.4　【实例49】某导航塔（广告牌）上部结构安全性检测、鉴定

A　工程概况

某导航塔为单立柱三面广告牌，广告牌宽16m，高4m，导航塔高24m，三面围合成正三角形，由槽钢及角钢桁架组成。现场如图10-18所示。

a　目的

导航塔使用已8年，在更换灯箱的安装施工过程发现导航塔上部结构存在严重锈蚀、断裂情况。为确保结构安全，避免发生重大安全事故，通过检测手段对现阶段导航塔上部结构的安全性做出评价，并提出相应处理意见。

b　初步调查结果

查阅原始资料图纸齐全，为便于现场检测记录及定位对结构平面简图进行了测绘，如图10-19所示。

图10-18　导航塔结构现状

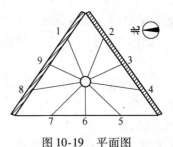

图10-19　平面图

B　结构检查与检测

a　现场检查结果

（1）上部结构检查结果：结构存在普遍锈蚀，塔身变截面节点处加筋板锈蚀严重，如图10-20（a）所示。结构焊缝存在严重锈蚀，外观质量基本满足规范要求。主桁架与柱身节点处锈蚀严重：上弦1~9轴节点锈蚀，下弦节点锈蚀。主桁架上下弦杆件（槽钢）存在3处开裂情况：上弦6轴主杆件（下翼缘开裂，根部焊缝及母

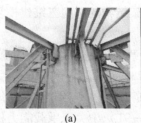

图10-20　上部结构缺陷
(a) 节点锈蚀；(b) 杆件开裂

材锈蚀严重，施工焊接不规范）；下弦6轴主杆件（上下翼缘开裂，裂缝边缘宽、根部窄，如图10-20（b）所示）；下弦7轴主杆件（上翼缘开裂，上部平台立柱与主杆件焊缝断裂且移位）。

（2）附属系统检查结果：对上部爬梯及检修平台进行了现场检查，结果如下：1）爬梯局部锈蚀严重，尤其是焊接节点位置存在脱焊情况。2）检修平台系统普遍锈蚀，个别位置脱焊。

b　现场检测结果

（1）钢构件尺寸检测：经过对钢结构板件上翼缘、腹板、下翼缘截面进行复核，原构件尺寸符合设计要求。对上部结构构件尺寸及结构尺寸进行了测量，测量结果与原设计保持一致，结构计算依据原设计进行建模。

（2）钢构件强度检测：现场采用表面硬度法对钢材强度进行强度检测，检测结果见表10-5。由检测结果可知，Q345钢的最小抗拉强度为470MPa，Q235钢的最小抗拉强度为375MPa。其中，桁架水平弦杆（10号槽钢）的实际最小强度在375~379MPa之间，实际平均强度在377~381MPa之间，符合Q235钢的强度值，与原设计一致，计算时按照Q235钢验算其承载力能力。结构其他构件受构件刚度影响，无法进行强度回弹检测，计算时按照原设计Q235钢验算其承载力能力。

（3）钢构件锈蚀厚度检测：《热轧槽钢尺寸、外形、重量及允许偏差》（GB 707—1988）要求的10号槽钢腹板厚允许偏差为±0.5mm，翼缘板厚度允许偏差为±6%。现场对锈蚀严重位置进行打磨除锈，然后使用超声波测厚仪对钢构件有效厚度进行测量，从检测数据可知，桁架腹板损失比翼缘板大，但从现场检查状况看，槽钢翼缘板锈蚀程度比腹板严重。据此判断，很有可能该槽钢原材在尺寸上就存在着较大偏差。根据检测结果判断，钢构件严重锈蚀，计算时按照实测厚度进行验算。

（4）涂层厚度检测：钢构件涂层厚度需满足《钢结构工程施工质量验收规范》（GB50205—2001）第14.2.2条要求的"当设计对涂层厚度无要求时，涂层干漆膜总厚度：室外应为150μm，室内应为125μm，其允许偏差为-25μm"，检测数据见表10-6。由检测数据及判定依据可知，部分涂层检测厚度不满足规范规定的要求，计算时按照实测厚度进行验算。

**表10-5　表面硬度法检测钢构件强度数据**

| 序号 | 板件 | 强度平均值/MPa |
|------|------|----------------|
| 1 | 上翼缘 | 378.9 |
| 2 | 腹板 | 377.0 |
| 3 | 下翼缘 | 381.1 |

**表10-6　涂层厚度检测数据**

| 编号 | 最小值/μm | 平均值/μm | 标准差 |
|------|-----------|-----------|--------|
| 1 | 129 | 164 | 27.0 |
| 2 | 138 | 189 | 20.3 |
| 3 | 131 | 172 | 26.7 |
| 4 | 130 | 166 | 21.5 |

（5）焊缝尺寸检测：现场对结构桁架主杆件与节点板之间焊缝高度进行检测。由检测结果可知，根据原设计要求，焊件厚度小于6mm时，焊缝高度为3~6mm，实测结果满足设计要求，结构计算时不考虑折减。

c　钢结构锈蚀等级评定

该钢结构为薄壁型钢结构，面漆脱落面积（包括起鼓面积）大于10%；底漆锈蚀面积正在扩大，易锈部位可见到麻面状锈蚀。根据《民用建筑可靠性鉴定标准》（GB 50292—1999）第5.3条的规定，该钢结构锈蚀等级为cs级。

C　结构承载能力分析

a　计算说明

（1）结构计算说明：该次结构分析采用 MIDAS 软件计算，计算模型如图 10-21 所示。计算要点是：建筑的材料标准强度取用实测材料强度推定值和强度设计值中的较小值进行计算，构件截面尺寸由于存在严重锈蚀，根据实测结果考虑折减系数 0.8，重要性系数为 1.2；荷载根据使用要求按现行国家标准《建筑结构荷载规范》规定取值。

（2）荷载取值：1）地震作用：抗震设防烈度为 7 度，设计基本地震加速度值为 0.10g，设计地震分组为第三组。2）风荷载：按照《建筑结构荷载规范》的规定取基本风压为 0.25kN/m²，考虑风振后的风荷载标准值为 1.2kN/m²；灯箱荷载，三面各 2.0t。

b　计算结果

根据该结构的实际损伤状况及检查、检测结果，采用 MIDAS 计算软件，考虑整个构件中所处的位置对整个结构承载力的影响，对该工程上部结构承载力进行了验算。

（1）采用图 10-21 所示计算模型计算基本组合及抗震作用下的应力比及位移。

通过对该工程上部结构承载力进行验算，根据结构应力比（单面有风时）、结构位移（恒载作用下）的分析，判定结构承载力的下降程度，为后期的加固处理提供依据。

（2）荷载基本组合及抗震计算结果。

按荷载效应的基本组合及考虑地震作用进行结构承载能力验算，结果见表 10-7。

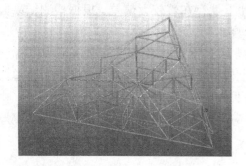

图 10-21　计算模型及计算结果

表 10-7　构件最小安全裕度计算结果

| 序号 | 构件类型 | 最小安全裕度 | 承载力评级 |
|---|---|---|---|
| 1 | 桁架上弦 ［10 | 0.54 | d |
| 2 | 腹杆 ［8 | 0.67 | d |
| 3 | 角钢 L50×5 | 0.53 | d |

由计算结果可知，在荷载基本组合及地震作用下，结构面板桁架上下弦、腹杆及桁架水平系杆等的安全裕度小于 1，承载力不满足要求。

D　结构可靠性鉴定

根据结构检查、检测、承载能力验算的结果，依据《民用建筑可靠性鉴定标准》（GB 50292—1999），进行逐级评定。

a　子单元评级

（1）承重构件评级：1）安全性评级：钢结构构件的安全性鉴定，按承载能力、构造以及不适于继续承载的位移（或变形）三个检查项目，将广告牌上部结构桁架杆件安全性等级评为 Du。2）正常使用性评级：钢结构构件的正常使用性鉴定，按位移和锈蚀（腐蚀）两个检查项目将框架梁、柱的正常使用性等级评为 Cs。

（2）围护系统评级：1）安全性评级：维修平台和爬梯存在脱焊、锈断情况，系统安全性评级评为 Du。2）正常使用性评级：维修平台和爬梯存在严重锈蚀，正常使用性评级评为 Cs。

b 可靠性综合评级

综合子单元安全性和使用性鉴定评级结果，该结构可靠性评定等级为Ⅳ级，可靠性极不符合鉴定标准对Ⅰ级的要求，已严重影响安全，必须立即采取措施。

E 加固修复

该次加固的范围为所有受损部位的主要承重钢结构构件，加固措施选择对构件及连接处进行加固的修复措施。

（1）锈蚀轻微的钢结构部件的处理：针对锈蚀轻微的钢结构部件，人工将锈斑锈皮用锤子敲击干净，用砂纸打磨光滑，然后刷两遍防锈漆打底，再刷两遍蓝色面漆。

（2）竖向承重构件：首先，对缺损翼缘的处理，采用在翼缘外侧加贴钢板的做法。采用 10～12 mm 厚钢板，加贴钢板长度以大于缺损部位 5～10cm 为宜。其次，对锈蚀腹板的加固方法与翼缘大体相同，施工时加固钢板的宽度要略小于腹板宽度，以便于施工。最后，对于第 5 轴与 C 轴交点处严重受损竖向构件的加固修复，采用替换相应承重构件的方法。

（3）水平承重构件：第一，在受损的腹板和翼缘处加贴钢板，做法及要求与竖向构件的加固基本相同，处理水平承重构件采用黏钢法。第二，根据受力情况，水平承重构件能整体拆除的，整体换掉，如不能整体拆除，要在原水平承重构件下重新加一个等号型钢，用断焊与原水平承重构件连接以承受上部荷载。第三，在水平承重构件两侧加小梁（根据实际荷载在钢梁两侧各加 1 根小梁，用新加小梁替代原水平承重构件来满足承载要求）。

F 项目小结

针对导航塔结构的损害特点和受损构件在结构中的受力特性，通过对导航塔进行检测鉴定及结构承载能力的验算，对结构的安全性进行评级，对存在安全隐患的结构部分提出加固修复方案，为同类结构检测鉴定及加固修复提供参考。

## 10.2.5 【实例 50】某通信钢塔桅（高铁旁）结构抗震检测、鉴定

A 工程概况

某高速铁路旁的移动通信钢塔桅结构（9m、18m、24m、35m）现场如图 10-22 所示。

a 目的

沿某高速铁路旁的单管塔，由于其所处位置的特殊性，为了保证通信设备单管塔的安全正常使用及该高速铁路的安全运营，特对这些单管塔进行抽样检测、鉴定。该次结构抗震检测鉴定范围为不同高度的塔桅各选取 1 个单管塔。

图 10-22 结构现状

b 初步调查结果

查阅原始资料，建筑、结构设计图纸齐全。结合实际情况，高度 9m、18m、24m、

35m单管塔的结构参数见表10-8。

**表10-8 高度9m、18m、24m、35m单管塔的结构参数**

| 高度/m | 钢管形状 | 下部壁厚/mm | 底部直径/mm | 柱脚连接 | 上部连接 |
|---|---|---|---|---|---|
| 9 | 圆管 | 6 | 170 | 4M27 螺栓底板（有加劲肋） | 法兰盘连接 |
| 18 | 正八边形管 | 8 | 320 | 8M32 螺栓底板（有加劲肋） | 法兰盘连接（下）/套接连接（上） |
| 24 | 正八边形管 | 8 | 320 | 10M36 螺栓底板（有加劲肋） | 套接连接 |
| 35 | 正十二边形管 | 8/10 | 852 | 12M45 螺栓底板（有加劲肋） | 套接连接 |

**B 结构检查与检测**

**a 现场检查结果**

（1）高度9m单管塔：柱脚螺栓无垫板，螺杆出头长度不足，螺母数量不足，如图10-23（a）所示。未施工完，柱脚底板下是空的，堆积杂物泥土，螺栓未防锈；最顶上的法兰盘上有未上螺栓的圆孔，无纤绳。初步评级为c级。

（2）高度18m单管塔：柱脚螺栓无垫板，如图10-23（a）所示。未施工完，柱脚底板下是空的，堆积杂物泥土，螺栓未防锈，无纤绳，顶部避雷针缺失，如图10-23（b）所示。初步评级为c级。

（3）高度24m单管塔：柱脚螺栓无垫板，螺母数量不足，无纤绳，未施工完，柱脚底板下是空的，堆积杂物泥土，螺栓未防锈，如图10-23（c）所示；曾加固过，加固部分以上管杆有肉眼能分辨的较大偏移（可能是最顶端套接质量较差），初步评级为c级。

（4）高度35m单管塔：柱脚螺栓螺杆出头长度不足，如图10-23（d）所示。未施工完，柱脚底板下是空的，堆积杂物泥土，螺栓未防锈，无纤绳，初步评级为b级。

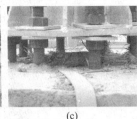

(a)　　　　　　　(b)　　　　　　　(c)　　　　　　　(d)

图10-23 主要结构缺陷

（a）柱脚螺栓无垫板；（b）柱脚螺栓锈蚀；（c）柱脚螺栓未拧紧；（d）柱脚螺栓螺杆长度不足

**b 现场检测结果**

（1）管壁钢材强度检测：现场对单管塔管壁钢材进行硬度测试，硬度测试结论为：设计材质为Q235钢的管壁（9m、18m、24m高塔）测定的布氏硬度平均值为110.1，推算钢材的极限强度为396.3MPa，Q235抗拉强度$\sigma_b$的范围为375~460MPa，满足Q235钢材强度的要求（因现场检测钢构件的厚度较小，测试时会产生不同程度的位移和颤动，所测值偏低）。

对设计材质为Q345钢的管壁（35m高塔）测定的布氏硬度平均值为150.2，推算钢材极限强度为540.7MPa，Q345抗拉强度$\sigma_b$的范围为470~630MPa，满足Q345钢材强度的要求。

（2）管壁钢板厚度检测：9m高塔的检测厚度为5.9mm（设计值为6mm）；18m高塔的检测厚度为7.9mm（设计值为8mm）；24m高塔的检测厚度为7.8mm（设计值为8mm）；35m高塔的检测厚度为8.0/9.9mm（设计值为10mm）。

由检测结果可知，壁厚基本为负公差，偏于不安全。存在主要问题：35m高单管塔最下一节管的钢板厚度有两种：竖向焊缝两侧钢板不一样厚，一侧8mm，另一侧10mm，与设计厚度10mm不符。

（3）镀锌层厚度测量：外管壁镀锌层测厚结果：9m高塔检测平均厚度为142.3μm；18m高塔检测平均厚度为116.0μm；24m高塔检测平均厚度为119.7μm；35m高塔检测平均厚度为210.3μm。测厚结论：外管壁镀锌层厚度从116.0~210.3μm，离散较大。

（4）钢板焊缝检测：该次探伤依据《钢焊缝手工超声波探伤方法和探伤结果分级》（GB 11345—89），对单管塔筒壁钢板焊缝进行了超声探伤检测，检测一级焊缝6条，壁厚小于8mm的钢板对接焊缝超出规范规定的范围，不进行超声检测。由超声检测结果可知，所有6条被检焊缝未发现超标缺陷，定为Ⅰ级合格。

c　振动测试

高速火车经过时单管塔底座处测得的动力反应检测见表10-9，记录的振动时程部分曲线如图10-24所示。

表10-9　高速火车经过时单管塔底座处测得的动力反应列表

| 位置 | 单管塔的振动部位及振动方向 | 加速度/m·s⁻² | | 速度/mm·s⁻¹ | |
| --- | --- | --- | --- | --- | --- |
| | | 无高速列车经过 | 有高速列车经过 | 无高速列车经过 | 有高速列车经过 |
| 9m单管塔 | 底座竖向 | 0.11 | 0.12 | 0.54 | 0.55 |
| | 底座水平纵向 | 0.10 | 0.11 | 0.46 | 0.48 |
| | 底座水平横向 | 0.10 | 0.10 | 0.75 | 0.83 |
| 18m单管塔 | 底座竖向 | 0.12 | 0.12 | 0.57 | 0.73 |
| | 底座水平纵向 | 0.11 | 0.12 | 0.53 | 0.62 |
| | 底座水平横向 | 0.10 | 0.10 | 0.56 | 0.79 |
| 24m单管塔 | 底座竖向 | 0.10 | 0.09 | 0.42 | 0.59 |
| | 底座水平纵向 | 0.09 | 0.10 | 0.42 | 0.45 |
| | 底座水平横向 | 0.11 | 0.11 | 0.64 | 0.77 |
| 35m单管塔 | 底座竖向 | 0.105 | 0.095 | 0.44 | 0.44 |
| | 底座水平纵向 | 0.09 | 0.11 | 0.41 | 0.67 |
| | 底座水平横向 | 0.09 | 0.09 | 0.31 | 1.53 |

根据动力测试数据分析：（1）在采样时间内的最大反应无论是加速度还是速度都不大，仅相当于地震裂度8度时的地面加速度水平的1/20，均在结构的安全范围之内。（2）单管塔旁有高速列车经过时拾振位置处的结构反应基本上没有明显的变化，可见高速列车经过与否对单管塔结构基本无影响。（3）对结构安全影响较大的是结构的风致振动，属于

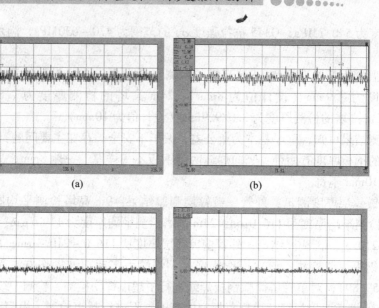

图 10-24　振动时程曲线（部分）

（a）高速列车经过时竖向加速度 $a = 0.095 \mathrm{m/s^2}$；（b）平时竖向加速度 $a = 0.105 \mathrm{m/s^2}$；

（c）高速列车经过时横向水平加速度 $a = 0.09 \mathrm{m/s^2}$；（d）平时横向水平加速度 $a = 0.09 \mathrm{m/s^2}$

低频长周期的随机振动，包括高速列车经过时引起的列车风。

C　结构承载能力分析

a　计算说明

（1）结构计算说明：本次单管塔取空间整体进行验算。结构静力、动力计算时，按三维力学模型进行简化。即结构的各杆件均为空间杆单元，其他边界条件和截面特性等按其实际情况确定。荷载条件按单管塔的实际情况和荷载状况确定。根据结构的实际损伤状况及检查、检测结果，按照国家有关现行标准规范要求，用 SAP84 程序对单管塔进行了验算，计算简图如图 10-25 所示。

（2）荷载条件：1）恒荷载：自重，包括管壁钢板、梯子、平台等。2）活荷载：平台及梯子上的活荷载。3）风荷载：基本风压 $w_0 = 0.45 \mathrm{kN/m^2}$；地面粗糙度按 B ~ C 类考虑。

风振系数按下式计算：

$$\beta_z = 1 + \frac{\zeta \nu \varphi_z}{\mu_z}$$

图 10-25　单管塔三维计算模型

式中　$\zeta$——脉动增大系数，据 $w_0 T_2$ 的大小按《建筑结构荷载规范》（GB 50009—2001）表 7.4.3 取用；

　　　$T$——单管塔的自振周期，可从模态计算中得到；

　　　$\nu$——脉动影响系数；

　　　$\varphi_z$——振型系数，按《建筑结构荷载规范》（GB 50009 – 2001）表 F.1.2 取用；

$\mu_z$——风压高度变化系数。

地震作用：按抗震设防烈度 8 度、设计地震分组为第一组（$0.2g$）进行抗震验算。计算中考虑两个方向的水平地震作用效应和竖向地震作用。

（3）基本假定：1）单管塔可按悬臂压弯杆件计算，并应考虑竖向荷载因杆身变形产生的二次效应影响。2）锥形单管塔的水平风荷载可分段计算，以分段中央高度的风荷载作为该段的平均风荷载，整塔的分段数不宜少于 5。3）锥形单管塔的外壁坡度小于 2%时，应计算由脉动风引起的垂直于风向的横向振动效应。4）计算分析时考虑管壁厚度负公差影响和 35m 单管塔底部部分壁厚未达到设计厚度对承载力的影响。

b  计算结果

（1）自振周期：其中，24m 塔的自振周期为未加固时的自振周期，各种高度单管塔自振周期（s）列表见表 10-10。

表 10-10　各种高度单管塔自振周期　（s）

| 单管塔种类 | 振型号 | | | | | |
|---|---|---|---|---|---|---|
| | 1 | 2 | 3 | 4 | 5 | 6 |
| 9m | 1.98 | 1.98 | 0.36 | 0.36 | 0.024 | 0.008 |
| 18m | 2.33 | 2.33 | 0.51 | 0.51 | 0.15 | 0.15 |
| 24m | 3.99 | 3.99 | 0.82 | 0.82 | 0.31 | 0.31 |
| 35m | 2.45 | 2.45 | 0.47 | 0.47 | 0.17 | 0.17 |

（2）振型：前六阶振型图如图 10-26 所示。

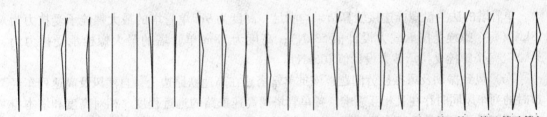

第一振型 第二振型 第三振型 第四振型 第五振型 第六振型　第一振型 第二振型 第三振型 第四振型 第五振型 第六振型　第一振型 第二振型 第三振型 第四振型 第五振型 第六振型　第一振型 第二振型 第三振型 第四振型 第五振型 第六振型

(a)　　　　　　　　(b)　　　　　　　　(c)　　　　　　　　(d)

图 10-26　单管塔振型图

（a）9m 高单管塔振型；（b）18m 高单管塔振型；（c）24m 高单管塔振型；（d）35m 高单管塔振型

（3）安全裕度：单管塔管壁在常规荷载效应组合风载控制及地震作用效应组合两种荷载工况下的安全裕度均大于 1（底部、中部、上部），结构的承载能力满足要求（底部管壁按加固后厚度 8mm 计算）。

（4）局部稳定性结论：根据《移动通信工程钢塔桅结构设计规范》（YD/T 5131—2005），单管塔受弯压时应考虑管壁局部稳定的影响（括号内的安全裕度为底部管壁厚度按 8mm 时的计算结果）。各高度单管塔底部受弯压时考虑管壁局部稳定，均满足规范要求。未加固时 24m 单管塔在中下部变截面厚度（6mm）处的验算结果为 206MPa < 215MPa，能基本满足要求，但需加固。24m 单管塔已加固，在中下部变截面厚度（6mm）处的局部稳定验算结果为 179MPa < 215MPa，能满足要求，计算结果见表 10-11。

（5）柱脚螺栓连接、塔脚底板验算及法兰盘螺栓连接验算：单管塔柱脚螺栓连接、底板的承载力验算结果满足规范要求，见表 10-12。

**表10-11　单管塔底部局部稳定性验算列表**

| 单管塔高度/m | 截面形状 | $\mu_d f$/MPa（$\mu_d$：设计强度修正系数） | | $\left(\dfrac{N}{A}+\dfrac{M}{W}\right)$/MPa | 结论 |
|---|---|---|---|---|---|
| 35 | 十二边形 | 310 | | 145（180） | 满足 |
| 24 | 八边形 | 未加固 | 215 | 206 | 基本满足 |
| | | 加固后 | 215 | 179 | 满足 |
| 18 | 八边形 | 215 | | 111 | 满足 |
| 9 | 圆管 | 215 | | 89 | 满足 |

**表10-12　单管塔柱脚螺栓、底板厚度验算列表**

| 单管塔高度/m | 最大螺栓承受拉力/kN | 每个螺栓受拉承载力设计值/kN | 计算底板厚度/mm | 设计底板厚度/mm | 结论 |
|---|---|---|---|---|---|
| 35 | 214 | 270 | 24.4 | 30 | 满足 |
| 24 | 116 | 137 | 18.3 | 30 | 满足 |
| 18 | 65 | 105 | 13.9 | 25 | 满足 |
| 9 | 43 | 76 | 11.7 | 25 | 满足 |

单管塔的法兰盘螺栓连接验算结果均满足：高度为9m单管塔的最大螺栓承受拉力为18kN（每个螺栓受拉承载力设计值53kN）；高度为18m单管塔的最大螺栓承受拉力为34kN（每个螺栓受拉承载力设计值105kN）。

（6）风致振动及风振疲劳问题：该批单管塔建在高速铁路边上，自然风及高速列车经过时的列车风同时存在且相互影响。各单管塔离高速铁路的远近程度、相对高度和塔本身高低不同以及高速铁路边有无挡板，使得作用在该批单管塔的风荷载相当复杂。而对单管塔的结构安全起控制作用的又是风荷载，必须引起重视。

（7）最大水平位移：单管塔顶部验算结果：高度9m单管塔，顶点最大水平位移为96mm（允许值为225mm）；高度18m单管塔，顶点最大水平位移为96mm（允许值为225mm）；高度24m单管塔，未加固的顶点最大水平位移为1481mm（允许值均为600mm），已加固的顶点最大水平位移为563mm（允许值均为600mm）；高度35m单管塔，顶点最大水平位移为797mm（允许值为875mm）。由检测结果可知，顶部最大水平相对位移基本小于$H/40$，最大水平位移符合规范要求。未加固的24m单管塔塔顶位移不满足要求。

（8）单管塔套筒连接的问题：套筒连接是从国外引进的，国内目前规范无这方面的内容，《移动通信工程钢塔桅结构设计规范》（YD/T 5131—2005）中就没有套筒连接的相关内容，参考《特种结构》2006年第3期中《套筒连接在多棱锥型钢管杆中的应用与探讨》一文，提出以下几点意见和结论：为了使套接的传力可靠，最小套接长度取1.5$D$（$D$为套入段最大边到边内径）。该批单管塔在设计图纸上满足要求。

（9）耐久性问题：从计算结果看，单管塔各部位在风荷载和地震作用下都有一定的安全裕度，目前看该批单管塔基本没有锈蚀问题，外筒壁镀锌层厚度从116.0～210.3μm，离散较大，且筒壁厚度实测结果负公差较多。在今后若防腐层失效后钢材将逐年锈蚀减薄。因此必须加强日常维护，定期检查，发现有较多锈蚀后应重新打磨、刷防腐层。

D　结构可靠性鉴定

参照《钢铁工业建（构）筑物可靠性鉴定规程》（YBJ 219—89），在该次鉴定计算分析、现场检查、检测结果的基础上对某高速铁路旁的单管塔结构的可靠性鉴定评级结果见表 10-13。

根据评级结果，高速铁路旁的单管塔结构综合可靠性评定等级为三级或四级，其中三级：构筑物的可靠性不满足国家现行规范要求，需要加固、补强；四级：构筑物的可靠性严重不满足国家现行规范要求，已不能正常使用（可靠性严重不足），必须立即采取措施；其中评四级的 18m 单管塔主要是因为避雷针缺失及柱脚螺栓无垫板，其他评三级的 9m、24m、35m 单管塔主要是因为柱脚螺栓的施工质量较差。

另外原设计中要求背向铁轨方向设纤绳一道，而实际大部分单管塔都没有设置纤绳。为保证高速列车行驶的绝对安全，宜按设计补设。

E　加固修复

针对现场检查、检测以及结构验算发现的问题，建议对单管塔采取以下加固措施：（1）柱脚底板下是空的，堆积杂物泥土：补做塔脚底板下的二次灌浆层，再次浇灌前应将杂物、泥土清除干净，凿出新鲜基础顶面。（2）柱脚螺栓施工质量不满足处：按设计要求进行修复加固。（3）缺失的顶部避雷针补上、没有设纤绳的单管塔补充设置纤绳。（4）24m 塔顶部套筒连接处重新调整铅直，并应确保都已加固或按变更图纸施工。（5）定期（建议 3～5 年）检查，如有锈蚀，除锈并喷刷防锈剂。

F　项目小结

参照《钢铁工业建（构）筑物可靠性鉴定规程》（YBJ 219—89），在该次鉴定计算分析、现场检查、检测结果的基础上，评定沿高速铁路旁的单管塔结构的可靠性鉴定等级均为三、四级，其中评四级的 18m 单管塔主要是因为避雷针缺失及柱脚螺栓无垫板，其他评三级的单管塔主要是因为柱脚螺栓的施工质量较差。

**表 10-13　单管塔结构可靠性评级**

| 单管塔 | 构件名称 | 子项评级 | | | 项目评级 | 综合评级 |
| --- | --- | --- | --- | --- | --- | --- |
| | | 承载能力（构造、连接） | 变形 | 偏差 | | |
| 9m | 柱脚及基础 | c | b | b | C | 三级 |
| | 钢筒壁 | a | b | b | B | |
| | 节点连接 | b | b | b | B | |
| | 钢爬梯等 | a | b | b | B | |
| | 避雷针 | a | b | b | B | |
| 18m | 柱脚及基础 | c | b | b | C | 四级 |
| | 钢筒壁 | a | b | b | B | |
| | 节点连接 | b | b | b | B | |
| | 钢爬梯等 | a | b | b | B | |
| | 避雷针 | d | d | d | D | |
| 24m | 柱脚及基础 | c | b | b | C | 三级 |
| | 钢筒壁 | a | b | b | B | |
| | 节点连接 | c | c | c | C | |
| | 钢爬梯等 | a | b | b | B | |
| | 避雷针 | a | b | b | B | |
| 35m | 柱脚及基础 | c | b | b | C | 三级 |
| | 钢筒壁 | a | b | b | B | |
| | 节点连接 | b | b | b | B | |
| | 钢爬梯等 | a | b | b | B | |
| | 避雷针 | a | b | b | B | |

## 10.2.6　【实例 51】某混凝土框架结构体育场结构安全性检测、鉴定

A　工程概况

某体育场既有结构建于 20 世纪 80 年代末，迄今已逾 20 年。该体育场主体结构为单

层混凝土框架结构（局部含中层休息平台），建筑面积约 2 万平方米，现场如图 10-27 所示。

a　目的

由于在建设过程中遇到某些非技术性问题导致停工至今。近年来该地区政府决定重启该体育场建设项目，为明确该体育场既有结构部分的建设质量，以及曝露 20 多年后结构的损伤的情况，特对该体育场进行结构检测，为后期续建和可能的加固设计处理提供技术依据和数据支持。

b　初步调查结果

该体育场图纸设计资料已经缺失，仅有续建设计图纸可查。该次鉴定以续建设计图纸中既有部分的结构尺寸为准，平面简图如图 10-28 所示（自外向内排列编号 A～C）。

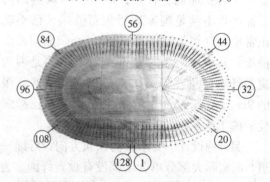

图 10-27　结构现状　　　　　　　　图 10-28　平面图

根据现场踏勘结果显示，该体育场停工时已经完成大部分框架柱，5m 标高以下的结构已经完成了大部分混凝土浇筑工作，上部结构只完成了部分钢筋绑扎，尚未浇筑混凝土。

该体育场已经完工部分的构件混凝土浇筑质量较差，大部分柱根存在混凝土空洞和表面泌水、冲蚀缺陷，未浇筑部分的构件钢筋已经曝露在空气中达 20 年，虽然现场尚未见明显锈蚀现象，但是仍需进行钢筋力学性能检测。

B　结构检查与检测

a　现场检查结果

（1）地基基础检查：该体育场基底为天然基础持力层，基础采用独立基础。对上部结构进行检查时未发现明显倾斜情况发生，基础工作状态良好。现场在 1/A、1/B、1/C 位置的柱基础进行了开挖检查，检查结果表明地基基础完好，持力层土体未受近期扰动，土质为强风化性质的砂性土，地基承载力较好。现场采用 pH 试纸对基础回填土土壤酸碱度进行测试，3 个测定点的 pH 值均值为 8.12，土壤酸碱度为偏碱性，对混凝土基础基本无影响。

（2）框架柱系统检测：体育场框架柱根据续建设计图纸显示其 A 轴断面尺寸分为 500mm×2000mm 和 500mm×800mm 两种，B 轴断面尺寸为 230mm×450mm，C 轴断面尺寸为 500mm×800mm。现场检测结果表明框架柱构件尺寸均能满足续建设计图纸要求，尺寸误差均在规范规定范围之内。

1）框架柱主要问题：框架柱表面裂缝；框架柱柱底部较多出现蜂窝孔洞等表面损伤

现象；框架柱柱底出现较普遍的泌水冲蚀损伤现象；部分框架柱底角部钢筋锈胀，保护层崩裂脱落。

2）裂缝空洞缺陷较严重的框架柱主要有 13/B、28/A、32/B、37/B、38/A、40/B、44/B、58/B、60/B、61/B、62/A、62/B、63/B、70/A、72/B、80/B、82/B、83/B、88/B、99/B、105/B、110/A、116/A、118/A、123/A、124/A，共 26 根柱子，其裂缝缺陷评定为 Cu 级。

（3）框架梁系统检测：该体育场框架梁主要分为两部分。

1）横跨 A～C 轴并向前延伸到地面，梁高 1100～1200mm，用来搭设看台预制板的框架主梁。该部分主梁尚有个别未绑扎钢筋，个别绑扎钢筋后未浇筑，其余大部分均浇筑完成。现场检查发现其施工质量较好，除表面有泌水痕迹外未见明显的损伤情况。

2）20～108/A～B 轴间，高度为 5.25m 的休息平台顶梁，该部分已经浇筑完成，现场检查发现该部分框架梁主要存在以下几个问题：框架梁表面裂缝普遍开展；框架梁与柱节点处较多出现蜂窝孔洞等表面损伤现象；框架梁梁底出现孔洞等浇筑不密实等损伤现象；部分框架梁底部钢筋由于混凝土保护层空洞缺陷导致其开始锈胀，部分保护层已经酥脆开始脱落。21、22、23、24、33、37、43、64 等轴线的休息平台顶梁空洞缺陷严重。

3）框架梁表面普遍出现泌水、冲蚀缺陷，5.25m 休息平台梁侧面普遍出现斜裂缝，最宽处可达 0.6mm。大部分休息平台框架梁出现了受力裂缝，根据《民用建筑可靠性鉴定标准》（GB 50292—1999）规定，视为不适于继续承载的裂缝，根据其实际严重程度定为 $c_u$ 级或 $d_u$ 级。

（4）看台预制板和围护结构：该体育场看台预制板大部分由于曝露时间过长，出现较明显收缩裂缝，裂缝宽度约 1.0mm。围护结构未发现明显影响安全的缺陷。

b　现场检测结果

（1）混凝土强度：芯样检测结果显示该建筑物框架柱、梁混凝土强度检测值均不满足续建图纸设计强度 C25 的要求；预制板的混凝土强度基本满足 C25 强度要求；框架柱 4/A、15/A、22/A 的芯样强度均小于 C15，强度过低。回弹—钻芯综合法检测结果显示该建筑物框架柱、梁混凝土强度综合检测值绝大部分小于 C25 续建设计要求。

（2）混凝土碳化深度：框架柱碳化深度在 22～35mm 之间，尚未超过保护层厚度；框架梁和预制板的碳化深度在 25～36mm 之间，已大于保护层厚度，将导致钢筋锈蚀。

（3）混凝土氯离子含量：从检测结果可以看出，氯离子含量为 0.005%，远小于规范规定的限值要求 0.2%（二 b 环境），该含量对钢筋的腐蚀基本无影响。

（4）框架柱垂直度：本次抽检测量的框架柱大部分倾斜量满足规范要求。

（5）保护层厚度：由检测结果可知，混凝土构件保护层厚度均满足续建图纸设计要求。

（6）构件尺寸检测：现场检测基础尺寸（长×宽×高）：1/A（5000mm×3000mm×500mm）、1/B（2000mm×2000mm×450mm）、1/C（3500mm×2500mm×550mm）。对框架柱、梁、板进行了抽样尺寸复核，结果显示构件尺寸与续建设计图纸给出尺寸基本相符。

（7）钢筋材质和物理性能检测：现场截取 500mm 长的样品共 12 根（直径 12mm、

25mm、32mm 各 3 根）送实验室进行了相关材质和物理性能检测，检测结果表明，曝露在空气中至今的钢筋目前未发现明显锈蚀，且其材质和物理性能满足国家规范对冷轧带肋钢筋的要求。

C　看台预制板承载力计算

a　结构计算说明

根据实际经验以及相关技术规程的要求，计算依据原图纸、相关结构尺寸、材料强度等均根据现场测量及检测结果进行计算。计算荷载种类及取值：(1) 恒载：包括预制板自重、楼面做法自重等。(2) 活荷载：楼面活荷载取值 3.5kN/m² （按体育场无固定座位看台计算）。(3) 地震作用：楼板验算未考虑地震作用。

b　看台预制板验算结果

体育场看台采用梁柱两端支撑，中间无横梁，看台预制板横截面为 L 形，两端搭接于梯形支撑梁上，长边搭接在下阶预制板上。第一阶看台预制板长边搭接于预制高架上。计算预制板时采用三面铰接模型，上下阶看台搭接如图 10-29 所示，配筋如图 10-30 所示。

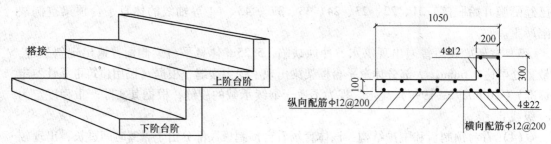

图 10-29　上下阶看台搭接示意图　　　　图 10-30　看台预制板实际配筋图

经计算，看台预制板跨中抗弯承载力不足，计算理论配筋率为 0.63%，现场实际配筋率为 0.56%，安全裕度为 0.90，不满足安全裕度需大于 1.0 的要求。

D　可靠性等级的评定

a　地基基础系统安全性

检查结果表明地基基础完好，持力层土体未受近期扰动，土质为强风化性质的砂性土，地基承载力较好。地基基础项目评为 Au 级。

b　上部承重结构安全性

(1) 框架柱系统的评级：根据鉴定标准的相关规定，框架柱系统综合评级为 Cu 级。(2) 框架梁系统评级：根据鉴定标准的相关规定，框架梁系统综合评级为 Cu 级。(3) 看台板、休息平台系统评级：根据鉴定标准的相关规定，看台板、休息平台系统综合评级为 Cu 级。

c　围护系统安全性

根据鉴定标准的相关规定，围护系统综合评级为 Au 级。

d　鉴定单元可靠性综合评级

根据对体育场既有结构的现状检查、检测结果，该部分结构可靠性评定等级为Ⅲ级，即其可靠性不符合鉴定标准对Ⅰ级的要求，显著影响整体承载功能和使用功能，应采取处理措施。该体育场既有结构可靠性综合评级结果见表10-14。

**E 加固处理意见**

为保证该结构在后期续建过程中及后期目标使用期内的安全使用，建议采取如下措施：（1）框架柱系统：13/B、28/A、32/B 等共 26 根浇筑质量差，空洞现象较严重的柱子，采用加大截面或包钢加固处理。对芯样强度过低的框架柱 4/A、15/A、22/A，采用包钢或加大截面的方法加固。对于框架柱宽度大于 0.2mm 的裂缝，进行压力灌浆封闭处理。（2）框架梁系统：对于 21、22、43、64 等轴线的 5.25m 空洞缺陷严重的休息平台顶梁，进行加固处理。对裂缝宽度大于 0.2mm 的梁，采用压力灌浆封闭处理。（3）看台预制板：对安全裕度小于 1 的看台预制板，采用钢丝绳网片-聚合物砂浆外加层加固法加固。

**表 10-14  体育场可靠性综合评级结果**

| 层　次 | | 二 | 三 |
|---|---|---|---|
| 层　名 | | 子单元评定 | 鉴定单元综合评定 |
| 安全性鉴定 | 等级 | Au、Bu、Cu、Du | Asu、Bsu、Csu、Dsu |
| | 地基基础 | Au | Csu |
| | 上部承重结构 | Cu | |
| | 围护系统 | Au | |
| 可靠性鉴定 | 等级 | A、B、C、D | Ⅰ、Ⅱ、Ⅲ、Ⅳ |
| | 地基基础 | A | Ⅲ |
| | 上部承重结构 | C | |
| | 围护系统 | A | |

**F 项目小结**

该体育场部分结构可靠性评定等级为Ⅲ级，不符合鉴定标准对Ⅰ级要求的主要原因是：框架柱和梁裂缝、空洞等缺陷较严重，强度较低，不满足设计要求；看台预制板跨中抗弯承载力不足，安全裕度为 0.90，不满足安全裕度需大于 1.0 的要求，致使大量构件安全性评级为 C。

## 10.2.7 【实例52】某火力发电厂冷却塔结构可靠性检测、鉴定

**A 工程概况**

某发电厂冷却塔，于 20 世纪 70 年代后期建成投产，淋水面积为 3500m²，高度自设计地面标高 ±0.000 起为 90m，池底直径 73.6 m，通风筒喉部直径 38.8m，现场如图 10-31 所示。

**a 目的**

冷却塔使用 40 年左右，结构已出现钢筋外露锈蚀等缺陷，且原设计在计算和构造上与现行混凝土结构、抗震规范亦有较大区别。因此，对该构筑物安全性、耐久性、适用性及抗震性能进行检测鉴定，为今后利用改造提供可靠依据，保证结构安全正常使用。

**b 初步调查结果**

查阅原始资料，建筑、结构设计图纸齐全。结合检测时的实际情况，并为便于现场检测记录及定位对结构平面简图进行了测绘。平面简图如图 10-32 所示。

**B 结构检查与检测**

**a 现场检查结果**

（1）地基基础：检查未发现有基础不均匀沉降产生的柱倾斜变形和开裂。对地基土土壤酸碱度测试后，pH = 6.7 左右，基本上中性，对结构或基础混凝土无侵蚀性。

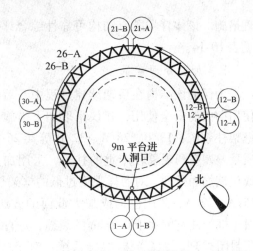

图 10-31    结构现状

图 10-32    平面图

（2）人字柱：两座冷却塔人字柱主筋实际保护层厚度均较大且基本满足设计要求，因此现场检查中未见主筋的锈胀裂缝。少量箍筋的保护层厚度较小，以至于外露锈蚀。

（3）上部环梁：现场检查发现塔上部环梁外侧较多因实际保护层较薄引起的混凝土保护层脱落、钢筋外露锈蚀现象。

（4）通风筒：通风筒外壁的水平筋在竖向筋的外侧，塔风筒水平筋的设计保护层厚度为 20mm。塔筒外壁锈胀破损面占总外表面积的 20% 左右。

（5）淋水系统：塔的淋水装置下的支柱、主次梁除有青苔外均基本完好；中央竖井及若干主水槽和分水槽的现状基本完好。内部的格板少量缺失、破损。

（6）抗震构造检查：冷却塔人字柱箍筋配置为 φ10@200 箍筋，根部及上部未进行加密；淋水构架柱未加密，不满足现行设计规范要求，其余较好。

（7）构件尺寸检查：其中塔筒壁的实际测量构件尺寸偏差较大，不满足验收规范要求。其余基本满足验收规范要求。

b    现场检测结果

（1）碳化深度：风筒内侧混凝土表面涂刷防腐涂料，碳化深度较少；人字柱的碳化深度也较小，而风筒外侧混凝土碳化深度较大，且钢筋保护层厚度不均，存在露筋、锈蚀现象。

（2）混凝土构件强度检测：塔风筒外筒壁采用回弹、取芯、回弹超声综合法测得的各构件混凝土强度均满足设计强度要求，计算时可取原设计强度。

（3）混凝土氯离子含量：测定的混凝土中氯离子的含量小于规范规定的最大氯离子含量（占水泥用量），该含量对钢筋的腐蚀无影响。

（4）地基土酸碱度检测：地基土取样共取土样 3 个，现场进行 pH 值测定分析。测定结果为：3 个土样 pH 值均在 6.7 左右，基本处于中性，对基础混凝土无影响。

（5）钢筋保护层厚度检测：人字柱钢筋实际保护层厚度基本按设计要求 30mm 配置，经检测钢筋保护层厚度基本满足。上部环梁钢筋的设计保护层厚度为 20 ~ 25mm；通风筒外壁的水平筋在竖向筋的外侧，水平筋的设计保护层厚度为 20 ~ 25mm，上部环梁及风筒外壁的实际钢筋保护层厚度离散性较大，大量钢筋保护层厚度不足 10mm，钢筋锈胀外露，严重影响冷却塔的结构耐久性。

（6）钢筋锈蚀程度检测：推断冷却塔外筒壁钢筋发生锈蚀。经现场观察，实际与推测情况相符，冷却塔外壁部分钢筋保护层薄并且外露，并发生锈蚀。

（7）冷却塔水质分析：根据冷却塔附近的化学水质分析报表，分析了循环水的水质，对水塔钢筋混凝土结构的腐蚀性均较弱。

C  结构承载能力分析

a  计算说明

（1）结构计算说明：取空间整体模型进行验算，风筒部分采用壳单元，其他构件在结构静力、动力计算时，按三维杆系力学模型进行简化。即结构的各杆件均为空间杆单元，其他边界条件、荷载条件和截面特性等按其实际情况确定。淋水装置单独进行分析。根据《构筑物抗震设计规范》（GB 50191—2012），当采用振型分解反应谱法计算抗震承载力时，对淋水面积为 3500m² 和 5500m² 塔筒，宜取不少于 3 个振型。根据前述的前提条件和分析方法，用 SAP84 程序对本冷却塔各构件进行了计算，计算简图如图 10-33 所示。

（2）荷载取值：1）恒载：结构自重、平台荷载及设备自重（按工艺提供的荷载）。2）活荷载：基本风压取 0.85kN/m²，地面粗糙程度按 B 类。3）地震作用：地震作用按规范反应谱计算，设防烈度为 7 度，地震分组为第二组，设计基本加速度值为 0.10g，场地类别为 II 类。

b  计算结果

经验算，两座冷却塔结构承载力满足要求。上部结构的承载力验算结果见表 10-15。

**表 10-15  结构构件承载力汇总表**

| 构件名称 | 安全裕度 | 备注 | 承载能力评级 |
|---|---|---|---|
| 人字柱 | >1.15 | — | A |
| 风筒及风筒环梁 | >1.05 | 考虑钢筋截面积损失 | A |
| 淋水构架柱 | >1.10 | — | A |
| 淋水主次梁 | >1.10 | — | A |
| 竖井 | >1.10 | — | A |

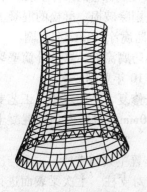

图 10-33  计算简图

冷却塔地基基础承载力：已有建筑物在静荷载的长期作用下，基础下的地基土会产生不同程度的压密并固结，土体的强度有一定程度的提高，一般情况下，砂性土强度主要依靠地基土的压密作用，使内摩擦角增大，从而提高地基承载力。黏性土由于压密和固结作用使黏聚力 c 值改变，从而使承载力增大。因上部结构自重未增加，考虑地基长期作用强度增长，地基承载力满足要求。

D  结构可靠性鉴定

依据《工业厂房可靠性鉴定标准》（GB J144—90），按承重结构体系的传力树，并按基本构件及非基本构件中 A、B、C、D 级的数量及比例，将整体结构作为单元评定其可靠性等级综合评级结果见表 10-16。根据评级结果，该发电厂冷却塔综合评定为二级，即建（构）筑物的可靠性在未来目标使用期内略低于国家现行规范要求，但不影响正常使用。

**表 10-16　冷却塔可靠性综合评级**

| 项目名称 | | 项目各子项评定 | | | 系统评定 | 综合评定 |
|---|---|---|---|---|---|---|
| | | 承载力 | 构造连接 | 裂缝等现状 | | |
| 结构布置 | | — | — | — | A | |
| 地基基础 | 地基 | A | A | A | A | |
| | 基础 | A | A | A | | |
| 结构 | 混凝土人字柱 | A | A | B | B | 二级 |
| | 基础环梁 | A | A | B | | |
| | 上部环梁、风筒 | A | A | C/C | | |
| | 淋水构架柱及主次梁 | A | B | B/B | | |
| | 竖井 | A | A | A | | |
| 淋水装置 | 水槽 | A | B | B | B | |
| | 淋水板 | A | B | B | | |
| | 淋水板 | A | B | B | | |

**E　耐久性结论**

根据分析，塔风筒及上部环梁结构耐久性已经没有剩余使用寿命。原因是结构在经过若干年的使用后混凝土的碳化深度普遍已达到或超过实际的钢筋保护层厚度，钢筋周围失去碱性保护出现大量的锈蚀。冷却塔风筒内壁有防腐涂料的保护，现状较好，碳化深度为 2.0mm 左右，防腐涂料应定期涂刷；而外壁无防腐涂料保护，钢筋的保护层厚度又偏小，因此锈胀比较严重，内外相差比较悬殊。冷却塔结构整体的耐久性等级较低，针对这些情况，应采取措施对结构进行耐久性加固处理。

**F　加固修复建议**

（1）对于人字柱中的抗震构造和耐久性的处理：对轻微缺陷的人字柱进行修补，对外面疏松的混凝土凿除，外露钢筋彻底除锈，清理干净后涂刷界面剂，用高标号的修补砂浆修补。

（2）对锈胀破损、露筋锈蚀的风筒环梁梁底、梁侧，先剔除破损、酥松的混凝土，对露筋部位除锈清理后用修补砂浆处理。再在表面涂刷混凝土防腐涂料，定期重刷。

（3）对风筒内壁定期清理、涂刷环氧煤焦油涂料或其他防腐涂料。塔的外筒壁裂缝处采用灌缝处理，再在表面整体涂刷混凝土防腐涂料，并每隔 10 年重刷一次。

（4）在冷却塔停用期间，应对淋水装置做一次全面检查修复，并使之满足工艺要求及抗震要求。水槽外缘距塔筒内壁应留有间隙，距离不小于 50mm。对塔内预制混凝土水槽表面存在的少量破损要用砂浆修复并刷防腐涂料。

（5）对淋水装置支柱及主次梁的耐久性处理：对淋水装置主梁与支柱、主梁与次梁的连接预埋件进行检查，如有锈蚀，应重新补焊或加固固定。对支柱、主次梁表面进行彻底打磨清理后对表面重新涂刷环氧煤焦油两遍。

（6）对少量缺失的淋水板要恢复，选用优质塑料淋水填料。

（7）水池壁、竖井混凝土表面在清理和少量修补后涂刷防腐涂料。

（8）塔内钢栏杆及塔顶处钢栏杆等钢构件要定期检查，作防锈处理。爬梯、9m 平台进人洞钢门等外露金属构件应定期除锈，刷底、面漆，如破坏严重应重新锚固或更换。

（9）对新建冷却塔施工方面的建议：确保混凝土的强度、密实度和均匀性；钢筋保护层厚度一定要严格控制；对风筒和人字柱使用抹灰或防腐涂料改善结构耐久性。

**G　项目小结**

依据《工业厂房可靠性鉴定标准》（GB J144—90）等，经对电厂冷却塔的现场检查、检测，计算及分析，得出可靠性鉴定结论如下：该火力发电厂冷却塔综合评定为二级，即建（构）筑物的可靠性在未来目标使用期内略低于国家现行规范要求，主要原因是：冷却塔的上部环梁、风筒外壁的耐久性缺陷较多并且有的相当严重。

## 10.3 特种构筑物结构检测、鉴定、加固修复案例

### 10.3.1 【实例 53】某储煤仓倒塌事故检测、鉴定与加固修复

#### A 工程概况

某焦炉配套储煤仓由 1～8 号共 8 个钢筋混凝土圆形筒仓组成，仓体采用钢筋混凝土结构，内径 21m，仓顶标高 54.3m，其中单体筒仓 4 个，连体筒仓 2 处共 4 个，单仓设计储煤 1 万吨。仓上建筑采用钢框架，主体高度为 4m，局部高 15.7m，如图 10-34 所示。

#### a 事故调查结果

7 号储煤仓于凌晨 5 点 30 分左右在生产过程中发生突然垮塌，垮塌部位为储煤仓标高 8.30m 以上的仓壁部分。储煤仓垮塌堆积物呈扇形分布，钢筋裸露，其中有断点钢筋发生缩颈延性断裂现象。为分析垮塌事故原因并查明其他储煤仓的状态，对 1～8 号储煤仓进行检测，并对其安全性进行全面评价，给出处理意见。

#### b 初步调查结果

仓壁厚 350mm，混凝土设计强度 C30；仓下支撑结构采用筒壁和内柱共同支撑，筒壁厚度为 600mm，内柱截面 1200mm×1400mm，混凝土设计强度 C30。根据现场留存部分与筒仓结构有关的图纸与资料，经实测，平面简图如图 10-35 和图 10-36 所示。

图 10-34 结构现状

图 10-35 整体平面图

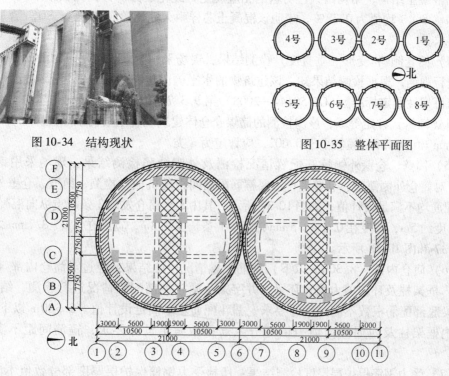

图 10-36 筒仓平面图

B 结构检查与检测

a 现场检查结果

(1) 历史情况调查：该建筑由 1~8 号，共 8 个钢筋混凝土圆形筒仓组成，单仓设计储煤 1 万吨。三年前 4 月投入生产使用，20××年 2 月 10 日凌晨 5 点 30 分突然垮塌，垮塌部位为储煤仓标高 8.30m 以上的仓壁部分。

(2) 地基基础检查：对 8 座储煤仓地基基础进行为期 3 个月的沉降观测，沉降监测 17 次，未发现 8 座储煤仓的地基基础有明显沉降变化，四周地面均未发现明显开裂现象，未见因地基沉降等引起上部结构倾斜变形等缺陷；排除测量误差因素，变化值均在规范允许范围内。故监测煤仓在监测期内是稳定的。

b 现场检测结果

(1) 构件截面尺寸检测结果：对 8 座储煤仓混凝土构件截面尺寸进行抽样检测。依据《混凝土结构设计规范》（GB 50010—2010），根据检测结果，对比设计图纸，所检框架梁、柱、漏斗等截面尺寸中 8 号仓（9/B 柱、8/C 柱、10/D 柱）不符合设计及验收规范要求，其他所检截面尺寸均满足设计要求。

(2) 混凝土强度检测结果：依据各储煤仓混凝土回弹检测结果，并结合混凝土钻芯取样实验室检测结果，经对比分析结果表明，8 座储煤仓框架柱、剪力墙、框架梁及环梁、漏斗等混凝土设计强度等级均为 C30，储煤仓主要承重构件混凝土强度满足原设计要求。

(3) 混凝土耐久性试验分析结果：储煤仓设计使用年限 50 年，混凝土结构环境类别为二 a 类，依据《混凝土结构设计规范》（GB 50010—2010）第 3.5.3 条设计使用年限为 50 年的混凝土结构、结构耐久性材料的相应规定，经化学分析得到测试结果：$Cl^-$ 均值为 0.042%，$SO_4^{2-}$ 均值为 0.78%，表明该混凝土芯样耐久性化学成分 $Cl^-$、$SO_4^{2-}$ 含量满足耐久性要求。

(4) 筒仓倾斜/变形（垂直度）检测结果：现场采用全站仪对建筑物的顶点侧向水平位移进行观测，根据检测结果知，该建筑物的水平侧向位移的最大值为 75mm，根据《工业建筑可靠性鉴定标准》（GB 50144—2008）第 9.3.7 条关于各类结构仓体与支承结构整体侧斜（倾斜）评定等级，该次检测的储煤仓仓体建筑混凝土结构顶点位移 $h/H = 75mm/54300mm = 0.00138$，倾斜小于 0.002，应评定为 a 类。

(5) 筒壁、仓壁外侧箍筋配置情况检测及外观缺陷检测结果：现场采用钢筋雷达 PS200 对筒仓外侧筒壁、仓壁进行主要箍筋配筋间距随机抽样检测，筒壁、仓壁外侧环向箍筋配筋均不满足设计值，如图 10-37 所示。其中 8 号筒仓发现 3 条严重纵向混凝土裂缝，2 条长度约 5m，宽度在 0.7~2.5mm 之间，1 条长度约 8m，宽度在 1.0~3.7mm 之间，如图 10-37 和图 10-38 所示。

(6) 筒仓内部（8.300m 以下）钢筋配置情况检测结果：经过对筒仓内部（8.300m 以下）框架柱及环向剪力墙、环梁、井字梁及漏斗钢筋配置情况进行检测，结果表明：框架梁底部配筋根数不满足设计要求，漏斗配筋基本满足设计值。8.300m 以下部分，8 座筒内框架柱及四周环向剪力墙部分主筋根数满足设计要求，箍筋间距不满足设计要求。

(7) 受力钢筋保护层厚度检测结果：所检受力钢筋保护层厚度部分数值不满足《混凝土结构设计规范》（GB 50010—2010）及《混凝土结构工程施工质量验收规范》（GB

50204—2015）要求，但钢筋保护层厚度检验的合格点率在90%以上，判为合格。

（8）主要承重构件钢筋直径检测及钢筋锈蚀检测结果：采用游标卡尺对该工程8座储煤仓混凝土框架柱及剪力墙钢筋配筋直径进行抽样检测。经现场检测，结果表明：随机抽检的8座储煤仓的主要承重构件的钢筋配筋直径满足设计要求，如图10-39所示。钢筋锈蚀程度经现场除锈检测，截面损失率均小于5%，满足使用要求。

（9）垮塌的7号仓剩余部分检测结果：经过现场检测，以及对7号储煤仓体进行垮塌分析，7号储煤仓垮塌剩余部分呈斜切面分布，垮塌截面处分布钢筋锈蚀严重，力学性能已衰减，经检测，外环600mm厚的剪力环墙环向配筋间距过大，不符合设计要求，如图10-40所示。对于混凝土强度，标高6.8m以下尚能达到混凝土强度设计C30，因7号储煤仓8.300m以上部分的垮塌，对下部的框架柱、框架梁、外环梁及漏斗等都造成不同的损伤，加固施工过程中应注意观察可能存在的缺陷，及时修复处理。对于7号储煤仓剩余的可利用部分，加固设计时需慎重考虑钢筋配筋不足的问题，并结合混凝土构件的实测强度进行合理的安全计算。

 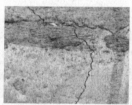  

图10-37　钢筋配置检测　　图10-38　筒壁裂缝检测　　图10-39　钢筋直径检测　　图10-40　垮塌区域检测

### C　结构承载能力分析

#### a　计算说明

该工程结构安全等级为二级，设计使用年限为50年，抗震设防烈度为6度，设计基本地震加速度为0.05g，设计地震分组为第一组，抗震设防类别为丙类。基本风压值为0.40kN/m² （R=50a），地面粗糙度类别为B类。基础采用钢筋混凝土柱下独立基础和筒壁下素混凝土刚性条形基础。荷载取值：楼面活荷载标准值：4.5kN/m²，屋面活荷载标准值：0.5kN/m²，基本风压：0.40kN/m²，储煤重力密度：8.5kN/m³，储煤内摩擦角：30°，储煤对混凝土板的摩擦系数：0.55。

该次结构承载能力验算分别采用中国建筑科学研究院的PKPM系列软件（2010版），通用有限元软件MIDAS进行，互为补充。MIDAS模型中钢筋混凝土梁柱采用梁单元，筒壁和仓壁采用板单元。仓壁储料水平荷载按深仓计算公式手工计算，然后在MIDAS中按流体压力分段施加在仓壁单元。MIDAS模型如图10-41（a）所示，PKPM模型如图10-41（b）所示。

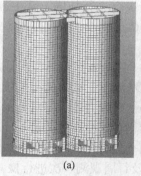 

图10-41　计算模型

（a）MIDAS计算模型；（b）PKPM计算模型

b　计算结果

计算基础承载能力验算结果为，安全裕度大于1.15，通过对上部结构8.300～17.100m、17.100～25.900m、25.900～34.700m、34.700～43.500m、43.500～54.300m仓壁的计算，安全裕度均小于1。

D　结构可靠性鉴定

依据《工业建筑可靠性鉴定标准》（GB 50144—2008），在本次鉴定计算分析、现场检查、检测结果的基础上进行安全性鉴定评级标准，具体评级结果如下：

（1）地基基础系统：

1）安全性等级：地基基础的安全性按照承载力项目评定，地基基础的承载力和构造满足现行国家标准《建筑地基基础设计规范》（GB 50007—2011）的要求，评定等级为A。

2）正常使用性等级：地基基础的正常使用性按照上部承重结构和围护结构使用状况评定，经现场检查，上部承重结构和围护结构的正常使用性评定等级为C。

（2）上部承重结构系统：上部承重结构安全性评级，安全性评定等级为C；上部承重结构正常使用性评级，正常使用性评定等级为B；上部承重结构可靠性评级，承重结构可靠性评级为C。

（3）围护结构系统：根据围护结构系统中承重围护结构的承载功能和使用状况，非承重围护结构的构造连接和围护结构系统的使用功能，综合围护结构系统安全性和正常实用性的评定等级，该鉴定单元的围护结构可靠性评级为C。其中，围护结构安全性评级为C，围护结构正常使用性评级为B。

（4）可靠性评级结论：根据以上项目和结构系统评级结果汇总，1～8号储煤仓可靠性鉴定评级为三级，即可靠性不符合鉴定标准对一级的要求，显著影响整体承载功能和使用功能，应采取加固处理措施。具体评级结果见表10-17。

表10-17　可靠性综合鉴定评级

| 鉴定单元 | 结构系统名称 | 结构系统评级 | | | 鉴定单元 |
|---|---|---|---|---|---|
| | | 安全性 | 使用性 | 可靠性 | 可靠性评级 |
| | | A、B、C、D | A、B、C | A、B、C、D | 一、二、三、四 |
| 1～8号储煤仓 | 地基基础 | A | C | C | 三 |
| | 上部承重结构 | C | B | C | |
| | 围护结构系统 | C | B | C | |

E　加固修复

依据鉴定结论，应对储煤仓工程1～8号储煤仓进行整体加固处理。筒体采用无粘结钢绞线体外预应力加固法及非预应力筋组合加固法对鉴定等级为三级的储煤仓进行加固，其中，该设计要求筒仓加固前仓内原料必须清空，以保证加固质量，具体加固设计及工作内容如下所述。

a　施工准备阶段

加固施工前，首先将仓内原料清空，以保证加固质量，并对仓壁进行找平及裂缝修复处理，裂缝修复采用注浆法施工，或由施工单位具体制定可行的施工方案。

为提高非预应力钢筋抗腐蚀性能，要求施工前钢筋外表面涂刷环氧防腐漆两道，连接点处连接完成后，现场涂刷环氧防腐漆两道。

对第一个加固施工筒仓进行预应力损失效果试验，选择在高度15～30m之间设置两道试验圈，按1d、3d、7d及每周观测一次进行检测记录，直至施工完毕装煤生产为止。

b　加固施工阶段

加固采用无粘结钢绞线体外预应力加固法，无粘结钢绞线施工采用每道2根$\phi^s15.2$

钢绞线，表达为 $2\phi^s15.2$，钢绞线极限强度标准值 $f_{atk} = 1860\mathrm{MPa}$，钢绞线张拉控制应力值为 $1209\mathrm{MPa}$。每根钢绞线包角 $180°$，每圈对称设置 2 个张拉锚固点，隔圈交错 $90°$ 放置，现场可根据锚具条件适当调整预应力筋间距，但需保证平均间距要求。筒仓环向预应力筋浮动锚具节点如图 10-42 所示，筒仓体外预应力筋奇偶数组合圈布置如图 10-43 所示。

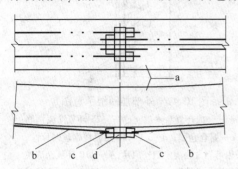

图 10-42 筒仓环向预应力筋浮动锚具节点
a—筒仓仓壁；b—1 – $2\phi^s15.20$（无粘结钢绞线）；
c—浮动单孔锚具；d—HZT15 – 2 环向承载体

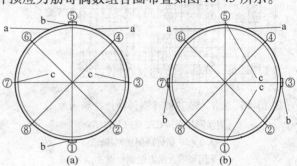

图 10-43 筒仓体外预应力筋奇偶数组合圈布置
（a）奇数组合组合圈布置；（b）偶数组合组合圈布置
a—1 – $2\phi^s15.20$；b—2 根钢绞线浮动单孔锚具；c—U$\phi20$

筒仓外表面用钢刷刷毛，清洗干净，刷专用水泥基界面剂一道，钢绞线及非预应力钢筋施工结束后，采用 C30 纤维细石混凝土 65mm 厚施工，内挂 $3.0 \times 50$ 热镀锌钢丝网片，现场采用可靠方法固定钢丝网片，聚丙烯混凝土抗裂纤维掺量可按 0.9kg/m，纤维长度 19mm，其抗拉强度不低于 300N/mm，纤维细石混凝土中适量填加 107 胶。锚固点部位采用高强混凝土灌浆料封闭并严格防护，其中配置钢丝网片防裂，保护层厚度为 50mm。因为无粘结钢绞线及配套锚具需满足国家现行标准要求，施工应按照国家现行规范执行。

筒仓加固修复平面图如图 10-44 ~ 图 10-47 所示。

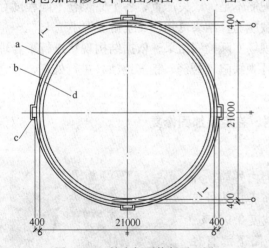

图 10-44 筒仓加固修复平面图
a—仓壁外表面用钢刷刷毛，清洗干净，刷专用水泥
基界面剂一道，钢绞线及钢筋施工结束后，采用 C30 纤维
细石混凝土施工；b—外圈设置无粘结预应力钢绞线 $\phi^s15.2$；
c—钢绞线张拉锚固点，每圈对称设置 2 个张拉锚固点，
隔圈交错 $90°$ 放置，采用两端张拉，施工结束采用
灌浆料封闭；d—原有筒体结构

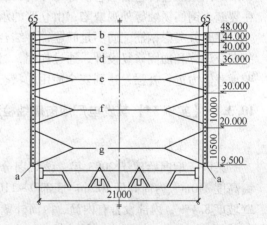

图 10-45 1—1 剖面图
a—竖向架立钢筋，$\phi10@300$；b—外圈设置无粘结
钢绞线 $2\phi^s15.2@1000$ 预应力施工，
外圈配置 $\phi25@300$ 环向钢筋；c—@ 800、$\phi25@300$；
d—@ 600、$\phi25@300$；e—@ 500、$\phi25@250$；
f—@ 400、$\phi25@200$；g—@ 300、$\phi25@200$

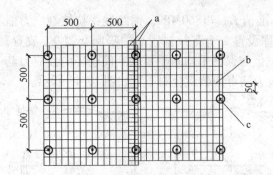

图 10-46　3.0×50 热镀锌钢丝网片拉结示意图
a—钢丝网片交接处需重叠并拉结；
b—3.0×50 热镀锌钢丝网片；
c—采用可靠方法固定钢丝网片

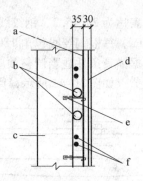

图 10-47　外部加固层示意图
a—φ10 竖向环氧涂漆钢筋；b—φ25 环氧涂漆钢筋；
c—筒仓仓壁；d—3.0×50 热镀锌钢丝网片，
采用可靠方法固定钢丝网片；e—φ10 环氧涂漆拉
结钢筋化学植筋，深度 100mm；f—无粘结钢绞线

其中，b：44.0～48.0m；c：40.0～44.0m；d：36.0～40.0m；e：30.0～36.0m；f：20.0～30.0m；g：10.0～20.0m。

c　加固施工竣工阶段

加固施工完毕，待装煤生产运行后，隔3个月、6个月、12个月，以后每隔2年由甲方观测筒仓外壁裂缝情况一次，如有发现新增大于0.2mm明显裂缝或外皮脱落等情况出现，应紧急停运，并及时通知设计、施工、检测鉴定单位处理。

F　项目小结

1～8号储煤仓可靠性鉴定评级为三级，可靠性不符合鉴定标准对一级的要求，主要原因是：储煤仓自仓底至仓顶部分环向钢筋配筋不足，缺失严重；各个储煤仓不同程度存在裂缝、钢筋锈蚀等外观缺陷；由仓壁的承载能验算结果可知，安全裕度均小于1。

在充分考虑钢筋配筋不足问题，并结合现场实际检测结果，依据结构现状进行了合理的安全计算和加固修复设计，通过加固，对外观缺陷（裂缝、钢筋锈蚀）进行处理，对仓壁承载能力进行补强，达到安全使用的状态。

## 10.3.2　【实例54】某发电厂烟囱腐蚀检测、鉴定及加固修复

A　工程概况

某电厂烟囱始建于2003年，该烟囱分为内外筒，外筒高度240m，内筒高度105m。底部0～110m范围内外筒壁坡度8.1%，内部设置有内筒，内筒外壁坡度0.981%，外筒110～240m范围内，坡度0.33%。外筒下部直径31.172m，上部直径10.940m；内筒下部直径13.000m，上部直径10.940m。烟囱中部105m标高、170m标高和顶部234m标高处设置有信号平台，现场如图10-48所示。

图 10-48　结构现状

a　目的

原设计未考虑烟气脱硫，2003年建设完成投入运行，2007年进行脱硫改造，脱硫投入运行后，烟囱渗漏严重，2008年进行了外筒壁的封堵清理。但由于渗漏部位为对拉螺栓

孔部位，而对拉螺栓孔数量较多，目前仍存在多处渗漏部位。为防止烟气对烟囱结构的进一步腐蚀损伤，拟对烟囱进行全面的防腐处理。现对烟囱腐蚀情况进行全面的检测、鉴定，提出鉴定结论和处理意见，为防腐方案制定、防腐施工、改造工程提供科学依据和参考。

b　初步调查结果

烟囱运行条件：（1）2 台 600MW 机组共用，两侧钢烟道，设有隔烟墙。（2）锅炉容量 2 × 2008t/h；采用静电除尘，除尘器型号 2F480-5。（3）原设计烟气温度 130℃，脱硫改造后不设 GGH，正常情况下约 40 ~ 50℃。该工程原基础及上部烟筒结构图纸基本齐全，但地勘报告缺失，经现场实测，平面图如图 10-49 所示。

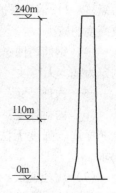

图 10-49　平面图

B　结构检查与检测

a　现场检查结果

（1）地基基础：现场对地基土进行取样分析，地基土的 pH 值为 6.9，酸碱度基本为中性，对混凝土基本无影响。对烟囱的地基基础的检查中，未发现由于地基不均匀沉降造成的上部结构明显倾斜、变形、裂缝等缺陷，建筑地基和基础无静载缺陷，地基基础基本完好。

（2）烟囱筒壁：1）外筒壁 0 ~ 110m 范围内由于有内筒的影响，现状基本完好；外筒壁 110 ~ 240m 范围内，存在多处渗漏现象，经对照，渗漏部位均为筒壁模板对拉螺栓孔位，现场对对拉螺栓孔位钻开检查，发现封堵不密实，部分仅为表皮封闭，本身构成渗漏通道。此外，筒壁局部存在较细微的锈胀裂缝。2）内筒壁 0 ~ 105m 范围内南侧多处挂有渗漏的腐蚀结晶产物，但筒壁外表面比较干燥；北侧不仅有腐蚀结晶产物，而且伴随有水流，筒壁常年潮湿，地面积水严重。渗漏部位仍为对拉螺栓孔位。此外，筒壁局部存在较细微的锈胀裂缝。3）积灰平台底部严重漏水，漏水部位多发生在集灰平台与筒壁边缘连接部位，漏水部位局部钢筋已经锈胀剥落。此外，对拉螺栓孔部位也多处存在锈迹。

渗漏的对拉螺栓孔部位由于构成酸液的通道，孔洞部位混凝土也存在较大腐蚀。由于烟气中水气结露后形成的水液量大，积灰平台存在严重漏水现象，渗漏部位多发生在积灰平台和筒壁连接部位。渗漏还造成了内部钢筋的锈蚀。

（3）防腐系统：采取每隔 20m 钻取全壁厚芯样的方法进行抽样检查，结果表明，在现状条件下，防腐系统无法满足脱硫后烟气腐蚀性要求。但由于脱硫后运行时间不足 2 年时间，未造成内衬及烟囱结构的大面积腐蚀破坏。除局部破损外，内衬及筒壁结构基本完好。

（4）附属系统：信号平台局部塌陷，部分信号灯工作不正常；爬梯围栏局部脱开，爬梯与混凝土壁连接牢靠；积灰平台渗漏；围栏连接处局部存在脱开现象；筒壁模板对拉螺栓处渗漏；105m 平台和 170m 平台均存在塌陷现象，尤其以 170m 平台较为严重。

b　现场检测结果

取样覆盖烟囱结构全高度、全壁厚、全圆周，力求完整正确地反映烟囱的现状。

（1）碳化深度：检测结果表明，外筒壁碳化深度较浅，尚未达到混凝土的保护层厚度；内筒壁外侧碳化深度较小，未达到混凝土保护层厚度，而内侧碳化深度较大，已经超过混凝土保护层厚度，内侧钢筋锈蚀可能性大大增加，耐久性不乐观。

（2）混凝土强度：回弹—取芯综合检测结果表明，烟囱筒壁混凝土强度均满足原设计要求，可以按原设计强度进行结构计算。

（3）钢筋：1）总体来说，钢筋间距与原设计基本相符，局部摆放不均；但外筒115～175m范围内，钢筋间距与原设计有一定偏差，计算时需按照实际检测结果进行承载力复核。2）钢筋保护层厚度以正公差为主，大于验收规范的要求，计算时需考虑截面有效高度的减少。

（4）钢筋锈蚀：采用电位梯度法检测，结果表明，筒壁外侧钢筋锈蚀可能性较小，可判定为基本无锈蚀。

（5）构件尺寸：除局部差异外，筒壁、保温层、内衬尺寸与原设计基本相符。

（6）内衬强度：单块砌块强度满足原设计10MPa的强度要求，由胶泥粘合而成的圆柱芯样抗压强度无法达到10MPa，与胶泥的影响有关，但仍可满足粘贴玻璃砖内衬的要求。

（7）腐蚀现状：取样探查结果表明，外筒壁110～240m范围内内衬内表面基本完好，腐蚀较轻微，局部存在砌筑胶泥脱落、灰缝不饱满现象，筒壁结构现状基本完好，局部轻微腐蚀；内筒25.8～105m范围内内衬内表面饱水，潮湿严重，而且表面有积垢挂硫现象，有一定腐蚀，局部存在砌筑胶泥脱落、灰缝不饱满（尤其与保温层连接一侧较普遍）现象，筒壁结构现状基本完好，局部腐蚀，但内侧碳化深度较大，个别芯样表面还有熏黑痕迹，判断为未脱硫前高温烟气烘烤所致。

（8）腐蚀深度：检测结果表明，外筒壁110～240m范围内内衬腐蚀深度在1mm以内，腐蚀速率0.5mm/a（仅按脱硫后时间考虑），筒壁结构局部腐蚀深度在0.5mm以内；内筒25.8～105m范围内内衬腐蚀深度在2mm以内，腐蚀速率1mm/a，筒壁结构碳化较深，局部腐蚀深度在1.5mm以内。由于直接接触腐蚀性烟气，内衬腐蚀速率较快，筒壁由于防腐层的保护，仅局部腐蚀，一旦防腐层被破坏，腐蚀速率将会大大加快，进而危及结构安全。

（9）烟气检测：检测结果表明，烟囱外筒壁、保温层、内衬等的实测温度有一定的上下波动，但变化范围不大。内部烟气温度在39～47℃之间，低于结露温度，相对湿度很大，处于低温全结露状态，且明显向保温层和筒壁渗透，为正压运行所致，尤其中上部，原有砖砌内衬防腐系统无法满足要求，需进行防腐处理。

（10）氯离子含量：氯离子含量远小于规范规定的限值要求0.2%（二类b环境）。最大推算含量为0.100kg/m³，也远小于0.6kg/m³的腐蚀下界条件。对钢筋的腐蚀基本无影响。

（11）腐蚀产物含量分析：腐蚀产物试验室化学分析结果表明，在现状条件下，烟囱内衬、保温层、筒壁的$SO_4^{2-}$离子含量均较低，内衬和保温层的酸不溶物和水不溶物含量较高，总体上判定腐蚀程度较轻微，相对而言，内衬较严重，而筒壁由于受防腐层的保护，较轻微。局部表现出保温层$SO_4^{2-}$离子含量高于内衬和筒壁的情况，是烟气在正压作用下不断沿内衬胶泥的孔洞渗透的结果。

（12）筒身倾斜检测：使用角度前方交汇法对筒壁倾斜进行检测，检测结果表明筒身倾斜评级为a，不影响正常安全使用。

（13）红外热像分析：检测结果表明，除环梁与筒壁有一定的温度差外，筒身个别部位仍然有局部温差。说明局部隔热效果不好，存在内衬局部破损脱落现象。但内衬和保温层整体上基本完好，无大面积脱落。

（14）周围环境：周围环境检测结果表明，属正常环境类别，对混凝土烟囱结构无明显不良影响。

### C  结构承载能力分析

#### a  计算说明

（1）结构计算说明：根据烟囱的防腐蚀改造要求，改造考虑增加荷载，以烟囱内壁增加荷载 30kg/m² 为设计依据，对现有结构承载能力进行验算。该次验算分析根据破损极限状态对结构构件进行验算分析，方法要点如下：截面混凝土抗压强度按检测评定结果取值；钢筋布置结合现场检测综合推定；沿用现行混凝土设计规范中的基本假定；结构构件截面按实际有效截面考虑；结构验算分析综合考虑了结构工艺改变荷载变化等因素。根据该结构的实际损伤状况及检查、检测结果，按照国家有关现行标准规范要求，采用 SAP2000 结构计算软件，对该工程结构承载力进行验算，计算简图如图 10-50 所示。

（2）荷载取值：1）风荷载：基本风压 0.49kN/m²，地面粗糙度：B。2）地震作用：抗震设防烈度为 7 度，设计基本地震加速度值为 0.10g，设计地震分组为第一组，建筑场地类别Ⅱ类。3）温度作用：

图 10-50  计算简图

入口烟气温度：130℃（由于进行了脱硫改造，烟气温度仅指事故状态下情况），夏季极端最高气温：38.4℃，冬季极端最低气温：−36.3 ℃。

#### b  计算结果

对烟囱结构的验算分析结果表明，烟囱经过工艺改造，考虑混凝土破损及实际钢筋配置后，地基基础满足承载力和变形要求，在正常工况下，内外筒筒体结构承载能力均能满足要求。在事故工况下，外筒 110～175m 标高外侧环向配筋不满足温度荷载要求。

### D  可靠性鉴定结论

根据对该烟囱的现状检查、检测、取样探查、试验室分析及计算分析，得出以下可靠性鉴定结论及防腐综合评定结论。

#### a  耐久性结论

按照混凝土表面出现可接受的最大外观损伤作为耐久性极限状态，总体现状条件下，该烟囱剩余耐久性年限较长，可以满足下一个目标使用期的要求。但积灰平台底部渗漏严重，对拉螺栓孔长期流淌酸液，这些部位的耐久性不容乐观。而且脱硫后烟气的腐蚀性都可能使结构的耐久性失效速度进一步加快。

#### b  可靠性鉴定结论

根据《工业建筑可靠性鉴定标准》（GB 50144—2008），该烟囱的可靠性评定等级为四级，即其可靠性极不符合国家现行标准规范对可靠性的要求，影响整体安全，必须立即采取措施。其不满足规范的主要方面是：外筒壁 110～175m 范围内环向钢筋的实际配置不满足事故工况下的温度荷载要求；脱硫改造后，烟气的特点导致原有内衬等防护系统不能满足防护要求。

根据以上项目和结构系统评级结果，烟囱的可靠性鉴定综合评级结果见表10-18。

c  烟囱现状防腐综合评定

在现状条件下，该烟囱的综合评定等级较低，即存在一定的问题影响烟囱的正常安全运行，局部需立即进行加固处理，防腐系统须更新。

E  加固修复

烟囱结构可靠性不满足规范要求，为保证烟囱结构的安全正常使用，必须对局部缺陷进行修复和加固处理，建议采取如下处理措施。

a  外筒110~175m范围

此范围的内筒环向钢筋配置不满足事故工况要求，需进行加固处理，通过对比各加固方案，综合考虑采用环向粘贴碳纤维方法进行加固处理，如图10-51、图10-52所示。

b  其他区域加固修复

（1）对拉螺栓渗漏部位进行封堵。考虑到长期的酸液腐蚀作用，封堵前需对孔洞周围进行彻底清理，清理范围需扩至孔洞周围30mm范围内。

**表10-18  鉴定单元可靠性综合评级结果**

| 层　次 | | Ⅱ | Ⅰ |
|---|---|---|---|
| 层　名 | | 结构系统评定 | 鉴定单元综合评定 |
| 安全性鉴定 | 等级 | A、B、C、D | 一、二、三、四 |
| | 地基基础 | A | |
| | 筒壁及支承结构 | D | |
| | 隔热层和内衬 | A | |
| 使用性鉴定 | 等级 | A、B、C | 四 |
| | 地基基础 | B | |
| | 筒壁及支承结构 | C | |
| | 隔热层和内衬 | C | |
| 可靠性鉴定 | 等级 | A、B、C、D | |
| | 地基基础 | A | |
| | 筒壁及支承结构 | D | |
| | 隔热层和内衬 | C | |

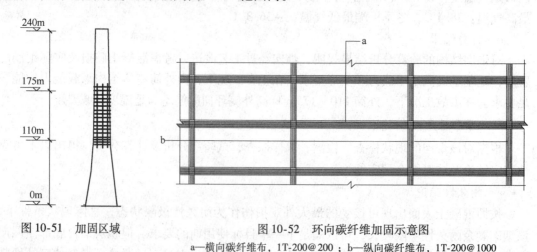

图10-51  加固区域　　　　　图10-52  环向碳纤维加固示意图

a—横向碳纤维布，1T-200@200 ；b—纵向碳纤维布，1T-200@1000

（2）对塌陷的信号平台进行局部校正恢复或局部更换；爬梯围栏应增设连接部件，使其连成整体。

（3）对积灰平台底部进行清理，将渗漏部位表面疏松混凝土彻底凿除，钢筋除锈，采用防腐砂浆或防腐混凝土进行修补；裂缝部位采用压力灌浆进行封闭，最后整体涂刷混凝土保护液及防腐涂料；此外，平台顶部增设防水层和防腐层。

（4）内筒内侧碳化深度较大，会影响结构的耐久性年限，需在将来对内衬进行整体更换时，涂刷耐久性涂料和防腐涂料，进行混凝土耐久性处理。

c 烟囱防腐处理

烟囱防腐系统无法满足脱硫后烟气腐蚀性要求，需整体做防腐处理，经综合比较，建议对烟囱采用硼酸砖内衬（泡沫玻璃砖）进行防腐处理。此外，针对防腐处理需进行如下工序。

（1）由于经历了未脱硫和脱硫以后两种不同的工况，烟囱内壁积灰和酸液混杂，尤其内筒，积水积垢现象严重。需对烟囱内壁采用压力水进行彻底清理，特别是环梁、牛腿部位。

（2）针对局部内衬脱落、砌块松动现象，需先将脱落部位封堵，松动砌块重新砌筑，填塞密实，再进行防腐施工。耐酸胶泥疏松脱落部位均应在玻璃砖施工之前封堵密实。

（3）目前积灰平台已经渗漏严重，渗漏部位钢筋锈蚀，针对烟气结露后的积液无法排出问题，需设置导流槽和导流管，进行有序排放，防止积液进一步破坏筒壁内部承载结构和积灰平台结构。考虑到内部酸液的腐蚀性，导流管以 UPVC 材料为宜。

d 烟囱耐久性现状修复方案

对积灰平台底部进行清理，将渗漏部位表面疏松混凝土彻底凿除，钢筋除锈，采用防腐砂浆或防腐混凝土进行修补；裂缝部位压力灌浆进行封闭，最后整体涂刷混凝土保护液及防腐涂料，保护钢筋免受腐蚀影响，从而使混凝土具有较好的耐久性能；对拉螺栓渗漏部位进行封堵。考虑到长期的酸液腐蚀作用，封堵范围需扩至孔洞周围 30mm 范围内。内筒内侧碳化深度较深，建议在衬砌更换或有条件时进行混凝土耐久性处理，涂刷耐久性涂料。

F 项目小结

从现场检查、检测结果看，目前未造成内衬及烟囱结构的大面积腐蚀破坏，除局部破损外，内衬及筒壁结构基本完好，无大面积脱落现象。内衬和筒壁腐蚀较轻微，内衬腐蚀速率较快，最大 1mm/a，筒壁由于防腐涂层的保护作用，仅局部腐蚀，腐蚀速率较低，但一旦防腐层被破坏，腐蚀速率将会大大加快，从而危及结构安全。对拉螺栓孔部位由于构成酸液的通道，孔洞部位混凝土也存在较大腐蚀。内衬结构经粘贴拉拔试验和抗压强度试验可满足作为内防腐依附结构的要求。但内筒范围内，内衬与保温层连接一侧灰缝不饱满较严重，会在一定程度上影响内衬的安全使用寿命。内筒内侧碳化深度较大，会影响结构的耐久性年限。经考虑烟囱内衬防腐处理后的附加荷载，110～175m 范围内外筒壁环向钢筋的实际配置不满足问题加固处理后，现有烟囱能够满足承载力要求，进行防腐处理是可行的。

## 10.4 本章案例分析综述

本章结合 11 个特种构筑物的工程实例，其中 2 个检测案例，7 个检测、鉴定案例，以及 2 个检测、鉴定、加固修复的工程案例，详细介绍了特种构筑物中最常见的钢结构体育场、钢结构屋顶、蓄水池、钢结构景观塔、钢网架、广告牌、通信钢塔杆、混凝土结构体育场、储煤仓、烟囱的检测、鉴定、加固修复过程，与民用建筑相比，特种构筑物有自身的特点，应根据不同的结构形式，有针对性地开展各项工作。同时，也应该看到特种构筑物在检测、鉴定、加固修复的各个环节仍有许多问题需要解决（可参考工业建筑的综述内容）。

（1）检测方面：特种构筑物检测方面存在的问题可参考工业建筑的分析综述内容，这里从结构检测的角度出发，特种构筑物在此环节存在以下问题：

1）大型构筑物结构都是复杂非线性系统，测点数量巨大，往往导致数据海量但又不完备。研发相应的优化算法、信息处理方法来达到真正的实时损伤监测诊断是当前结构健康监测的一大难点。

2）出于对经济成本和结构运行状态等因素的考虑，如何做到使用尽量少的传感器获取尽可能多的结构信息是当前的一大难点。

3）传感器由于时间和环境的变化导致其性能退化乃至发生故障，严重影响结构的损伤诊断效率及准确性。如何排除性能退化和失效的传感器同样是当前应急需解决的问题。

4）光纤传感和无线传感是结构健康监测的重要发展方向。

5）结构健康监测系统的研究开发是近年来土木工程领域的重点、热点课题，但目前尚缺乏统一的标准或规程。

（2）鉴定方面：

1）特种构筑物鉴定标准多参考《工业建筑可靠性鉴定标准》（GB50144—2008），通过上述11个实例分析可知，部分具备民用建筑使用功能的构筑物亦可采用《民用建筑可靠性鉴定标准》（GB50292—1999）对其进行可靠性鉴定，在今后的研究中应给予足够重视。

2）特种构筑物的鉴定过程亦缺少对结构损伤累积的考虑。现行的结构鉴定规范中的基本假设仍沿用拟建新建筑设计规范，即假设材料、结构无缺陷、无损伤的理想化假定。因此，对结构进行鉴定时，应放弃无损伤的理想假定，必须要考虑损伤累积对结构反应的影响，否则计算分析的结果难以反映真实状况，计算结果的准确性得不到保证，且往往偏于不安全状态，但现行的鉴定技术规范基本无此内容，出现了矛盾状态。

3）通常水池的设计分析过程中很少考虑一种特殊的荷载效应，即动水压力作用。由于地震等外界因素引起池内液体的晃动，而对结构产生冲撞的动力效应往往被忽略。因此，对动水压力与地震作用下水池结构的性能还需要深入的研究。

4）超大型冷却塔应用上还要适应不同地域温度，在进行鉴定时还需要适当考虑温度梯度对结构的影响。

5）对于特种构筑物的抗震鉴定，由于地震发生的不可预见性，土与结构动力学参数的不确定性和地震激励的随机性，地震反应实际上是取决于许多复杂因素的随机过程，考虑各种随机因素的影响是必然的发展趋势。而且随着设计规范转向以概率方法为基础的分析方法，以及土与结构动力相互作用在工程中的应用的推广，考虑随机因素对土与结构动力相互作用影响的研究也将成为迫切需要解决的问题。

（3）加固修复方面：特种构筑物加固修复方面存在的问题可参考工业建筑的综述内容，除此之外，常见的特种构筑物在使用过程中，由于使用条件的变化，荷载增大，设计或施工中的缺陷造成结构或局部承载能力达不到设计要求，或因实际荷载超过设计值，或是材料质量低劣等原因需进行加固修复，与其他建筑的加固方法相比，特种构筑物的加固修复在实际工程中多采用替换构件、拆除等方式，在今后的工程实践中，应研究加固修复方式的针对性、多样性，使整个加固修复工作更加科学、严谨。

# 11 桥梁工程结构检测、鉴定、加固修复案例及分析

## 11.1 桥梁工程结构检测案例

### 11.1.1 【实例55】某钢结构景观桥竣工验收检测

A 工程概况

某钢结构景观桥,结构现状如图 11-1 所示。

a 目的

该工程部分施工资料不完善。为确保顺利竣工验收,现对该结构进行结构检测和安全性鉴定,并提出处理建议。

b 初步调查结果

景观桥设计图纸资料基本齐全。其中,板件拼接和全熔透焊缝的焊缝质量等级为二级,其他为三级焊缝。该结构构件要求喷涂环氧富锌底漆两遍,厚度不小于 $80\mu m$。平面图如图 11-2 所示。

图 11-1　结构现状

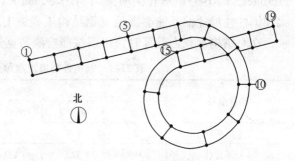

图 11-2　平面图

B 结构检查与检测

a 现场检查结果

(1) 地基基础检查:该结构为新建工程,基础混凝土强度等级为 C30,现场对其进行地基基础检查,未发现不均匀沉降及其他明显缺陷,未发现其他明显的倾斜、变形等缺陷,未出现腐蚀、粉化等不良现象;上部结构未发现由于不均匀沉降造成的倾斜。

(2) 钢结构构件外观质量检查:现场对该结构的外观质量情况进行了检查。未发现钢构件存在明显裂纹及非金属夹杂等外观质量缺陷,但少量钢构件存在防腐涂层表面剥落和划伤的现象。

b 现场检测结果

(1) 钢构件强度回弹检测:现场通过里氏硬度计对该工程主要结构进行钢材力学性能

进行抽样检测，其抗拉强度 $\sigma_b$ 平均在 408MPa 左右，对应钢材抗拉强度 $\sigma_b$ 的范围均大于 375，抽样结果表明，所测方管钢架的力学性能符合 Q235 钢材抗拉极限强度的要求。在对结构承载力验算时，钢材按 Q235 钢考虑。部分检测结果见表 11-1。

（2）钢构件防腐涂层厚度检测：现场采用涂层测厚仪检测钢构件防腐涂层厚度，检测结果在 127～141$\mu$m 之间，检测结果表明，所抽检钢构件的防腐涂层厚度均满足《钢结构工程施工质量验收规范》（GB 50255—2001）的要求。部分检测结果见表 11-2。

（3）钢构件焊缝质量检测：经对钢构件焊缝内部质量探伤检测，结果表明，该工程钢构件焊缝内部质量满足Ⅲ级的要求。对结构承载力验算时，该工程焊缝质量按Ⅱ级焊缝考虑。

（4）构件尺寸检测：用钢卷尺、游标卡尺及金属超声测厚仪对柱、支撑等钢构件截面尺寸进行抽检，1～9 号圆管

**表 11-1　钢构件钢材抗拉强度检测结果**（部分）

| 构件位置 | 部位 | 抗拉强度 $\sigma_b$/MPa | 对应钢材抗拉强度 $\sigma_b$ |
|---|---|---|---|
| 1 号圆管柱 | 柱下端 | 404.6 | >375 |
| 3 号圆管柱 | 柱下端 | 421.9 | >375 |
| 5 号圆管柱 | 柱下端 | 398.2 | >375 |
| 7 号圆管柱 | 柱下端 | 401.8 | >375 |
| 9 号圆管柱 | 柱下端 | 410.4 | >375 |
| 2 号矩形管钢纵梁 | 梁侧面 | 418.3 | >375 |
| 4 号矩形管钢纵梁 | 梁侧面 | 408.2 | >375 |
| 6 号矩形管钢纵梁 | 梁侧面 | 411.1 | >375 |
| 2 号矩形管钢横梁 | 梁侧面 | 401.8 | >375 |
| 4 号矩形管钢横梁 | 梁侧面 | 401.0 | >375 |

柱构件尺寸均为 〇219mm × 11.6mm，1～6 号矩形管钢纵梁均为 □300mm × 200mm × 11.6mm，1～6 号矩形管钢横梁均为 □250mm × 150mm × 9.6mm。抽样结果表明，房屋钢梁和钢柱柱尺寸偏差能够满足《钢结构工程施工质量验收规范》（GB 50255—2001）的要求，在对结构承载力验算时，可以按照检测数据进行验算分析。

**表 11-2　钢构件防腐涂层厚度检测结果**（部分）

| 构件编号 | 实测值/$\mu$m | | | | | 是否满足要求 |
|---|---|---|---|---|---|---|
| | 测点 1 | 测点 2 | 测点 3 | 测点 4 | 测点 5 | |
| 2 号圆管柱 | 128 | 137 | 137 | 139 | 130 | 满足 |
| 4 号圆管柱 | 140 | 128 | 131 | 139 | 132 | 满足 |
| 6 号圆管柱 | 138 | 132 | 126 | 127 | 139 | 满足 |
| 8 号圆管柱 | 141 | 128 | 127 | 127 | 130 | 满足 |
| 1 号矩形管钢纵梁 | 132 | 135 | 139 | 133 | 130 | 满足 |
| 3 号矩形管钢纵梁 | 138 | 141 | 126 | 133 | 138 | 满足 |
| 5 号矩形管钢纵梁 | 135 | 130 | 140 | 133 | 133 | 满足 |
| 1 号矩形管钢横梁 | 133 | 130 | 135 | 136 | 141 | 满足 |
| 3 号矩形管钢横梁 | 134 | 137 | 136 | 131 | 130 | 满足 |

（5）柱基础混凝土强度检测：采用回弹法对该工程柱基础混凝土构件的混凝土强度进行抽样检测，检测工作按照《回弹法检测混凝土抗压强度技术工程》（JGJ/T 23—2011）的有关规定执行。所测柱基础混凝土构件的推定强度值为 C30，检测结果满足相应设计混凝土强度等级的要求。

C 结构承载能力分析

a 计算说明

依据《钢结构设计规范》（GB 50017—2003）和《建筑结构荷载规范》（GB 50009—2012）中的有关规定，采用 SAP2000 结构计算软件，进行结构承载力验算，计算简图如图 11-3（a）所示。

该次验算中的荷载取值：恒荷载根据设计图纸及做法，活荷载根据实际的建筑使用用途，按《建筑结构荷载规范》（GB 50009—2012）

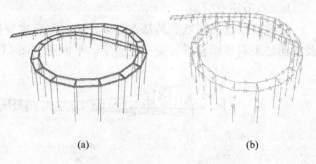

(a)              (b)

图 11-3 计算简图及应力比计算图
(a) 计算简图    (b) 应力比计算图

的有关规定取值，具体设计荷载取值如下：风荷载 0.35kN/m，结冰吊挂荷载 0.02kN/m。

b 验算结果

钢柱、钢梁最大应力比为 0.908。根据计算结构可知，该工程钢柱、钢梁承载力满足现行规范要求，承载力安全裕度均大于 1，满足安全性使用要求。

D 检测结论

该钢结构景观塔满足《钢结构工程施工质量验收规范》（GB 50205—2001）的要求，且景观塔钢柱、钢通过结构承载能力验算，安全裕度均满足规范要求。

E 项目小结

通过现场检测结果表明，该钢结构景观塔结构施工已基本达到结构验收要求，存在的部分外观缺陷问题对结构安全影响甚微，结构承载验算满足要求。

## 11.1.2 【实例 56】某钢结构人行悬索桥竣工验收检测

A 工程概况

某景观索桥，主体结构形式为钢结构人行单跨悬索桥。跨径 123m，矢高 8m，主缆横向间距 2m，人行宽度 1.5m，吊索和横梁间距均为 2.5m，设计通行能力可同时通行 360人。索桥塔顺桥向为倒 Y 形，横桥向为圆弧拱形，塔柱采用钢筋混凝土结构，塔顶设一道横梁，桥塔顶部为摩擦鞍座。每根主缆由 7 根 $\phi32$ 钢丝绳组成，通过拉杆锚固在两端主缆锚碇上。风缆主索为一根 $\phi32$ 钢丝绳，通过拉杆锚固在两端风缆锚碇上，风缆拉索为一根 $\phi10$ 钢丝绳，通过滑轮连接主梁和风缆主索。两岸锚碇均采用重力式钢筋混凝土锚碇，结构现状如图 11-4 所示。

a 目的

该桥现已完工，因桥长宽均大于 50，侧向刚度较小，在行人通过桥面时会发生晃动，为了保证桥梁的安全和正常使用、桥上行人的通行安全性，需要进行设计荷载工况下的桥梁静动荷载试验，以验证成桥承载能力是否符

图 11-4 结构现状

合设计及规范要求，是否可以进行施工验收工作。特对景观索桥进行设计荷载工况下的静动荷载试验，并根据荷载试验数据及分析结果，作出桥承载能力评价结论。

b　初步调查结果

景观索桥设计图纸资料基本齐全，该次鉴定主要依据收集到的设计资料以及现状检查及检测结果对该结构进行安全性鉴定。平面图如图 11-5 所示。

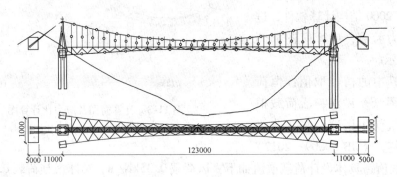

图 11-5　平面图

B　荷载试验说明

对于景观索桥的承载能力进行现场荷载试验，如图 11-6 所示，荷载试验加载方式采用沙袋加载，加载级别为 $0.1P$、$0.3P$、$0.5P$、$0.8P$、$1.0P$，其中 $P$ 为设计荷载值，加载过程中待每级荷载稳定 15min 后进行读数。如在分级加载试验过程中发现异常情况，则立即停止加载，分析其原因，根据分析结果决定下一步行动方案。

(a)　　　　　　　(b)　　　　　　　(c)　　　　　　　(d)

图 11-6　现场试验

(a) IMP3591B 应变系统；(b) 索力检测仪；(c) 动力特性监测；(d) 桥面加载

现场检测的主要项目为在加载过程中的缆索（主缆、风缆、竖向吊索）受力、索塔应力、锚杆应力、锚碇位移、桥鞍座滑移、桥面挠度、桥动力响应特性等项目。

（1）缆索受力监测：通过索力测试设备监测主缆、风缆、竖向吊索在不同荷载级别工况下受力情况及其分布。

（2）索塔应力监测：在索塔根部布置应变测点，接入 IMP 测试系统进行实时监测，设置 32 个测点。

（3）锚杆应力监测：桥各端选取 6 对 12 根锚杆，在锚杆上布置应变测点，接入 IMP 测试系统进行实时监测。

（4）锚碇位移监测：在锚碇上设置标志头，使用经纬仪或全站仪对其在各级荷载作用下发生的位移进行监测。

（5）桥鞍座滑移监测：在鞍座上设置标志头，使用经纬仪或全站仪对其在各级荷载作用下发生滑移情况进行监测。

（6）桥面挠度监测：在桥面上设置若干控制点，使用水准仪对其在各级荷载作用下的高程进行监测，反映桥身在加载过程中的挠度变化。

（7）桥动力响应特性：在索塔桥面高度处，设置双向加速度传感器进行索塔振动监测。

C　荷载试验检测分析

a　缆索受力监测

现场使用索力测试仪监测主缆、风缆、竖向吊索在不同荷载级别工况下受力情况，分级加载监测数据见表 11-3。从数据可知，主缆张力最大为 117.6kN，与其破断力值 666.4kN 相比，安全裕度较大。同样，对于风缆和竖向吊索而言，其安全裕度也很大。

b　索塔应力和位移监测

现场在索塔根部布置应变测点，接入 IMP 测试系统进行实时监测；同时监测塔顶沿桥向和横向的位移。分级加载监测数据见表 11-4。从数据可知，索塔根部最大压应变为 $186\mu\varepsilon$，最大拉应变为 $35\mu\varepsilon$，现场观察可知，受拉区和受压区混凝土工作正常，无受力裂缝产生；同时，索塔顶部双向位移都很小。综上，可认为索塔可以正常工作，其安全性满足设计和规范要求。

**表 11-3　分级加载中主缆、风缆、竖向吊索最大内力值　（kN）**

| 分级 | 施加荷载值 | 主缆力 | 风缆力 | 竖向吊索力 |
|---|---|---|---|---|
| 1 | 0.1P | 12.8 | 4.3 | 2.5 |
| 2 | 0.3P | 36.7 | 12.1 | 6.6 |
| 3 | 0.5P | 58.8 | 20.7 | 10.8 |
| 4 | 0.8P | 95.6 | 31.5 | 15.2 |
| 5 | 1.0P | 117.6 | 39.8 | 20.3 |

**表 11-4　分级加载中索塔根部最大压、拉应变值（$\mu\varepsilon$）和索塔顶部最大位移值（mm）**

| 分级 | 施加荷载值 | 最大压应变 | 最大拉应变 | 沿桥向位移 | 横向位移 |
|---|---|---|---|---|---|
| 1 | 0.1P | 21 | 3 | 0.4 | 0.1 |
| 2 | 0.3P | 57 | 9 | 0.9 | 0.3 |
| 3 | 0.5P | 94 | 16 | 1.6 | 0.5 |
| 4 | 0.8P | 149 | 25 | 2.5 | 1.0 |
| 5 | 1.0P | 186 | 35 | 2.8 | 1.2 |

c　锚杆应力监测

在锚杆布置应变测点，接入 IMP 测试系统实时监测，分级加载监测数据汇总见表 11-5。从数据可知，锚杆拉力最大为 124.2kN，与其破断力值 548.8kN 相比，安全裕度比较大。

d　锚碇位移监测

在锚碇上设置标志头，使用经纬仪或全站仪对其在各级荷载作用下发生的位移进行监测，加载过程中重力式锚碇未见有位移和相对滑动。

e　桥面挠度监测

现场在桥面上设置若干控制点，使用水准仪对其在各级荷载作用下的高程进行监测，以反映桥身在加载过程中的挠度变化。分级加载监测数据汇总见表 11-6。从数据可知，索桥跨中最大挠度为 695mm，挠跨比约为 1/177，认为桥梁加载的变形可以满足设计要求。

**表 11-5　分级加载中锚杆最大内力值（kN）**

| 分级 | 施加荷载值 | 锚杆最大拉力 |
|---|---|---|
| 1 | 0.1P | 14.4 |
| 2 | 0.3P | 38.3 |
| 3 | 0.5P | 65.1 |
| 4 | 0.8P | 102.4 |
| 5 | 1.0P | 124.2 |

**表 11-6　分级加载中索桥面挠度值　（mm）**

| 分级 | 施加荷载值 | 1/4 跨长 | 1/2 跨长 | 3/4 跨长 |
|---|---|---|---|---|
| 1 | 0.1P | 408 | 452 | 391 |
| 2 | 0.5P | 473 | 556.0 | 455 |
| 3 | 1.0P | 522 | 695.0 | 507 |

f　桥动力特性监测

桥面由横梁经纵向槽钢连接，桥面两端与桥台部位只是简单搭接，因此整个桥面可以看作一个相对独立体系，两端桥塔作为支撑点，因此可以独立测试分析相应部位的动力特性。测试范围包括塔柱部分（桥梁的塔柱纵向频率、横向频率）及桥面（桥面纵向频率、横向频率和竖向频率）。在索塔桥面高度处，设置双向加速度传感器进行索塔振动监测。分级加载监测数据及动力特性监测数据如图 11-7 所示。

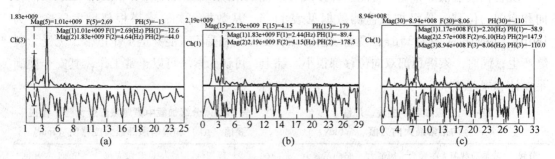

图 11-7　分级加载监测数据图（部分）

（a）动力特性监测桥塔纵向振动数据；（b）动力特性监测中部横向振动数据；（c）动力特性监测中部竖向振动数据

D　检测结论

根据《建筑结构荷载规范》（GB 50009—2001）、《钢结构设计规范》（GB 50017—2003）和《钢结构工程施工质量验收规范》（GB 50205—2001）、现场检测数据分析结果，景观索桥在加荷载过程中及满荷载作用下的构件内力和变形满足设计和规范的相关要求，有足够的安全储备，可以进行验收并正常使用，见表 11-7。

E　项目小结

**表 11-7　索桥振动频率值和动应变、动内力增量值**

| 结构 | 横向频率/Hz | 纵向频率/Hz | 竖向频率/Hz |
|---|---|---|---|
| 1 号桥塔 | 26.37 | 4.88 | |
| 2 号桥塔 | 26.52 | 4.76 | |
| 桥面及主缆 | 2.44, 4.15 | 6.11 | 2.69 |
| 主缆动内力增量/kN | 0.25 | 锚杆动内力增量/kN | 0.22 |
| 风缆动内力增量/kN | 0.13 | 桥塔动拉应变增量/με | 21 |
| 吊杆动内力增量/kN | 0.04 | 桥塔动压应变增量/με | 20 |

因为景观索桥桥面为柔性结构，长宽比很大且侧向刚度较小，桥体中部横向约束不足，经测试发现桥面横向振动频率较低，不利于抵抗桥面冲击荷载，必须避免侧动力频率与结构固有频率接近时产生共振现象，否则索桥容易产生较大振幅，不利于行人和结构安全。

针对上述情况，建议如下：

（1）在加载试验过程中，发现桥塔顶有偏于跨中的微小位移，3号桥鞍座内索也有偏于跨中的微小滑移，考虑到滑动鞍座内滑移尺寸有限，一旦滑轴被卡死则桥塔根部会受到很大的附加弯矩，对结构受力很不利，在使用中应避免出现此类情况。

（2）在桥头设置警告牌，建议不要在中段桥索上悬挂重物，建议行人在桥上通行时不可剧烈晃动吊索和护栏，避免产生行人冲击荷载。

（3）严格控制桥上通行人数，特别是3号桥，因其主缆为不平衡体系，故建议将行人数量控制在70人以内。

（4）建议对索桥健康状况进行定期检查，发现安全隐患及时处理。

## 11.2　桥梁工程结构检测、鉴定案例

### 11.2.1　【实例57】某钢筋混凝土结构梁式桥技术状况评定

**A　工程概况**

某梁式桥，全长23.50m，桥面宽12.8m。上部结构为12m×3.02m的钢筋混凝土空心梁板，空心梁板上现浇一层钢筋混凝土。下部结构为U形桥台明挖扩大基础，现场如图11-8所示。

**a　目的**

该桥建成后，在日常检查过程中发现结构出现裂缝等缺陷情况。为确保桥梁结构安全，避免发生重大安全事故，特通过检测手段对现阶段该桥梁结构的安全性做出评价，并提出相应的处理意见。

**b　初步调查结果**

查阅原始资料，设计图纸齐全。结合检测时的实际情况，经现场测绘，平面简图如图11-9所示。

图11-8　桥侧面照

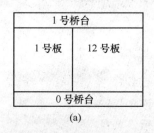

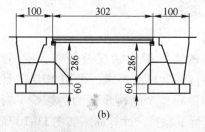

（a）　　　　　　　　　　（b）

图11-9　桥立面及平面图

（a）桥平面示意图；（b）桥立面图（单位：cm）

**B　结构检查与检测**

**a　现场检查结果**

（1）上部承重构件检测结果：主梁为12块钢筋混凝土预制空心板，板与板之间接缝不紧密，由于桥台位移造成主梁空心板存在单板受力现象。主梁空心板混凝土有腐蚀、掉角现象。

（2）支座检测结果：无此构造。

（3）下部结构检测结果：1）现浇桥面在桥台两侧有竖向贯穿裂缝，最大裂缝宽度为2mm。2）两侧桥台有不同程度的倾斜、不均匀沉降，造成桥台上部有多处较宽裂缝，两侧台帽则有竖向贯穿裂缝，最大裂缝宽度为3mm，桥台下部被水淹没。

（4）桥面铺装检测结果：桥面铺装沿横桥向有4条较宽裂缝，最大裂缝宽度45mm，沿顺桥向有数条较短裂缝，最大裂缝宽度15mm，桥面不平整。

（5）伸缩缝装置检测结果：无此构造。

（6）栏杆、护栏及人行道检测结果：人行道盖板、栏杆有多处较宽裂缝，最大裂缝宽度10mm，盖板与人行道横梁有脱空现象，并有不均匀沉降，造成人行道凹凸不平。

（7）排水系统检测结果：无此构造。

（8）桥头与路堤连接处检测结果：两侧桥台的不均匀沉降造成桥头与路堤连接处变形。

（9）翼墙、耳墙和锥、护坡检测结果：未见异常。

（10）地基基础沉降检测结果：根据监测数据可知，现场沉降观测左线地表沉降测点累积变形值达到 −73.3mm，右线地表沉降测点累积变形值达到 −22.6mm，达到监测预警状态。

b  现场检测结果

（1）构件尺寸检测：经对钢结构板件上翼缘、腹板、下翼缘截面进行复核，原构件尺寸符合设计要求。对上部结构构件尺寸及结构尺寸进行了测量，测量结果与原设计保持一致。

（2）板、梁、台帽强度回弹检测：由现场检测结果可知，板梁材料强度均大于C30，满足设计图纸的强度要求。现场检测台帽材料强度均大于C30，满足设计图纸的强度要求。

（3）板梁钢筋扫描检测：现场对1~12号板梁钢筋分布、保护层厚度等进行了钢筋扫描，板底主筋现场检测结果均为内侧双向 $\phi14@100$。现场板梁钢筋扫描结果表明，板梁底部主筋配置与设计图纸不符，承载力检算依据现场实配钢筋进行。

C  结构承载能力分析

a  计算说明

根据该结构的实际损伤状况及检查、检测结果，按照国家有关现行标准规范要求，采用 MIDAS 计算软件，考虑受损构件对整个结构承载力的影响，对该工程结构承载力进行了验算，计算简图如图 11-10 所示。

（1）计算依据：《公路工程技术标准》（JTJ 001—97）、《公路桥涵设计通用规范》（JTJ 021—89）、《公路砖石及混凝土桥涵设计规范》（JTJ 022—85）、桥设计图及现场检测数据。

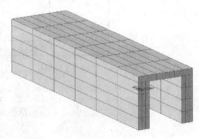

图 11-10  计算简图

（2）荷载取值：1）汽车荷载：汽车-20级，不考虑汽车冲击效应。2）人群荷载：3.5kN/m²；拱桥人行道按3m宽计。3）一期恒载：主梁自重。4）二期恒载：现浇桥面、桥面铺装及人行道栏杆重量。5）沥青混凝土容重：按24kN/m³。6）C30混凝土容重：按25kN/m³。

（3）桥梁承载力计算：1）单位：弯矩 kN·m。2）弯矩以单元下侧受拉为正，反之为负。3）计算截面考虑跨中截面共计1个截面。

b 计算结果

通过对该工程上部结构承载力进行验算，根据结构应力比图（单面有风时）、结构位移图（恒载作用下）的分析，判定结构承载力的下降程度，为后期的加固处理提供依据。单项荷载计算结果见表11-8，主梁及桥台应力、主梁跨中截面内力如图11-11、图11-12所示。

**表 11-8 单项荷载计算结果**

| 单项荷载 | 跨中弯矩/kN·m |
|---|---|
| 恒载 | 57.44 |
| 汽车 $M_{max}$ | 37.87 |
| 汽车 $M_{min}$ | 0.00 |
| 人群 $M_{max}$ | 1.29 |
| 人群 $M_{min}$ | 0.00 |

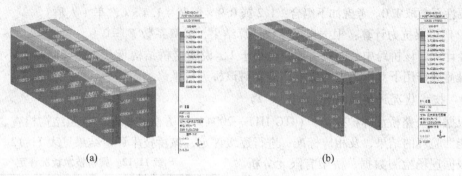

(a)　　　　　　　　　　(b)

图 11-11 应力计算结果

（a）一期荷载作用下主梁及桥台应力；（b）二期荷载作用下主梁及桥台应力

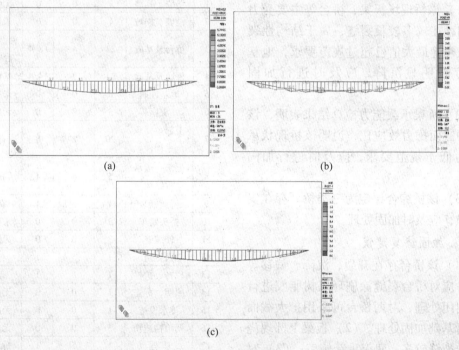

(a)　　　　　　　　　　(b)

(c)

图 11-12 弯矩图

（a）自重弯矩图；（b）汽车荷载弯矩图；（c）人群荷载弯矩图

桥梁荷载组合及桥梁抗力计算结果：按荷载效应的基本组合及考虑现场参数的计算结果进行结构承载能力验算，结果见表11-9～表11-11。

（1）桥梁荷载组合：该桥计算跨径为3m，结

**表 11-9 荷载组合结果表**

| 荷载组合 | 跨中弯矩/kN·m |
|---|---|
| 恒载 + 汽车 $M_{max}$ + 人群 $M_{max}$ | 123.75 |
| 恒载 + 汽车 $M_{min}$ + 人群 $M_{min}$ | 68.93 |

| 表 11-10 截面抗力表（弯矩） | |
|---|---|
| 极限承载能力/N | 跨中弯矩/kN·m |
| 恒载 + 汽车 $M_{max}$ + 人群 $M_{max}$ | 113.85 |
| 恒载 + 汽车 $M_{min}$ + 人群 $M_{min}$ | 61.35 |

| 表 11-11 截面抗力/荷载（抗力效应比） | |
|---|---|
| 抗力/荷载（抗力效应比） | 跨中截面 |
| 恒载 + 汽车 $M_{max}$ + 人群 $M_{max}$ | 0.92 |
| 恒载 + 汽车 $M_{min}$ + 人群 $M_{min}$ | 0.89 |

构重要性系数取 1.0。考虑如下组合：1.2 或 0.9×恒载 + 1.4×（汽车 + 人群）。

（2）桥梁抗力计算：根据现场参数计算结果，检算系数 $Z_1 = 0.9$。

经计算，该桥跨中截面抗力效应比小于 1，说明该桥结构承载力已经降低，不能满足现阶段荷载作用下对承载力的要求，需要对该桥进行维修加固。

D 技术状况评定及结论

根据《公路桥涵养护规范》（JTG H11—2004）的方法和标准，依照结构检查、检测、承载能力验算的结果，及相应标准，进行逐级评定，该桥技术评定结果见表 11-12。

根据现场检测数据、桥梁有限元分析计算和承载能力检算结果，依据国家相关规范要求，对该桥作出如下鉴定结论：

（1）该桥现场板梁、桥台等主要受力构件均存在较多较长裂缝，属于结构性裂缝，且裂缝最大值已超过规范要求，地基基础存在明显沉降，应及时进行加固处理。

（2）桥梁承载能力检算结果表明，该桥跨中截面抗力效应比，说明该桥现状承载能力低于规范要求，应及时进行加固处理。

（3）该桥综合评定为三类桥。存在安全隐患，应及时加固处理。

E 加固修复建议

（1）该桥台存在开裂、沉降、偏移等问题，应对桥台裂缝涂刷环氧树脂胶进行灌缝封闭处理，对两桥台可采用扩大截面法进行基础加固处理。（2）板梁上部现浇混凝土裂缝较多，建议重新施工。（3）对桥面、人行道板及栏杆等处的裂缝进行灌缝处理。

表 11-12 梁桥技术状况评定

| 部件 | 部件名称 | 权重 $w_i$ | 状况评分 $R_i$ | 扣分 | 备注 |
|---|---|---|---|---|---|
| 1 | 翼墙、耳墙 | 1 | 0 | 0 | 无此构造 |
| 2 | 锥坡、护坡 | 1 | 0 | 0 | 未见异常 |
| 3 | 桥台及基础 | 23 | 4 | 18.4 | 两侧桥台及台帽开裂 |
| 4 | 桥墩及基础 | 24 | 3 | 14.4 | 基础下沉 |
| 5 | 地基冲刷 | 8 | 0 | 0 | 未见异常 |
| 6 | 支座 | 3 | 0 | 0 | 无此构造 |
| 7 | 上部主要承重构件 | 20 | 2 | 8 | 有裂缝 |
| 8 | 上部一般承重结构 | 5 | 4 | 4 | 有裂缝 |
| 9 | 桥面铺装 | 1 | 5 | 1 | 有裂缝 |
| 10 | 桥头跳车 | 3 | 0 | 0 | 未见异常 |
| 11 | 伸缩缝 | 3 | 0 | 0 | 无此构造 |
| 12 | 人行道 | 1 | 5 | 1 | 有裂缝 |
| 13 | 栏杆、护栏 | 1 | 5 | 1 | 有裂缝 |
| 14 | 照明、标志 | 1 | 0 | 0 | 无此构造 |
| 15 | 排水设施 | 1 | 0 | 0 | 无此构造 |
| 16 | 调治构造物 | 3 | 0 | 0 | 无此构造 |
| 17 | 其他 | 1 | 5 | 1 | 桥下有水 |
| 总分 | 表中：总分 = $100 - \Sigma R_i W_i / 5$ | | 51.2 | | 综合评定为三类 |

F 项目小结

该桥综合评定为三类桥，主要原因如下：两侧桥台及台帽开裂，基础下沉，上部承重构件出现裂缝。

### 11.2.2 【实例58】某预应力混凝土斜腹板箱梁桥病害成因分析

**A 工程概况**

某大桥建于2000年，大桥全长为246m，上部结构为8m×30m后张预应力混凝土斜腹板箱梁，每孔由5片箱梁组成，先简支后连续，梁高为1.6m。下部结构为双柱式桥墩，桩柱式桥台，工字形承台，每个墩柱设2根φ1.2m桩基，桩基采用钻孔灌注桩，现场如图11-13所示。

**a 目的**

由于该市工业园区正在从该桥上游向下游推进式填沟造地，致使大量填土被倾倒在大桥所跨越的深沟中，导致部分桥墩被土掩埋达7m以上。在日常巡查中发现该桥4号盖梁向下游严重偏移，且部分桥墩盖梁、墩柱、横系梁出现明显开裂现象。特对该桥进行了特殊检查，对病害进行详细检测和成因分析，并提供处理意见。

**b 初步调查结果**

上部结构：上部结构为8m×30m后张预应力斜腹板箱梁，先简支后连续，梁高为1.6m。边箱梁顶宽为3m，中箱梁顶宽为2.4m，梁底宽为0.9m。顶板厚14cm，底板厚14～24cm，腹板厚13.4～23.1cm。

下部结构：全桥采用墩径150cm双柱式桥墩，桩柱式桥台，工字形承台，每个墩柱下设两根桩基，基础为钻孔灌注桩，桩径为120cm。

桥面系：桥面系为8孔一联桥面连续结构，桥面铺装层为6cm厚40号防水混凝土加上4cm厚沥青混凝土面层。该桥设置两道C-80型型钢伸缩缝，分别位于0号、8号桥台处。桥面横坡为2%。

以0号桥台的前进方向右侧为上游侧，左侧为下游。依此对横系梁、承台和盖梁进行编号，其中上游墩柱为N1号墩柱，下游墩柱为N2号墩柱。上部结构断面图如图11-14所示。

图11-13 结构现状

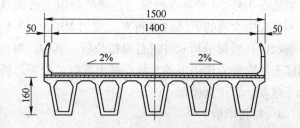

图11-14 上部结构横断面布置

**B 结构检查与检测**

**a 现场检查结果**

（1）上部结构：上部结构未发现明显病害，用全站仪检测未发现上部结构轴线偏移。

（2）支座：本桥采用圆形普通板式橡胶支座，全桥共有支座160个，4号墩顶10个支座均出现向上游严重倾斜、开裂等现象，其余支座未发现明显病害。

（3）下部结构：大桥下部结构横断面布置图如图11-15所示。经检查，下部结构主要病害为：

1）3号、4号桥墩上下游墩柱下游侧在承台以上2m范围内出现39条环形裂缝，裂缝长度0.433～2.965m，宽0.05～16mm。

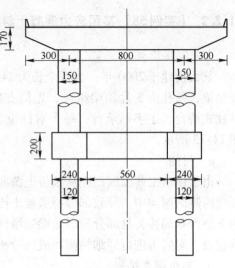

2）1～6号桥墩横系梁竖向开裂38处（其中4号桥墩最为严重），个别裂缝延伸至横系梁顶、底面横向开裂，并且与上游侧墩柱相接处裂缝呈现由上往下开裂，与下游侧墩柱相接处呈现由下往上开裂，裂缝长度0.27～3.035m，裂缝宽度0.05～5.7mm。

3）3～5号承台顶部横向开裂9处，除4号墩有1道裂缝位于与上游侧墩柱相接处外，其余裂缝均位于与下游墩柱相接位置，裂缝长度1.8m，裂缝宽度1.5～7.7mm。

图11-15    下部结构横断面布置图

4）4号桥墩盖梁开裂11处，裂缝长度0.321～1.21m，宽0.2～4.5mm。

5）4号桥墩下游墩柱与盖梁相接处环向开裂2道，裂缝长度0.886/2.965m，裂缝宽度1/1.2mm；4号桥墩上下游挡块竖向开裂4道；4号桥墩盖梁靠下游墩柱竖向不规则开裂3道。

6）3号、4号和5号桥墩均出现墩身变形现象。

b　现场检测结果

实测混凝土强度为C25，符合设计要求；实测钢筋性能符合HRB335钢筋的要求，符合设计；结构承载能力验算时，采用实测值。

C　结构验算说明

经现场的调查，发现大桥的3号、4号以及5号墩均向下游方向发生了位移，且极有可能是在3号、4号和5号墩上游侧的新填土造成这一结果。针对3号、4号和5号墩在检测过程中发现的下部结构病害，采用MIDAS FEA（土木领域专用的非线性分析与详细分析软件）桥梁分析软件进行模拟分析。其中，对桥墩在自重恒载、上部荷载、土压力及膨胀土的膨胀力作用下的非线性静力进行了分析。桥墩混凝土采用实体单元，配筋按钢筋单元建立计算仿真模型。

a　材料取值

（1）混凝土材料取值：混凝土采用C25混凝土，按非弹性材料进行模拟，C25混凝土的弹性模量、泊松比、线膨胀系数、容重等材料特性按《公路钢筋混凝土及预应力混凝土桥涵设计规范》（JTG D62—2004）进行取值。C25混凝土材料特性见表11-13。C25混凝土的受压应力-应变曲线及受拉应力-应变曲线按照《混凝土结构设计规范》（GB 50010—2002）进行计算。

（2）钢筋材料取值：钢筋采用HRB335钢筋，按弹性材料进行模拟，钢筋的弹性模量、线膨胀系数、容重等材料特性按《公路钢筋混凝土及预应力混凝土桥涵设计规范》（JTG D62—2004）进行取值。钢筋材料特性见表11-13。

b 上部箱梁支反力荷载

计算上部箱梁支反力时考虑了箱梁自重、护栏、现浇层及桥面铺装。经计算得一个边梁中墩支座的支反力为 1065.35kN，一个中梁中墩支座的支反力为 1013.25kN。

c 桩的假想固结点的计算

计算公式：

$$X = D/\lambda$$

$$\lambda = \sqrt[5]{\frac{mb}{EI}}$$

式中，$m$ 为取值为 20000kN/$m^4$；$b$ 为桩的计算宽度，取值 1.98m；$EI$ 为桩的抗弯惯矩。最后计算可得 $X$ 为 2.7m。

d 土对桥墩的水平作用力

考虑到在 3 号、4 号和 5 号桥墩下游侧的新填土基本为虚土，上游侧新填土的密实度远远大于下游侧新填土的密实度，所以假定填土仅对桥墩上游柱的上游侧有水平土压力；再加上花园沟大桥所在地区土质基本以膨胀土为主。综合以上两个因素，最后假定土对桥墩的水平作用力就只包括土压力和土的膨胀力。

（1）水平土压力：每根桩、柱及承台的土压力计算宽度根据《公路桥涵设计通用规范》(JTG D60—2004) 中 4.2.3 条进行计算（见表 11-14）。

**表 11-13 混凝土、钢筋材料特性**

| 属性材料 | 弹性模量/MPa | 泊松比 | 线膨胀系数 | 容重/kN·$m^{-3}$ |
|---|---|---|---|---|
| 混凝土 | $2.8 \times 10^4$ | 0.2 | 0.00001 | 26.0 |
| 钢筋 | $2.0 \times 10^5$ | 0.3 | 0.000012 | 78.5 |

**表 11-14 桥墩各部位土压力计算宽度**

（m）

| 部位 | 墩柱 | 承台 | 桩基 |
|---|---|---|---|
| 计算公式 | $[n(D+1)-1]/n$ | $[n(D+1)-1]/n$ | $[n(D+1)-1]/n$ |
| 数值 | 1.5 | 5.5 | 1.7 |

根据《公路设计手册 路基》（第二版）可查得该地区的膨胀土的重力密度取值为 24.1kN/$m^3$。填土高度根据现场取得，根据《公路设计手册》计算出 3 号、4 号以及 5 号桥墩所受水平主动土压力 $F_0$，设线性荷载 $q_1$、$q_2$（kN/m）如图 11-16 所示。

根据公式：

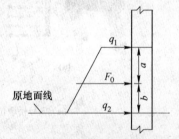

图 11-16 荷载分布

$$F_0 b = q_1(a+b)\frac{a+b}{2} + (q_2 - q_1)\frac{a+b}{2}\frac{a+b}{3}$$

$$F_0 = (q_1 + q_2)\frac{a+b}{2}$$

式中 $F_0$——根据《公路设计手册》计算出土的主动土压力，kN；

$b$——土的主动土压力的作用点的位置，m；

$a+b$——新填土覆盖的高度，m。

最后可分别计算出 3 号、4 号和 5 号墩的 $q_1$ 和 $q_2$，其位置及大小如图 11-17 所示。

（2）膨胀土膨胀力：根据《公路设计手册 路基》（第二版）可查得该地区的膨胀土的自由膨胀率为 60%，经计算得膨胀力为 30kPa。

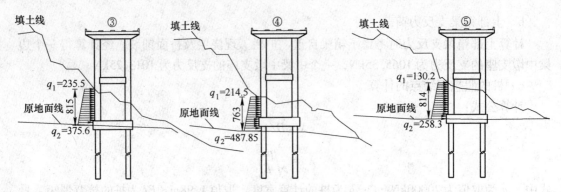

图 11-17　桥墩所受水平土位置及大小

**D　计算结果及病害成因分析**

**a　位移计算结果及分析**

经计算，4 号墩位移最为严重，其中，墩柱位移最大值达 209.3mm，承台最大位移值达 209.3mm，桩基位移最大值达 209.3mm，3 号墩的墩柱、承台、桩基最大位移值亦达到 64.1mm；5 号墩的墩柱、承台、桩基最大位移值亦达到 41.1mm，这跟现场实测值相吻合，如图 11-18 所示。

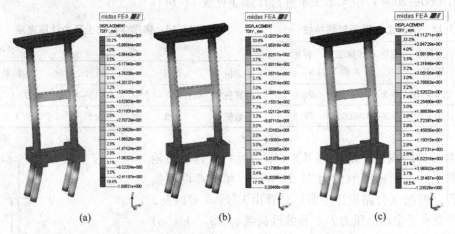

图 11-18　位移计算结果

(a) 3 号桥墩位移图；(b) 4 号桥墩位移图；(c) 5 号桥墩位移图

**b　混凝土最大拉应力计算结果及分析**

（1）3 号墩：

1）盖梁：经计算上游侧盖梁的上缘以及下游侧盖梁的下缘，混凝土拉应力超过了混凝土的抗拉强度标准值，易导致混凝土开裂。2）墩柱：承台以上 5.6m 范围内的墩柱下游侧，桥墩接系梁下游侧墩的下游侧，墩顶接盖梁处的上游侧，计算得最大主拉应力均超过了混凝土的抗拉强度标准值，宜导致混凝土开裂。3）系梁及承台：系梁上游侧的上表面以及下游侧下表面，以及承台部分位置，计算得最大主拉应力均超过了混凝土的抗拉强度标准值，易导致混凝土开裂。4）桩基：承台以下 4m 范围内桩基的下游侧，计算得最大主拉应力均超过了混凝土的抗拉强度标准值，易导致混凝土开裂。

（2）4 号墩：

1）盖梁：上游侧盖梁的上缘以及下游侧盖梁的下缘，计算得混凝土拉应力超过了混凝土的抗拉强度标准值，易导致混凝土开裂。2）墩柱：承台以上 6.3m 范围内的墩柱下游侧，桥墩连系梁下游侧墩的下游侧，墩顶接盖梁处的上游侧，计算得最大主拉应力均超过了混凝土的抗拉强度标准值，易导致混凝土开裂。3）系梁及承台：系梁上游侧的上表面以及下游侧下表面，以及承台部分位置，计算得最大主拉应力均超过了混凝土的抗拉强度标准值，易导致混凝土开裂。4）桩基：承台以下 2~4m 范围内桩基的下游侧，计算得最大主拉应力均超过了混凝土的抗拉强度标准值，易导致混凝土开裂。

（3）5 号墩：

1）盖梁：上游侧盖梁的上缘以及下游侧盖梁的下缘，计算得混凝土拉应力超过了混凝土的抗拉强度标准值，易导致混凝土开裂。2）墩柱：承台以上 5.4m 范围内的墩柱下游侧，桥墩接系梁下游侧墩的下游侧，墩顶接盖梁处的上游侧，计算得最大主拉应力均超过了混凝土的抗拉强度标准值，易导致混凝土开裂。3）系梁及承台：系梁上游侧的上表面以及下游侧下表面，以及承台部分位置，计算得最大主拉应力均超过了混凝土的抗拉强度标准值，易导致混凝土开裂。4）桩基：承台以下 4m 范围内桩基的下游侧，计算得最大主拉应力均超过了混凝土的抗拉强度标准值，易导致混凝土开裂。

桥墩各部位拉应力计算结果如图 11-19 所示，各部位最大拉应力见表 11-15。

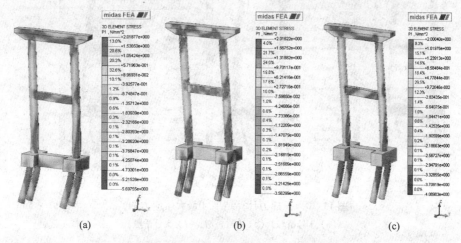

图 11-19 拉应力计算结果（最大拉应力图）

（a）3 号桥墩；（b）4 号桥墩；（c）5 号桥墩

c 混凝土最大压应力计算结果及分析

（1）3 号墩：

1）墩柱：承台以上 1~3.5m 范围内的墩柱上游侧，墩顶接盖梁的下游侧，混凝土的计算压应力均超过了混凝土的抗压标准值，导致混凝土被压碎。2）系梁：系梁上游侧的下表面以及下游

表 11-15　桥墩各部位最大拉应力　（MPa）

| 位　置 | 3 号墩 | 4 号墩 | 5 号墩 | 限值 |
|---|---|---|---|---|
| 盖　梁 | 2.01 | 2.01 | 2.00 | 1.78 |
| 墩　柱 | 1.88 | 1.99 | 1.90 | 1.78 |
| 横系梁 | 1.80 | 1.81 | 1.80 | 1.78 |
| 承　台 | 1.99 | 2.00 | 2.04 | 1.78 |
| 桩　基 | 1.92 | 1.88 | 1.91 | 1.78 |

侧上表面，计算得出的混凝土压应力均超过了混凝土的抗压标准值，导致混凝土被压碎。3）桩基：承台以下 2.5m 范围内桩基的上游侧，计算混凝土的压应力均超过了混凝土的抗压标准值，导致混凝土被压碎。

（2）4 号墩：

1）墩柱：承台以上 3.5m 范围内的墩柱上游侧，墩顶接盖梁的下游侧，计算混凝土的压应力均超过了混凝土的抗压标准值，导致混凝土被压碎。2）系梁：系梁上游侧的下表面以及下游侧上表面，计算得出的混凝土压应力均超过了混凝土的抗压标准值，导致混凝土被压碎。3）桩基：承台以下 2~3m 处桩基的上游侧，计算混凝土的压应力均超过了混凝土的抗压标准值，导致混凝土被压碎。

（3）5 号墩：

1）墩柱：墩顶接盖梁的下游侧，计算混凝土的压应力均超过了混凝土的抗压标准值，导致混凝土被压碎。2）系梁：系梁上游侧的下表面以及下游侧上表面，计算得出的混凝土压应力均超过了混凝土的抗压标准值，导致混凝土被压碎。3）桩基：承台以下 2m 范围内桩基的上游侧，计算混凝土的压应力均超过了混凝土的抗压标准值，导致混凝土被压碎。

桥墩各部位压应力计算结果如图 11-20 所示，各部位最大压应力见表 11-16。

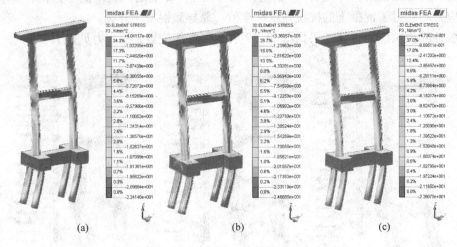

图 11-20   压应力计算结果（最大压应力图）

(a) 3 号桥墩；(b) 4 号桥墩；(c) 5 号桥墩

d   钢筋应力计算结果及分析

（1）3 号墩承台以上 3m 范围内的墩柱下游侧、承台以下 2.5m 范围内的桩基的下游侧，以及系梁上游侧的上表面和下游侧下表面的钢筋，经计算后发现，钢筋被屈服。

（2）4 号墩承台以上 4m 范围内的墩柱下游侧、承台以下 3m 范围内的桩基的下游侧，以及系梁上游侧的上表面和下游侧下表面的钢筋，经计算后发现，钢筋被屈服。

（3）5 号墩承台以上 3m 范围内的墩柱上游侧，承台以下到 2.5m 处桩基的上游侧，

表 11-16   桥墩各部位最大压应力        （MPa）

| 位　置 | 3 号墩 | 4 号墩 | 5 号墩 | 限值 |
|---|---|---|---|---|
| 墩　柱 | 23.1 | 24.9 | 20.3 | 16.7 |
| 横系梁 | 19.9 | 24.5 | 17.8 | 16.7 |
| 承　台 | 4.7 | 4.8 | 4.4 | 16.7 |
| 桩　基 | 24.4 | 24.8 | 24.1 | 16.7 |

以及系梁上游侧的上表面和下游侧下表面的钢筋，经计算后发现，钢筋被屈服，如图 11-21 所示。

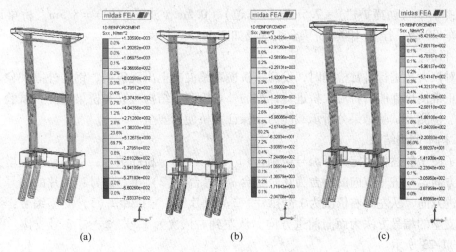

图 11-21　钢筋应力计算结果
(a) 3 号桥墩钢筋应力；(b) 4 号桥墩钢筋应力；(c) 5 号桥墩钢筋应力

### E　检测鉴定结论

经对桥梁上下部结构现场检测及下部结构计算结果综合分析，3 号、4 号和 5 号桥墩发生的位移量与现场实际的测量结果基本一致，并且混凝土开裂的位置与现场调查的位置也基本吻合，由此可以判断该桥下部结构出现的各种病害是由上游侧填土对桥墩所产生的单向土压力引起的。

### F　加固修复建议

根据该桥检测评定结果，提出如下结论：（1）该桥上部结构中轴线未发现偏移。（2）由于上游侧填土压力作用，导致下部结构出现病害，已严重影响桥梁的结构安全。（3）下部结构 4 号桥墩盖梁、3 号和 4 号桥墩墩柱、1~5 号桥墩横系梁及 3~5 号桥墩承台均出现严重开裂，且大部分裂缝缝宽超限。（4）3 号、4 号和 5 号墩柱均出现偏移现象。（5）4 号墩所有支座均出现严重倾斜、开裂现象。（6）建议对该桥及时关闭交通，并进行改建或重建。

### G　项目小结

该桥下部结构出现的各种病害是由上游侧填土对桥墩所产生的单向土压力引起的，这是因为：把土压力按实际位置和高度作用在桥墩上后，经计算发现桥墩发生了位移，3 号、4 号和 5 号墩发生的最大位移分别为 64.1mm、209.3mm 和 41.1mm；得出 3 号、4 号和 5 号墩最大拉应力和最大压应力均超过混凝土的标准值，直接导致混凝土被拉裂和压碎，3 号、4 号和 5 号墩部分位置的钢筋被屈服。

## 11.2.3 【实例 59】某钢筋混凝土刚架拱桥结构承载能力检测鉴定

### A　工程概况

某大桥全长 81.566m，上部结构采用 1×60m 钢筋混凝土刚架拱，矢跨比为 1/8，下部结构为重力式桥台。上部刚架拱由三片拱片组成，每片拱片由拱腿（直线段）、实腹段

（底弧为二次抛物线）、弦杆、斜撑组成，各构件预制、吊装后现浇混凝土接头，形成拱片。拱片间用横系梁联结，在拱片上安放微弯板、悬臂板，现浇填平层及桥面混凝土。桥面宽度：0.5m（防撞护栏）+7.5m（行车道）+0.5m（波形护栏）=8.5m。桥梁设计荷载：汽车-20级，挂车-100。桥梁全貌现场如图 11-22 所示。

a  目的

在对该大桥进行日常检测时，发现该桥横系梁混凝土出现破损、钢筋外露现象，影响该桥的正常使用性能。特对大桥进行详细的外观检测、结构检算和桥梁动静载试验，并依据检算、检测及试验结果分析承载能力，保证大桥使用安全。

b  初步调查结果

为了便于叙述，制定如下编号规则：（1）墩（台）、桥孔编号：以公路里程增大方向为前进方向，小桩号方向的桥台为 0 号桥台，1 号台。（2）拱片编号：拱片的编号方法为面向前进方向，从左到右依次为 1 号拱片、2 号拱片和 3 号拱片。（3）支座编号：第 $n$ 号桥台上支座的编号方法为面向前进方向，从左到右依次为 1 号、2 号、3 号支座。平面简图如图 11-23 所示。

图 11-22  结构现状

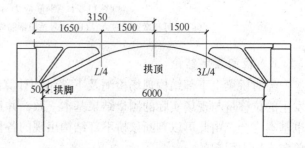

图 11-23  平面图

B  结构检查与检测

a  现场检查结果

（1）桥面系要病害：0 号桥头砼破碎，面积 $S=2\times2m^2$；0 号桥台伸缩缝内有沙土堵塞现象；左侧护栏扶手（距离 0 号桥头 4~18m 范围）防锈漆剥落；桥面边缘有沙土，右侧跨中位置长有杂草；1 号桥台伸缩缝内有沙土堵塞现象。

（2）上部结构主要病害：1 号拱片（跨中 6~8m 范围）侧面出现竖向裂缝，部分裂缝三面贯通，裂缝宽度 0.05~0.1mm；2 号拱片（跨中 6~8m 范围）侧面出现竖向裂缝，部分裂缝三面贯通，裂缝宽度 0.05~0.1mm；3 号拱片（跨中 6~8m 范围）侧面出现竖向裂缝，部分裂缝三面贯通，裂缝宽度 0.05~0.1mm；1~2 号拱片间 10~12 号横系梁出现破损，钢筋外漏锈蚀，9~12 号横系梁中部均出现 2~3 条竖向裂缝，裂缝宽度 0.05~0.1mm；2~3 号拱片间 9~10 号横系梁出现破损，钢筋外漏锈蚀，10~11 号横系梁中部均出现 2~3 条竖向裂缝，裂缝宽度 0.05~0.1mm；1~2 号拱片间 9~12 号横系梁间微弯板出现纵向裂缝，横肋上出现三面贯通裂缝，裂缝宽度 0.05~0.5mm；2~3 号拱片 10~11 号横系梁间微弯板出现纵向裂缝，横肋上出现三面贯通裂缝，裂缝宽度 0.05~0.2mm；并有一处出现大面积水渍和露筋现象。

（3）支座检测结果：该桥支座未发现明显病害。

（4）下部结构检测结果：0 号和 1 号台身均出现渗水水渍；台帽上均堆积有沙土、碎石等杂物。

（5）其他：该桥侧墙、护坡未发现明显病害。存在的主要病害和评定结果见表 11-17。

表 11-17 主要病害和评定结果

| 部 位 | 大桥评定结果 | 评定等级 |
| --- | --- | --- |
| 桥面系 | 0 号桥头混凝土出现破碎，伸缩缝内有沙土堵塞，桥面边缘有沙土和杂草 | 二类 |
| 上部结构 | 跨中段多处横系梁出现破损和漏筋现象，拱片和微弯板均出现结构裂缝 | 三类 |
| 支座 | 支座未发现明显病害 | 一类 |
| 下部结构 | 台帽堆积沙土和碎石，台身出现渗水水渍 | 三类 |
| 其他 | 未见明显病害 | 一类 |
| 总 体 评 定 | | 三类 |

b 现场检测结果

（1）混凝土：预制构件、拱片接头及拱座采用 40 号混凝土，桥面铺装、护栏、台帽、侧墙顶采用 30 号混凝土，台身和侧墙采用 20 号片石混凝土，台后挡墙采用 7.5 号浆砌片石，与设计相符。

（2）钢筋：各构件主筋采用Ⅱ级钢筋，其余采用Ⅰ级钢筋，与设计相符。

C 结构验算结果

结构检算采用有限元程序桥梁博士 V3.2，按照《公路桥涵设计通用规范》（JTJ 021—89）中规定的"汽车-20 级，挂车-100"和《公路桥涵设计通用规范》（JTG D60—2004）中规定的"公路Ⅱ级"汽车荷载分别进行结构检算。通过分析，判断该桥原设计承载能力是否满足要求，并判断是否满足现行荷载等级要求，结合该次检测结果，综合评定桥梁的实际承载能力。

a 结构内力计算结果

采用桥梁专用程序桥梁博士 V3.2 建立有限元模型，分别以汽车-20 级，挂车-100 和公路-Ⅱ级作为验算荷载，进行结构承载能力检算，全桥分析模型如图 11-24 和图 11-25 所示。

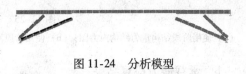

图 11-24 分析模型

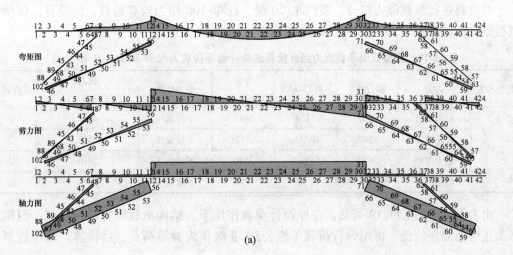

(a)

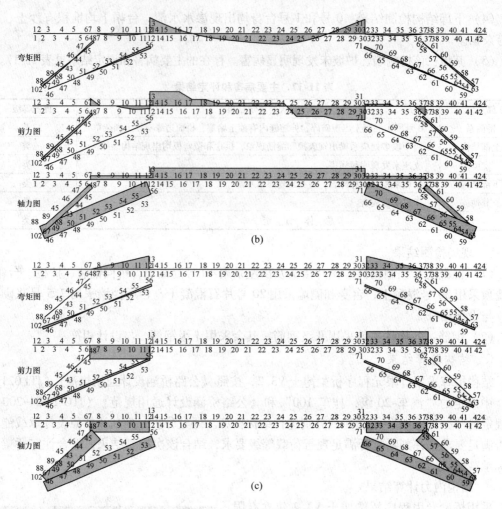

图 11-25    全桥部分分析模型

（a）使用阶段结构重力结构内力图；（b）使用阶段汽车 $maxN$ 结构内力图；（c）使用阶段挂车 $minN$ 结构内力图

b    承载能力检算结果

对荷载进行承载能力组合，将汽车-20 级、挂车-100 作为验算荷载，经检算，该桥控制截面检算结果见表 11-18、表 11-19 所示。

表 11-18    拱顶截面承载能力组合检算结果（验算荷载为汽车-20 级，挂车-100）

| 截面位置 | 内力 | 轴力/kN | 剪力/kN | 弯矩/kN·m | 受力性质 | 抗力/(kN·m)·kN⁻¹ | 是否满足 |
|---|---|---|---|---|---|---|---|
| 拱顶 | 最大轴力 | 2860 | 71.4 | 2070 | 下拉偏压 | 4040 | 是 |
| | 最小轴力 | 1580 | 0.166 | 957 | 下拉偏压 | 4840 | 是 |
| | 最大弯矩 | 2670 | −33.3 | 2530 | 下拉偏压 | 2810 | 是 |
| | 最小弯矩 | 1580 | 0.166 | 957 | 下拉偏压 | 4840 | 是 |

由表 11-18、表 11-19 可知，在原设计荷载作用下，结构承载能力满足要求，但拱顶截面正弯矩储备较低。再用现行荷载等级公路-Ⅱ级作为验算荷载，经检算，该桥控制截

面检算结果见表 11-20、表 11-21。

**表 11-19　拱脚截面承载能力组合检算结果**（验算荷载为汽车-20 级，挂车-100）

| 截面位置 | 内力 | 轴力/kN | 剪力/kN | 弯矩/kN·m | 受力性质 | 抗力/(kN·m)·kN⁻¹ | 是否满足 |
|---|---|---|---|---|---|---|---|
| 拱脚 | 最大轴力 | 2960 | 44.2 | -132 | 下拉偏压 | 6790 | 是 |
| | 最小轴力 | 918 | 71.4 | -353 | 上拉偏压 | 2330 | 是 |
| | 最大弯矩 | 1990 | -13.3 | 377 | 下拉偏压 | 3830 | 是 |
| | 最小弯矩 | 2000 | 113 | -701 | 上拉偏压 | 2880 | 是 |

**表 11-20　拱顶截面承载能力组合检算结果**（验算荷载为公路-Ⅱ级）

| 截面位置 | 内力 | 轴力/kN | 剪力/kN | 弯矩/kN·m | 受力性质 | 抗力/(kN·m)·kN⁻¹ | 是否满足 |
|---|---|---|---|---|---|---|---|
| 拱顶 | 最大轴力 | 2930 | -207 | 2990 | 下拉偏压 | 2980 | 是 |
| | 最小轴力 | 1580 | 0.166 | 957 | 下拉偏压 | 4840 | 是 |
| | 最大弯矩 | 2790 | -218 | 3070 | 下拉偏压 | 2600 | 否 |
| | 最小弯矩 | 1580 | 0.166 | 957 | 下拉偏压 | 4840 | 是 |

**表 11-21　拱脚截面承载能力组合检算结果**（验算荷载为公路-Ⅱ级）

| 截面位置 | 内力 | 轴力/kN | 剪力/kN | 弯矩/kN·m | 受力性质 | 抗力/(kN·m)·kN⁻¹ | 是否满足 |
|---|---|---|---|---|---|---|---|
| 拱脚 | 最大轴力 | 3040 | 40.7 | -140 | 下拉偏压 | 6790 | 是 |
| | 最小轴力 | 874 | 75.6 | -361 | 上拉偏压 | 1030 | 是 |
| | 最大弯矩 | 2080 | -31.1 | 459 | 下拉偏压 | 3590 | 是 |
| | 最小弯矩 | 2070 | 139 | -828 | 上拉偏压 | 1980 | 否 |

由表 11-20、表 11-21 可知，在公路-Ⅱ级荷载作用下，结构承载能力不再满足要求，拱顶截面正弯矩和拱脚截面负弯矩均略超过结构承载能力。

c　结构验算结论

（1）在原设计荷载下（汽车-20 级，挂车-100），该桥承载能力满足要求，但储备较低。

（2）在现行设计荷载下（公路-Ⅱ级），该桥承载能力不满足要求，拱顶截面正弯矩和拱脚截面负弯矩均略超过结构承载能力。

D　静载试验结果

a　静载试验说明

（1）试验工况：静载试验共分为六种试验工况。

工况一：拱顶截面最大正弯矩中载工况；工况二：拱顶截面最大正弯矩偏载工况。工况三：拱脚截面最大负弯矩中载工况；工况四：拱脚截面最大负弯矩偏载工况；工况五：L/4 截面正负挠度绝对值之和中载工况；工况六：L/4 截面正负挠度绝对值之和偏载工况。

（2）荷载效应分析：该桥为 60m 刚架拱桥，采用有限元结构分析软件 MIDAS/CIVIL

（V7.8.0）按照梁格法进行空间分析计算，计算模型如图 11-26 和图 11-27 所示。

图 11-26 计算模型图

（3）试验截面及测点布置。

试验截面，测试截面选择桥跨结构在使用活载作用下的内力最不利截面。

1）在工况一、工况二下，测拱顶截面和 $L/4$ 截面应变及挠度。

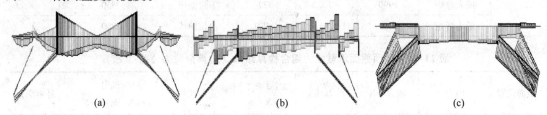

| (a) | (b) | (c) |

图 11-27 主梁的弯矩包络图、剪力包络图

（a）大桥弯矩包络图；（b）大桥剪力包络图；（c）大桥轴力包络图

2）在工况三、工况四下，测拱脚截面应变、$L/4$ 截面应变及挠度。

3）在工况五、工况六下，测 $L/4$ 截面应变和挠度、$3L/4$ 截面挠度。

4）为消除支座变形对挠度测试的影响，在各种工况下均同步测相关支点的下沉。

测试截面示意图如图 11-28 所示。

测点布置，为了测试试验荷载作用下的应力（应变）状况，在各应变测试截面布置应变测点。为了测量在试验荷载作用下的变形情况，在各挠度测试截面布置位移测点。

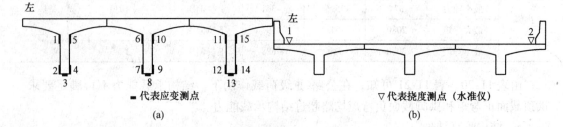

■代表应变测点　　　　　　　▽代表挠度测点（水准仪）

| (a) | (b) |

图 11-28 拱顶截面应力、挠度测点

（a）拱顶截面应力测点布置；（b）拱顶截面挠度测点（水准仪）布置

b 静载试验结果

（1）挠度校验系数在 0.843～0.946 之间，挠度校验系数均小于且接近于 1，说明结构刚度基本满足设计要求，但安全储备较小。

（2）应变校验系数在 0.834～0.919 之间，应变校验系数均小于且接近于 1，说明结构强度基本满足设计要求，但安全储备较小。

（3）由荷载横向分布系数 $m$ 计算结果可见：控制截面的混凝土拉压应力、跨中挠度在试验荷载作用下呈现出的受力规律跟设计计算值吻合较好，但横向联系明显较弱，且拱顶截面弱于 $L/4$ 截面。

（4）在各种工况试验荷载作用下支点变形均较小，说明支座工作性能良好。

（5）在各种工况试验荷载作用下上部结构主梁均未出现明显的残余变形，说明在设计荷载等级作用下，上部主梁处于弹性工作状态。

（6）该桥在各种工况试验荷载作用下上部结构主梁实测中未出现新裂缝。

E 动载试验结果

a 动载试验说明

（1）理论计算：理论计算根据有限元理论采用 MIDAS/CIVIL 计算程序进行仿真模拟计算，其前三阶振型图如图 11-29 所示，各阶振型频率见表 11-22。

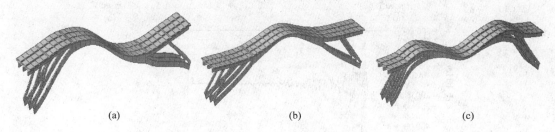

（a） （b） （c）

图 11-29 三阶振型图

（a）模态 1 振型图；（b）模态 2 振型图；（c）模态 3 振型图

（2）动力特性测试方案：为了有效测取结构的动力性能，将测点布置在前二阶振型中振幅均较大的位置。依据主桥振型图确定，在 $L/4$ 截面和拱顶截面位置分别安装 1 个拾震器。为检测该桥的动力特性，对主桥进行跑车试验。

**表 11-22 各阶振型振动频率表**

| 模态 | 1 | 2 | 3 |
|---|---|---|---|
| 频率/Hz | 2.270 | 4.065 | 7.579 |

1）跑车试验：汽车以不同车速通过，使桥体产生自由震动，从而测得主桥的随机振动信号，以分析该桥的自振频率和测定结构的阻尼特性。

2）动载试验工况：

工况 1：一辆载重车以 30km/h，匀速居中通过；

工况 2：一辆载重车以 40km/h，匀速居中通过；

工况 3：一辆载重车以 50km/h，匀速居中通过。

（3）冲击系数测试方案：利用激光挠度仪测试汽车跑车时桥跨结构的动挠度，并依据图 11-30 进行分析计算，求得结构的冲击系数。

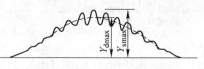

移动荷载作用下结构变形曲线

$$1+\mu=\frac{Y_{dmax}}{Y_{smax}}$$

式中 $Y_{dmax}$——最大动挠度值；
$Y_{smax}$——最大静挠度值。

图 11-30 冲击系数计算图式

b 动载试验结果

（1）各工况时域曲线：跑车 30km/h 工况时域曲线、跑车 40km/h 工况时域曲线、跑车 50km/h 工况时域曲线如图 11-31 所示。

（2）典型时域曲线图如图 11-32（a）所示。

（3）频域曲线图如图 11-32（b）所示。

（4）固有频率：自振频率测试结果（跑车工况）为：实测频率为 2.442，计算频率

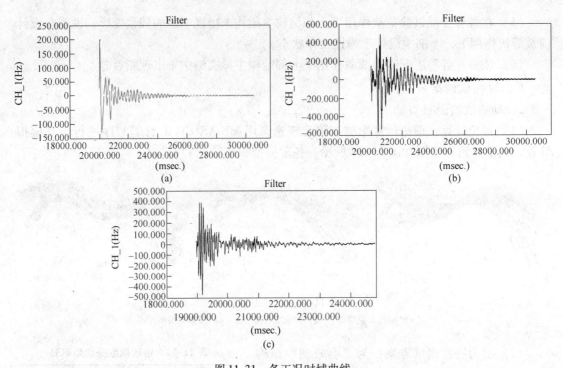

图 11-31　各工况时域曲线

（a）跑车 30km/h 工况时域曲线；（b）跑车 40km/h 工况时域曲线；（c）跑车 50km/h 工况时域曲线

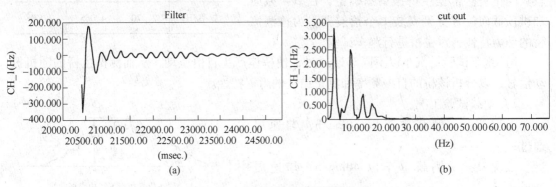

图 11-32　典型时域曲线及频域曲线

（a）典型时域曲线；（b）频域曲线

为 2.270。

由结果可知，测得的自振频率大于相应的计算值，表明结构实际刚度大于设计刚度，但与设计刚度非常接近，表明结构刚度较弱，整体性能较差；同时，各类机动车行驶的强迫振动频率都高于这个频率，因此机动车行驶时不会使结构产生共振。

（5）阻尼比：根据桥梁自由衰减振动时域曲线计算结构阻尼比，试验结果（跑车工况）为 0.019。

F　检测评定结论

（1）该桥跨中段多处横系梁出现破损和漏筋现象，严重影响桥梁横向联系；拱片和微弯板均出现结构裂缝，虽然裂缝宽度未超限，但对结构耐久性十分不利。根据此次检测结果，认为该桥处于较差的状态，综合评定为三类桥梁。

（2）经检算，在原设计荷载下（汽车-20 级，挂车-100），该桥承载能力满足要求，但储备较低；在现行设计荷载下（公路-Ⅱ级），该桥承载能力不满足要求，拱顶截面正弯矩和拱脚截面负弯矩均略超过结构承载能力。

（3）静载试验挠度与应变的校验系数规律吻合，校验系数均略小于1，说明结构的刚度和强度基本满足正常使用阶段要求，但安全储备较低；动载试验下，竖向振动频率实测值略大于理论值，表明结构刚度较弱，整体性能较差；荷载横向分布系数实测结果表明该桥拱片间的横向联系较弱，结构横向整体性差。

G　加固修复建议

根据该次承载能力检测结果，提出如下建议：（1）采取工程措施对该桥实行限载（限载轴重：15t）通行，以减小对桥梁结构的损害，并进一步加强日常养护及观测，确保桥梁安全。（2）尽快对结构进行维修加固，建议增设横系梁以增强桥梁结构整体性能，并对拱片采取加固补强措施以提高结构承载能力。

H　项目小结

大桥结构存在影响耐久性的病害，承载能力基本满足原设计荷载（汽车-20 级，挂车-100）的要求，但不满足现行荷载（公路-Ⅱ级）的要求，横向分布系数实测结果反映出结构整体性差，校验系数接近限值，且结构安全储备较低。

## 11.3　桥梁工程结构检测、鉴定、加固修复案例

### 11.3.1　【实例60】某钢筋混凝土 T 梁桥技术状况评定及加固修复

A　工程概况

某 T 梁桥，总长 140m，桥宽 8m。桥墩直径 1m，桥梁下部结构采用柱式墩台，桩基础，如图 11-33 所示。

a　目的

此桥在建成后尚未经历大规模的维修，鉴于该桥自建成以来缺陷不断增加，因此决定对该桥进行大修，因此在实施加固之前，特对该桥的技术状况进行评定，为后续维修提供参考。

b　初步调查结果

为便于现场记录及定位，经现场实测，该桥平面图如图 11-34 所示。

图 11-33　结构现状

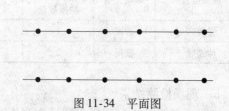

图 11-34　平面图

B　结构检查与检测

a　现场检查结果

（1）桥梁病害（上部结构）检查结果：该桥上部结构中支座损坏严重。主要承重构

件、次要承重构件的病害见表11-23。

表11-23　上部结构病害

| 缺损位置 | 缺损类型 | 缺损情况 | | 评定类别 (1~5) |
|---|---|---|---|---|
| | | 缺损数量 | 病害描述（性质、范围、程度等） | |
| 3 梁底板右侧 | 裂缝 | 2 | 距 3 号墩 5m 处纵向裂缝宽度为 $\Delta=0.21$mm，长度为 $L_K=2$m | 3 |
| 4 梁底板 | 空洞 | 1 | 跨中底板处空洞露筋 2 处，波纹管外露 $S_大=1.8\times0.6$m$^2$ | 5 |
| 5 梁底板右侧 | 蜂窝 | 3 | 1/4L 处蜂窝露筋 $S=2\times2$m$^2$ | 5 |
| 5-1 支座 | 开裂 | 3 | 5-1 支座老化开裂、剪切变形；5-2 支座剪切变形 | 3 |

（2）桥梁病害（下部结构）检查结果。该桥下部结构中，桥台、翼墙耳墙、锥坡护坡完好，未发现严重病害。桥墩、基础的病害见表11-24。

表11-24　下部结构病害

| 缺损位置 | 缺损类型 | 缺损情况 | | 评定类别 (1~5) |
|---|---|---|---|---|
| | | 缺损数量 | 病害描述（性质、范围、程度等） | |
| 2-1 号墩 | 冲刷淘空 | 3 | 左幅 2-1 号桥墩下部左侧砌石破损，$S=2.5$m$\times3.0$m | 4 |
| 3 号墩 | 剥落 | 2 | 左幅 3 号桥墩下部右侧地面以上 0.5m 内混凝土剥落、露筋，$S=1.5$m$\times0.2$m | 4 |
| 4 号墩 | 冲刷淘空 | 2 | 左幅 4 号桥墩下部基础被冲刷、淘空，$S=2.0$m$\times3.5$m | 2 |
| 5-2 号墩 | 蜂窝麻面 | 3 | 左幅 5-2 号桥墩下部左侧地面以上 4.0~5.0m 内表面蜂窝、麻面，$S=3.0$m$\times1.5$m | 4 |

（3）桥梁病害（桥面系）检查结果：该桥桥面系损坏严重，桥面铺装、护栏、排水系统均有不同程度病害，尤其以伸缩缝最为严重，伸缩缝装置的病害见表11-25。

表11-25　桥面系病害

| 缺损位置 | 缺损类型 | 缺损情况 | | 评定类别 (1~5) |
|---|---|---|---|---|
| | | 缺损数量 | 病害描述（性质、范围、程度等） | |
| 锚固区 | 破损 | 2 | 第 2 道伸缩缝锚固区混凝土剥落钢筋外露 | 4 |
| 伸缩缝 | 破损 | 2 | 第 3 道伸缩缝橡胶条破损 | 5 |

b　现场检测结果

T 梁、盖梁、墩柱混凝土现场实测为 C30。

C　技术状况评定

依据《公路桥涵养护规范》（JTG H11—2004）相关规定，该桥技术评定结果详见表11-26。

D  加固修复

由于该桥 T 梁病害严重和发展快，为确保公路交通安全，防止桥塌车损事故的发生，必须抓紧对该桥实施加固或改造。

a  加固修复方案

首先在 T 梁梁肋底缘粘贴高强碳纤维布，碳纤维布与梁等长，支座附近碳纤维布在梁顶升后卡入钢箍，对 T 梁宽度大于 0.2mm 裂缝进化学注浆（不大于 0.2mm 裂缝表面封闭）；然后解除 T 梁两端约束，顶升 T 梁；用环氧砂浆修补梁围底座、安装钢箍和化学注浆；清理墩帽支座，并用环氧砂浆找平，若同一墩帽支座高程差超过 5mm，采用垫石找平，然后更换 250mm × 250mm ×56mm 矩形板式橡胶支座；千斤顶同步下降至全部支座接触受压时锁住，等待化学注浆和环氧砂浆达到设计强度 70% 后（4h）拆除。

b  T 梁粘贴碳纤维布加固施工

采用粘贴碳纤维布方法对 T 梁进行补

**表 11-26  该桥技术状况评定**

| 部件 | 部件名称 | 权重 $w_i$ | 状况评分 $R_i$ | 扣分 | 备注 |
|---|---|---|---|---|---|
| 1 | 翼墙、耳墙 | 1 | 1 | 0.2 | |
| 2 | 锥坡、护坡 | 1 | 2 | 0.4 | |
| 3 | 桥台及基础 | 23 | 4 | 9.2 | |
| 4 | 桥墩及基础 | 24 | 4 | 14.4 | |
| 5 | 地基冲刷 | 8 | 1 | 1.6 | |
| 6 | 支座 | 3 | 5 | 3 | |
| 7 | 上部主要承重 | 20 | 5 | 16 | |
| 8 | 上部一般承重 | 5 | 5 | 3 | |
| 9 | 桥面铺装 | 3 | 3 | 0.8 | |
| 10 | 桥头跳车 | 3 | 3 | 1.8 | |
| 11 | 伸缩缝 | 3 | 5 | 2.4 | |
| 12 | 人行道 | 1 | 2 | 0.4 | |
| 13 | 栏杆、护栏 | 1 | 3 | 0.6 | |
| 14 | 照明、标志 | 1 | 0 | 0 | 无 |
| 15 | 排水设施 | 1 | 3 | 0.6 | |
| 16 | 调治构造物 | 3 | 2 | 1.2 | |
| 17 | 其他 | | | | |
| 总分 | 表中：总分 $= 100 - \Sigma R_i w_i / 5$ | | | 44.4 | 三类桥 |

强加固，布幅宽500mm，每平方米重300g，抗拉强度4000MPa。施工工法如下：

（1）涂底胶：按一定比例将主剂与固化剂先后置于容器中，用搅拌器搅拌均匀，按现场实际气温决定用量，并严格控制使用时间；用滚筒刷或毛刷将胶均匀涂抹于混凝土构件表面，厚度不超过0.4mm，并不得漏刷或有流淌，气泡等胶固化后（固化时间视现场气温而定，以手指触感干燥为宜，一般不少于2h），再进行下一道工序。（2）用整平胶料找平：混凝土表面凹陷部位应用刮刀嵌刮整平胶料修补整平，模板接头等出现高度差的部位应用整平胶料填补，尽量减少高差；转角处理，应用整平胶料将其修补为光滑的圆弧，半径不小于20mm；整平胶料待固化后（固化时间视现场气温而定，以手指触感干燥为宜，一般不少于2h）方可再行下一道工序。（3）粘贴碳纤维布：按设计要求的尺寸裁剪碳纤维；配置、搅拌粘贴胶料，然后用滚筒刷均匀粘贴部位，在搭接、拐角部位多涂一些；用特别光滑滚子在碳纤维面沿同一方向反复滚压至胶料渗出碳纤维外表面，以驱除气泡，使碳纤布充分浸润胶料。

c  梁裂缝注浆加固施工

（1）裂缝表面处理：将粘浮在混凝土表面的灰浆、尘土清除，在宽约6cm的范围内将粘压浆嘴处的裂缝内异物清干净，然后用高压空气轻吹干净。若有油污则用丙酮清洗。（2）粘贴压浆嘴：将压浆嘴底板粘贴面用砂布擦亮，并用丙酮擦洗干净，再检查是否完好，然后用胶粘贴在需压浆处的裂缝表面，压浆嘴骑缝每隔50cm左右布置一个，贯通缝的嘴子宜在构件的两面交错处布置。（3）封闭裂缝：用配置好的环氧胶泥将压浆嘴及裂缝表面封闭。（4）密闭检查：待环氧胶泥固化后，检查封缝效果，若有泄漏情况，再补刮环氧胶泥。（5）配制压浆液：在现场根据气温和裂缝的部位、宽度、走向选用相应的裂缝配方。（6）压力灌浆：压力灌浆的设备要不小于0.6MPa，压力灌浆过程中，始终观察浆液是否流动，流速大小，终压时压力要达到0.20～0.60MPa，并待压2～3min，压灌次序为低位向高位压浆依次进行。（7）封口结束，外观处理：压浆完毕，关上压浆嘴，第二天浆液固化后，敲掉压浆嘴及封缝的环氧胶泥，利用角磨机打磨，最后进行外观处理。

d　底座加固及施工

（1）顶升T梁：经计算，该桥单跨T梁重约320kN，在T梁梁底或横隔板上设置4个交点。每个支点最大顶力不超过8kN，采用QL32型手动千斤顶。墩台横梁有50cm宽工作面，可以搁置千斤顶。T梁翼板厚8～18cm，顶升时采用托架加固，顶升加固图如图11-35（a）所示，千斤顶通过托架对T梁的底面施加顶力。在顶升时采用位移控制法同步进行，每个墩台安装两只百分表对顶升值进行实时控制，将各T梁顶升至同一高度7cm（以墩帽为基准）。

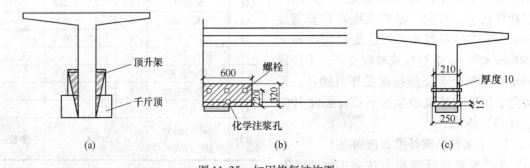

图11-35　加固修复结构图

(a) 顶升托架结构图；(b) 钢板箍筋结构图（一）；(c) 钢板箍筋结构图（二）

（2）凿除梁底支座附近已破坏的混凝土，用C50环氧砂浆修补，粘贴预留碳纤维布，然后安装厚度10cm钢板箍，并对钢板箍内进行化学注浆，钢板箍结构如图11-35（b）、(c) 所示。

（3）安装钢板箍后，清理旧支座，先用C50环氧砂浆找平墩槛上橡胶支座底座，如支座高程差超过1cm采用垫石找平。然后放上橡胶支座，全部千斤顶缓慢同步下降2.5cm，以便橡胶支座均匀受力，然后锁住千斤顶。等底座下环氧砂浆固结后（24h），即可松开千斤顶。

E　项目小结

根据《公路桥涵养护规范》（JTG H11—2004）方法和标准，该桥技术评定结果为三类桥，通过对T梁梁肋底缘粘贴高强碳纤维布的方法，达到结构补强的目的，以达到预期效果。

## 11.3.2　【实例61】某预应力混凝土连续箱梁技术状况评定及加固修复

A　工程概况

某预应力混凝土连续箱梁-刚构组合构体系梁桥，75m+7×120m+75m，桥面总宽18.5m，结构现状如图11-36所示。

a 目的

此桥建成后尚未经历大规模的维修，鉴于该桥自建成以来缺陷不断增加，决定对该桥进行大修，因此在实施加固之前，特对该桥的技术状况进行评定，为后续维修提供参考。

b 初步调查结果

为便于现场记录及定位，经现场实测，该桥平面图如图 11-37 所示。

图 11-36 结构现状

图 11-37 平面图

B 结构检查与检测

a 现场检查结果

（1）桥梁构造调查：

1）上部构造：主桥为单箱单室箱型梁，采用三向预应力体系。箱梁截面主要尺寸：主墩墩顶梁高 6.432m，跨中梁高 2.60m；箱梁顶板全宽 18.34m，底板宽 9.0m；底板厚 0.25~0.80m（跨中—墩顶）；腹板厚 0.40~0.80m（跨中—墩顶）。上部结构施工法为挂篮悬臂浇筑，先边跨和次边跨合龙，然后再中间五孔一次合龙。

2）下部构造：中间四个桥墩为双墙薄壁墩身，墩梁固结；两侧四个桥墩为薄壁空心墩身，墩顶设盆式支座。

3）桥墩基础为高承台桩基础，双排共计六根直径 2m 的钻孔灌注桩。

（2）桥梁病害（上部结构）检查结果：

1）箱梁开裂：箱梁开裂主要表现为三个方面：其一是箱梁腹板大范围斜向开裂；其二是合龙段附近箱梁顶板在一定范围内纵向开裂；其三是箱梁底板和横隔板轻微无规律开裂。箱梁混凝土表面质量较好，除裂缝外，无其他严重的质量缺陷。

2）箱梁施工段结构现状：西侧边跨部分区段顶板的挂篮孔和梗腋处箱梁顶板局部渗水，部分区段箱梁局部混凝土表面有砂浆修补过的痕迹，并在个别区段发现有少量钢筋外露现象。

3）桥面标高及纵向线形：各跨跨中相对桥梁竣工时发生下挠。总体看，东侧半联的下挠量大于西侧半联，两侧次边跨的下挠量又明显大于其他各跨。东侧次边跨（58~59 号桥墩间桥跨）实测的跨中最大下挠量上游侧为 14.3cm、下游侧为 14.7cm，西侧次边跨（64~65 号桥墩间桥跨）实测的跨中最大下挠量上游侧为 13.9cm、下游侧为 12.6cm，两次边梁的下挠量均明显大于由于混凝土徐变引起的跨中计算下挠变形 3.9cm。

（3）桥梁病害（下部结构）检查结果：该桥下部结构中，桥台、翼墙耳墙、锥坡护坡完好，未发现严重病害。

（4）桥梁病害（桥面系）检查结果：伸缩缝、支座、桥面铺装等构件基本完好，不影响桥梁的正常使用功能。

b　现场检测结果

箱梁混凝土设计强度为 C50，经检测箱梁混凝土现场实测为 C55。

C　桥梁技术状况评定

经计算，在不考虑竖向预应力作用情况下，在一定荷载组合下箱梁中的箱梁主拉应力有的大于规范要求。根据主桥全面检测结果，按照《公路桥涵养护技术规范》(JTG H11—2004) 的要求对该桥总体技术状况等级进行评定，全桥结构技术状况综合评分 $D_r$ = 56.8，评定该桥为三类桥。按养护技术要求，应进行中修，但考虑到该桥上部主要承重构件裂缝较多、较宽，为确保公路交通安全，防止桥塌车损事故的发生，必须抓紧对该桥实施加固。

D　加固修复设计

a　加固设计方案

根据检测情况，初步确定对箱梁结构进行补强，针对箱梁跨中的正弯矩裂缝，可采取增设底板体外预应力束的方法；针对腹板出现的大量斜裂缝，考虑采用增厚腹板，并粘贴钢板来抑制斜裂缝的发展，抵抗活载和温度变化引起的主拉应力，使加固后的桥梁达到原来的设计荷载标准。增设体外预应力束时，应综合考虑改善底板和腹板受力的方法。

b　增设体外预应力束加强修复

结合各跨跨中截面下缘正应力补强，钢束布置：在四分点附近设置 3 道横隔及 1860MPa 的无粘结预应力钢绞线。布置形式及相应横隔板布置如图 11-38 所示。

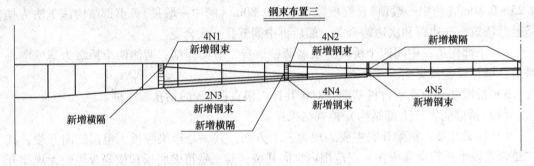

图 11-38　体外预应力钢束和新增横隔板布置示意图

由于温度梯度模式较为复杂，根据以往的经验控制荷载组合 I 下的压应力储备，考虑到箱梁混凝土的收缩徐变已基本完成，结合腹板加厚及新增横隔板的情况，采用 20 束 7-15 的无粘结预应力钢绞线，控制在组合 I 下，箱梁跨中截面下缘有 1.5MPa 压应力。

c　腹板加厚、粘贴钢板条加强修复

采用加厚腹板、粘贴钢板条增加箱梁斜截面抗剪强度，是目前箱梁腹板补强常用的，也是实践证明较为有效的方法，具体布置如图 11-39 所示。根据计算结果，在腹板加厚 15cm 和增加底板正弯矩钢束情况下，在活载和温度作用下产生的最大主拉应力为 1.0MPa，比原结构在活载和温度作用下的最大主拉应力减少 0.9MPa，作用明显。

腹板箱内表面粘贴钢板条的分布间距、数量、宽度和厚度，按其与加厚部分混凝土共同承受活载和温度产生的主拉应力来确定。根据以往的加固经验，箱梁腹板粘贴钢板条后，在箱内梗腋处会产生新的裂缝，因此梗腋应与腹板一并粘贴钢板条进行补强。

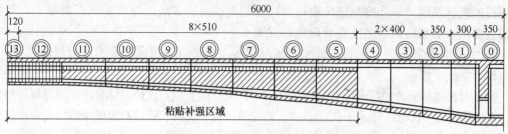

图 11-39 腹板加厚、粘贴钢板条
（箱内梁表面粘贴碳纤维布纵向布置）

d 新增横隔板方案

新增横隔板方案如图 11-40 所示，该方案整体性好，但施工中灌注混凝土和振捣有一定的难度，需在箱梁顶板开洞。

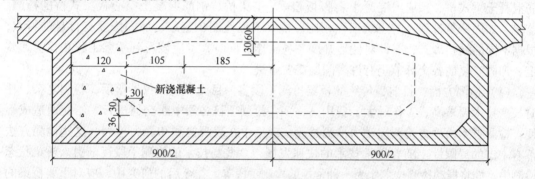

图 11-40 新增横隔板方案

新增隔板时主桥箱梁的影响分析：经计算分析可知，连续梁段次边跨的应力分布情况与连续刚构次边跨段的应力分布基本相同，增加了横隔板后，在横隔板位置附近可以显著地减小腹板的剪应力值，而在其他位置，剪力值增加很有限，因此对于宽箱，增加适当数量的横隔板可行。

e 施工工艺要点和要求

（1）腹板内侧粘贴钢板条。

（2）腹板内侧局部区域加铺钢筋网，浇筑新增腹板混凝土。

1）布设钢筋网。在箱梁内侧，在粘贴的薄钢板条外再加铺一层 $\phi 12mm@10cm$ 的 Ⅱ级钢筋成品焊接网片，两岸及上下游对称布置：①将加厚部分原箱梁表面凿毛凿平，剔除表面浮石，并用高压射流技术清洗开凿表面。②在开凿表面钻眼埋设锚固钢筋，间距 40～60cm，在箱梁腹板及承托范围以梅花状布置。锚固钢筋采用 +16mm Ⅱ 级钢筋，长度 16cm，埋入箱梁内的锚固长度不小于 6cm。采用和植埋螺杆相同的步骤与方法进行锚固。③在箱梁内侧布设焊接钢筋网片，并注意钢筋网片与预埋锚筋焊接形成整体。

2）浇筑混凝土：①用高压射流技术再次清洗结合面，在其表面保持湿润但无自由水的情况下，立模浇筑 C50 用细骨料并掺早强剂和微量膨胀剂的高强、早强水泥混凝土。②应采取妥善办法保持湿度并进行养护，待新浇混凝土终凝且达到拆模强度后再行拆模。

（3）浇筑新增横隔板混凝土、增设体外预应力。

1）浇筑新增横隔板混凝土：①采用与腹板植筋相同的办法，植埋 $\phi 16nm$ Ⅱ 级钢筋。在顶板、底板处植筋应格外小心，避免损伤预应力管道。②按设计要求布置预应力筋通过横隔板的钢管及锚具。③按照浇筑腹板加厚混凝土相同的方法，浇筑横隔板混凝土；与顶板相连部位，需在桥面适当位置开口浇筑混凝土。

2）张拉体外预应力：①按设计要求张拉预应力钢束。②按设计要求进行封锚处理。

E　项目小结

按照《公路桥涵养护技术规范》（JTG H11—2004）的要求对该桥总体技术状况等级进行评定，全桥结构技术状况综合评分 $D_r = 56.8$，评定该桥为三类桥。通过对箱梁采取增设底板体外预应力束的方法、增厚腹板并粘贴钢板的方案对该桥进行加固修复，达到预期效果。

## 11.4　本章案例分析综述

本章结合 7 个桥梁的工程实例，其中 2 个检测案例，3 个检测、鉴定案例，以及 2 个检测、鉴定、加固修复的工程案例，详细介绍了桥梁工程中最常见的景观桥、悬索桥、钢筋混凝土梁式桥、预应力混凝土斜腹板箱梁、T 梁桥、钢筋混凝土空心板梁式桥的检测、鉴定、加固修复过程，与建筑工程相比，桥梁工程检测、鉴定、加固修复有自身的特点，根据不同的结构形式，有针对性地开展各项工作。同时，也应该看到桥梁工程在检测、鉴定、加固修复的各个环节仍有许多问题需要解决。

（1）检测方面：目前，传统的桥梁检测手段多为目测，检测仪器落后；检测复杂、耗时长、技术要求高、工作量大、费用高，一些检测项目必须中断交通进行，给交通造成不便；检测技术由静力检测向动力检测过渡；或集中在表观检测和静力检测，这些检测方法都有一定的局限性。随着科学技术的快速发展，一些高技术的检测手段逐渐引入桥梁状态检测中，如将振动检测技术作为一种常规的检测手段等。在今后的研究中，应对重要桥梁的重要部位（应力、变形情况）进行实时监测，建立桥梁的健康监测系统；对不同类型的桥梁，根据其结构特点，选取重点部位进行检测。应采用更先进的理论与检测手段，推动桥梁检测技术的发展。

（2）鉴定方面：对大型桥梁结构进行评估是件很复杂的工作，现有的技术状况评定方法主观人为因素较大，有时不能客观准确反映桥梁实际情况；《公路桥梁承载能力检测评定规程》（JTG/TJ21—2011）中的评定公式是基于设计理论提出的，但实际公路混凝土旧桥工作环境较为恶劣，加之众多旧桥可能服役已久，会造成旧桥的结构模型与设计的不甚相符。现有的桥梁承载能力评估理论有待进一步完善，尽量克服各项修正系数的不确定性和模糊性；建议采用结构可靠度理论来指导现有桥梁的承载能力评估，使承载能力评估更科学、更合理。为此，应根据大型桥梁状态评估的特点以及评价技术的现状，进一步改进现有评定体系，可考虑同时采用多种方法进行综合评价，以提高评价结果的可靠性。

（3）加固修复方面：旧桥加固不同于新建工程，在加固设计时应注意各种加固方法的综合利用。影响加固维修方法的选择与多种因素有关，如水文、地形等自然情况，桥梁现状的分析，施工技术和水平，是否封闭交通，资金投入，预期的加固效果。因而必须依据实际情况，在具体操作中进行科学合理的选择。在实践中应发挥积极性和创造性，不断进取和探索，采用最先进的技术和材料，在旧桥利用、加固、改造中，创造和总结出切实可行的方法，使旧桥继续发挥固有的使用功能，以保证公路交通畅通无阻。但在选取桥梁加固方案时，应根据桥的特点，因地制宜地选取适合的方法，在加固施工工程中应注意发现新问题，并与各方密切配合，使加固工作顺利完成，以期达到预期的效果。

# 12　隧道工程结构检测、鉴定、加固修复案例及分析

## 12.1　隧道工程结构检测案例

### 12.1.1　【实例62】某高速公路山岭隧道运营监测

A　工程概况

某隧道左线全长1900m，右线全长1872m。为上下线分离的四车道高速公路隧道，建筑限界净宽10.25m，净高5.0m，采用拱部单心半圆，侧墙为大半径圆弧单曲墙式衬砌。隧道洞门左线一端为削竹式洞门，另一端为偏压式洞门；右线一端为削竹式洞门，另一端为端墙式洞门，如图12-1所示。

a　目的

隧道上行线所在山体稳定，土建结构整体处于稳定状态，但衬砌上个别裂缝比较长、比较宽，为保证不对隧道的结构及行车安全造成影响；通过对隧道的裂缝发展情况、拱顶下沉、周边收敛、拱脚沉降及地表位移进行监测，掌握隧道结构的变形发展状况，为隧道安全运营和正常养护提供评判依据。

b　初步调查结果

依据隧道现有病害及现场监测条件，该次运营监测的项目主要包括以下6项：裂缝发展监测；水平收敛监测；拱顶下沉监测；拱脚沉降监测；地表沉陷监测；抗滑桩位移监测。平面简图如图12-2所示。

图12-1　结构现状

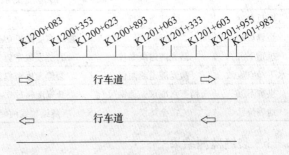

K1200+083　K1200+353　K1200+623　K1200+893　K1201+063　K1201+333　K1201+603　K1201+955
K1201+083

⇨　行车道　⇨

⇦　行车道　⇦

图12-2　平面图

B　结构检查

（1）工程地质及水文地质条件：隧道位于地形起伏较大处，地势陡峭，隧道上部大部分基岩出露，局部有残坡积层，厚度不大，植被较发育；进口段山体坡度较缓，埋深较浅，岩层倾向与坡向相同，为顺层坡，岩体风化强烈，洞口上部为厚度较大残坡积松散层，围岩稳定性极差。出口端山体较陡峭，前缘有一侧向支沟，切割较深。

（2）隧道上行线病害情况：通过对隧道洞口、洞门、衬砌、路面、检修道、排水系统及内装7个项目的定期检查，检查结果显示：隧道所在山体稳定，边仰坡处未发现失稳迹象，但在进出口仰坡上均未发现截水沟；洞门结构完好，无裂缝、沉陷等病害；混凝土衬砌局部有裂缝，个别裂缝较长、较宽，最大宽度达2.08mm，个别处有渗水痕迹；隧道内沥青混凝土路面基本完好，未发现裂缝、坑槽等病害；检修道盖板破损7块，缺失8块；排水系统无缺损、堵塞等现象，排水功能良好；内装涂层局部剥落。

C　现场监测

a　监测情况说明

（1）监测点布设：依据监测方案，对隧道进行布点监测，按设计要求，及实际围岩变形情况，共布设了52个裂缝发展监测点，38个拱脚沉降观测点，19个净空收敛监测断面，18个地表沉降观测点。具体监测点如图12-3所示。

（a）　　　　　　　（b）　　　　　　　（c）　　　　　　　（d）　　　　　　　（e）

图12-3　监测点

（a）裂缝监测；（b）拱顶下沉、周边收敛；（c）地表监测点；（d）地表位移监控；（e）抗滑桩位移监测

（2）数据采集频率：本次监测为期一年，监测频率如下：第一个月，洞内监测点每7d监测一次，地表监测点每15d监测一次；第2～6个月洞内监测点每15d监测一次，地表监测点每30d监测一次；第7～12个月，根据情况每月监测一次，根据监测结果，若山体发展仍不稳定，应加强监测频率。隧道监控项目及频率见表12-1。

表12-1　隧道监测项目及频率

| 项目名称 | 方法及工具 | 布　置 | 1～30天 | 2～6个月 | 7～12个月 |
|---|---|---|---|---|---|
| 裂缝观测 | 游标卡尺 | 裂缝宽度超过0.4mm | 4次/月 | 2次/月 | 1次/月 |
| 拱顶下沉 | 激光隧道断面仪 | 裂缝发展密集处 | 4次/月 | 2次/月 | 1次/月 |
| 水平净空收敛 | 激光隧道断面仪 | 裂缝发展密集处 | 4次/月 | 2次/月 | 1次/月 |
| 拱脚下沉 | 精密水准仪、铟钢尺 | 裂缝宽度超过0.4mm | 4次/月 | 2次/月 | 1次/月 |
| 地表位移 | 全站仪 | 隧道轴线两侧 | 2次/月 | 1次/月 | 1次/月 |

b　裂缝监测结果

监测结果显示，梁隧道左右幅共监测的52条裂缝中，47条裂缝已经稳定，仅5条裂缝监测期间仍存在继续发展现象，其中左幅3条、右幅2条，见表12-2。

c　拱顶下沉及周边收敛监测结果

监测结果显示，隧道监测的38条断面均未出现拱顶沉降，19个净空收敛监测断面未出现收敛现象。

d　拱脚沉降监测结果

监测结果显示，隧道38个拱脚均未出现下沉现象。

e　地表沉陷及抗滑桩位移监测结果

监测结果显示，隧道洞外地表监测的 18 处地表监测点均未发生地表位移现象。

D　监测结论

（1）隧道左幅监测的 26 条裂缝中，23 条裂缝已经稳定，3 条裂缝还在进一步扩展，监测期裂缝最大扩展 0.62mm。隧道右幅监测的 26 条裂缝中，24 条裂缝已经稳定，2 条裂缝还在进一步扩展，监测期裂缝最大扩展 0.60mm。（2）监测期间未发现拱顶沉降、周边收敛、拱脚沉降及地表位移现象。（3）监测结果显示，隧道裂缝均未达到稳定状态，隧道变形轻微。

针对以上监测结果，建议对隧道下一步的监测频率按监测方案 1 次/月的频率继续监测。

**表 12-2　梁隧道未稳定裂缝数据表**

| 类型 | 裂缝编号 | 里程桩号 | 裂缝位置 | 监测期发展/mm |
|---|---|---|---|---|
| 左幅 | L8 | K1200+121 | 左 | 0.62 |
| 左幅 | L10 | K1200+563 | 右 | 0.42 |
| 左幅 | L11 | K1200+689 | 右 | 0.29 |
| 右幅 | R8 | K1200+550 | 右 | 0.49 |
| 右幅 | R12 | K1200+788 | 左 | 0.60 |

## 12.1.2　【实例 63】某地铁隧道初期支护施工质量检测

A　工程概况

某地铁线车站及其区间现场如图 12-4 所示。

a　目的

为保证地铁建设项目的安全使用，需要对该车站的结构进行混凝土结构裂缝普查检测和区间初期支护施工质量检测，对裂缝的成因及其对结构的影响进行科学分析，并给出处理意见及方案，确保结构的安全正常使用。

b　初步调查结果

该次检测范围为区间 K32+651~K32+781 里程段。平面简图如图 12-5 所示。

图 12-4　结构现状

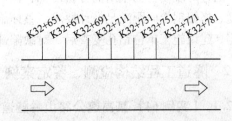

图 12-5　平面图

B　地质雷达检测

为了解该区间段初期支护的整体质量，对隧道初期支护进行雷达探测。通过雷达探测喷射混凝土层厚度及施工质量，及时发现不密实区域，进行处理，以防发生隧道坍塌等事故。

根据现场实际情况，在区间左线 K32+651~K32+781、右线 K32+651~K32+781 里程段（共约 260m）范围，共布置 4 条测线，检测结果见表 12-3、表 12-4 和图 12-6。

表 12-3　左线（面向里程方向）

| 测道 | 里程范围 | 喷射混凝土厚度/mm | 格栅钢架间距/mm | 是否满足设计 |
|---|---|---|---|---|
| 测线 1 | K32 +651 ~ K32 +781 | 254 | 497 | 是 |
| 测线 2 | K32 +651 ~ K32 +781 | 261 | 498 | 是 |

注：人防段（K32 +660 ~ K32 +669）喷射混凝土厚度为 356mm，符合设计要求。

表 12-4　右线（面向里程方向）

| 测道 | 里程范围 | 喷射混凝土厚度/mm | 格栅钢架间距/mm | 是否满足设计 |
|---|---|---|---|---|
| 测线 1 | K32 +651 ~ K32 +781 | 264 | 495 | 是 |
| 测线 2 | K32 +651 ~ K32 +781 | 260 | 494 | 是 |

注：人防段（K32 +678 ~ K32 +687）喷射混凝土厚度为 359mm，符合设计要求。

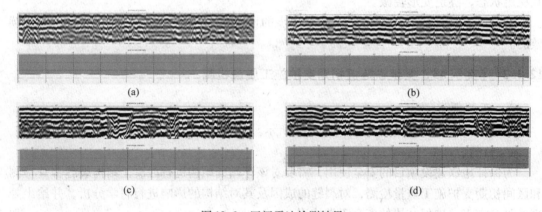

(a) (b)

(c) (d)

图 12-6　区间雷达检测结果

（a）区间左线雷达检测结果 01-测线 1；（b）区间左线雷达检测结果 02-测线 1；
（c）区间右线雷达检测结果 01-测线 1；（d）区间右线雷达检测结果 02-测线 1

　　通过对现场检测结果的分析可知，该区间 K32 +651 ~ K32 +781 里程段内喷射混凝土厚度、格栅钢架间距满足设计要求，整体施工质量良好，但局部少量存在不密实、脱空等缺陷，建议施工单位钻孔复查后，对缺陷部位进行相应技术处理。

## 12.2　隧道工程结构检测、鉴定案例

### 12.2.1　【实例 64】某高速公路山岭隧道技术状况评定

**A　工程概况**

　　某隧道进口桩号为 K1405 +245，出口桩号为 K1406 +918，洞长为 1673m；按长度划分为长隧道，洞门形式为端墙式，隧道内路面为水泥混凝土路面。该隧道为双向两车道隧道，其主要技术标准如下：隧道净宽 10.5m，限界净高为 5m，设计时速为 60km/h，现场如图 12-7 所示。

　　**a　目的**

　　为了掌握该隧道结构基本技术状况，评定结构物功能状态，并为制订养护计划提供技

术支持，特对该隧道进行定期检查，并对隧道技术状况进行评定。

b 初步调查结果

平面简图如图 12-8 所示。

图 12-7 结构现状

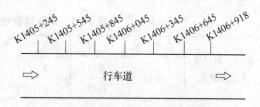

图 12-8 平面图

### B 结构检查与检测

进口右侧挡墙表面 4 处破损，累计面积 12m²，2 处渗水。进口顶部挡墙表面破损，累计面积 20m²。进口左侧挡墙表面有 2 处开裂，有 1 处起皮现象，累计破损面积 3m²。出口挡墙砂浆 2 处脱落，累计面积 1m²。K1405 + 321 处环向裂缝 $L = 3.5m$，环向裂缝 $\Delta = 0.16mm$。结构外观质量缺陷检查结果如图 12-9 所示。

  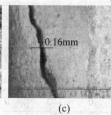  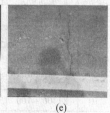

(a) (b) (c) (d) (e)

图 12-9 结构外观质量缺陷检查结果（一）

(a) 进口破损；(b) 出口；(c) 裂缝；(d) 墙体渗水；(e) 路面断板

K1405 + 779 处右边墙有渗水，K1406 + 801 处左边墙有渗水；K1406 + 751 处路面断板，K1406 + 755 处路面断板；K1406 + 680 处路面坑槽，$S = 30cm \times 15cm$；K1406 + 540 处路面坑槽，$S = 10cm \times 10cm$；大面积路面磨光且出现粗骨料外露现象；K1405 + 361 处滤水箅缺失且杂物堵塞；K1406 + 792 处左拱腰滴渗且路面有积水，$L = 2m$；内装饰大面积污染且局部位置涂料剥落；标线严重污染。结构外观质量缺陷检查结果如图 12-10 所示。

(a) (b) (c) (d) (e)

图 12-10 结构外观质量缺陷检查结果（二）

(a) 路面坑槽；(b) 路面磨光；(c) 水箅缺失且杂物堵塞；(d) 内饰污染；(e) 标线污染

### C 隧道技术状况评定

#### a 技术状况评定

该次检查共进行了洞口、洞门、衬砌、路面、检修道、排水系统、内装饰、吊顶及预埋件、标志标线9个项目的检查，病害检查统计结果及评定见表12-5。

表12-5 病害检查统计结果及技术状况评定

| 洞门、洞口技术状况评定 | 分项名称 | 位置 | 状况值 | 权重 $w_i$ | 检测项目 | 位置 | 状况值 | 权重 $w_i$ |
|---|---|---|---|---|---|---|---|---|
| | 洞口 | 进口 | 1 | 15 | 洞门 | 进口 | 0 | 5 |
| | | 出口 | 1 | 15 | | 出口 | 10 | 5 |

| 编号 | 里程 | | 状况值 | | | | | | | |
|---|---|---|---|---|---|---|---|---|---|---|
| | 起点桩号 | 终点桩号 | 衬砌破损 | 渗漏水 | 路面 | 检修道 | 排水设施 | 吊顶及预埋件 | 内装饰 | 标志标线 |
| 1 | K1405+245 | K1405+300 | 0 | 0 | 2 | 0 | 0 | 0 | 1 | 3 |
| 2 | K1405+300 | K1405+400 | 0 | 1 | 2 | 0 | 0 | 0 | 1 | 3 |
| 3 | K1405+400 | K1405+500 | 1 | 1 | 2 | 0 | 1 | 0 | 2 | 3 |
| 4 | K1405+500 | K1405+600 | 1 | 1 | 2 | 0 | 0 | 0 | 1 | 3 |
| 5 | K1405+600 | K1405+700 | 1 | 1 | 2 | 0 | 0 | 0 | 1 | 3 |
| 6 | K1405+700 | K1405+800 | 0 | 1 | 2 | 0 | 0 | 0 | 1 | 3 |
| 7 | K1405+800 | K1405+900 | 0 | 0 | 2 | 0 | 0 | 0 | 2 | 3 |
| 8 | K1405+900 | K1406+000 | 1 | 1 | 2 | 0 | 0 | 0 | 1 | 3 |
| 9 | K1406+000 | K1406+100 | 1 | 1 | 2 | 0 | 0 | 0 | 1 | 3 |
| 10 | K1406+100 | K1406+200 | 1 | 1 | 2 | 0 | 0 | 0 | 1 | 3 |
| 11 | K1406+200 | K1406+300 | 1 | 1 | 2 | 0 | 0 | 0 | 1 | 3 |
| 12 | K1406+300 | K1406+400 | 1 | 1 | 2 | 0 | 0 | 0 | 1 | 3 |
| 13 | K1406+400 | K1406+500 | 1 | 1 | 2 | 0 | 0 | 0 | 1 | 3 |
| 14 | K1406+500 | K1406+600 | 1 | 1 | 2 | 0 | 0 | 0 | 1 | 3 |
| 15 | K1406+600 | K1406+700 | 1 | 1 | 2 | 0 | 0 | 0 | 1 | 3 |
| 16 | K1406+700 | K1406+800 | 1 | 2 | 2 | 0 | 0 | 0 | 1 | 3 |
| 17 | K1406+800 | K1406+900 | 0 | 1 | 2 | 0 | 0 | 0 | 1 | 3 |
| 18 | K1406+900 | K1406+918 | 0 | 1 | 2 | 0 | 0 | 0 | 1 | 3 |
| | max（$JGCI_{ij}$） | | 2 | | | 0 | 1 | 0 | 2 | 3 |
| | 权重 $w_i$ | | 40 | 15 | 2 | 6 | 10 | 2 | 5 | |
| | 技术状况评定 | | 62.5 | 土建结构评定等级 | | | 3类 | | | |
| | 养护措施建议 | | | 建议局部实施病害处治 | | | | | | |

#### b 技术状况评定对比

与上一年度检查结果对比发现：衬砌有54处渗水及104处渗水痕迹，裂缝数量和累计长度比上一年度都略有增加，但新增的裂缝宽度小于0.5mm且长度小于10m，尚未影响到隧道衬砌的整体结构安全，日常养护检查中需加强观测衬砌裂缝的发展趋势。技术状况评比结果如图 12-11 所示。

**D 养护、维修建议**

洞口：保养维修。洞门：正常养护。衬砌：对局部实施病害处治。路面：对局部实施病害处治。检修道：正常养护。排水系统：保养维修。吊顶及预埋件：正常养护。内装饰：对局部实施病害处治。标志标线：尽快实施病害处治。

**E 项目小结**

该隧道技术状况评定为 62.5 分，土建结构评定等级为 3 类。主要原因为：标志线及墙体破损严重，路面大面积破损。

## 12.2.2 【实例 65】某高速公路隧道火灾后技术状况评定

**A 工程概况**

某隧道进口桩号为 XK1107 + 631.5，出口桩号为 XK1107 + 254，洞长为 377.5m；按长度划分为短隧道，进出口洞门形式均为削竹式，隧道内路面为沥青混凝土路面。该隧道为单向两车道隧道，其主要技术标准如下：隧道净宽 10.25m，限界净高为 7.5m，设计时速为 80km/h，如图 12-12 所示。

图 12-11 技术状况评定对比

图 12-12 火灾后结构现状

**a 火灾调查结果**

火灾于上午 9 时 30 分开始，下午 13 时被扑灭，火灾持续了近 4.5h，造成该段隧道衬砌出现较大范围脱落等损伤，大火烧毁洞内部分电路、照明设施，并熏黑、污染大范围衬砌。起火原因为：一辆满载 26t 的货车因刹车片起火自燃，导致其在隧道左线 XK1107 + 560 ~ XK1107 + 485 突然起火、燃烧蔓延成灾。

**b 初步调查结果**

根据衬砌受灾严重程度的不同，将火损区初步划分为 6 个区域，具体划分情况及过火区域平面图如图 12-13 所示。

**B 结构检查与检测**

**a 火灾后衬砌外观损伤检查结果**

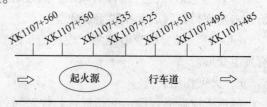

图 12-13 过火区域平面图

（1）隧道区段 XK1107 + 560 ~ XK1107 + 550：涂层有少量脱落，表面烟熏黑色，锤击反应声音较闷，表面有较明显痕迹少量。

（2）隧道区段 XK1107 + 550 ~ XK1107 + 535：涂层全部脱落，混凝土表面正常，其中左边墙、左拱腰、拱顶各有 1 处混凝土剥落，剥落处表面略带浅红色，锤击反应声音发闷，表面痕迹较少，裂缝均小于 1mm，酥松厚度为未脱落处约 58mm、脱落处约 6mm，剥落深度 9 ~ 146mm，剥落面积为 24.8m²。

（3）隧道区段 XK1107 + 535 ~ XK1107 + 525：涂层大面积脱落，残留涂层周边呈浅黄色，混凝土表面呈灰色，锤击反应声音较闷，表面痕迹较多，拱部有多处小于 0.5mm 网裂。

（4）隧道区段 XK1107 + 525 ~ XK1107 + 510：涂层多处脱落，残留涂层表面呈黑色，混凝土表面呈灰色，锤击反应声音较响亮、表面有轻微痕迹，拱部有几处小于 0.2mm 的网裂。

（5）隧道区段 XK1107 + 510 ~ XK1107 + 495：涂层有少量脱落，表面烟熏黑色，混凝土表面呈灰色，锤击反应声音响亮 少量原始裂缝。

（6）隧道区段 XK1107 + 495 ~ XK1107 + 485：表面烟熏黑色，锤击反应声音响亮少量原始裂缝。

b　火灾后现场检测结果

（1）混凝土强度检测：混凝土表面被灼烧后，强度根据受火灾影响均有不同程度折减。现场采用超声回弹综合法检测混凝土强度，检测区域结果见表 12-6。

（2）混凝土超声检测结果：受损衬砌采用超声波检测，其声速介于 2365 ~ 4216m/s 之间。另在火损区外测取了 1 组超声波速值（4300m/s）作为火灾前衬砌混凝土声速值，并依此求取各区段声速比，其结果见表 12-7。

表 12-6　超声回弹综合法检测混凝土强度数据

| 位置 | 推定强度平均值/MPa | 强度折减 |
|---|---|---|
| 1 | 33.1 | 0.85 |
| 2 | 27.1 | 0.69 |
| 3 | 28.6 | 0.73 |
| 4 | 32.4 | 0.83 |
| 5 | 33.7 | 0.86 |
| 6 | 38.3 | 0.98 |

表 12-7　混凝土超声检测结果一览表

| 位置 | 拱顶超声波速/m·s⁻¹ | 墙超声波速/m·s⁻¹ | 声速比 |
|---|---|---|---|
| 1 | 3658 | 3843 | 0.85 ~ 0.89 |
| 2 | 2975 | 3178 | 0.69 ~ 0.74 |
| 3 | 3218 | 3782 | 0.75 ~ 0.88 |
| 4 | 3824 | 3956 | 0.89 ~ 0.92 |
| 5 | 3987 | 4176 | 0.93 ~ 0.97 |
| 6 | 4016 | 4216 | 0.93 ~ 0.98 |

（3）火灾后二次衬砌背后缺陷：通过对火损区拱顶纵向测线的地质雷达图像处理、分析，未发现衬砌背后存在脱空现象。

（4）柱、梁、板变形检测：现场初步勘察认为，隧道衬砌表面损坏较严重，但结构没有发生变形。

c　火灾作用调查

隧道火灾后需要确定的指标：灼烧时间、损伤厚度以及损伤程度。混凝土火灾前后声速比与温度场之间的对应关系：

$$T = 1329 - 1270 \times (V/V_0)$$

式中　$T$——混凝土表面温度；

$V$——火灾后，衬砌混凝土波速；

$V_0$——火灾前，衬砌混凝土波速。

火灾发生时的温度和受火时间是灾害评价的重点。该次隧道火灾区温度推测根据混凝土着火后外观、超声波声速比、混凝土强度损失比综合确定。

通过火灾后混凝土表面特征、混凝土强度损失比（表12-6）、超声波声速比结果（表12-7），确定火灾温度，综合推定火损区的火灾温度如图12-14所示。温度场中阴影部分（1）隧道区段 XK1107 + 560 ~

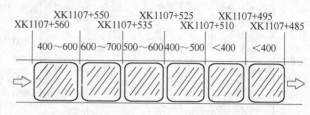

图 12-14 过火区域温度场

XK1107 + 550：400 ~ 600℃。（2）隧道区段 XK1107 + 550 ~ XK1107 + 535：600 ~ 700℃。（3）隧道区段 XK1107 + 535 ~ XK1107 + 525：500 ~ 600℃。（4）隧道区段 XK1107 + 525 ~ XK1107 + 510：400 ~ 500℃。（5）隧道区段 XK1107 + 510 ~ XK1107 + 495：小于 400℃。（6）隧道区段 XK1107 + 495 ~ XK1107 + 485：小于 400℃。

C 火灾后损伤等级判定

根据《公路隧道养护技术规范》（JTG H12—2003）要求，发生火灾等异常事件隧道需要做特别检查甚至专项检查，以评价其技术状况，但该规范未给出评价规程。目前较为规范、系统的隧道混凝土衬砌结构火灾损伤评定方法是铁科院、北方交大等单位实施的铁道部重点项目"隧道衬砌结构火灾损伤评定和修复加固措施"报告中的评价方法。其将隧道火灾受损评定分为隧道火灾后检查和现场试验2个方面。

隧道检查是对火灾隧道各部分的技术状态信息详细的调查研究，隧道现场试验是通过火灾后隧道现场试验，量测隧道结构性能的参数，如强度、变形、沉降、隆起、应变、裂缝、剥落等信息，分析其结构的强度、刚度、耐火抗裂性能及整体稳定性，据此评估火灾后隧道的支护承载能力。该方法将结构火灾损伤程度划分为轻度损伤（Ⅰ）、中度损伤（Ⅱ）、严重损伤（Ⅲ）、极度损伤（Ⅳ）、破坏（Ⅴ）5个级别，其损伤特征指标和评价标准较为合理，操作性较强。其隧道衬砌结构火灾鉴定标准等级见表12-8。

表 12-8 隧道衬砌结构火灾鉴定标准

| 损伤程度 | 损伤指标特征 | | | | | | | | | |
|---|---|---|---|---|---|---|---|---|---|---|
| | 损伤深度/cm | 酥松深度/cm | 剥落深度/cm | 衬砌混凝土残余强度比/% | 结构残余支撑能力 | 混凝土衬砌声速比 | 温度指标 | | 表面特征 | |
| | | | | | | | 火灾温度/℃ | 燃烧时间/h | 混凝土表面颜色 | 烧伤区混凝土特征 |
| 轻度损伤（Ⅰ） | 3 ~ 6 | 2 ~ 4 | 基本无 | >0.7 | >0.85 | >0.8 | 400 500 600 | 5 ~ 14 1 ~ 8 0 ~ 3 | 烟熏黑色 | 表层混凝土轻微损伤，整体结构基本未破坏，烧伤区域混凝土组织结构基本保持原状 |

续表 12-8

| 损伤程度 | 损伤指标特征 | | | | | | | | | |
|---|---|---|---|---|---|---|---|---|---|---|
| | 损伤深度/cm | 酥松深度/cm | 剥落深度/cm | 衬砌混凝土残余强度比/% | 结构残余支撑能力 | 混凝土衬砌声速比 | 温度指标 | | 表面特征 | |
| | | | | | | | 火灾温度/℃ | 燃烧时间/h | 混凝土表面颜色 | 烧伤区混凝土特征 |
| 中度损伤（Ⅱ） | 6～12 | 4～7 | 0～3 | 0.5～0.7 | 70～85 | 0.5～0.8 | 600<br>700<br>800<br>900 | 3～19<br>0～19<br>0～11<br>0～1 | 烟熏黑色，略带浅红色 | 表层混凝土剥落，烧损的混凝土结构呈褐色，结构表面局部有缝宽 0.5～2mm 的裂缝 |
| 严重损伤（Ⅲ） | 12～20 | 7～12 | 3～7 | 0.36～0.5 | 55～70 | 0.3～0.5 | 900<br>1000<br>1100<br>1200 | 1～35<br>0～26<br>0～16<br>0～6 | 灰白略带浅红色 | 表层混凝土剥落和酥松较为严重，有 2～3cm 的酥松层，混凝土组织发生了显著变化。结构表面局部有较多裂缝 |
| 极度损伤（Ⅳ） | 20～30 | 12～20 | 7～15 | 0.2～0.36 | 40～55 | 0.1～0.3 | 1200<br>1300<br>1400<br>1500 | 1～35<br>0～26<br>0～16<br>0～6 | 灰白色 | 表层混凝土剥落，烧酥极为严重，烧酥层厚度大于 4cm，混凝土组织发生了变质。结构表面部分大于 2mm 的裂缝 |
| 破坏（Ⅴ） | >30 | >20 | >15 | <0.2 | <40 | <0.1 | 1200<br>1300<br>1400<br>1500 | >49<br>>39<br>>30<br>>30 | 灰白色 | 大量破坏性贯穿裂缝，混凝土烧酥，结构局部失稳 |

结合表 12-8 中损伤等级评定的相关要素和本次检查结果，分别对该隧道火损段损伤等级判定为Ⅰ、Ⅱ级，其中，隧道区段 XK1107＋550～XK1107＋535 为中度损伤（Ⅱ）、其他为轻度损伤（Ⅰ）。

D　加固修复建议

根据火灾后构件评级结果可知，失火影响区域安全性不满足鉴定标准对Ⅰ级的要求，对整体承载功能和使用功能有一定的影响，主要病害在于衬砌、路面及附属设施等火灾受损区域，需要采取加固修复措施以提高该建筑的承载能力和使用性能，在修复完成后需对隧道进行日常检查和定期检查，以便尽早了解和发现隧道的变化情况。

E　项目小结

隧道结构火灾损伤的检测和评价是一项技术复杂的工作，而火灾温度场的推定是损伤评价的关键，目前类似检测中尚无单一方法和指标可以直接推定火场温度和判别混凝土、钢筋的损伤情况。为此，该工程采用定性定量相结合的综合检测方法，在检测过程中注意火灾过程的详细调查、混凝土外观特征变化、内部材料质量的检测对比，在此基础上对火灾造成的损伤进行合理评估，制定合理的修复加固方案。

## 12.3 隧道工程结构检测、鉴定、加固修复案例

### 12.3.1 【实例66】某山岭隧道技术状况评定及加固修复

**A 工程概况**

某隧道建于1994年，进口桩号为K1374+083，出口桩号为K1375+476，洞长为1393m；按长度划分为长隧道，洞门形式为端墙式，隧道内路面为水泥混凝土路面。该隧道为单向两车道隧道，其主要技术标准如下：隧道净宽10.5m，限界净高为7.2m，设计时速为80km/h。洞身衬砌为复合衬砌形式，现场如图12-15所示。

**a 目的**

经过多年使用，该隧道出现了不同程度的破损。隧道的内轮廓变形、裂缝、渗漏水和错台等病害已经严重影响隧道的正常运营和安全，拟对该隧道进行加固维修。为从整体上评价隧道的内轮廓变形、衬砌强度、衬砌厚度、病害程度及隧道安全性，为隧道的加固维修设计提供科学依据，特对该隧道进行检测及技术状况评定。

**b 初步调查结果**

由检测结果，隧道实测内轮廓和设计断面有区别，局部侵蚀严重，内轮廓按现场实测值确定，平面简图如图12-16所示。

图 12-15 平面图

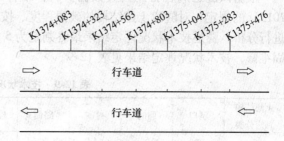

图 12-16 平面图

**B 结构检查与检测**

**a 现场检查结果**

（1）衬砌裂缝、渗漏水检查结果：隧道存在大量的裂缝，渗漏水严重（图12-17）。左线隧道共有斜向裂缝34条，水平向裂缝17条，大多位于拱腰位置；共有65处渗漏，其中3处为涌流，多位于拱腰位置。在K1374+205处，有一条长4.2m的裂缝，最大宽度为1.8mm，深为235mm。同时，右线隧道有斜向裂缝35条，水平向裂缝24条，大多位

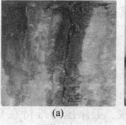

(a)　　　　　　(b)

图 12-17 病害缺陷
(a) 裂缝；(b) 渗水严重

于拱腰位置；共有201处渗漏，其中7处为涌流，多位于拱腰位置。在K1374+185处有一条长2.5m的裂缝，宽度为2.2mm，深度为280mm。

（2）其他病害检查结果：隧道各处存在破损、积土和发黑现象，部分路段路面铺装

层、人行检修道板等处破损现象严重；部分排水设施堵塞，基本失去使用功能；由于隧道渗水以及路面涌水现象严重，导致隧道路面板破损并凹凸不平，严重影响隧道行车安全。

b 现场检测结果

（1）隧道衬砌厚度、脱空检测结果：洞口加强段 R 型衬砌的二次衬砌设计厚度达到了 70cm，其余厚度为 45～50cm。运用地质雷达和钻孔取芯分别对衬砌厚度进行了检测，由结果分析可知，隧道实际衬砌厚度与设计值基本相符。经对雷达剖面显示异常处的分析，左隧道有 7 处离析，15 处围岩不均匀密实，7 处衬砌与围岩脱空；右隧道有 8 处离析，12 处围岩不均匀密实，12 处衬砌与围岩脱空。

（2）隧道衬砌强度检测结果：在隧道侧墙每 20m 检测 1 处衬砌混凝土强度，衬砌强度检测采用超声-回弹综合法和钻孔取芯相互验证。从检测结果可以知，回弹检测结果与芯样强度测试结果基本一致，左隧道强度不合格检测区为 7.6%，右隧道不合格检测区为 8.3%。

（3）隧道内轮廓变形：运用激光隧道断面仪，对左右洞隧道每 10m 测量一个内轮廓断面。左隧道实测内轮廓侵入隧道净空在 K1375+287 处达 43.5cm，侵入隧道建筑限界最大为 33.2cm；右隧道实测内轮廓侵入隧道净空在 K1374+121 处达 61.8cm，侵入隧道建筑限界达 34cm，整体隧道内轮廓凹凸不平，变形较大。

C 技术状况评定

根据该隧道病害检测检查数据资料，结合《公路隧道养护技术规范》（JTG H12—2015）的规定，对隧道土建结构的破损程度、按材料劣化所致结构破损程度、渗漏水情况进行分析，隧道技术状况评定结果最终判定为 5 类。隧道存在严重的安全隐患，需进行加固维修，技术状况评定结果见表 12-9。

表 12-9 技术状况评定结果

| 土建结构判定分类 | 洞口 | 洞门 | 衬砌 | 路面 | 检修道 | 排水系统 | 吊顶及预埋件 | 内装饰 | 标志标线 |
|---|---|---|---|---|---|---|---|---|---|
| 5 | 0 | 0 | 1 | 1 | 0 | 0 | 0 | 1 | 3 |

D 加固修复

隧道病害的产生与多种因素有关，往往是一种或多种病害同时出现，尤其是隧道内水害与隧道衬砌裂损和其他病害的关系密切。针对该隧道的实际病害情况，结合历史原因，综合比较各种方案，采用注浆加固、碳纤维加固、套拱加固进行裂缝等缺陷加固修复。

a 注浆加固

对于隧道衬砌存在的细微裂缝等轻微病害位置，采用注浆加固。对每段隧道注浆时，先从两个边孔开始，压注水泥浆，工作压力为 0.3～0.5MPa。当有浆液从中孔中流出时，接着从中孔压入水泥浆，工作压力维持在 0.5MPa，直至出气孔有浆液流出，此段注浆结束。衬砌注浆加固示意图如图 12-18 所示。

b 凿槽注浆、碳纤维布加固

对于隧道衬砌背后存在的空洞和脱空、严重离析等病害位置，对衬砌开裂不严重且无明显变形的，可对隧道裂缝处凿梯形槽，预埋注浆管对裂缝注超细水泥浆，对梯形槽处采用聚合物改性水泥基修补砂浆嵌补，表层采用碳纤维布粘贴，具体操作如图 12-19、图 12-20 所示。

c　套拱加固

综合考虑增建套拱后尚能满足隧道净空要求且边墙基本完好，并考虑拱部结构尚具有一定的整体性和承载能力，对于隧道衬砌开裂严重、裂损较严重的位置，采用钢筋混凝土套拱加固。具体操作如图 12-21 所示。采用套拱方案的优点是能较大提高衬砌结构的承载能力，还能重新设置防排水系统，对渗漏水进行彻底的处治。

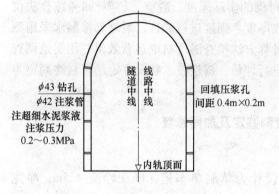

图 12-18　衬砌注浆加固示意图

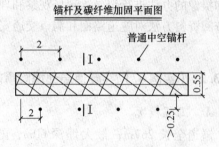

图 12-19　衬砌裂缝加固示意图

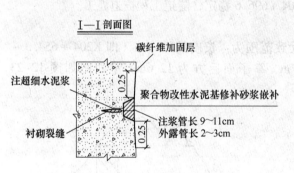

图 12-20　衬砌裂缝加固示意图

图 12-21　衬砌套拱加固示意图

在施作套拱前，先在既有衬砌上挂设排水板，再采用无钉铺挂技术铺设防水层，最后浇注套拱。在改造施工时，先拆除路面、路面基层、仰拱回填、人行道板、电缆沟槽、路面两侧排水边沟，然后再施工套拱。钢筋混凝土套拱的设计厚度为 30cm，对于隧道内因为衬砌变形或施工中的跑模等原因造成的内轮廓变位，套拱局部厚度不满足 30cm 时，应凿除原突出部分的混凝土，并用混凝土浇实空隙部分。在施工凿除原衬砌混凝土前，应对原衬砌拱脚用锚杆锚固，避免凿除拱脚后引起衬砌下沉、失稳。

d　其他辅助设施修复

整治隧道施工接缝及其防水层，通过点堵、线堵和面堵相结合的防水方式整治排水设施，对通过车辆实行限速，定期对隧道进行清洁维护。

E　项目小结

根据隧道竣工资料及现场观察分析，该隧道施工采用模板衬砌浇筑，在振捣混凝土时，模板产生跑模或变形，是导致隧道内轮廓凹凸不平的主要原因。实际施工中防排水系统未严格按设计施工，施工接缝处未设止水带，经过多年使用又欠缺工程维护，所设置的盲沟、排水沟部分堵塞或损坏，造成水路不通畅，导致在衬砌开裂处、施工接缝处出现渗漏水。施工缝未做特殊防水处理，是导致出现大量渗水的原因。

对隧道内轮廓，衬砌厚度及脱空、孔洞，衬砌强度，衬砌裂缝和渗漏水，隧道内路面状况，洞口周边设施，洞门现状，附属设施和隧道内部装饰调查等，运用隧道激光断面仪检测隧道的内轮廓变形，地质雷达检测隧道衬砌的实际厚度、脱空，超声-回弹综合法仪检测隧道衬砌的强度，钻孔取芯法对隧道衬砌厚度、强度进行验证，裂缝和渗漏水采用测量和摄像的办法进行记录，现场观察和理论计算方法检查隧道机电运营效果，用实地调查和查阅资料方法对隧道路面和洞口交通安全进行评估，隧道技术状况评定结果最终判定为5类。

### 12.3.2 【实例67】某隧道局部塌陷事故检测鉴定及加固修复

**A　工程概况**

隧道全长 267m，最大埋深 60m，隧道设计为单洞单车道，断面净高 4.5m，净宽 4.5m。隧道现状如图 12-22 所示。

**a　目的**

隧道从大里程向小里程方向开挖，上台阶开挖至 K204 + 684 发生掉块突泥坍塌，块（碎）石及黏土掩埋掌子面，并延伸到 K204 + 696.6 稳定，隧道工程被迫停工。

**b　初步调查结果**

根据密度电阻率法量测分析，坍体大致范围为：长度约 42.3m（即 K204 + 654.3 ~ K204 + 696.6），其中掌子面前方为 29.7m，掌子面后方为 12.6m。平面图如图 12-23 所示。

图 12-22　结构现状

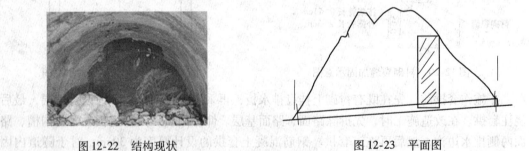

图 12-23　平面图

**B　结构检查与检测**

**a　隧道地质调查**

隧道施工图设计前参考了相邻位置的地质剖面，针对该隧道并未单独开展详细地质勘查工作。经调查发现，隧道沿线地层岩性主要为硅质页岩、炭质灰岩、灰岩、碎石土等，局部断层、岩溶发育。

**b　塌方区域调查**

坍体为硅质碎石和黄色黏土，黏土试验物理力学指标显示，黄色黏土天然含水量和液限指标较高，分别为 38.5% 和 48.4%，土中夹大块孤石。塌体高度贯穿坡顶，坍体前方受坍方体影响，有约15m范围影响区，岩体较为破碎，且受坍体滑动影响，含水量较大。均与设计地质存在部分不符。

C 技术状况评定及坍方原因分析

a 技术状况评定

根据该隧道病害检测检查数据资料，结合《公路隧道养护技术规范》（JTG H12—2015）的规定，对隧道土建结构的实际破损状况进行评定，隧道技术状况评定结果最终判定为5类。隧道需立即加固维修，评定结果见表12-10。

表12-10 技术状况评定结果

| 土建结构判定分类 | 洞口 | 洞门 | 衬砌 | 路面 | 检修道 | 排水系统 | 吊顶及预埋件 | 内装饰 | 标志标线 |
|---|---|---|---|---|---|---|---|---|---|
| 5 | 0 | 0 | 4 | 3 | 0 | 0 | 0 | 3 | 3 |

b 隧道塌方原因分析

（1）实际隧道围岩类别与设计有较大差异。隧道左侧为黏土，节理裂隙发育，呈碎块状，有裂隙水，围岩自稳能力较差，且掌子面上方有一较大的冲沟，地表水长期渗透造成该段形成一个溶蚀带。

（2）坍方处理施工措施不当。该段隧道开挖时已发生两次小规模的坍方，对出现的小坍方处理时仅打设3m小导管注浆处理，从坍方土体发现，小导管注浆不到位。

（3）对隧道围岩地质重视不够。过分依赖设计地质资料，未采取有效措施超前预报，未发现前段围岩发生了较大变化，导致出现了此次大坍方。

D 加固修复

a 加固施工方案

通过参考国内相关软弱地层施工先例，结合该工程实际，采用工作面预注浆加固塌方松散体+加强型管棚超前支护。

隧道塌陷治理过程为：工作面预注浆→上半断面开挖与钢支架支护→下半断面开挖与钢支架支护→浇筑混凝土永久支护。

b 注浆加固地层

隧道两侧虽然都为塌方体，但考虑到主井侧坍塌物为硅质碎石和红褐色黏土，流动性大，主井侧溶洞坍塌处选择先进行工作面预注浆，增加坍塌处的支撑力。设计将坍塌物清理至离接触面4m处建0.9m厚止浆墙开钻注浆，止浆墙与坍塌体间进行回填。

钻孔施工顺序：首先在离底部1m高水平打3个减压孔（23～25），用于顶部钻孔和注浆过程中水和气体排出；其次1～16注浆孔，钻孔从中心线向两侧按水平外插角0°～15°、垂直外插角35°～45°打孔；最后17～22注浆孔，中心线向两侧方向按水平外插角0°～15°，垂直外插角0°打孔。钻孔布置如图12-24、图12-25所示。工作面预注浆采用钻机一次打到栖霞组灰岩稳定围岩后，后退式注浆。孔深15m左右，孔口直径为75mm，浆液类型以水泥单液浆为主，内加速凝剂。速凝剂掺量为1%～3%，注浆终压为5～16MPa，凝结时间为1～2d，扩散半径为1.5m。

隧道内部施工的同时，在地表塌陷处采取遮盖、引流等措施减少水流进入，预防水软化坍塌物，进一步弱化其自稳能力，定期观测塌陷处变化情况。

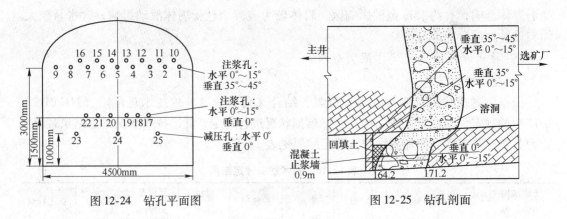

图 12-24　钻孔平面图　　　　　　　　　图 12-25　钻孔剖面

在注浆一周后，坍塌物含水量减少，部分颗粒被水泥胶结，流动性减小，自稳能力增强，符合超前管棚支护条件。

c　加强型管棚支护

采用加强型管棚支护地段为：塌方段主井侧 7m 处、选矿厂侧 26m 处。根据坍塌物性质的不同，利用钻机沿隧道开挖边线打 $\phi 75mm$、孔间距 0.8～1m 的钻孔，打至相对稳定围岩，然后将 $\phi 60mm \times$（4000～8000）mm 长度不等的钢管插入塌方体中形成临时支护。在钢管插入范围内采用小型挖掘机、人工或风镐自上而下开挖坍塌物，沿隧道前进方向清理出 0.6m 后立刻架设钢支架，使钢管与支架紧密接触，并在已有长钢管间人工打入 $\phi 60mm \times$（2000～3000）mm 短钢管，管间距为 15～20cm，形成管棚。每隔 50cm 架设一架钢支架，将钢管与支架焊接形成整体。每架设 6 架管棚进行一次永久性支护。管棚支护结构如图 12-26 所示。

隧道已完工段永久支护与塌方段接头处施工处理：已开掘段永久支护隧道断面比塌方段挖掘断面小，接头衔接困难，采用返回式施工方法解决。沿已有永久支护边缘按 10° 外插角插入 $\phi 60mm \times$（4000～8000）mm 钢管，按每 50cm 架设一架钢支架，在 6 号钢支架沿隧道开挖边线垂直作业面打入 2～3m 钢管，按 5～1 号顺序拆除钢支架，并沿新钢管边线回挖至隧道设计开挖边线，重新架设 5～1 号钢支架，如图 12-27 所示。

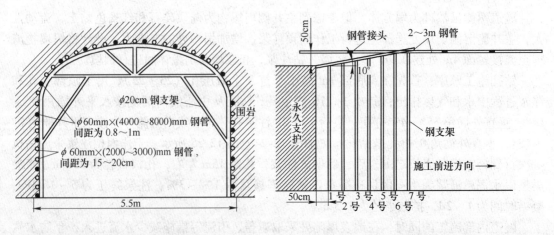

图 12-26　管棚支护结构　　　　　　　　　图 12-27　返回式施工示意

先施工顶部钻孔，插入钢管后施工两侧钻孔；管棚内部塌方体要小断面由上至下开挖，隧道顶部拱形完整断面挖掘出后，先进行钢支架架设，然后开挖底部塌方体，架设腿部，形成钢支架整体；开挖过程中保持钢管至少有 20cm 插入围岩，否则打入新钢管后再开挖，并确保钢管接头有 20cm 重合部分，特别是位于作业面的钢支架，要全部加固好后再对这一部分坍塌物进行开挖；塌方处施工要求在最短时间内通过，当管棚长度有 2~3m 时，及时对这部分进行钢筋混凝土永久支护，加强支撑强度；在开挖过程中，为防止再次塌方，除应尽量避免爆破外，同时要注意保留作业面下部位置的坍塌物，遇到体积较大的岩石时，采用人工打眼、膨胀剂涨开岩石的方法移除；施工时利用钻孔探测前方地质条件变化，随时调整打入围岩钢管深度。

E  项目小结

（1）运用工作面预注浆＋管棚超前支护方法，对隧道坍塌段进行了处理，效果好、施工进度快、工程成本低、安全性高。

（2）工作面预注浆技术成熟、施工简单，在易发生坍塌的溶洞地段对增强以碎石土和泥为主的溶洞充填物自稳能力具有良好效果。

（3）加强型管棚支护可有效预防和解决已发生塌方地段开挖过程再次失稳等问题，是一种通过隧道塌方段安全有效的手段。

（4）在施工过程中应尽量缩短通过坍塌段时间，合理组织管棚架设、坍塌物开挖、永久支护的施工配合，减少因应力变化带来的二次塌方等安全隐患。

## 12.4  本章案例分析综述

本章结合 6 个隧道的工程实例，其中 2 个检测案例，2 个检测、鉴定案例，以及 2 个检测、鉴定、加固修复的工程案例，详细介绍了桥梁工程中最常见的山岭隧道、地铁隧道的检测、鉴定、加固修复过程，与建筑工程相比，隧道工程检测、鉴定、加固修复有自身的特点，应根据不同的结构形式，有针对性地开展各项工作。同时，也应该看到隧道工程在检测、鉴定、加固修复的各个环节仍有许多问题需要解决。

（1）检测方面：目前，隧道病害检测受运营、洞内环境（潮湿、阴暗等）等不利条件的限制，部分检测项目不易测取，缺乏不干扰交通、适应性强、自动化程度高的隧道病害调查与检测方法及设备，致使某些反映衬砌结构技术状况的技术指标在现场检测工作中难以获取，造成衬砌结构技术状况的评定指标体系存在完备性不足的问题，下一步可对隧道检测设备和检测方法进行研究，开发出适用于隧道工程检测的准确有效的检测设备，从而能全面掌握隧道衬砌结构的真实状况。

（2）鉴定方面：目前隧道衬砌结构技术状况综合评定中，病害分级评定还停留在定性描述阶段，如何将隧道病害定性和定量结合起来评定隧道的安全性将是今后研究的发展方向。目前公路隧道规范中对于衬砌结构在病害条件下的承载力验算还没有相应规定，以后应当完善这一方面的内容。在病害条件下隧道衬砌结构安全性验算中，如何将隧道病害考虑到计算模型中，围岩及材料参数的如何选取更合理，模型如何建立才更符合实际都是有待深入研究的问题。目前多数评定方法仍然基于经验进行评定，各个体评定结果之间差异性较大，难以达成共识，缺乏量化的评定方法。

（3）加固修复方面：隧道病害防治是一项系统工程，要求业主、设计、施工、材料供应、运营等单位紧密配合，既要求设计在业主的支持下，采用先进可靠的预防技术和优化设计，又要求施工在现场监理的严格监督和密切配合下，严格施工工艺，保证设计意图的实现。从实际工程案例的加固修复、治理的效果来看，对于某些病害的治理是有效和可行的，但是由于隧道工程自身的特点和缺少对整治方法、材料及工艺的系统研究，多数病害防治对策都是基于经验设计的，缺少理论依据，加固机理尚不明确，有关加固后的隧道安全状态评估研究也比较少，因此，下一步可对维修加固材料、维修加固工艺以及维修加固后评价等项目进行深入研究。

# 13 道路工程结构检测、鉴定、加固修复案例及分析

## 13.1 道路工程结构检测案例

### 13.1.1 【实例68】某沥青路面质量缺陷检测

A　工程概况

某三级沥青路面全长5km，起始桩号K105+200，终点桩号为K110+200，路基宽度18m，路面宽度15m。现场如图13-1所示。

a　目的

该路段建成于2007年，自投入使用以来，历年正常养护，但由于多种原因，路面损坏状况较为严重。

b　初步调查结果

采用人工巡查的方式对路面的破损状况和平整度进行检测。平面图如图13-2所示。

图13-1　结构现状

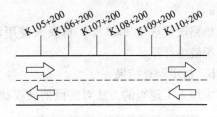

图13-2　平面图

B　现场检查与检测

通过检测发现，该路面主要缺陷有五大类。

（1）裂缝：现场发现大量斜向、横向裂缝，详细情况如图13-1所示。

（2）坑槽：现场发现大量路面坑槽，面积大小在 $0.3 \sim 0.8 \mathrm{m}^2$ 不等，该缺陷大量零散分布在整个路面，详细情况如图13-3（a）所示。

（3）唧浆：现场发现部分路面出现唧浆现象，影响面积在 $0.6 \sim 1.5 \mathrm{m}^2$ 不等，分布在整个路面，详细情况如图13-3（b）所示。

（4）泛油：现场发现部分路面出现泛油现象，影响面积在 $3 \sim 6 \mathrm{m}^2$ 左右，零散分布在整个路面，详细情况如图13-3（c）所示。

（5）变形：现场发现6处路面变形，最大变形在60mm，6处变形分布在路面K108+100、K109+400等处，详细情况如图13-3（d）所示。

图 13-3 路面典型缺陷

(a) 路面坑槽；(b) 唧浆；(c) 泛油；(d) 变形

C 检测结论

该路段共有裂缝、坑槽、泛油、唧浆、变形 5 种损坏。按损伤类型分为以下三大类：(1) 裂缝类：裂缝贯通面层，损坏形式有横向裂缝、纵向裂缝、网状裂缝。(2) 表面损坏类：发生在面层表面的局部损坏，如坑槽、泛油、唧浆等。(3) 变形类：面层的整体性未破坏，但出现了较大的水平及竖向位移，影响行车舒适性。

## 13.1.2 【实例69】某水泥混凝土路面质量缺陷检测

A 工程概况

某三级公路水泥混凝土路面全长 3km，起始桩号为 K8 + 500，终点桩号为 K11 + 500，路基宽度为 9m，路面宽度为 7.8m，面层为 20cm 水泥混凝土，基层为 20cm 水泥稳定砂砾基层，结构现状如图 13-4 所示。

a 目的

该路段建成于 2003 年，自投入使用以来，历年正常养护，但由于多种原因，路面损坏状况较为严重。

b 初步调查结果

采用人工巡查的方法对路面的破损状况和平整度进行检测，平面图如图 13-5 所示。

图 13-4 结构现状

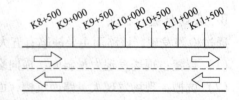

图 13-5 平面图

B 现场检查与检测

经检测发现，该路面主要缺陷有五大类。

(1) 裂缝：现场发现大量纵向、交叉裂缝，部分裂缝将板分成数块，裂缝分布在整个路面 K8 + 500 ~ K11 + 500 区域，如图 13-6 (a) 所示。

(2) 坑洞：现场发现部分路面坑洞，面积大小在 0.6 ~ 1.2m² 不等，该缺陷破坏为非结构性损坏，出现在面层表面的局部，零散分布在整个路面，如图 13-6 (b) 所示。

（3）隆起：现场发现2处路面隆起，最大影响面积在$7m^2$左右，该缺陷破坏为结构性损坏，影响行车舒适，但面层的整体性未破坏。两处隆起分布在路面K9 + 650、K10 + 120处，如图13-4所示。

（4）错台：现场发现部分路面出现错台现象，影响面积在$5m^2$左右，零散分布在整个路面，如图13-6（c）所示。

（5）剥落：现场发现大面积路面剥落现象，影响面积在$3 \sim 6m^2$不等，分布在整个路面，如图13-6（d）所示。

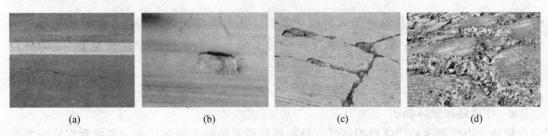

（a）        （b）        （c）        （d）

图13-6　路面典型缺陷
（a）裂缝；（b）坑洞；（c）错台；（d）剥落

C　检测结论

该路段共有裂缝、坑洞、隆起、错台、剥落5种损坏类型。（1）裂缝类：贯通面层厚度的断裂裂缝，把板分成数块，破坏了面层结构的完整性。损坏形式有横向裂缝、纵向裂缝、交叉裂缝和板角折裂。（2）变形类：面层的整体性未破坏，但出现了较大的竖向位移，影响行车舒适性。主要表现有错台、沉陷、隆起、拱起等。（3）接缝损失类：横缝或纵缝附近局部深度范围内出现混凝土碎裂和裂缝，填缝料失效，如板缝处剥落、碎裂等。（4）表面损坏类：属于非结构性损坏，发生在面层表面的局部损坏，如纹裂、麻面、坑洞等。

## 13.2　道路工程结构检测、鉴定案例

### 13.2.1　【实例70】某水泥混凝土路面检查及技术状况评定

A　工程概况

某二级公路水泥混凝土路面全长10km，起始桩号为K6 + 000，终点桩号为K16 + 000，路基宽度为12m，路面宽度为7.5m，面层为20cm水泥混凝土，基层为20cm水泥稳定砂砾基层。现场如图13-7所示。

a　目的

该路段建成于2004年，自投入使用以来由于多种原因，路面损坏状况较为严重。

b　初步调查结果

采用多功能道路检测车对路面的破损状况和平整度进行检测和评定。桩号增加方向为上行，桩号递减方向为下行，以1km为一个评定单元。平面如图13-8所示。

B　现场检查与检测

路面损坏调查结果见表13-1，调查路段共有破碎板、裂缝、板角断裂、边角剥落、接

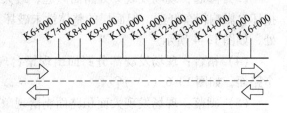

图 13-7　结构现状　　　　　　　　　　　　图 13-8　平面图

缝料损坏、坑洞、露骨和修补等 8 种损坏类型。其中裂缝、边角剥落和接缝料损坏以 m
计，其他损坏以 m² 计。路面损坏状况评价时不分上下行，按整个路面宽度 7.5m 进行
计算。

C　路面损坏状况评定

a　计算路面损坏面积

裂缝、边角剥落和接缝料损坏等三种损坏的检测结果为损坏长度，需要乘以影响系数
才能得到损坏面积 $A_i$，即：

$$A_i = l_i \times d_i$$

以 K6 +0 ~ K7 +0 的轻度裂缝为例，$A_i = l_i \times d_i = 38.5 \times 1.0 = 38.50 \mathrm{m}^2$，通过以上公式
计算得各种损坏面积，见表 13-1。

表 13-1　路面损坏调查表

| 单元桩号 | 破碎板轻 /m² | 破碎板重 /m² | 裂缝轻 /m | 裂缝中 /m | 裂缝重 /m | 板角断裂轻 /m² | 板角断裂中 /m² | 板角断裂重 /m² |
|---|---|---|---|---|---|---|---|---|
| K6 +0 | 0 | 0 | 38.5 | 10.5 | 33.8 | 1.85 | 0 | 0.24 |
| K7 +0 | 0 | 0 | 32.3 | 23.7 | 4.0 | 0 | 0.1 | 1.11 |
| K8 +0 | 0 | 0 | 22.7 | 11.8 | 0 | 0 | 0.68 | 0.09 |
| K9 +0 | 60.00 | 75.00 | 29.1 | 33.0 | 17.6 | 7.54 | 9 | 13.74 |
| K10 +0 | 45.00 | 75.00 | 78.9 | 3.9 | 94.3 | 8.34 | 2.12 | 13 |
| K11 +0 | 15.00 | 15.00 | 43.0 | 0 | 23.1 | 8.9 | 0 | 6.38 |
| K12 +0 | 15.00 | 30.00 | 155.9 | 0 | 58.4 | 20.15 | 13.71 | 10.41 |
| K13 +0 | 30.00 | 15.00 | 80.1 | 17.0 | 31.0 | 23.19 | 25.34 | 5.27 |
| K14 +0 | 330.00 | 660.00 | 145.4 | 49.1 | -191.9 | 8 | 0.6 | 20.92 |
| K15 +0 | 195.00 | 240.00 | 68.4 | 19.6 | 58.8 | 6.16 | 1.05 | 15.49 |

| 单元桩号 | 边角剥落轻 /m | 边角剥落中 /m | 边角剥落重 /m | 接缝料损坏轻/m | 接缝料损坏重/m | 坑洞 /m² | 露骨 /m² | 修补 /m² |
|---|---|---|---|---|---|---|---|---|
| K6 +0 | 5.5 | 0 | 5.4 | 0 | 0 | 0 | 167.54 | 34.23 |
| K7 +0 | 14 | 6.3 | 1.6 | 0 | 0 | 0 | 42.81 | 0 |
| K8 +0 | 11.9 | 18.8 | 3.6 | 5.2 | 0 | 0 | 46.07 | 41.19 |
| K9 +0 | 0 | 0 | 0 | 0 | 0 | 0 | 10.43 | 1.32 |
| K10 +0 | 2.5 | 0 | 4.2 | 0 | 0 | 0 | 43.26 | 0 |

| 单元桩号 | 边角剥落轻 /m | 边角剥落中 /m | 边角剥落重 /m | 接缝料损坏轻/m | 接缝料损坏重/m | 坑洞 /m² | 露骨 /m² | 修补 /m² |
|---|---|---|---|---|---|---|---|---|
| K11 +0 | 2.2 | 0 | 5.2 | 0 | 0 | 0 | 16.5 | 0 |
| K12 +0 | 8.9 | 0 | 1.6 | 0 | 0 | 0 | 98.55 | 12.57 |
| K13 +0 | 16.4 | 0 | 1.9 | 0 | 0 | 0 | 54.47 | 42.6 |
| K14 +0 | 0 | 0 | 4.9 | 0 | 0 | 0.32 | 321.33 | 0 |
| K15 +0 | 8.9 | 0 | 31.8 | 0 | 0 | 0 | 21.63 | 0 |

b 计算换算损坏面积

路面表面各种类型的损坏通过其对路面使用性能的影响程度加权累积计算换算损坏面积 $A_i$，不同损坏的权重 $w_i$ 不同，即：

$$\overline{A_i} = w_i \times A_i$$

以 K6 +0 ~ K7 +0 的轻度裂缝为例，$\overline{A_i} = w_i \times A_i = 0.6 \times 38.50 = 23.10\text{m}^2$。

c 计算路面破损率和路面状况指数 PCI

根据水泥混凝土路面状况指数 PCI 的计算式，计算出水泥混凝土路面的 PCI。以 K6 + 0 ~ K7 +0 段为例，调查的路面面积为 $A = 1000 \times 7.5\text{m}^2$。

$$DR = 100 \times \frac{\sum_{i=1}^{16} w_i \times A_i}{A} = 100 \times$$

$$\frac{38.5 \times 0.6 + 10.5 \times 0.8 + 33.8 \times 1.0 + 1.85 \times 0.6 + 0.24 \times 1.0 + 5.5 \times 0.6 + 5.4 \times 1.0 + 167.54 \times 0.3 + 34.23 \times 0.1}{1000 \times 7.5} = 1.72$$

$$PCI = 100 - a_0 DR^{a_1} = 100 - 10.66 \times DR^{0.461} = 100 - 10.66 \times 1.72^{0.461} = 86.31$$

通过以上公式计算得到的 DR 和 PCI 见表 13-2，路面损坏状况指数 PCI 随里程桩号分布如图 13-9 (a) 所示。

**表 13-2 路面破损计算结果**

| 单元桩号 | PCI | 破损率 | 破碎板轻 /m² | 破碎板重 /m² | 裂缝轻 /m | 裂缝中 /m | 裂缝重 /m | 板角断裂轻/m² | 板角断裂中/m² | 板角断裂重/m² |
|---|---|---|---|---|---|---|---|---|---|---|
| K6 +0 | 86.31 | 1.72 | 0 | 0 | 38.5 | 10.5 | 33.8 | 1.85 | 0 | 0.24 |
| K7 +0 | 89.58 | 0.95 | 0 | 0 | 32.3 | 23.7 | 4.0 | 0 | 0.1 | 1.11 |
| K8 +0 | 89.71 | 0.93 | 0 | 0 | 22.7 | 11.8 | 0 | 0 | 0.68 | 0.09 |
| K9 +0 | 82.75 | 2.84 | 60.00 | 75.00 | 29.1 | 33.0 | 17.6 | 7.54 | 9 | 13.74 |
| K10 +0 | 79.98 | 3.92 | 45.00 | 75.00 | 78.9 | 3.9 | 94.3 | 8.34 | 2.12 | 13 |
| K11 +0 | 87.88 | 1.32 | 15.00 | 15.00 | 43.0 | 0 | 23.1 | 8.9 | 0 | 6.38 |
| K12 +0 | 80.92 | 3.54 | 15.00 | 30.00 | 155.9 | 0 | 58.4 | 20.15 | 13.71 | 10.41 |
| K13 +0 | 83.11 | 2.71 | 30.00 | 15.00 | 80.1 | 17.0 | 31.0 | 23.19 | 25.34 | 5.27 |
| K14 +0 | 59.32 | 18.27 | 330.00 | 660.00 | 145.4 | 49.1 | 191.9 | 8 | 0.6 | 20.92 |
| K15 +0 | 72.73 | 7.67 | 195.00 | 240.00 | 68.4 | 19.6 | 58.8 | 6.16 | 1.05 | 15.49 |
| 各种破损加权面积/m² | | | 552 | 1110 | 416.58 | 134.88 | 512.9 | 50.48 | 42.08 | 86.65 |
| 各种破损面积/m² | | | 1662 | | 1064.36 | | | 179.21 | | |

续表13-2

| 单元桩号 | 评级 | 边角剥落轻/m | 边角剥落中/m | 边角剥落重/m | 接缝料损坏轻/m | 接缝料损坏重/m | 坑洞/m² | 露骨/m² | 修补/m² |
|---|---|---|---|---|---|---|---|---|---|
| K6+0 | 良 | 5.5 | 0 | 5.4 | 0 | 0 | 0 | 167.54 | 34.23 |
| K7+0 | 良 | 14 | 6.3 | 1.6 | 0 | 0 | 0 | 42.81 | 0 |
| K8+0 | 良 | 11.9 | 18.8 | 3.6 | 5.2 | 0 | 0 | 46.07 | 41.19 |
| K9+0 | 良 | 0 | 0 | 0 | 0 | 0 | 0 | 10.43 | 1.32 |
| K10+0 | 中 | 2.5 | 0 | 4.2 | 0 | 0 | 0 | 43.26 | 0 |
| K11+0 | 良 | 2.2 | 0 | 5.2 | 0 | 0 | 0 | 16.5 | 0 |
| K12+0 | 良 | 8.9 | 0 | 1.6 | 0 | 0 | 0 | 98.55 | 12.57 |
| K13+0 | 良 | 16.4 | 0 | 1.9 | 0 | 0 | 0 | 54.47 | 42.6 |
| K14+0 | 差 | 0 | 0 | 4.9 | 0 | 0 | 0.32 | 321.33 | 0 |
| K15+0 | 中 | 8.9 | 0 | 31.8 | 0 | 0 | 0 | 21.63 | 0 |
| 各种破损加权面积/m² | | 42.18 | 20.08 | 60.2 | 2.08 | 0 | 0.32 | 246.78 | 13.19 |
| 各种破损面积/m² | | | 122.46 | | 2.08 | | 0.32 | 246.78 | 13.19 |

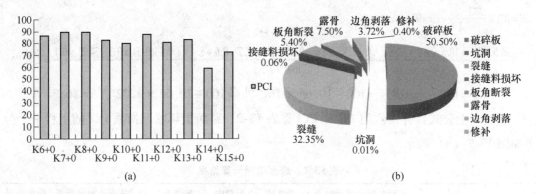

图 13-9 路面损害状况指数分布及破损类型分布

（a）路面损害状况指数 PCI 随里程桩号分布图；（b）破损类型分布图

d 路面状况评级

水泥混凝土路面状况评级分为优、良、中、次、差五个等级，各等级的评价标准见表 13-3 的规定。以 1km 为评价单元对整个调查路段 10km 的路面破损情况进行分析，统计各个等级路段所占的比例，统计结果见表 13-4。

由表 13-4 可以看出，没有路面状况达到优级的路段；良级占主要比例，为 70%。

表 13-3 水泥混凝土路面损坏状况评价标准

| 评价指标 | 评价等级 | | | | |
|---|---|---|---|---|---|
| | 优 | 良 | 中 | 次 | 差 |
| 路面状况指数 PCI | >90 | 90~80 | 80~70 | 70~60 | <60 |

表 13-4 水泥混凝土路面破损评价结果

| 路面破损等级 | 优 | 良 | 中 | 次 | 差 |
|---|---|---|---|---|---|
| 里程/km | 0 | 7 | 2 | 0 | 1 |
| 比例/% | 0 | 70 | 20 | 0 | 10 |

e 各种路面损坏类型分布

统计调查路段范围内，第 $i$ 种损坏的总面积及第 $i$ 种损坏占总损害面积的比例。

$$第 i 种损坏面积（m^2）= w_i \sum_{j=6}^{15} A_{ji}$$

$$第 i 种破损所占的比例（\%）= \frac{w_i \sum_{j=6}^{15} A_{ji}}{\sum_{i=1}^{16} \left( w_i \sum_{j=6}^{15} A_{ji} \right)} \times 100$$

式中　$j$——路面桩号数；

　　$A_{ji}$—— $K_i$ +0 公里处，第 $i$ 种破损的面积，$m^2$。

由以上公式计算得出路面破损面积及所占比例，并绘制损坏类型分布图，如图 13-9 (b) 所示。可以看出，此段水泥混凝土路面，主要损坏类型为破碎板和裂缝，分别占总破损面积的 50.50% 和 32.35%。

D 项目小结

按照《公路养护技术规范》（JTG H10—2009）的要求，对于该二级公路水泥混凝土路的评定等级为：没有路面状况达到优级的路段，良级比例为 70%。

## 13.2.2 【实例71】某沥青路面定期检查及技术状况评定

A 工程概况

某高速全长 132.288km，运营起讫桩号为 K1241 + 245 ~ K1373 + 533，设计为双向四车道，于 2002 年 6 月开工建设，2005 年 10 月建成通车，现场如图 13-10 所示。

a 目的

拟定对高速路面定期检查，对上下行线的一、二车道进行检测，检测项目包括路面强度、路面平整度、路面车辙深度、路面破损、路面抗滑性能等五项，全部采用快速检测设备进行全线检测，通过数据整理分析对路面使用性能进行评价。

b 初步调查结果

平面简图如图 13-11 所示。

图 13-10　结构现状

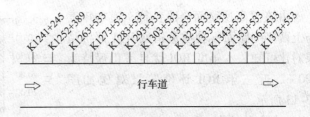

图 13-11　平面图

B 结构检查与检测

a 路面结构强度

该段高速路面设计弯沉值为 23.0（0.01mm），本次路面结构强度检测评定单元共 264 个，路面结构强度指数 PSSI 评价结果全部为优，上行线弯沉代表值最大为 17.6

（0.01mm），最小为 10.5（0.01mm），平均值 13.2（0.01mm），标准差为 1.7；下行线弯沉代表值最大为 19.2（0.01mm），最小为 11.6（0.01mm），平均值 14.1（0.01mm），标准差为 1.4；检测路段统计结果如图 13-12 所示，见表 13-5。

b  路面行驶质量

该段高速路面行驶质量检测评定单元共 532 个，路面行驶质量指数 RQI 评价结果全部为优，上行线国际平整度指数 IRI 最大值为 1.43m/km，最小值为 0.75m/km，平均值为 1.08m/km，标准差为 0.15；下行线 IRI 最大值为 1.48m/km，最小值为 0.96m/km，平均值为 1.15m/km，标准差为 0.11，检测路段统计结果见表 13-6。

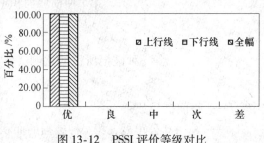

图 13-12　PSSI 评价等级对比

表 13-5　路面结构强度指数 PSSI 评价等级统计

| 评 价 等 级 | | 优 | 良 | 中 | 次 | 差 |
|---|---|---|---|---|---|---|
| 上行线 | 各级所占数量 | 132 | 0 | 0 | 0 | 0 |
| | 各级所占比例/% | 100.0 | 0.0 | 0.0 | 0.0 | 0.0 |
| 下行线 | 各级所占数量 | 132 | 0 | 0 | 0 | 0 |
| | 各级所占比例/% | 100.0 | 0.0 | 0.0 | 0.0 | 0.0 |
| 全幅合计 | 各级所占数量 | 264 | 0 | 0 | 0 | 0 |
| | 各级所占比例/% | 100.0 | 0.0 | 0.0 | 0.0 | 0.0 |

表 13-6　路面行驶质量指数 RQI 评价等级统计

| 评 价 等 级 | | 优 | 良 | 中 | 次 | 差 |
|---|---|---|---|---|---|---|
| 上行线 | 各级所占数量 | 266 | 0 | 0 | 0 | 0 |
| | 各级所占比例/% | 100.0 | 0.0 | 0.0 | 0.0 | 0.0 |
| 下行线 | 各级所占数量 | 266 | 0 | 0 | 0 | 0 |
| | 各级所占比例/% | 100.0 | 0.0 | 0.0 | 0.0 | 0.0 |
| 全幅合计 | 各级所占数量 | 532 | 0 | 0 | 0 | 0 |
| | 各级所占比例/% | 100.0 | 0.0 | 0.0 | 0.0 | 0.0 |

由该段高速路面全线各行车道本年度与上两年度路面行驶质量指数 RQI 评价结果对比可知，本年度 RQI 优良率仍保持为 100%，近三年 RQI 评价等级对比如图 13-13 所示。

c  路面车辙

该段高速路面车辙检测评定单元共 532 个，路面车辙深度指数 RDI 评价结果

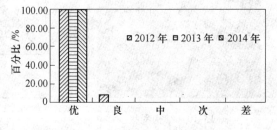

图 13-13　年度 RQI 评价等级对比

优良率为 99.6%。上行线车辙深度最大值为 9.9mm，最小值为 3.8mm，平均值为 5.7mm，标准差为 0.9；下行线车辙深度最大值为 10.1mm，最小值为 2.9mm，平均值为 6.1mm，标准差为 1.0；检测路段统计结果见表 13-7，如图 13-14 所示。

**表 13-7　路面车辙深度指数 RDI 评价等级统计**

| 评 价 等 级 | | 优 | 良 | 中 | 次 | 差 |
|---|---|---|---|---|---|---|
| 上行线 | 各级所占数量 | 64 | 202 | 0 | 0 | 0 |
| | 各级所占比例/% | 24.1 | 75.9 | 0.0 | 0.0 | 0.0 |
| 下行线 | 各级所占数量 | 70 | 194 | 2 | 0 | 0 |
| | 各级所占比例/% | 26.3 | 72.9 | 0.8 | 0.0 | 0.0 |
| 全幅 | 各级所占数量 | 134 | 396 | 2 | 0 | 0 |
| 合计 | 各级所占比例/% | 25.2 | 74.4 | 0.4 | 0.0 | 0.0 |

通过对比可知，本年度该段高速段 RDI 优良率较上一年度上升 10.1%，近三年 RDI 评价等级对比结果如图 13-15 所示。

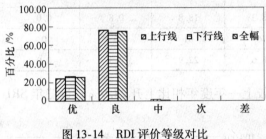

图 13-14　RDI 评价等级对比

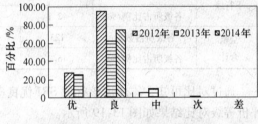

图 13-15　年度 RDI 评价等级对比

d　路面损坏

本次该段路面损坏检测评定单元共 532 个，路面损坏状况指数 PCI 评价结果优良率为 97.2%。上行线最大破损率为 2.51%，最小破损率为 0.05%；下行线最大破损率 4.18%，最小破损率为 0.07%，检测路段统计结果及详细数据见表 13-8，如图 13-16 所示。

**表 13-8　路面损坏状况指数 PCI 评价等级统计**

| 评 价 等 级 | | 优 | 良 | 中 | 次 | 差 |
|---|---|---|---|---|---|---|
| 上行线 | 各级所占数量 | 220 | 39 | 7 | 0 | 0 |
| | 各级所占比例/% | 82.7 | 14.7 | 2.6 | 0.0 | 0.0 |
| 下行线 | 各级所占数量 | 139 | 119 | 8 | 0 | 0 |
| | 各级所占比例/% | 52.3 | 44.7 | 3.0 | 0.0 | 0.0 |
| 全幅 | 各级所占数量 | 359 | 158 | 15 | 0 | 0 |
| 合计 | 各级所占比例/% | 67.5 | 29.7 | 2.8 | 0.0 | 0.0 |

通过对比可知，本年度该标段 PCI 优良率较上一年相比下降了 2.3%，近三年 PCI 评价等级对比结果如图 13-17 所示。

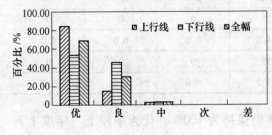
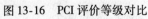

图 13-16　PCI 评价等级对比

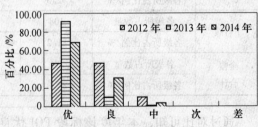

图 13-17　PCI 评价等级对比

### e    路面抗滑性能

本标段路面抗滑性能检测评定单元共 266 个，路面抗滑性能指数 SRI 评价结果优良率为 74.8%。上行线 SRI 最大值为 71.1，最小值为 32.0，平均值为 51.5，标准差为 12.7；下行线 SRI 最大值为 68.5，最小值为 33.3，平均值为 49.9，标准差为 11.0。检测路段统计结果及详细数据见表 13-9，如图 13-18 所示。

**表 13-9    路面抗滑性能指数 SRI 评价等级统计**

| 评 价 等 级 | | 优 | 良 | 中 | 次 | 差 |
|---|---|---|---|---|---|---|
| 上行线 | 各级所占数量 | 67 | 25 | 36 | 5 | 0 |
| | 各级所占比例/% | 50.4 | 18.8 | 27.1 | 3.8 | 0.0 |
| 下行线 | 各级所占数量 | 56 | 51 | 25 | 1 | 0 |
| | 各级所占比例/% | 42.1 | 38.3 | 18.8 | 0.8 | 0.0 |
| 全幅合计 | 各级所占数量 | 123 | 76 | 61 | 6 | 0 |
| | 各级所占比例/% | 46.2 | 28.6 | 22.9 | 2.3 | 0.0 |

通过对比可知，本年度该标段 SRI 优良率较上一年度年相比上升 28.9%，近三年 SRI 评价等级对比结果如图 13-19 所示。

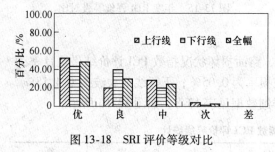

图 13-18    SRI 评价等级对比

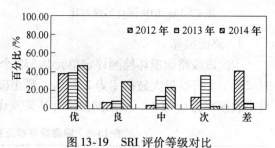

图 13-19    SRI 评价等级对比

### f    路面使用性能

本标段路面使用性能共 266 个基本评定单元，路面使用性能指数 PQI 评价结果优良率为 100%。路面使用性能具体评价结果及各分项指标评价结果见表 13-10，如图 13-20 所示。

**表 13-10    路面使用性能 PQI 评价等级统计**

| 评 价 等 级 | | 优 | 良 | 中 | 次 | 差 |
|---|---|---|---|---|---|---|
| 上行线 | 各级所占数量 | 123 | 10 | 0 | 0 | 0 |
| | 各级所占比例/% | 92.5 | 7.5 | 0.0 | 0.0 | 0.0 |
| 下行线 | 各级所占数量 | 108 | 25 | 0 | 0 | 0 |
| | 各级所占比例/% | 81.2 | 18.8 | 0.0 | 0.0 | 0.0 |
| 全幅合计 | 各级所占数量 | 231 | 35 | 0 | 0 | 0 |
| | 各级所占比例/% | 86.8 | 13.2 | 0.0 | 0.0 | 0.0 |

通过对比可知，本年度该标段 PQI 优良率仍保持为 100%，优秀率较上一年度上升 7.3%，近三年 PQI 评价等级对比结果如图 13-21 所示。

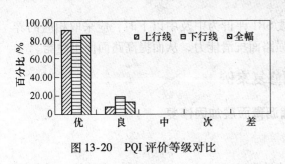

图 13-20　PQI 评价等级对比

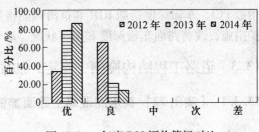

图 13-21　年度 PQI 评价等级对比

C　技术状况评价

在该次路面定期检查各项指标检测结果统计评价的基础上，结合往年该路段路面定期检查的结果，分析各路段路面各项技术指标的变化情况。各项指标最终评价结果统计情况见表 13-11。

表 13-11　各单项指标评价结果等级统计　（％）

| 评价指标 | 优 | 良 | 中 | 次 | 差 |
|---|---|---|---|---|---|
| 路面结构强度指数 PSII | 100.0 | 0.0 | 0.0 | 0.0 | 0.0 |
| 路面行驶质量指数 RQI | 100.0 | 0.0 | 0.0 | 0.0 | 0.0 |
| 路面车辙深度指数 RDI | 25.2 | 74.4 | 0.4 | 0.0 | 0.0 |
| 路面损坏状况指数 PCI | 67.5 | 29.7 | 2.8 | 0.0 | 0.0 |
| 路面抗滑性能指数 SRI | 46.2 | 28.6 | 22.9 | 2.3 | 0.0 |
| 路面使用性能指数 PQI | 86.8 | 13.2 | 0.0 | 0.0 | 0.0 |

经检测，本标段路面结构强度指数 PSSI 评价结果全部为优，路面使用性能总体良好，PQI 指标评定结果优良率为 100%，个别路段路面损坏状况、车辙深度和抗滑性能等指标评定结果为中及中以下，具体路段见表 13-12。

表 13-12　各项指标评定为中及中以下的路段统计

| 评定等级 | | 中 | 次 |
|---|---|---|---|
| 损坏状况 PCI | 上行 | 二车道：K1295-K1298，K1301-K1302，K1303-K1304，K1305-K1307 | 无 |
| | 下行 | 二车道：K1267-K1271，K1291-K1292，K1301-K1304 | 无 |
| 车辙深度 RDI | 下行 | 二车道：K1321-K1323 | 无 |
| 抗滑性能 SRI | 上行 | K1248-K1251，K1253-K1254，K1255-K1262，K1263-K1266，K1268-K1273，K1275-K1277，K1279-K1281，K1282-K1284，K1285-K1288，K1293-K1295，K1298-K1299，K1300-K1302，K1311-K1314 | K1254-K1255，K1262-K1263，K1281-K1282，K1284-K1285，K1299-K1300 |
| | 下行 | K1247-K1249，K1250-K1252，K1255-K1256，K1259-K1261，K1262-K1263，K1269-K1271，K1288-K1291，K1309-K1310，K1315-K1316，K1317-K1318，K1319-K1320，K1322-K1324，K1328-K1334 | K1252-K1253 |

D　项目小结

按照《公路养护技术规范》（JTG H10—2009）的要求，对于高速公路路面损坏状况指数 PCI、车辙深度指数 RDI 和抗滑性能指数 SRI 评价为中及中以下时，应采取相应的养护措施，改善路面车辙深度和损坏状况，增强路面抗滑能力，从而提高路面使用性能。

## 13.3　道路工程结构检测、鉴定、加固修复案例

### 13.3.1　【实例72】某水泥混凝土路面加铺沥青面层加固修复

**A　工程概况**

某水泥混凝土公路，全长 12km。起点桩号 K160 + 200 ~ K172 + 200，结构现状如图 13-22 所示。

**a　目的**

由于排水和施工原因，局部路面出现断板、沉陷、错台和板底脱空等破坏现象，为了保证该路段不再进一步加剧损坏，决定对该路段进行大修，设计原则是不改变原道路线形，对原路面进行修复改造。

**b　初步调查结果**

采用人工巡查的方法对路面的破损状况和平整度进行快速检测，为加固修复改造提供依据，平面如图 13-23 所示。

**B　现场检查与检测**

通过弯沉检测、钻孔检查和仔细观察发现，K160 + 200 ~ K172 + 200 段面破坏严重，路面变形较大，缺陷密度分布如图 13-23 所示（道路黑点区域）。

图 13-22　结构现状

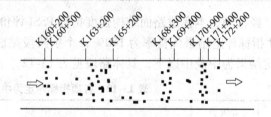
图 13-23　平面及缺陷密度分布图

（1）区段 K160 + 200 ~ K160 + 500 病害特征：存在大量缝宽在 5 ~ 20mm 之间的纵缝、横缝及有支缝的不规则裂缝。并出现大量拥包、坑槽。

（2）区段 K160 + 500 ~ K163 + 200 病害特征：五处坑槽。

（3）区段 K163 + 200 ~ K165 + 200 病害特征：存在大量缝宽在 5 ~ 20mm 之间的纵缝；多道车辙，深度 2 ~ 8mm 之间，路面发现两处沉陷。

（4）区段 K165 + 200 ~ K168 + 300 病害特征：少量坑槽。

（5）区段 K168 + 300 ~ K169 + 400 病害特征：大密度的坑槽和横向、纵向裂缝分布。

（6）区段 K169 + 400 ~ K170 + 900 病害特征：两处横向裂缝，宽度在 35mm；4 处坑槽。

（7）区段 K170 + 900 ~ K171 + 400 病害特征：大密度的坑槽及网状裂缝。

（8）区段 K171 + 400 ~ K172 + 200 病害特征：少量斜向裂缝、若干处坑槽。

**C　技术状况评定及病害原因分析**

**a　技术状况评定**

按照《公路养护技术规范》（JTG H10—2009）的要求，对于该公路水泥混凝土路的评定等级为路面状况为差级路段，良级比例仅为32%。

b  病害原因分析

通过实地调查与分析，造成路面大面积损坏的主要原因有以下几点：

（1）原有设计标准偏低，横向缩缝未设传力杆。由于历史原因，设计规范不够完善，对超载车的荷载和数量估计不足，因此路面结构厚度较薄。

（2）交通量大大增加，而且重车、超载情况特别严重，加速了该公路的路面破坏。

（3）排水设施不完善，中央分隔带没有排水设施，采用漫流方式，同时由于路面接缝填缝料的剥落，致使雨水从中央分隔带和接缝处下渗到路基无法排出，导致水损害路基。

（4）部分路段由于地质、土质不良，加之长期排水不畅，致使路基局部出现饱和，造成不均匀支撑和沉降，加速了路面板的破坏。

D  加固修复

a  加固修复方案

在详细调查路面损坏及病害情况的基础上，根据路面破损严重程度及病害形成原因，以国家有关规范和规程为依据，制定如下加固修复方案：

（1）对于损伤密度较小的路面结构采用在原旧水泥混凝土路面进行局部换板、压浆、清缝、灌缝等处理方法（区段K160+500～K163+200、区段K165+200～K168+300、区段K169+400～K170+900、区段K171+400～K172+200）；

（2）针对损伤密度较高的路面，采用沥青面层加铺的方法进行修复（区段K160+200～K160+500、区段K163+200～K165+200、区段K168+300～K169+400、区段K170+900～K171+400）。

b  缺陷密度较小的路段加固修复

（1）轻度裂缝（缝宽在5mm以内）：对于缝宽在5mm以内的顺直纵缝和横缝，采用沥青路面开槽机沿裂缝开凿出宽度15mm、深度比不小于1:1的矩形槽，将开好的槽口用清缝机清理，再用吹风机清除槽内的石屑灰尘。用热空气加热枪烘烤槽口内，以除水分、潮气，同时加热槽面。将加热好的高分子聚合物密封胶及时用灌缝机灌入刚烘烤的槽内。将灌过的缝表面及时撒些石屑养护，防止通车后汽车轮胎将未冷却完全的密封胶带起。

（2）重度裂缝（缝宽在5mm以上）：严重的裂缝，宜先将松动部分凿掉并清除干净，在干燥情况下用液体沥青涂刷缝壁，再填入沥青砂捣实、烫平，并以细砂覆盖。对于缝宽在5mm以上的纵缝、横缝及有支缝的不规则裂缝，应沿缝开凿出宽度为50mm的矩形槽，槽深度为原沥青混凝土面层的厚度。用空压机将槽内吹净，将下层水泥混凝土的板缝清理干净后，以热改性沥青将水泥混凝土的板缝灌满，并沿板缝贴宽15cm高分子抗裂贴，槽底涂抹1mm厚热改性沥青，侧面刷抹3mm厚热改性沥青，再用改性沥青混凝土填平压实。

（3）拥包、坑槽维修：病害范围每边增加20～30cm，将此范围内的沥青面层全部挖除。在下层面板完好的情况下，用空压机将板缝吹洗干净后，对暴露的下层水泥混凝土的板缝用热改性沥青灌满，槽底喷洒1mm厚改性乳化沥青粘层、槽侧面涂刷3mm厚热改性沥青，并沿水泥混凝土板缝贴宽12cm高分子抗裂贴，然后用改性沥青混凝土补平压实。

（4）车辙维修：对于非失稳型车辙（车辙深度一般小于2mm），采用稀浆封层及石屑封层等方法进行处理；对于失稳型车辙（车辙深度一般大于2mm），采用罩面补强方法进行处理。对于连续长度不超过30m、辙槽深度小于8mm、行车有小摆动感觉的，通过对路面烘烤、耙松、添适当新料后压实即可。

（5）沉陷：对于基层严重疏松的硬路肩，基层挖除后应清扫干净并采用贫混凝土浇筑。贫混凝土集料公称粒径控制在31.5mm左右，水泥用量不得少于170kg/m³，28d弯拉强度标准值宜控制在1.0~1.8MPa。铺筑贫混凝土前将四壁湿润，铺筑后注意养护。

c 缺陷密度较大的路段加固修复

根据原路面的调查情况，通过反复的研究和技术经济比较，结合当地碎石和砂砾较丰富的材料情况，选用沥青面层加铺对连续性受损的路面进行修复，其中，在加铺之前，旧水泥混凝土路面的破损、病害及接缝要进行全面处理，并验收合格后，方可进行沥青加铺层施工。采用如图13-24所示的路面结构。

上面层：2.5cm的细粒式沥青碎石混合料AM-13；下面层：5cm的中粒式沥青碎石混合料AM-25；下封层：0.5cm的乳化沥青稀浆封层；基层：15cm水泥稳定砂砾（重量比5:95）。其中，水泥稳定砂砾基层起到过渡层和吸收层的作用，同时

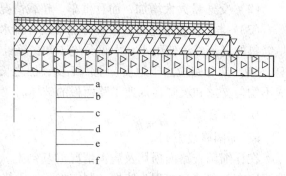

图13-24    沥青面层加铺结构
a—2.5cm AM-13；b—5cm AM-25；
c—0.5cm 乳化沥青稀浆封层；d—玻璃纤维土工格栅；
e—15cm 水泥稳定砂砾（5:95）；
f—处理后的旧水泥混凝土路面
（布洒0.8~1.0mm厚粘层沥青）

可调整旧混凝土路面的平整度，起到调平层的作用，另外，在基层上铺设玻璃纤维土工格栅，可有效防止反射裂缝向面层扩散；基层和面层之间设置乳化沥青稀浆封层作为下封层，满足沥青路面的防水要求。在水泥稳定砂砾基层施工前，旧水泥混凝土路面板上应先布洒0.8~1.0mm厚粘层沥青，混凝土板接缝及裂缝处铺设土工布。在沥青面层、水泥稳定砂砾基层之间还应浇洒透层沥青。

（1）玻璃纤维土工格栅：为了减少或延缓反射裂缝的产生，延长沥青碎石混合料面层的使用寿命，结构设计中采用了玻璃纤维土工格栅。为满足土工格栅铺设在基层上的要求，且便于使用和避免切割、浪费，长度按路面宽度进行裁切，并综合考虑车辆荷载作用，施工时纵横向搭接，横缝搭接长为30~50cm，纵缝搭接长为20~30cm，搭接部位固定。

铺筑玻纤网时先将一端用固定器固定，然后用机械或人力拉紧，张拉伸长率为1.0%~1.5%，并用固定器固定另一端。固定器包括固定钉和固定铁皮，固定钉可用水泥钉、射钉或膨胀螺钉，钉长8~10cm，膨胀螺钉直径为φ6mm；固定铁皮可用1×3cm的铁皮条。

（2）土工布：混凝土板的接缝及裂缝处均应贴土工布，采用涤纶长丝单面烧毛土工布，土工布应具有优良的耐腐蚀性，沥青渗透能力强。

铺筑土工布应先将现混凝土板清除干净，将接缝清理并灌缝至饱满，然后洒布粘层油，用量约为0.4L/m²，再铺设土工布，土工布烧毛的一面向上，其上再洒布粘层油，用量约为0.4L/m²。贴缝宽度每边50cm，纵缝与横缝处不得重叠，土工布要求粘贴平整、稳固。

　　d　改造修复施工顺序

　　（1）处理原有病害：对板块进行逐板测量调查，对原水泥混凝土路面进行修补，找出板破坏的原因，针对主要因素，逐板把关进行修补。（2）清洗：对板纵横缝进行标识，清理缝中杂物并用水清洗。（3）在清扫干净的水泥混凝土路面上浇洒粘层沥青。（4）铺设玻璃纤维格栅，在喷洒粘层乳化沥青后，待粘层沥青破乳时开始进行玻璃格栅铺设。（5）沥青混凝土的摊铺与碾压，按沥青混凝土路面施工技术规范施工。从混合料的拌制、摊铺和碾压等各工序进行质量控制。（6）铺筑第二层沥青混凝土时重复第3~5步即可。

　　E　项目小结

　　旧水泥混凝土路面上加铺沥青层，其厚度主要由行车荷载和反射裂缝两方面因素控制。对病害进行处理后的水泥混凝土路面本身具有较高的强度，将其作为底基层强度可完全满足要求。因此如何防止反射裂缝的产生是加铺层成败的关键。

## 13.3.2　【实例73】某路面护坡局部滑坡事故检测鉴定及加固修复

　　A　工程概况

　　某公路，桩号起始DL352+120~DL387+531，路线右侧为高边坡路堑，该路段附近为岩石高边坡，地形陡峭，结构现状如图13-25所示。

　　a　目的

　　近期，该区段连降大雨，于北京时间上午10点，边坡突然产生急剧滑动，东侧浆砌水沟被完全挤裂，形成的剪裂缝宽0.2~0.6m。为探明事故原因，特进行相关检测、鉴定活动，并制定相应加固方案。

　　b　初步调查结果

　　采用人工巡查的方法对道路的破损状况和滑坡情况进行检测，道路平面及滑坡示意图如图13-26所示（黑色区域为滑坡区域）。

 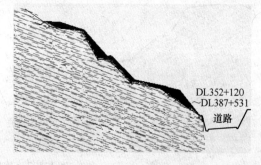

　　　　图13-25　结构现状　　　　　　　　　　图13-26　道路及滑坡示意图

　　B　现场检查与检测

　　a　道路护坡检查

　　该道路高护坡仅采用局部挂网的形式对道路护坡进行防护，经对护坡挂网的检查发现，挂网施工质量存在严重的质量问题，普遍存在空隙过大、固定不严实的现象。

　　b　地质勘察

　　DL358+320~DL358+900滑坡段位于单斜岩层分布区，边坡由砂岩、泥岩组成，为顺倾层状坡体结构，顺倾层状坡体结构的边坡易产生顺层滑动，特别是当岩体中存在多层软弱夹层时，由于软弱夹层强度低、受水易软化，易产生多层、多级滑动。

c　雨季调查

在滑坡发生滑动前一段时间，曾有长时间、较大强度的大气降水。雨水的下渗增加滑体重量，软化了滑动带物质，降低了强度，加速了坡体的变形。

C　技术状况评定及滑坡原因分析

按照《公路养护技术规范》（JTG H10—2009）的要求，对于该公路路面的评定等级为：路面状况为良级路段，良级比例为86%，坍塌造成的路面损坏较小，路基损伤严重。

通过对地质勘察及该地区过往雨季的调查，并对现场滑坡面的分析可知，原护坡挂网施工质量是护坡的潜在不安全因素，不良的地质条件是滑坡生成的基础，降雨是滑坡滑动的诱发因素，两者共同作用，导致此次滑坡事故的发生。

D　加固修复

a　加固修复方案

通过对滑坡原因的分析，针对滑坡造成的破碎岩石高边坡病害，确定采用适量放缓边坡、预应力锚索配合抗滑桩加固处理，从而有效控制坡体应力松弛，达到综合治理的目的：

首先对该区域滑坡体削坡减载，对坡体的松散覆盖层进行清理并按一定坡度进行削坡处理。其次，在削坡完成后，对地边坡临近道路的区域采用预应力锚索＋抗滑桩进行治理，预应力锚索布置在抗滑桩悬臂连系梁上，与抗滑桩形成整体起挡护作用；预应力锚索抗滑桩立面示意图和侧面示意图分别如图13-27所示。最后，对高边坡采用预应力锚索＋框格梁进行防护，预应力锚索布置在网状框格梁节点上。对坡面松散、破碎岩层部位采用挂网＋喷混凝土方式进行防护，并在开挖开口线处设置锁口锚筋桩。

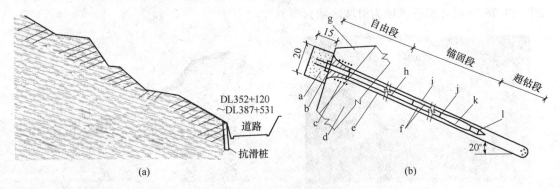

图 13-27　边坡加固修复方案

（a）边坡加固修复；（b）预应力锚索

a—C25 混凝土封头；b—OVM15 锚具；c—OVM15 螺旋箍；d—钢筋混凝土框架节点；
e—$\phi$100mm 波纹管；f—钢绞线 $\phi^s$15.24；g—C30 外露混凝土锚头；h—1:1 水泥砂浆；
i—$\phi$130 钻孔；j—紧箍环；k—架线环（隔离架）；l—导向帽

b　预应力锚索＋抗滑桩施工步骤

施工准备→开挖桩顶边坡→桩孔挖进→浇筑护壁→桩底达标→下放绑焊钢筋→灌注桩身混凝土→锚索钻孔→锚索安装→锚固段注浆→预应力张拉→封锚注浆。

c 预应力锚索参数的选定

锚索材料选用 5$\phi^s$15.24mm 高强度低松弛钢绞线，视钻孔地质情况，锚索选定长度在 23~30m 之间，锚索间距为 4.5m，锚索孔径为 $\phi$130mm，倾角为 20°。经计算，和对锚孔与注浆体、注浆体与钢绞线的相互受力分析，确定锚索锁定预应力为 380kN，锚固段长度不小于 10m，必须嵌入弱风化或强风化岩层，在锚固段沿轴线方向每隔 1~1.5m 设置一个隔离架和紧箍环，保证每根钢绞线保护层厚度不小于 2cm；自由段锚索防腐采用涂防锈漆及脱水黄油、外套 PVC 管及注浆等多层防腐措施处理。格子梁采用 C25 钢筋混凝土，其横梁纵梁截面均为 0.5m×0.5m，锚垫墩截面尺寸为 1m×1m×0.5m，预应力锚索张拉采用双控进行，实际伸长量不大于理论伸长量的 ±6%，锚索孔注浆压力控制在 0.5~1.0MPa。

E 加固修复后边坡监测及分析

抗滑桩上安装了 12 支钢筋计，24 只土压力盒，在抗滑桩旁边钻了 6 个测斜孔，并在锚索上安装了两支测力计（图 13-28）进行锚索张拉力监测，钢筋计布置在短边和短边外侧中间的受力钢筋上。采用数字式测斜仪对桩的深部位移进行了监测。

（1）抗滑桩变形监测及结果分析：通过抗滑桩应力-时间关系曲线可以知，随着时间的推移，其应力和温度在施工完成两个月后基本处于稳定状态。在桩

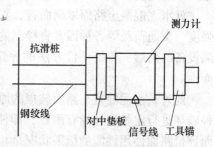

图 13-28 锚索测力计安装

后土体推力作用下，整个滑坡区受监测的抗滑桩没有太大的变形，基本处于稳定状态。因此，抗滑桩的桩身位移和内部应力都在设计要求范围内，取得了挡护的预期效果。

（2）锚索预应力监测及结果分析：为客观评价预应力锚索对滑坡体的挡护作用，在锚索孔上各安置有 1 支锚索测力计进行监测。经数据分析可知，随着时间的推移应力趋于稳定，说明山体滑坡体蠕变现象得到了控制，山体趋于稳定，达到了设计初期的预期效果。

F 项目小结

受原护坡挂网施工质量差、不良地质条件、降雨三者共同作用，导致此次滑坡事故的发生。通过合理制定加固方案，采用预应力锚索 + 抗滑桩对边坡进行加固，达到了稳定边坡的目的。

## 13.4 本章案例分析综述

本章结合 6 个道路的工程实例，其中 2 个检测案例，2 个检测、鉴定案例，以及 2 个检测、鉴定、加固修复的工程案例，详细介绍了道路工程中最常见的沥青路面、水泥混凝土路面的检测、鉴定、加固修复过程，与建筑工程相比，路面工程检测、鉴定、加固修复有自身的特点，应根据不同的结构形式，有针对性地开展各项工作。同时，也应该看到路面工程在检测、鉴定、加固修复的各个环节仍有许多问题需要解决。

（1）检测方面：现有检测技术方面，路面平整度、车辙、损坏等路面使用性能指标基本上采用相对独立的技术路线，意味着检测设备需要根据检测指标的增减而进行调整，导致系统复杂度高、集成度低，维护性和可靠性差。此外，传统的检测手段和检测设备制约

了评价体系和评价方法的发展。随着大量先进无损设备的引入，需要调整路面评价的指标体系，甚至是思想。比如，传统的强度评价只是采用了基于静态荷载作用下的评价指标，而随着落锤式弯沉仪（FDW）的引入，需要建立以弯沉盆为基础的动态评价体系，以及利用动态参数进行路面检测评价的思想。这需要技术人员通过了解各检测指标的各种特性并进行总结，提出全新的检测理念与方法（路面三维测量是未来道路综合检测技术发展的重要方向），对于已有的检测技术、检测产品，加大其在国内交通行业的大范围推广使用，将有助于进一步推动检测技术的发展和养护水平的提高。

（2）鉴定方面：传统的路面评定方法限于逐个考虑各单项评价指标，诸如路面平整度、强度指标、摩擦系数、破损率等，但有些指标人为因素影响较大，样本数据较多。如在路面破损的测定中，破损率靠人为的因素进行调整，工作量大，建立的 PCI 评价模型只适用于特定的区域和特定的路况，路面评价有很大的局限性。

就水泥混凝土路面罩面而言，除了上述各项指标外，板体脱空、接缝传荷能力、基础强度、交通荷载等各种因素直接制约并决定加铺和养护方案。由于数据样本的局限性及检测设备的落后，传统评价方法的评定结果会受评价人的经验和偏见的影响，带有主观片面性。

此外，水泥混凝土路面破损的原因较为复杂，严格地将各种破损产生原因分类或将各种破坏进行定量统计尚有困难，即使在路面设计年限内，路面一旦损坏，就失去其功能，而评价路面使用性能的极限状况是相当困难的。在路面众多的评定因素中，即使某种因素达到了某种损坏程度，但路面仍然使用，其极限状态的幅度可以很大，决定路面在哪个服务水平上发挥其功能还必须从经济、技术、维护方案等众多方面考虑。实践证明，即使是设计良好的水泥混凝土路面，由于各种原因也会随着使用年数的增加而发生多种类型的损坏。

（3）加固修复方面：我国道路加固修复实行"坏路优先"原则；在加固修复决策阶段不够科学，不能做到有针对性地采取合理的养护措施；采用的修复技术多以灌缝、补坑和铣刨罩面等传统手段为主，措施单一，针对性不强，养护成本高，效果不佳。针对上述问题需要研究制定科学的加固修复决策体系，采用适宜的修复技术和养护技术，满足道路工程的正常需要。

# 14 其他工程项目检测、鉴定、加固修复案例及分析

## 14.1 其他工程项目检测、鉴定、加固修复案例

### 14.1.1 【实例74】某塔吊基础地基承载力检测

A 工程概况

塔吊基坑面积$5.0m \times 5.0m = 25.0m^2$，基础开挖至老土找平，回填100mm左右卵石夯实，设计要求承载力160kPa，现场如图14-1所示。

试验采用慢速维持荷载法，承压板直径为1000mm、面积为$0.785m^2$，板下铺设约1cm厚中粗砂找平。人工堆载平台用工字钢梁提供反力，采用500kN千斤顶加载，压力量测采用标准压力表，承压板的沉降由2个百分表进行量测，2个百分表以承压板中心为对称点对称安置。试验期间千斤顶、百分表及加载设备均工作正常，并在有效周期内。

静力载荷试验最大加载量为320kPa，分8级加荷，每级加荷增量为40kPa，逐级稳定后再加下一级，沉降观测时间间隔、稳定标准及终止试验条件均按规范要求及有关规定进行。

a 目的

通过对处理后的复合地基进行荷载板试验，测试各级荷载下复合地基的沉降量，根据$P$-$S$曲线确定复合地基承载力特征值，并判断其是否满足设计及规范要求。

b 初步调查结果

检测内容：编制静载试验实施方案；各级荷载作用下的沉降；数据处理，绘制$P$-$S$曲线并分析确定地基承载力特征值，撰写试验报告。检测依据：《建筑地基处理技术规范》（JGJ 79—2002）；《建筑地基基础设计规范》（GB 50007—2002）；《湿陷性黄土地区建筑规范》（GB 50025—2004）；试验装置图简图如图14-2所示。

图14-1 结构现状

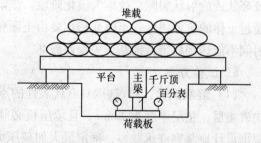

图14-2 试验装置图

B 试验说明

a 仪器设备

（1）反力系统：本次试验最终加载吨位为320kPa。

（2）加载系统：采用最大量程 50t，最大行程为 200mm 的手动油压千斤顶进行加载。

（3）观测系统：采用 WBD-50 型位移传感器，这种类型的位移传感器是在常用的机械百分表内部装置一套电测元件，能将机械位移量转换成电量输出，这样它既能作为机械百分表使用（机制），同时又起传感器的作用（电测），机制、电测可以相互对比校核，保证测试数据的准确性。

（4）荷载板：本次试验采用直径为 1000mm、厚度为 20mm 的圆形钢板作为荷载板。

b　试验原理

荷载板试验就是在欲试验的土层表面放置一定规格的方形或圆形荷载板，在其上逐级施加荷载，每级荷载增量持续时间相同或接近，测记每级荷载作用下荷载板沉降量的稳定值，加载至总沉降量为荷载板宽度或直径的 6%，或达到加载设备的最大容量为止，然后卸载，记录土的回弹值，持续时间应不小于一级荷载增量的持续时间。根据试验记录绘制荷载 $P$ 和沉降量 $S$ 的关系曲线。分析研究地基土的强度与变形特性，求得地基土容许承载力。地基在荷载作用下达到破坏状态的过程可以分为三个阶段。

（1）压密阶段：$P$-$S$ 曲线接近于直线，土中各点的剪应力均小于土的抗剪强度，土体处于弹性平衡状态，这一阶段荷载板的沉降主要是由土中空隙的减少引起，土颗粒主要是竖向变位，且随时间渐稳定至土体压密。

（2）剪切阶段：这一阶段 $P$-$S$ 曲线已不再保持线性关系，沉降的增长率 $\Delta S/\Delta P$ 先随荷载的增加而增大。在这个阶段，除土体的压密外，在承压板边缘已有小范围局部土体的剪应力达到或超过了土的抗剪强度，并开始向周围土体发生剪切破坏（产生塑性变形区）；土体的变形是由于土中空隙的压缩和土颗粒剪切移动同时引起的，土粒同时发生竖向和侧向变位，且随时间不易稳定，故称为局部剪切阶段。随着荷载的继续增加，土中塑性区的范围也逐步扩大，直到土中形成连续的滑动面，由荷载板两侧挤出而破坏。因此，剪切阶段也是地基中塑性区的发生及发展阶段。

（3）破坏阶段：当荷载超过极限荷载后，荷载板急剧下沉，即使不增加荷载，沉降也不能稳定，同时土中形成连续的滑动面，土从承压板下挤出，在承压板周围土体发生隆起及环状或放射状裂隙，故称为破化阶段。该阶段，在滑动土体范围内各点的剪应力达到或超过土体的抗剪强度；土体变形主要由土颗粒剪切变位引起，土粒主要是侧向移动，且随时间不能达到稳定，地基土失稳而破坏。

c　试验方案

（1）静载试验：1）选取具有代表性的点位，整理试验场地地基，承压板底面下铺设中砂垫层，垫层厚度为 20mm，且承压板必须水平。2）基准梁的支点设在试坑之外。3）根据设计地基容许承载力，确定最大加载压力为 320kPa，加载分为 8 级。4）每加一级荷载前后均各读记承压板沉降量一次，以后每半小时读记一次。当 1h 内沉降量小于 0.1mm 时，即可加下一级荷载。5）卸载级数可为加载级数的一半，等量进行，每卸一级，间隔半小时，读记回弹量，待卸完全部荷载后间隔 3h 读记总回弹量。

（2）试验终止条件：当出现下列现象之一时可终止试验：1）沉降急剧增大，土被挤出或承压板周围出现明显的隆起。2）承压板的累计沉降量已大于其宽度或直径的 6%。3）当未达到极限荷载，而最大加载压力已大于设计要求压力值的 2 倍。

（3）地基承载力特征值的确定：1）当压力-沉降曲线上极限荷载确定，而其值不小于对应比例界限的 2 倍时，可取比例界限；当其值小于对应比例界限的 2 倍时，可取极限荷载的一半。2）按相对变形值确定的承载力特征值不应大于最大加载压力的一半。

C　试验结果

该次所有点位试验中均未达到极限荷载，最大加载压力值已达到设计要求压力值的 2 倍，确定各点地基承载力特征值如下：

载荷试验点的数据见表 14-1，试验结果和 $P$-$S$、$S$-$\lg t$ 曲线见表 14-2、表 14-3。

由 $P$-$S$ 及 $S$-$\lg t$ 曲线图可以看出，$P$-$S$ 曲线呈缓变型，总沉降量分别为 8.60mm、8.63mm，未超过终止试验条件要求的沉降量值（$S/D = 0.06$，$S = 60.00$mm）承载力未达到极限状态。$S$-$\lg t$ 曲线各级沉降量变化均匀，无明显陡降段。依据现行《建筑地基基础设计规范》（GB 50007—2011）附录 C，按浅层平板荷载试验要点确定检测点天然地基承载力特征值，取 $S/D = 0.01$，即 $S = 10.00$mm 所对应的压力值，其取值不应大于最大加载压力的一半的规定，确定载荷试验点的承载力的特征值为 160kPa。

**表 14-1　静载荷试验参数**

| 试验点编号 | 压板直径 /mm | 加压级别 /kPa | 终止压力 /kPa | 沉降量/mm 320kPa | 沉降量/mm 160kPa | 试验日期 |
|---|---|---|---|---|---|---|
| $S_0$ | 1000 | 40 | 320 | 8.60 | 2.64 | 2013.4.16 |
| $S_1$ | 1000 | 40 | 320 | 8.63 | 2.67 | 2013.4.18 |

**表 14-2　静载荷试验结果汇总**

试验点号：$S_0$、测试日期：201×-04-16　　　压板面积：0.785m²　　　置换率：1.000

| 序号 | 荷载 /kPa | 历时/min 本级 | 历时/min 累计 | 沉降/mm 本级 | 沉降/mm 累计 |
|---|---|---|---|---|---|
| 0 | 0 | 0 | 0 | 0.00 | 0.00 |
| 1 | 40 | 150 | 150 | 0.37 | 0.37 |
| 2 | 80 | 150 | 300 | 0.56 | 0.93 |
| 3 | 120 | 150 | 450 | 0.77 | 1.70 |
| 4 | 160 | 150 | 600 | 0.97 | 2.67 |
| 5 | 200 | 150 | 750 | 1.18 | 3.85 |
| 6 | 240 | 150 | 900 | 1.38 | 5.23 |
| 7 | 280 | 150 | 1050 | 1.59 | 6.82 |
| 8 | 320 | 150 | 1200 | 1.81 | 8.60 |
| 9 | 320 | 10 | 1210 | 0.00 | 8.60 |
| 10 | 240 | 10 | 1220 | -0.21 | 8.42 |
| 11 | 160 | 10 | 1230 | -0.42 | 8.00 |
| 12 | 80 | 10 | 1240 | -0.85 | 7.15 |
| 13 | 0 | 10 | 1250 | -1.60 | 5.55 |

最大沉降量：8.60mm　　最大回弹量：3.08mm

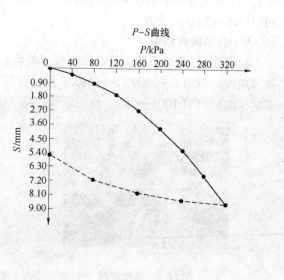

$P$-$S$曲线

表 14-3    静载荷试验结果汇总

试验点号：$S_1$、测试日期：201×-04-18      压板面积：$0.785m^2$      置换率：1.000

| 序号 | 荷载/kPa | 历时/min | | 沉降/mm | |
|---|---|---|---|---|---|
| | | 本级 | 累计 | 本级 | 累计 |
| 0 | 0 | 0 | 0 | 0.00 | 0.00 |
| 1 | 40 | 150 | 150 | 0.37 | 0.37 |
| 2 | 80 | 150 | 300 | 0.56 | 0.93 |
| 3 | 120 | 150 | 450 | 0.77 | 1.70 |
| 4 | 160 | 150 | 600 | 0.97 | 2.67 |
| 5 | 200 | 150 | 750 | 1.18 | 3.85 |
| 6 | 240 | 150 | 900 | 1.38 | 5.23 |
| 7 | 280 | 150 | 1050 | 1.59 | 6.82 |
| 8 | 320 | 150 | 1200 | 1.81 | 8.63 |
| 9 | 320 | 10 | 1210 | 0.00 | 8.63 |
| 10 | 240 | 10 | 1220 | −0.21 | 8.42 |
| 11 | 160 | 10 | 1230 | −0.42 | 8.00 |
| 12 | 80 | 10 | 1240 | −0.85 | 7.15 |
| 13 | 0 | 10 | 1250 | −1.60 | 5.55 |

最大沉降量：8.63mm      最大回弹量：3.08mm

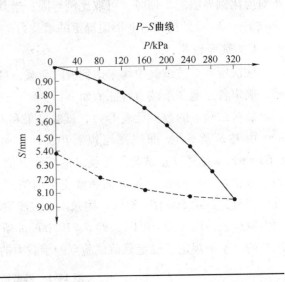

D    检测结论

通过对两处塔吊 $S_0$ 与 $S_1$ 的基础地基进行检测，结果表明承载力均满足设计及规范要求。

## 14.1.2 【实例75】某商场外围地下管线漏水检测

A    工程概况

某商场现场如图 14-3 所示。

a    目的

地下部分水管存在不同程度的漏水状况，故对外围地面进行检测，发现不密实区域，同时给出处理意见及方案。

b    初步调查结果

检测依据：《城市地下管线探测技术规程》（CJJ 61—2003）、《城镇排水管道维护安全技术规程》（CJJ 6—2009）、《公路工程物探规程》（JTG/T C22—2009）、《测绘产品质量评定标准》（CH 1003—95）、相关设计、施工图纸资料等。平面图如图 14-4 所示。

图 14-3    结构现状

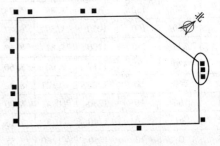

图 14-4    平面图

B 地面密实度检测

a 检测说明

采用瑞典 MALA 地质雷达，选用主频为 250MHz 屏蔽天线，理论探深 5～10m。布设 1 条测线（约 450m），在商场的西南侧加密布设 3 条测线（约 230m），实际探测深度达 4～5m。

b 检测结果

通过对现场检测结果的分析可以看出，测线检测范围内部分区域存在不密实现象，不密实区域较小，不会显著造成路面沉降和塌陷，对商场的正常使用会产生一定影响，雷达扫描结果如图 14-5 所示（标示区域为土体不密实区，具体位置见黑点区域）。

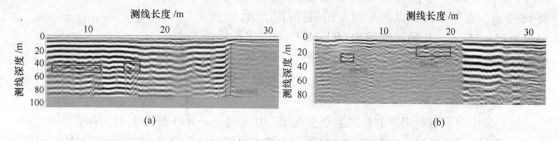

图 14-5 雷达扫描结果

（a）测线 1-006-0m-30m 雷达扫描结果；（b）测线 1-007-0m-31m 雷达扫描结果

C 地下管线渗漏检测

a 现场检测说明

通过地质雷达准确找出给排水管线所在位置，通过音听检漏法和相关检漏法两种方法的综合运用，寻找漏水点的精确位置，最终将漏水点位置精度控制在半径为 1.5m 的范围内。该次检测使用 LA-60 型探知机，在工作区域内的管道上方路面，按操作规程进行 100% 地面听音，以检取从漏水点传至路面的漏水音，从而发现漏水异常。

b 现场检测结果

地下管线漏水处位置大约位于商场北侧，地下车库 B 入口前方 6m 处，图 14-4 黑圈区域。现有情况下地下给排水管道运行状态良好，管道整体布设与设计相符合，安全可靠。

D 检测结论及处理意见

通过检测，发现两处渗水点。建议采取如下处理措施：对于土体中不密实区域可采用注浆法进行加固修复，即利用较高压力将成浆液压入土层内使其固化，并达到稳定土层的目的。

## 14.1.3 【实例 76】某地区土壤中氡浓度检测

A 工程概况

本工程属于在建项目，现场如图 14-6 所示。

a 目的

为了解该新建项目建筑场地土壤中氡浓度含量，特对该建筑场地土壤中氡浓度进行检测。

b 检测依据

该工程建筑场地土壤氡浓度检测和评定工作按照
《民用室内建筑工程室内环境污染控制规范》（GB 50325—
2010）附录 E 的有关规定进行。

B 场地土壤中氡浓度测定

a 布点

图 14-6 工作现场

根据现场具体情况，在工程地质勘查范围内布点，设
置间距 10m 的网格，各网格点作为测试点，遇到较大石
块时，偏离 ±2m，布点位置覆盖了基础工程检测范围，
共 16 个点，在每个测试点，采用专用钢钎打孔，孔的直
径约为 25～35mm，孔的深度约为 600～800mm，成孔后，
使用特质的取样器插入孔中，靠近地表处进行密闭，防止大气渗入孔中。采用抽气、排
气、取样、高压启动等技术方法采集分析土壤间隙中的空气样品。

b 使用仪器

该工程检测采用利用静电收集氡衰变的第一代子体——RaA 作为测量对象，用金硅面
垒型半导体探测器探测 α 放射线，定量测定土壤中氡浓度，取样测试时间在 13:50～17:10
之间。

c 检测结果

依据《室内建筑工程室内环境污染控制规范》（GB 50325—2010）附录 E 的有关规
定，测试仪器性能指标包括：（1）工作温度在 -10～40℃ 之间。（2）相对湿度不大于
90%。（3）不确定度不大于 20%。（4）探测下限不大于 400Bq/m³。当民用建筑工地场地
土壤氡浓度不大于 20000Bq/m³ 或土壤表面氡析出率不大于 0.05Bq/m²·s 时，可不采取防
氡工程措施。具体检测结果见表 14-4。

表 14-4 建筑场地土壤中氡浓度检测

| 建筑场地土壤中氡浓度检测（单位：Bq/m³） | | | | | | | |
|---|---|---|---|---|---|---|---|
| 检测依据 | 《室内建筑工程室内环境污染控制规范》（GB 50325—2010）附录 E | | | | | | |
| 仪器类型 | FD-3017 镭 A 测氡仪 | | | | | | |
| 温度/湿度 | -2℃/49%RH | | | | | | |
| 成孔点的土壤类别 | Ⅲ类场地土 | | | | | | |
| 测试前 24h 工程地点气象状况 | 天气晴，偏北风 4～5 级（风速 8.0m/s），温度 -7～4℃ | | | | | | |
| 测点 | 氡浓度 | 测点 | 氡浓度 | 测点 | 氡浓度 | 测点 | 氡浓度 |
| 1 | 2674 | 5 | 3106 | 9 | 3104 | 13 | 883 |
| 2 | 864 | 6 | 2860 | 10 | 2823 | 14 | 3127 |
| 3 | 1672 | 7 | 3877 | 11 | 1422 | 15 | 776 |
| 4 | 3802 | 8 | 1243 | 12 | 1032 | 16 | 1641 |
| 算数平均值 | $\overline{X} = 2244\text{Bq/m}^3$ | | | | | | |

C　检测结果分析

经检测，该项目土壤中氡浓度 16 个测点值范围为 776～3877Bq/m³，小于规范值 20000Bq/m³，所测建筑场地土壤中氡浓度值检验合格。

## 14.1.4　【实例 77】某复合材料活动房质量检测

A　工程概况

某工程为 1 层复合材料活动房，长约为 6055mm，宽约为 3000mm，高约为 2800mm，如图 14-7 所示。

a　目的

为明确活动房质量，特按该企业标准进行检测鉴定。检测范围：结构、材料、保温与隔热、防火等级、焊接质量、通风和采光、配电、屋面防水、噪声等。

b　检测鉴定依据

《建筑结构检测技术标准》（GB/T 50344—2004）、钢

图 14-7　结构现状

带合格报告、玻璃丝绵板的合格报告、该公司提供的企业标准、设计图纸。

B　结构检查与检测

（1）房屋主要材料：该工程所测活动房构件材料及制作方式见表 14-5，结构现状如图 14-8 所示。

表 14-5　活动房构件材料及制作方式

| 序号 | 构件 | 材料及制作方式 |
|---|---|---|
| 1 | 屋面、地面主梁 | 3.5mm 冷弯成型热镀锌型材，与角件焊接连接，表面喷涂聚氨酯防锈漆 |
| 2 | 屋面次梁 | 热镀锌方管，与主梁焊接连接 |
| 3 | 地面次梁 | 热镀锌 C 型钢，与主梁焊接连接 |
| 4 | 角立柱 | 热镀锌钢板制成，表面喷涂聚氨酯防锈漆 |
| 5 | 地板 | 19mm 吉林森工露水河水泥刨花板，自攻螺丝与地面次梁连接 |
| 6 | 铺地材料 | 2mm 橡塑地板 |
| 7 | 外墙板 | 插接口彩钢夹芯板 |

（2）保温与隔热：经检查，地面、屋面、外墙内填充玻璃丝棉板用于隔热与保温，玻璃丝棉板具有国家检测部门出具的检测合格报告。玻璃丝棉板保温措施布置见表 14-6。

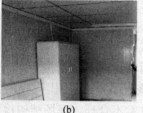

图 14-8　房屋结构内外部现状

（a）屋顶；（b）室内

表 14-6　玻璃丝棉板保温措施布置

| 序号 | 活动房保温布置 | 玻璃丝棉板厚度 |
|---|---|---|
| 1 | 地面保温 | 100mm 玻璃丝棉板 |
| 2 | 屋面保温 | 75mm 玻璃丝棉板 |
| 3 | 外墙保温 | 75mm 玻璃丝棉板 |

（3）防火等级：围护结构为玻璃棉，燃烧性能为 A 级不燃材料，符合《建筑内部装修设计防火规范》（GB 50222—1995）要求。

（4）焊接质量：焊接平整均匀，无漏焊、假焊、焊穿和裂纹现象，满足要求。

（5）通风和采光：房屋为自然通风，窗户为塑钢推拉窗，800mm×1100mm，距地高 900mm，采光良好；窗外设防盗网，符合设计。房内设有 2 根 36W 日光灯，保证照明度；卫生间设有环形管日光灯，满足照明需求。

（6）配电：供电系统采用的是 TN-C-S 的接地方式，并进行了总等电位连接，导线采用铜线，照明回路截面积为 $1.5 mm^2$，空调机插座回路截面积最小为 $2.5 mm^2$。空调插座、电源插座和照明均分路设计，配电箱带有漏电保护功能，并嵌入天花板内，符合设计要求。

（7）屋面防水：活动房屋面使用搭接式彩钢波纹板，打钉处使用密封胶密封，雨水通过角件内排水管排出，活动房屋四角均设有直径为 50mm 的排水管，满足设计要求。

（8）噪声：活动房屋内墙体、屋面、地面使用玻璃丝绵板隔绝噪声，经测试房间内昼间噪声小于 55dB，夜间小于 45dB。

C　检测结论

根据现场具体情况调查、检测及分析，确认该复合材料活动房屋符合该企业的产品标准。

## 14.1.5　【实例78】某毛石砌筑围墙质量事故检测

A　工程概况

某毛石围墙，厚度 800mm、地面高度 3.3m，由毛石与砂浆砌筑，现场如图 14-9 所示。

a　目的

在雨水冲击作用下，北侧部分围墙发生坍塌，围墙剩余未坍塌长度约 55m。为找出事故原因，特对围墙展开质量检测。

b　检测鉴定依据

图 14-9　结构现状

《建筑变形测量规范》（JGJ 8—2007）；《砌体工程现场检测技术标准》（GB 50203—2011）；《砌体工程施工质量验收规范》（GB 50203—2011）。

B　结构检查与检测

a　现场检查结果

（1）围墙砂浆砌筑密实度差，横向孔洞深度约 280mm，孔洞截面积约 $12.5 cm^2$。（2）围墙所用料石粒径级配不合理，位于中间粒径的料石较少。（3）围墙变形缝间距约 15m，分缝宽度不足，设置不符合要求。（4）该围墙为毛石围墙，无正规设计，施工方案未考虑围墙西侧地面高差直接套用图集，施工方案不合理。现场结构检查结果如图 14-10 所示。

b　现场检测结果

（1）围墙截面尺寸检测：现场采用激光测距仪、卷尺对围墙截面进行检测，得到如下

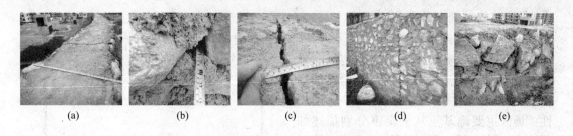

图 14-10　现场结构检查结果

（a）尺寸检测；（b）围墙孔洞深度检测；（c）围墙裂缝检查；（d）围墙变形缝检查；（e）围墙料石级配检查

结论：围墙厚度为 800mm，地面以上高度约 3.3m，未坍塌剩余长度约 55m，原始长度由于坍塌部分已局部清理，且无正规设计图纸从而无法确认。

（2）围墙裂缝检测：现场采用钢卷尺对开裂较严重的明显裂缝进行检测，得到如下结论：围墙未坍塌段由北向南共计有 10 余条横向裂缝，裂缝宽度最大值约为 25mm；围墙东侧距围墙 1.8m 的地面存在多条南北向裂缝，最大宽度达到 40mm。

（3）砂浆强度检测：现场采用砂浆回弹仪进行砂浆强度检测，该围墙顶面及东侧面砂浆强度几乎为零（回弹仪无读数，砂浆酥松一捏就碎），西侧面砌筑砂浆强度检测值范围小于 2.0MPa。由于砂浆强度检测值小于 2.0MPa，根据《砌体工程现场检测技术标准》（GB/T 50315—2011）第 15.0.6 条规定，不再给出具体检测值。

C　检测鉴定结论

依据《砌体工程施工质量验收规范》（GB 50203—2011），经检测分析，得到如下结论：（1）该围墙无正规设计，施工方案不合理。（2）该围墙砂浆强度不足，局部几乎为零，所用料石级配不合理。（3）该围墙砂浆饱满度差，孔洞率较大，不满足要求。（4）施工过程缺少有效监督。（5）该围墙现状多处存在横向裂缝，结构承载能力不足，应尽快加固处理。

## 14.1.6 【实例 79】某围墙倾斜检测鉴定及加固修复

A　工程概况

某拘留所北侧围墙，全长约 372m。砖墙组合壁柱间距为 4m，伸缩缝间距约为 40m，现场如图 14-11 所示。

a　目的

北侧围墙由于围墙内侧堆土等原因（内外侧土未同时堆填，存在高差）造成北侧围墙向外倾斜，特对拘留所北侧围墙进行检测鉴定，对墙段实际情况（砂浆质量、围墙倾斜值、构造柱等）进行现场检测，根据检测结果给出处理意见，保证围墙的安全使用。

图 14-11　结构现状

b　初步调查结果

该工程原设计图纸、地勘报告基本齐全，该次检测鉴定主要依据该设计图纸和地勘报告，平面简图如图 14-12 所示。

**B　结构检查与检测**

**a　现场检查结果**

（1）工程地质及水文地质条件：1）地貌单元属于永定河冲洪积扇和温榆河冲洪积扇交汇部位的中下部地段。2）地层岩性：场区主要地基土从上至下分别描述如下：人工填土层、新近沉积层、一般第四系沉积层。3）该场区地下水对混凝土及钢筋混凝土结构无腐蚀性，在干湿交替的情况下对钢筋混凝土结构中的钢筋有弱腐蚀

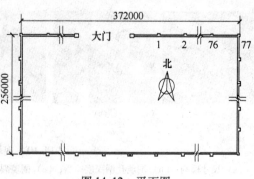

图 14-12　平面图

性。4）拟建场区的地基土均匀，设计图纸中基础持力层的承载力标准值为 80kPa，不超过地勘报告中的地基土的承载力标准值。在抗震设防烈度为 8 度，地下水位标高为 19.00m 时，不存在饱和砂土、粉土的震动液化问题。场区场地土类型为中软土，抗震建筑场地类别判定为Ⅲ类。

（2）地基基础检查：围墙基础采用 C15 素混凝土条形基础。地面以下采用 M5 水泥砂浆，有基础顶面圈梁 200×200。由于围墙内侧堆土等原因（内外侧土存在高差）造成北侧围墙向外倾斜，除此之外未见其余缺陷。

（3）北侧围墙现状检查：由于围墙内侧堆土等原因（内外侧土存在高差1.3～1.7m，如图 14-13 所示）造成北侧围墙向外倾斜严重，部分围墙倾斜如图 14-14 所示，除此之外未见其余表观缺陷。

**b　现场检测结果**

（1）砌筑砂浆强度检测：北侧围墙的灰缝砂浆用贯入法检测砌筑砂浆抗压强度，贯入深度平均值为 8.60mm，计算结果表明所测墙段的砌筑砂浆抗压强度换算值为 1.5MPa，与设计强度 5.0MPa 相比明显偏低。

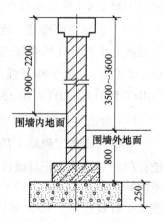

图 14-13　北侧围墙内、外侧土高差示意

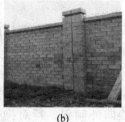

图 14-14　倾斜检查情况

（a）围墙外闪倾斜；（b）每40m一道伸缩缝；（c）围墙顶部倾斜情况

（2）北侧围墙倾斜检测结果：根据《民用建筑可靠性鉴定标准》（GB 50292—1999）中各类结构不适于继续承载的侧向位移评定，砌体结构单层层高小于 7m 的墙体顶点最大位移为 25mm，由于围墙属较次要的结构，其上不承受荷载和约束的自承重静定结构和地

基软弱可转动等特点。全部回填后墙高只有现在高度的 2/3，所以该次鉴定围墙顶点最大位移放宽到 70mm（按现有未回填墙高），即顶点偏移量为 20‰。

由倾斜检测结果可以看出：北侧大门东侧围墙附壁柱 11～17 号左、29～37 号左、38～47 号左、51～74 号四段超出设定顶点最大偏移量。北侧大门西侧围墙顶点偏移量满足要求。

C 结构承载能力分析

经计算分析，围墙承载能力结果见表 14-7。

**表 14-7 计算结果**

| 编号 | 计算内容 | 计算结果 | | 备注 |
|---|---|---|---|---|
| 1 | 允许高厚比验算 | 31.94 < [34.32] | | 满足 |
| 2 | 目前单侧堆土情况下带壁柱的墙段（4m）抗弯承载力 | 风载组合 | 安全裕度：0.24 | 不满足 |
| | | 地震组合 | 安全裕度：0.23 | 不满足 |
| 3 | 地基抗弯承载力 | 安全裕度：0.37 | | 不满足 |
| 4 | 地基承载力（使用时） | 安全裕度：1.48 | | 满足 |

D 结构安全性鉴定

经对围墙结构的全面检测，砌筑砂浆为 1.5MPa，强度较低，低于设计 M5.0 的要求；通过承载能力分析，围墙受单侧土压力的超常荷载作用，围墙的倾斜变形不能满足安全使用的要求，需要进行拆除或加固处理。

E 加固修复设计

（1）北侧大门东侧围墙附壁柱 11～17 号左、29～37 号左、38～47 号左、51～74 号四段墙段超出设定顶点最大偏移量 20‰，长度为 184m，需要拆除重建。

（2）北侧大门东侧围墙的其余墙段，因倾斜变形还较大，需要进行加固处理，如图 14-15 所示。

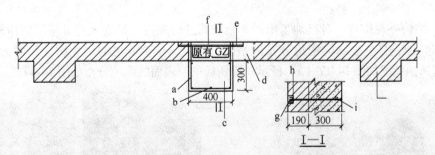

图 14-15 围墙加固修复设计

a，i—φ8@200；b—5φ14；c—新增组合柱加固，C20 混凝土；
d—泄水口；e，h—[5；f，g—沿灰缝凿槽，箍筋固定，完成后抹灰缝恢复

（3）建议拆除重建及加固后在围墙外侧进行堆土，这样围墙内外侧土的高差将减小甚至消除，改善围墙目前的倾斜现状。

（4）北侧围墙被临时封堵上的泄水口，应在必要时要重新捅开让其发挥功能。

F　项目小结

围墙作为土木工程行业内的次要建筑，长期以来并没有受到使用方及设计人员的重视，但围墙在施工和使用过程中倒塌造成工程事故甚至人员伤亡多有发生，而墙体在三五年内腐蚀、倾斜或裂缝等现象更是屡见不鲜，砖围墙更是如此。如何做好砖围墙设计，做到经济、合理、安全应该引起设计者的重视。

## 14.1.7　【实例80】某风机塔筒结构安全性检测鉴定及加固修复

A　工程概况

某风机塔筒结构为锥型圆钢管结构，其建筑形式类似于自立式钢烟囱。每套塔筒结构总高度66.15m（不包括下部基础高度），塔筒结构分为三段制作，高度自上而下分别为24.9m、24.75m、16.5m，所用的板材规格主要有12mm、14mm、16mm、18mm、20mm、22mm、26mm等7种热轧钢板规格，轧制公差为C类，属于正公差。现场如图14-16所示。

a　目的

在对已制作好的8套钢塔筒喷砂除锈后，发现其表面发生局部腐蚀，表面呈现密集麻坑；加之制作风机塔筒的部分钢（板）材（直接暴露于）室外存放近4年，需检测板材腐蚀情况及能否满足风机塔筒的设计要求，特对塔筒主体结构进行安全性鉴定。通过现场检测、设计复核手段对现阶段（地面上部）塔筒主体钢结构的安全性做出评价，并给出相应的处理意见。

b　检测鉴定依据

依据《钢结构设计规范》（GB 50017—2003），进行安全性和正常使用性的鉴定评级。

B　结构检查与检测

a　结构检查

（1）原始资料调查：考虑文件保密性，塔筒设计单位未能提供结构计算书或任何设计信息；仅得到风机塔筒制作单位提供的风机塔筒加工制作图及塔筒结构腐蚀情况的自检报告。

（2）结构外观检查：对已加工出的8套塔筒进行检查，发现大部分塔筒的内外表面均存在点状锈蚀，且呈现麻坑密集分布的情况，其中，单个麻坑的最大腐蚀深度为1.2mm。典型塔筒锈蚀情况如图14-17（a）所示。除锈后塔筒表面的麻坑分布如图14-17（b）所示。

图14-16　结构现状

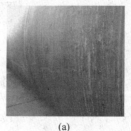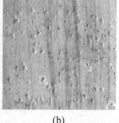

(a)　　　　　　　(b)

图14-17　结构缺陷

（a）塔筒外表面；（b）麻坑分布

该塔筒结构为薄壁圆钢管结构，典型锈蚀区域大于该节塔筒表面积的5%，且单个麻点的腐蚀深度达到 1.2mm，对截面造成了一定的削弱，将直接影响结构的安全性。

依据《钢结构工程施工质量验收规范》（GB 50205—2001）第 4.2.5 条的相关规定，钢材的表面外观质量除应符合国家现行有关标准的规定外，应符合：（1）当钢材的表面有锈蚀、麻点或划痕等缺陷时，其深度不得大于该钢材厚度负允许偏差值的 1/2；（2）钢材表面的锈蚀等级应符合国标《涂装前钢材表面锈蚀等级和除锈等级》（GB 8923）规定的 C 级及 C 级以上。

经现场检查，由于该批次钢板执行 C 级正公差，规定钢材表面锈蚀深度最大值的不得大于 0.5mm，该批次钢板的锈蚀等级符合《涂装前钢材表面锈蚀等级和除锈等级》（GB 8923）规定的 C 级要求。

b　结构检测

（1）钢构件强度检测：现场采用表面硬度法对钢材强度进行检测，结合实验室结果可知，该项目塔筒用钢材的实际强度在 481.0～507.0MPa 之间（Q345 钢的最小抗拉强度为 470MPa），实际平均强度在 489.7～518.9MPa 之间，符合 Q345 钢的强度值，与原设计要求相一致。为此，计算时可按照 Q345E 钢材的力学参数验算其结构承载力。

（2）钢构件厚度检测：

1）原材厚度：由于 18mm 的板材锈蚀最为严重，现场除锈后，采用 TT100 型智能化超声波测厚仪测量钢构件厚度，测量结果见表 14-8。

2）腐蚀深度：现场采集两块钢板试样采用三维扫描检测及数显卡尺两种方法进行检测。三维扫描检测：使用三维激光扫

**表 14-8　钢构件钢板厚度检测**

| 测点 | 板材规格/mm | 检测厚度/mm | 占板材设计厚度的百分比/% |
|---|---|---|---|
| 1 |  | 18.4 | 102 |
| 2 | 18 | 18.3 | 101 |
| 3 |  | 18.3 | 101 |

描仪对样品进行 3D 扫描，扫描钢板表面腐蚀结果如图 14-18 所示。数显卡尺检测：使用数显卡尺对每块钢板选取 10 个测点进行腐蚀深度测量。

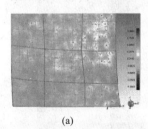 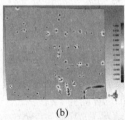 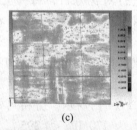 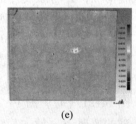

(a)　　　　　　　　　(b)　　　　　　　　　(c)　　　　　　　　　(e)

图 14-18　扫描钢板表面腐蚀结果

(a) 1 号钢板正面扫描图；(b) 1 号钢板反面扫描图；(c) 2 号钢板正面扫描图；(d) 2 号钢板反面扫描图

从检测数据可知，腐蚀深度在 0.51～1.21mm 之间，钢板厚度为正公差，符合生产标准《热轧钢板和钢带的尺寸、外形、重量及允许偏差》（GB/T 709—2006）的要求。为安全起见，不考虑正公差的有利影响，计算时按板材轧制厚度减去最大腐蚀深度，以此原则进行验算。

C　结构承载能力验算

a　计算说明

塔筒结构的外形呈细长圆锥状，（基础以上部分）塔筒高度为 66.15m，截面形式为

（变截面）圆钢管截面，主要有 12mm、14mm、16mm、18mm、20mm、22mm、26mm 等 7 种壁厚，钢管材质为 Q345E。

该次结构计算采用大型通用有限元软件 ABAQUS，筒体采用 S4R 壳体单元建模，模型尺寸以塔筒加工厂提供的钢结构加工详图为准。该次设计校核重点旨在分析风机塔筒自身因主材锈蚀而产生的影响，并不考虑塔筒自身开洞补强、各节塔筒单元间的焊接及螺栓连接的性能，相关的塔筒结构开洞补强措施及螺栓连接设计均需遵照原设计要求。塔筒参数见表 14-9，计算简图如图 14-19 所示。

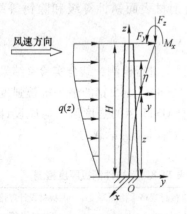

图 14-19　计算简图

**表 14-9　不同计算工况下的塔筒参数**

（mm）

| 塔筒单元编号（底至顶） | 不同计算工况下塔筒截面壁厚 | | | 塔筒单元高度 |
| --- | --- | --- | --- | --- |
| | 一、壁厚不折减 | 二、壁厚折减 1.2mm | 三、壁厚折减 1.0mm | |
| 1 | 26 | 24.8 | 25 | 5500 |
| 2 | 22 | 20.8 | 21 | 2750 |
| 3 | 20 | 18.8 | 19 | 11000 |
| 4 | 18 | 16.8 | 17 | 11000 |
| 5 | 16 | 14.8 | 15 | 11000 |
| 6 | 14 | 12.8 | 13 | 8250 |
| 7 | 12 | 10.8 | 11 | 10000 |
| 8 | 16 | 14.8 | 15 | 6650 |

计算要点：钢材标准强度取用实测材料强度推定值和强度设计值中的较小值进行计算，构件截面尺寸由于存在锈蚀情况，锈蚀量以现场实测最大值为准；荷载根据使用要求按现行国家标准《建筑结构荷载规范》规定取值。

b　建模计算结果

该次计算过程，主要求取最大容许壁厚及现场检测后的最不利情况，并与原设计进行对比分析，每种工况分别考虑静荷载、振动、屈曲、疲劳等四种工况下的结构受力状态。计算模型加荷及网格划分如图 14-20 所示。

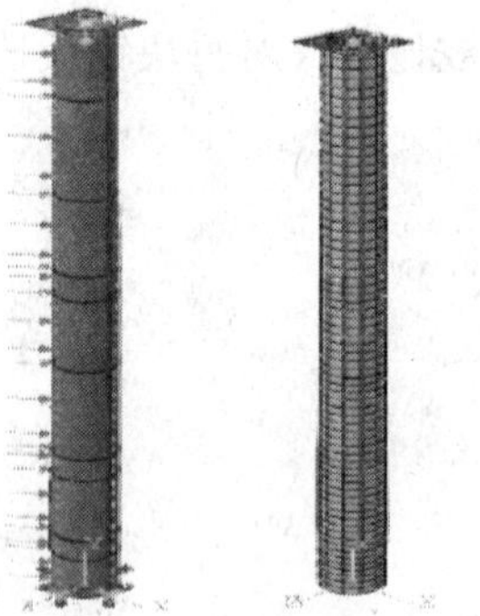

（1）工况一：该次计算旨在分析原结构的安全裕度，并为后续应力结果提供对比。为此，只计算静强度的工况。计算结果如图 14-21（a）、图 14-21（b）所示。分析可知，塔筒壁厚在无折减的情况下，最大应力为 270MPa < [295]，最大应力比为 295/270 = 0.92 < 1.0，该结构的强度满足要求。

图 14-20　模型加荷及网格划分

（2）工况二：计算结果如图 14-21（c）、图 14-21（d）所示。由静强度分析可知，当塔筒壁最大腐蚀深度为 1.2mm 时，塔筒结构的最大应力为 297.3MPa > [295]，最大应力比为 297.3/295 = 1.01 > 1.0，结构承载力不满足设计要求。由此可见，当塔筒壁最大腐蚀深度为 1.2mm 时，相应位置的塔筒需要进行加固。

（3）工况三：

1）静强度分析：由计算结果图 14-22（a）、图 14-22（b）分析可知，塔筒壁厚在折减 1.0mm 的情况下，最大应力为 292MPa < [295]，最大应力比为 292/295 = 0.99 < 1.0，

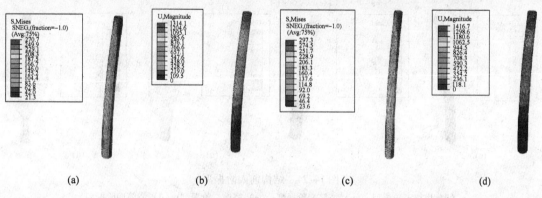

图 14-21  应力与位移云图

（a）工况一：最大应力云图（单位：MPa）；（b）工况一：最大位移云图（单位：mm）；

（c）工况二：最大应力云图（单位：MPa）；（d）工况二：最大位移云图（单位：mm）

强度满足要求。但是，最大应力比 292/295 = 0.99，已接近钢材强度极限，偏于不安全。

2）稳定性分析：采用"Eigen Buckling"（即特征值屈曲）法，求取结构的一阶振型。

由计算图 14-23 可知，塔筒的最小屈曲安全系数为 5.3459 > 1，表明在此种载荷条件下，塔筒满足屈曲性能的要求。且由计算结果知，最大屈曲变形处于塔架同壁厚的不同高度位置，即 51.4m 的高度处。

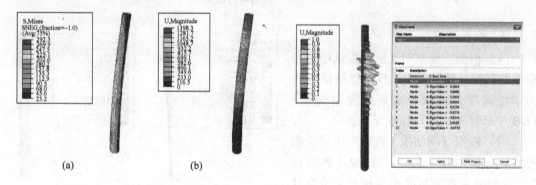

图 14-22  应力与位移云图

（a）工况三：最大应力云图（单位：MPa）；

（b）工况三：最大位移云图（单位：mm）

图 14-23  塔筒一阶屈曲模态及其特征值

3）模态分析：在风电塔筒的结构动力响应中，低阶模态占主要地位，高阶模态对响应贡献很小，即阶数越高，其贡献越小。为此，只需提取结构的前二阶自振频率，并与风机叶片的频率进行对比即可。结构前四阶振型如图 14-24 所示。

将程序计算的数据进行输出，提取结构自振频率，如图 14-25 所示。

由于叶轮转速为 11.1 ~ 20.7r/min，故风轮转速的 1P 频率为 0.185 ~ 0.345Hz，3P 频率为 0.555 ~ 1.035Hz。为了保证整体发电机组的安全，结构的自振频率应避开风轮转速的 1P 和 3P 频率的 ±10%。由计算结果可知，结构一阶、二阶频率相同，均为 0.23522，均满足避开风轮转速的 1P 和 3P 频率的 ±10% 的要求，因此不会发生共振。

4）疲劳性分析：由疲劳荷载下结构应力云图（图 14-26）可知，最大应力与最小应力之差满足疲劳设计要求。

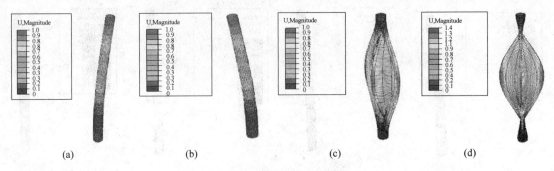

图 14-24　结构前四阶振型

（a）塔筒一阶振型；（b）塔筒二阶振型；（c）塔筒三阶振型；（d）塔筒四阶振型

E I G E N V A L U E  O U T P U T

| MODE ON | EIGENVALUE | FREQUENCY<br>(RAD/TIME) | (CYCLES/TIME) | GENERALIZED MASS | COMPOSITE MODAL DAMPING |
|---------|-----------|-----------|-----------|-----------|-----------|
| 1 | 5.53270E-02 | 0.23522 | 3.74359E-02 | 15620. | 0.0000 |
| 2 | 5.53270E-02 | 0.23522 | 3.74359E-02 | 15620. | 0.0000 |
| 3 | 0.57972 | 0.76139 | 0.12118 | 19955. | 0.0000 |
| 4 | 0.57972 | 0.76139 | 0.12118 | 42886. | 0.0000 |
| 5 | 1.1593 | 1.0767 | 0.17136 | 16189. | 0.0000 |

图 14-25　前五阶结构自振频率

**D　检测鉴定结论**

（1）根据实验室对送检钢板试样的力学性能试验，结果表明该批次送检试样的力学性能符合《低合金高强度结构钢》（GB/T 1591—2008）标准要求。

（2）根据《钢结构工程施工质量验收规范》（GB 50205—2001）第 4.2.5 条第 1、2 款对钢材表观质量的相关规定，结合计算结果，当塔筒壁"麻坑"最大锈蚀深度不大于 0.8mm 时，本塔筒可不做加固处理；否则，应采取相应的补强或更换措施。

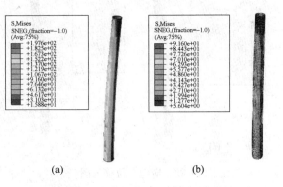

图 14-26　疲劳荷载下结构应力云图

（a）最大荷载标准值作用下；（b）最小荷载标准值作用下

**E　加固修复**

（1）当塔筒壁"麻坑"总体最大锈蚀深度小于 0.8mm 时，塔筒内部可不做加固处理。

（2）当塔筒壁"麻坑"总体最大锈蚀深度位于 0.8～1.2mm 区间时，且其锈蚀面积不大于塔筒表面的 10% 时，塔筒内部可不做加固处理。

（3）当塔筒壁"麻坑"总体最大锈蚀深度位于 1.2～2.0mm 区间时，且其锈蚀面积不大于本节塔筒表面的 10% 时，塔筒内部应采用粘贴碳纤维材料法进行局部加固补强处理。

（4）当塔筒壁"麻坑"总体最大锈蚀深度不小于 2.0mm 时，为保证主体结构及上部机舱等重要设备的安全性，建议更换此节塔筒的板材或降级使用。

（5）其他。为确保塔筒结构的耐久性，塔筒的加工制作单位应严格执行原设计单位的防腐工艺要求，认真做好风机塔筒钢材表面的防腐涂装工作。

对该工程提出两种加固设计方法——增大截面加固法（图14-27）和粘贴复合材料加固法（图14-28）。其中，增大截面法还包括整体加固法和局部加固法，前者适用于多节塔筒锈蚀比较严重的情况，后者适用于仅较少节塔筒出现锈蚀的情况。

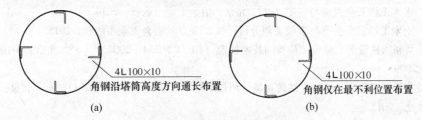

（a）角钢沿塔筒高度方向通长布置　4L100×10

（b）角钢仅在最不利位置布置　4L100×10

图 14-27　增大截面加固法

（a）整体加固法；（b）局部加固法

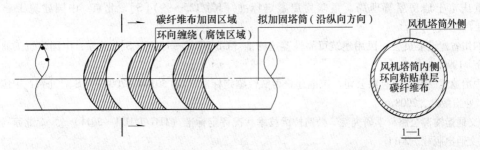

碳纤维加固区域　拟加固塔筒（沿纵向方向）　风机塔筒外侧

环向缠绕（腐蚀区域）　风机塔筒内侧环向粘贴单层碳纤维布

1—1

图 14-28　粘贴复合材料加固法（风机塔筒壁内侧沿环向粘贴单层碳纤维布）

**F　项目小结**

依据《钢结构工程施工质量验收规范》（GB 50205—2001）对该批塔筒进行检测、分析，发现筒壁存在"麻坑"等质量问题，经承载能力验算，该批塔筒结构承载力不满足设计要求，之后对该塔筒结构制定相应的加固方法："增大截面法"和"粘贴复合材料法"，以保证结构的使用安全。

## 14.2　本章案例分析综述

本章结合 7 个其他的工程实例，详细介绍了土木工程中其他类型的地基基础承载能力、地下管线漏水检测、土壤氡浓度检测、复合材料活动板房质量检测、机电项目检测、石砌围墙质量检测、砖砌围墙质量检测、鉴定、加固修复过程，与土木工程常见的房屋、道桥工程相比，其他类型的工程项目的检测、鉴定、加固修复有自身的特点，应根据不同的结构形式，有针对性地开展各项工作。同时，也应该看到其他工程在检测、鉴定、加固修复的各个环节仍有许多问题需要解决：

其他工程项目的检测、鉴定、加固修复方面存在的问题可参考其他各章节分析综述内容。这里需要着重强调的是，其他工程项目的检测鉴定项目多为结构质量问题，而随着人们对工程质量意识的提高，工程质量也就不断受到人们的重视。工程质量的检测是人们对工程质量判定的一个重要依据，所有工程质量的优劣都要靠具体的检测方法和检测数据来确认，所有质量检测方法和检测数据都应科学、真实、有效，这也越来越成为工程建设者所关注的焦点。现在的工程质量检测行业存在着很多问题，如何加强对该行业的监管，确保能向社会提供准确、科学、公正的检测数据，已成为当前迫切需要解决的问题。

## 参 考 文 献

[1] 李慧民. 土木工程安全管理教程 [M]. 北京：冶金工业出版社，2013.

[2] 李慧民. 土木工程安全检测与鉴定 [M]. 北京：冶金工业出版社，2014.

[3] 李慧民. 土木工程安全生产与事故案例分析 [M]. 北京：冶金工业出版社，2015.

[4] 中华人民共和国建设部. 建筑结构检测技术标准（GB/T 50334—2004）[S]. 北京：中国建筑工业出版社，2009.

[5] 中华人民共和国住建部. 混凝土结构现场检测技术标准（GB/T 50784—2013）[S]. 北京：中国建筑工业出版社，2013.

[6] 中华人民共和国住建部. 钢结构现场检测技术标准（GB/T 50621—2010）[S]. 北京：中国建筑工业出版社，2010.

[7] 重庆市土地房屋管理局. 危险房屋鉴定标准（JGJ/125—99）[S]. 北京：中国建筑工业出版社，1999.

[8] 四川省建设委员会. 民用建筑可靠性鉴定标准（GB 50292—1999）[S]. 北京：中国建筑工业出版社，1999.

[9] 中冶建筑研究总院有限公司. 工业建筑可靠性鉴定标准（GB 50144—2008）[S]. 北京：中国建筑工业出版社，2008.

[10] 交通运输部公路科学研究院. 公路桥梁技术状况评定标准（JTG/T H21—2011）[S]. 北京：人民交通出版社，2011.

[11] 张家启，李国盛，惠云玲. 建筑结构检测鉴定与加固设计 [M]. 北京：中国建筑工业出版社，2011.

[12] 手册编委会. 建筑结构试验检测技术与鉴定加固修复实用手册 [M]. 北京：世图音像电子出版社，2002.

[13] 韩继云. 土木工程质量与性能检测鉴定加固技术 [M]. 北京：中国建材工业出版社，2010.

[14] 宋彧. 工程结构检测与加固 [M]. 北京：科学出版社，2005.

[15] 吴体. 砌体结构工程现场检测技术 [M]. 北京：中国建筑工业出版社，2012.

[16] 周详，刘益虹. 工程结构检测 [M]. 北京：北京大学出版社，2007.

[17] 张可文. 结构检测·鉴定·加固工程施工新技术典型案例与分析 [M]. 北京：机械工业出版社，2011.

[18] 冯文元，冯志华. 建筑结构检测与鉴定实用手册 [M]. 北京：中国建材工业出版社，2007.

[19] 刘明. 土木工程结构试验与检测 [M]. 北京：高等教育出版社，2008.

[20] 林维正. 土木工程质量无损检测技术 [M]. 北京：中国电力出版社，2008.

[21] 张美珍. 桥梁工程检测技术 [M]. 北京：人民交通出版社，2007.

[22] 范智杰. 隧道施工与检测技术 [M]. 北京：人民交通出版社，2006.

[23] 刘自明，陈开利. 桥梁工程检测手册 [M]. 北京：人民交通出版社，2010.

[24] 徐镇凯，袁志军，胡济群. 建筑结构检测与加固方法 [J]. 工程力学，2006，23（z2）：117~130.

[25] 张鑫，李安起，赵考重. 建筑结构鉴定与加固技术的进展 [J]. 工程力学，2011，28（1）：1~11.

# 冶金工业出版社部分图书推荐

| 书　名 | 作者 | | 定价（元） |
|---|---|---|---|
| 冶金建设工程 | 李慧民 | 主编 | 35.00 |
| 建筑工程经济与项目管理 | 李慧民 | 主编 | 28.00 |
| 土木工程安全管理教程（本科教材） | 李慧民 | 主编 | 33.00 |
| 土木工程安全生产与事故案例分析（本科教材） | 李慧民 | 主编 | 30.00 |
| 土木工程安全检测与鉴定（本科教材） | 李慧民 | 主编 | 31.00 |
| 土木工程材料（本科教材） | 廖国胜 | 主编 | 40.00 |
| 混凝土及砌体结构（本科教材） | 赵歆冬 | 主编 | 38.00 |
| 岩土工程测试技术（本科教材） | 沈　扬 | 主编 | 33.00 |
| 地下建筑工程（本科教材） | 门玉明 | 主编 | 45.00 |
| 建筑工程安全管理（本科教材） | 蒋臻蔚 | 主编 | 30.00 |
| 建筑工程概论（本科教材） | 李凯玲 | 主编 | 38.00 |
| 建筑消防工程（本科教材） | 李孝斌 | 主编 | 33.00 |
| 工程经济学（本科教材） | 徐　蓉 | 主编 | 30.00 |
| 工程地质学（本科教材） | 张　荫 | 主编 | 32.00 |
| 工程造价管理（本科教材） | 虞晓芬 | 主编 | 39.00 |
| 居住建筑设计（本科教材） | 赵小龙 | 主编 | 29.00 |
| 建筑施工技术（第2版）（国规教材） | 王士川 | 主编 | 42.00 |
| 建筑结构（本科教材） | 高向玲 | 编著 | 39.00 |
| 建设工程监理概论（本科教材） | 杨会东 | 主编 | 33.00 |
| 土木工程施工组织（本科教材） | 蒋红妍 | 主编 | 26.00 |
| 建筑安装工程造价（本科教材） | 肖作义 | 主编 | 45.00 |
| 高层建筑结构设计（第2版）（本科教材） | 谭文辉 | 主编 | 39.00 |
| 现代建筑设备工程（第2版）（本科教材） | 郑庆红 | 等编 | 59.00 |
| 土木工程概论（第2版）（本科教材） | 胡长明 | 主编 | 32.00 |
| 施工企业会计（第2版）（国规教材） | 朱宾梅 | 主编 | 46.00 |
| 工程荷载与可靠度设计原理（本科教材） | 郝圣旺 | 主编 | 28.00 |
| 地基处理（本科教材） | 武崇福 | 主编 | 29.00 |
| 土力学与基础工程（本科教材） | 冯志焱 | 主编 | 28.00 |
| 建筑装饰工程概预算（本科教材） | 卢成江 | 主编 | 32.00 |
| 支挡结构设计（本科教材） | 汪班桥 | 主编 | 30.00 |
| 建筑概论（本科教材） | 张　亮 | 主编 | 35.00 |
| SAP2000结构工程案例分析 | 陈昌宏 | 主编 | 25.00 |
| 理论力学（本科教材） | 刘俊卿 | 主编 | 35.00 |
| 岩石力学（高职高专教材） | 杨建中 | 主编 | 26.00 |
| 建筑设备（高职高专教材） | 郑敏丽 | 主编 | 25.00 |